Die Evolutionäre Erkenntnistheorie

Rupert Riedl · Franz M. Wuketits (Hrsg.)

Die Evolutionäre Erkenntnistheorie

Bedingungen · Lösungen · Kontroversen

Herausgegeben von Rupert Riedl und Franz M. Wuketits

Mit Beiträgen von

William W. Bartley · Hoimar v. Ditfurth · Eve-Marie Engels
Johann Götschl · Rudolf Haller · Bernulf Kanitscheider · Robert Kaspar
Franz von Kutschera · Werner Leinfellner · Percy Löwenhard
Konrad Lorenz · Wilhelm Lütterfelds · Hans Mohr · Erhard Oeser
Henry C. Plotkin · Karl Popper · Gerard Radnitzky · Rupert Riedl
Michael Ruse · Günther Schiwy · Robert Spaemann · Günter Tembrock
Gerhard Vollmer · Günter P. Wagner · Karl-Friedrich Wessel
Kurt Wuchterl · Franz M. Wuketits

1987 · Mit sechs Tabellen

Verlag Paul Parey · Berlin und Hamburg

In der Reihe »Biologie und Evolution interdisziplinär« sind bisher erschienen:

Rupert Riedl: Biologie der Erkenntnis. Die stammesgeschichtlichen Grundlagen der Vernunft. Unter Mitarbeit von Robert Kaspar. 3. Aufl. 1981.
Peter Meyer: Evolution und Gewalt. Ansätze zu einer bio-soziologischen Synthese. 1981.
Franz M. Wuketits: Biologie und Kausalität. Biologische Ansätze zur Kausalität, Determination und Freiheit. 1981.
Heiner Flohr, Wolfgang Tönnesmann (Hrsg.): Politik und Biologie. Beiträge zur Life-Sciences-Orientierung der Sozialwissenschaften. 1983.
John Tyler Bonner: Kultur-Evolution bei Tieren. 1983.
Josef Hofbauer, Karl Sigmund: Evolutionstheorie und dynamische Systeme. Mathematische Aspekte der Selektion. 1984.
Franz R. Krueger: Physik und Evolution. Physikalische Ansätze zu einer Einheit der Naturwissenschaften auf evolutiver Grundlage. 1984.
Fritz-Albert Popp: Biologie des Lichts. Grundlagen der ultraschwachen Zellstrahlung. 1984.
Rupert Riedl: Die Spaltung des Weltbildes. Biologische Grundlagen des Erklärens und Verstehens. 1985.
Jörg A. Ott, Günter P. Wagner, Franz M. Wuketits (Hrsg.): Evolution, Ordnung und Erkenntnis. 1985.
Rainer Willmann: Die Art in Raum und Zeit. Das Artkonzept in der Biologie und Paläontologie. 1985.
Rupert Riedl: Begriff und Welt. Biologische Grundlagen des Erkennens und Begreifens. 1987.
Rupert Riedl, Franz M. Wuketits (Hrsg.): Die Evolutionäre Erkenntnistheorie. 1987.
Motoo Kimura: Die Neutralitätstheorie der molekularen Evolution. 1987.
Gilbert J. B. Probst: Selbst-Organisation. Ordnungsprozesse in sozialen Systemen aus ganzheitlicher Sicht. 1987.
Erhard Oeser: Psychoziokum. Evolution und Mechanismus der menschlichen Erkenntnisfähigkeit. 1987.
Horst. M. Müller: Evolution, Kognition und Sprache. Die Evolution des Menschen und die biologischen Grundlagen der Sprachfähigkeit. 1987.
Erhard Oeser: Das Abenteuer der kollektiven Vernunft. Evolution und Involution der Wissenschaft. 1987.
Fritz Preuss: Der Aufbau des Menschlichen. Die Mitschöpfung der Lebewesen an ihrer Gestaltung - Eine biologische Evolutionstheorie des konkreten Vitalismus. 1987.

CIP-Kurztitelaufnahme der Deutschen Bibliothek

Die Evolutionäre Erkenntnistheorie: Bedingungen - Lösungen - Kontroversen / Hrsg. von Rupert Riedl u. Franz M. Wuketits. Mit Beitr. von William W. Bartley...- Berlin; Hamburg: Parey, 1987.
ISBN 3-489-62934-5

NE: Riedl, Rupert [Hrsg.]; Bartley, William W. [Mitverf.]

Einband: Werner Kattner Graphik Design, D-1000 Berlin 19

Anschriften: Lindenstr. 44-47, D-1000 Berlin 61; Spitalerstr. 12, D-2000 Hamburg 1

ISBN 3-489-62934-5 · Printed in Germany

Schrift: Korpus Times Roman (Satzsystem Apple *IIe*/Macintosh)
Satz: PLS-PareyLaserSatz, D-1000 Berlin 61
Druck: WB-Druck GmbH & Co. Buchproduktions KG, D-8959 Rieden
Bindung: Buchbinderei Bruno Helm, D-1000 Berlin 30

Vorwort

Die evolutionäre Lehre vom Kenntnisgewinn, die man auch Evolutionäre Erkenntnistheorie nennt, hat im vergangenen Jahrzehnt große Verbreitung gefunden. Kaum könnten wir eine Wissenschaft nennen, in der nicht bereits Vertreter derselben angeben, aus ihr Nutzen gezogen zu haben.

Natürlich gibt es bei einer Theorie solcher Ansprüche und Verbreitung bereits Unterschiede der Auffassung ihrer Vertreter. Abhängig davon, ob sie von der Physik oder der Biologie ausgingen, sowie davon, ob sie eine der zeitgenössischen Strömungen der Erkenntnistheorie, und wenn ja welche, zugrunde legten.

Und es gibt nicht nur Zustimmung von außen, sondern auch Kritik, vehement aus den Richtungen einiger philosophischer Schulen. Man hat der Theorie Grenzübertretung, selbst Anmaßung vorgeworfen, Zirkularität und sogar faktische Unmöglichkeit. Man fragte, ob einem so grundlegenden Gebiet und traditionellen Anspruch jeder Philosophie eine fachwissenschaftliche Behandlung zugebilligt werden kann.

Dies ist zur Anregung des hier Folgenden geworden. Wir haben im Rahmen des »Altenberger Kreises« um KONRAD LORENZ, die Herausgeber, gemeinsam mit unseren Freunden FÜRLINGER, KASPAR, MEDICUS, OESER, SCHWEIKHARDT, WAGNER und WINKLER, empfunden, daß nun ein Gespräch in der akademischen Öffentlichkeit geführt werden sollte. Zu einschneidend und verantwortungsvoll schien uns diese geistige Situation.

Zwar mehrten sich in den letzten Jahren auch die Symposien zu diesem Thema. Aber man besprach die Theorie, häufig ohne deren Vertreter einzubeziehen. So blieb das Gespräch zwischen den Richtungen noch aus.

Wir haben darum Vertreter der Theorie eingeladen, deren Gegenstände zu referieren; gleichzeitig aber Vertreter der verschiedenen Strömungen der Philosophie, Erkenntnis- und Wissenschaftstheorie, die Beiträge zu kommentieren. Und wir haben zu einem Symposium nach Wien eingeladen, um uns, vom 18. bis zum 20. April 1986, über all das in Diskussionen auszusprechen.

Das Folgende ist das Ergebnis. Wir danken Herrn Bundesminister für Wissenschaft und Forschung, Dr. H. FISCHER, für die Unterstützung des Symposiums, den Referenten und Kommentatoren für ihr Kommen und ihre Beiträge, den Herren D. CAMPBELL, W. O. QUINE und C. F. v. WEIZSÄCKER, die verhindert waren, für ihre Grüße und Wünsche, Herrn Dr. RUDOLF GEORGI und dem Verlagshaus Paul Parey für die bewährte Betreuung des Bandes.

Über tausend Teilnehmer hatte unser Symposium angezogen, möge der Band diesem starken Interesse weiter dienen.

Wien, im Winter 1986 RUPERT RIEDL · FRANZ MANFRED WUKETITS

Adressen der Autoren

Prof. Dr. WILLIAM W. BARTLEY, Hoover Institution, Stanford University, USA-Stanford, CA 94305
Prof. Dr. HOIMAR v. DITFURTH, Im Weingarten 8, D-7813 Staufen
Dr. EVE-MARIE ENGELS, Institut f. Philosophie, Fakultät f. Philosophie, Pädagogik u. Publizistik, Ruhr-Universität Bochum, Universitätsstr. 150, D-4630 Bochum 1
Prof. Dr. JOHANN GÖTSCHL, Institut f. Philosophie u. Ludwig-Boltzmann-Institut f. Wissenschaftsforschung, Karl-Franzens-Universität, Mozartgasse 14, A-8010 Graz
Prof. Dr. RUDOLF HALLER, Institut f. Philosophie, Karl-Franzens-Universität, Heinrichstr. 26, A-8010 Graz
Prof. Dr. BERNULF KANITSCHEIDER, Zentrum f. Philosophie u. Grundlagen der Wissenschaft, Justus-Liebig-Universität, Otto-Behaghel-Str. 10/C, D-6300 Gießen
Dr. ROBERT KASPAR, Südtiroler Platz 7/17, A-1040 Wien
Prof. Dr. FRANZ von KUTSCHERA, Institut f. Philosophie, Philosophische Fakultät I, Universität Regensburg, Universitätsstr. 31, D-8400 Regensburg
Prof. Dr. WERNER LEINFELLNER, Department of Philosophy, University of Nebraska, USA-Lincoln, NE 68508 und Technische Universität Wien, Karlsplatz, A-1040 Wien
Univ. Doz. Dr. PERCY LÖWENHARD, Psykologiska Institutionen, Göteborgs Universitet, Box 14158, S-400 20 Göteborg 14
Prof. Dr. Dr. KONRAD LORENZ, Forschungsstelle f. Ethologie, Konrad-Lorenz-Institut, Adolf-Lorenz-Gasse 2, A-3422 Altenberg
Prof. Dr. WILHELM LÜTTERFELDS, Lehrstuhl f. Philosophie, Universität Passau, Innstr. 51, D-8390 Passau
Prof. Dr. HANS MOHR, Biologisches Institut II, Lehrstuhl f. Botanik, Albert-Ludwigs-Universität, Schänzlestr. 1, D-7800 Freiburg
Prof. Dr. ERHARD OESER, Institut f. Wissenschaftstheorie u. Wissenschaftsforschung, Universität Wien, Währingerstr. 17/III, A-1090 Wien
DR. HENRY C. PLOTKIN, Department of Psychology, University College London, Gower Street, GB-London WC1E 6BT
Prof. Dr. Sir KARL POPPER, Ludwig-Boltzmann-Institut f. Wissenschaftstheorie, Kramer-Glöckner-Str. 10, A-1130 Wien
Prof. Dr. GERARD RADNITZKY, FB I, Wissenschaftstheorie, Universität Trier, Postf. 3825, D-5500 Trier
Prof. Dr. RUPERT RIEDL, Institut f. Zoologie, Universität Wien, Althanstr. 14, A-1090 Wien
Prof. Dr. MICHAEL RUSE, Departements of History and Philosophy, University of Guelph, CDN-Guelph, Ontario N1G 2W1
Dr. GÜNTHER SCHIWY, Waldstr. 38, D-8031 Steinebach
Prof. Dr. ROBERT SPAEMANN, Institut f. Philosophie, Lehrstuhl f. Philosophie I, Ludwig-Maximilians-Universität, Geschwister-Scholl-Platz 1, D-8000 München 22
Prof. Dr. GÜNTER TEMBROCK, Sektion Biologie - Abteilung Verhaltenswissenschaften, Humboldt-Universität, Invalidenstr. 43, DDR-1040 Berlin
Prof. Dr. Dr. GERHARD VOLLMER, Zentrum f. Philosophie u. Grundlagen der Wissenschaft, Justus-Liebig-Universität, Otto-Behaghel-Str. 10/C, D-6300 Gießen
Dr. GÜNTER P. WAGNER, Institut f. Zoologie, Universität Wien, Althanstr. 14, A-1090 Wien
Prof. Dr. KARL-FRIEDRICH WESSEL, Sektion Philosophie, Humboldt-Universität, Postf. 1297, DDR-1086 Berlin
Prof. Dr. KURT WUCHTERL, Institut f. Philosophie, Universität Stuttgart, Friedrichstr. 10/XI, D-7000 Stuttgart
Univ. Doz. Dr. FRANZ M. WUKETITS, Institut f. Philosophie, Universität Wien, Universitätsstr. 7, A-1010 Wien

Inhalt

2. Teil: Lösungen

Einführung

RUPERT RIEDL

Nicht von ungefähr kommt es, daß nach Wien einzuladen war; und auch nicht, daß es das »Biozentrum« der Universität Wien ist, in dem wir uns versammeln. Denn es ist Wien, in welcher Stadt der Gedanke der Evolutionären Erkenntnistheorie fünfmal unabhängig entwickelt wurde. Von ERNST MACH aus der Erkenntnistheorie, von Sir KARL POPPER aus der Philosophie, von KONRAD LORENZ aus der Ethologie, von ERHARD OESER aus der Wissenschaftstheorie und von mir aus der Evolutionstheorie.

Nun ist es eben zehn Jahre her, daß ich ERHARD OESER begegnet und KONRAD LORENZ wiederbegegnet bin, und daß daraus der »Altenberger Kreis« entstand, aus welchem Sie in diesen Tagen außer KONRAD LORENZ, der ja schon ein Begriff geworden ist, ROBERT KASPAR, GERHARD MEDICUS, ERHARD OESER und GÜNTER WAGNER hören werden, sowie FRANZ WUKETITS, der mit mir dieses Symposium entwickelte. Aber noch ein Jubiläum begehen wir. Es sind eben hundert Jahre, daß in ERNST MACHs »Analyse der Empfindungen« 1886 der Begriff einer biologischen Erkenntnislehre erstmals auftauchte.

Und daß es die Biologen sind, die einladen, hat wieder mit einem Wandel der biologischen Wissenschaften zu tun. Und mit der Erweiterung ihrer Funktionen in unserer Gesellschaft. Nicht nur die Erkenntnislehre, die sich im letzten Jahrhundert fast ausschließlich an der Physik orientierte, nimmt nun die Biologen wahr. Auch die Öffentlichkeit hat die biologische Sicht auf das Problem der Umwelt, das der vernetzten Systeme, der Zwekke und der Systeme fern vom physikalischen Äquilibrium übernommen.

Denn das, was die Historiker das aufgeklärte Zeitalter der Vernunft nennen, ist nun auch schon 200 Jahre alt geworden. Es hat des Machbaren (zum Heile der Menschheit gedacht) nun gewiß schon zu viel gemacht. Und manch einer fragt sich, wie es kommt, daß es mit dieser Vernunft so unvernünftig zugeht. Und da es den spekulativen Kräften des Menschen nicht zu gelingen scheint, die Grundlagen der Vernunft zu begründen, ist es angezeigt, die Begründung aus einer empirischen Wissenschaft zu versuchen, die sich anschickt, dies zu unternehmen.

Sie werden erkennen, daß das aus einem tief empfundenen Pflichtgefühl geschieht, einem Ethos, das die Geschicke von uns Menschen im Auge hat, die Aussichten unserer Kinder, wie die Überlebenschancen unserer Gesellschaft.

Welcherart Produkt unserer Gesellschaft ist aber diese Evolutionäre Erkenntnistheorie, die wir Ihnen vorstellen? Nun, einmal ist es eine Satellitentheorie der Evolutionstheorie; denn sie steht und fällt mit ihr. In diesem Sinne ist sie eine Theorie der biologischen Wissenschaften. Andererseits will sie uns auch verstehen machen, wieso wir die Evolution verstehen, ergo ist sie eine Erkenntnistheorie; herkömmlich eine Disziplin der Philosophie.

Dies hat, wie Sie hören werden, die Vertreter mancher philosophischer Schulen beträchtlich beunruhigt, ja verärgert. So mag unser Treffen zunächst auch die Funktion eines klärenden Gesprächs haben.

Vielleicht kommt zu Tage, daß es sich um eine neue Wissenschaft handelt: Eine Wissenschaft von den Gesetzen des Kenntniserwerbs. Für diesen Fall würden wir Zeugen eines Emanzipationsprozesses; in dem Sinne fast alle empirischen Wissenschaften emanzipierte und zuletzt undankbare emanzipierte Kinder der Philosophie sind.

Und handelte es sich um jene dritte kopernikanische Wende, die uns attestiert wurde, so könnten uns die beiden schon historischen Wenden eine Lehre sein; wie KEPLER und

GALILEI die Lehre des KOPERNIKUS, wie THOMAS HUXLEY und ERNST HAECKEL die Lehre des alten DARWIN durchsetzten: So ist es wieder die Folgegeneration, die LORENZ' Lehre in dessen Senium in ihrer Bedeutung verständlich machen will.

Vielleicht aber kommt zu Tage, daß eine Lehre vom Kenntniserwerb von einer des Erkenntniserwerbs nun nicht mehr getrennt werden kann; und damit eine noch bewegendere Frage. Nämlich die, ob überhaupt eine Trennung von Philosophie und empirischer Wissenschaft der Weisheit letzter Schluß zu bleiben hat. Denn was wäre eine Philosophie ohne Kenntnis der Welt, oder eine Wissenschaft ohne Reflexion über ihren Platz in derselben? Woher selbst stammt unser Vertrauen, zu glauben und zu wissen?

Betrachtet man nämlich die Folgekulturen der europäischen mit den übrigen, so zeigt ein Kultur-Relativismus, daß uns die indogermanische Sprache und die Grammatik des Griechischen zur Ansicht führten, durch die Schärfungen und Trennungen unserer Begriffe und Wissenschaften der realen Welt näherzukommen, die aber in Wahrheit aus Vernetzungen und Kontinua besteht.

Und welch grandioser Unsinn wäre es, nach Maß unserer Überheblichkeit, unsere industrialisierte, sogenannte Erfolgszivilisation als den Höhepunkt der Kultur zu betrachten. Denn in Wahrheit sind wir es, die unsere Umwelt und uns selbst bedrohen. Und ihre über die Kontinente ausufernden Erfolge beruhen im Grunde auf wirtschaftlichen (und militärischen) Überlegenheiten. Und dies kann kein Maß sein für Kultur und Humanität.

Wir haben fortgesetzt getrennt, anstatt zu vereinen. Die Dinge der Welt so lange vereinfacht, bis wir sie selbst machen konnten. Nun halten wir dieses Produkt für die Welt und sind dabei, sie in Wahrheit zu ruinieren. Wir werden unsere allzu einfache Ausstattung durch Erfahrung übersteigen müssen. Das Erbe durch Erkenntnis. Für die Evolution mag dies nur ein kleiner, weiterer Schritt sein, für uns aber, auf der Suche nach einer besseren Welt, vielleicht eine Frage des Überlebens.

1. Teil: Bedingungen

Evolution und Apriori

KONRAD LORENZ

Anspruch eines Doyen

Ich halte in unserem Kreise zwei Rekorde: Mit Sicherheit bin ich der physisch Älteste und mit großer Wahrscheinlichkeit der geisteswissenschaftlich am wenigsten Vorgebildete in unserer Runde. An diesen beiden Tatsachen liegt es, daß die Frage, wie ich eigentlich zur Evolutionären Erkenntnistheorie (EE) gekommen bin, eine scheinbar sehr hochtrabende Antwort erhält: Ich bin gar nicht zu ihr gekommen, sie war von jeher meine Überzeugung - selbstverständlich nicht in klaren Worten formuliert. Aber die grundlegende Meinung, daß hinter allen von uns erlebten Phänomenen eine *Entsprechung* in unserer *realen Außenwelt* verborgen sei, etwas Entsprechendes, aber doch nicht ganz dasselbe, habe ich ganz sicher schon im Vorschulalter gehabt. Daher muß ich bei den Antworten auf unsere beiden Fragen regelmäßig tief in Kindheitserinnerungen zurückgreifen.

Eidetische Kindheit

Ich war als Kind hochgradig eidetisch veranlagt, viel stärker als heute. Optische Täuschungen hatten daher eine überaus starke Wirkung auf mich. Vor allem hatten sie eine sehr starke anziehende Wirkung, die Freude am Phänomen ist sowohl dem Eidetiker und dem Phänomenologen, als auch dem Naturwissenschaftler gemeinsam. Der zwiespältigen Natur von Phänomen und außersubjektiver Wirklichkeit nachzuspüren war, wie ich sicher weiß, ein früh gewähltes Hauptbestreben. Eine sehr frühe Erinnerung, nachweislich aus der Zeit, als ich zwischen vier und fünf Jahren zum ersten Mal in die Eisenbahn mitgenommen wurde, hege ich heute noch in voller Lebendigkeit an das merkwürdige Verhalten von Telegraphenstangen und Telegraphendrähten! Die Stangen, sonst formkonstante Dinge, veränderten ihre Größe, sowie der Zug fuhr, sie wurden rapide größer, während sie auf uns zueilten, und schienen zu schrumpfen, sowie wir an ihnen vorübergerollt waren. Noch merkwürdiger verhielten sich die Telegraphendrähte. Diese hatten die eigenartige Tendenz, bei rascher Weiterbewegung in den Himmel zu steigen, dann versetzte ihnen unerbittlich die nächste Telegraphenstange einen Schlag auf's Haupt, der sie tief nach unten warf, von wo sie dann in allmählicher Kurve bis zum nächsten Höhepunkt emporstiegen. Ich erinnere mich deutlich der von HEINZ WERNER so trefflich geschilderten emotionellen Interpretation des Erlebens: Ich empfand mit affektbetonter Interpretation einen den Telegraphendrähten innewohnenden idealen Drang, in den Himmel zu fliegen, und empfand die Telegraphenstangen als böse, weil sie die Drähte in diesem edlen Streben behinderten, indem sie sie immer wieder abwärts schlugen. Ich glaube mich sogar ein wenig der Enttäuschung und Beschämung zu erinnern, als mir am »Standbild« die Sachlage klar wurde, daß die Drähte sich überhaupt nicht bewegten, sondern von den Isolatorarmen an ihren Höhepunkten festgehalten wurden.

Das Phänomen ist nur ein Bild, aber ein Bild von Realem

Klar erkannt habe ich schon damals, daß hinter dem Phänomen etwas Reales und auch Wissenswertes steckte. Ich gehe nicht zu weit, wenn ich behaupte, ich habe damals gelernt, das Phänomen zu lieben, mir aber gleichzeitig bewußt zu bleiben, daß es nie wirklich genau das ist, was es in unserem Erleben malt. Man könnte meine damalige kindliche Erkenntnistheorie als eine Form von Realismus bezeichnen, der sich aber von denen eines naiven oder tierischen Realismus grundsätzlich dadurch unterschied, daß jedes Phänomen *hinterfragt* wurde. Das Fragen aber scheint die wesentliche Tätigkeit des Menschen zu sein und eine der kreativsten.

Niemals aber wandelte mich in meinen eidetischen Träumereien auch nur im geringsten irgendein Zweifel an der Realität des Phänomens an. Apriori Selbstverständliches zu bezweifeln war mir seit je Anathema! Vor allem hat es bei mir wahrscheinlich eine wesentliche Rolle gespielt, daß ich an der Wirklichkeit des lebendigen Erlebens der vielen tierischen Subjekte nie gezweifelt habe, die mich umgaben.

Die Du-Evidenz

Merkwürdigerweise ist es in den Geisteswissenschaften ja erst KARL BÜHLER gewesen, der die Du-Evidenz des Mitmenschen legitim gemacht hat. Die Welt verschiedener Tiere im Sinne von JAKOB VON UEXKÜLL zu erforschen führte bei mir jedoch niemals zur Annahme einer Vielzahl monadologischer Einzelwelten. Wiewohl mir klar war, daß ein Igel, eine zahme Hausente und andere Lebewesen, einschließlich meiner selbst, in ein und derselben Außenweltsituation völlig Verschiedenes erlebten, habe ich nie daran gezweifelt, daß es *dieselbe* reale Außenwelt sei, die sich in allen diesen Erlebnisformen abbildete. Ich liebte alle Tiere, wie alle reichhaltigen Phänomene. Mit bäuerlichen Instinkten wollte ich sie alle besitzen und umsorgen, ich strebte nach ihrer Freundschaft und nach möglichst naher Kommunikation mit ihnen. Tierhalter war ich ausgesprochen hauptberuflich, und das Zähmen meiner zurückhaltenden Mitwesen war meine fast alles beherrschende Bestrebung. Viele Jahre später traf ich auf einen Satz des französischen Dichters SAINT-EXUPERY, der mir den Erkenntniswert der Zähmung, d. h. des gegenseitigen Sich-Verstehen-Lernens, zum Bewußtsein bringen sollte. Der kleine Prinz SAINT-EXUPERYs lernt einen Fuchs kennen, der mit dem Ansuchen an ihn herantritt, ihn zu zähmen - »apprivoise-moi«. Als der kleine Prinz sich mit Zeitmangel entschuldigt und sagt: »Ich habe so viele Dinge kennenzulernen, daß ich keine Zeit habe, dich zu zähmen«, antwortet ihm der Fuchs mit der großen Wahrheit: »On ne connait que l'on n'apprivoise« - »Man kennt nur die Dinge, die man zähmt«, das heißt, mit denen man in jene vollkommene Kommunikation des Verständnisses tritt, die das französische Wort »apprivoiser« bedeutet. Ein großer Menschenfreund hat danach eine Friedensbewegung »Apprivoisement mondial« getauft.

Tiere kennen

Ich darf wohl sagen, daß ich in den folgenden Jahren meiner Kindheit und Jugend in treuem Dienste des »apprivoisement« sehr viele Tiere gepflegt und kennengelernt habe. Ich bin sicherlich jedem von ihnen mit jenem Respekt, um nicht zu sagen, jener Ehrfurcht gegenübergestanden, der allem natürlich Gewachsenen gebührt, vom Einzeller bis zum Schimpansen, und alle diese Tiere - vielleicht mit Ausnahme der letztgenannten - waren so unglaublich *dumm*. Ein Kanarienvogel oder ein Gimpel *versteht* einfach nicht, daß das Öffnen der Käfigtüre ihm einen erwünschten Ausweg aus dem Käfig bietet, er findet nur durch reinen Zufall den Weg ins Freie und hat anschließend ebenso große Schwierigkeiten, wenn er außerhalb des Käfigs hungrig geworden ist und zum Futter zurückwill. Es ist ebenso reiner Zufall, wenn er bei seinem blinden Streben nach dem Käfiginneren das erlösende Loch findet. Ein Rotkehlchen, eine Shamadrossel findet die Lösung desselben Problems augenblicklich und schlüpft schon am ersten Tag durch die Käfigtüre ein und aus. Das Rotkehlchen lernt sogar rechtzeitig zu entwischen, wenn sein Pfleger versucht, es mittels »Fernbedienung« - nämlich einer am Käfigtürchen befestigten Schnur - einzusperren.

Ich muß gestehen, daß diese Verschiedenheit zwischen Gimpel und Rotkehlchen mich erstmalig vor der UEXKÜLLschen Monadenlehre gewarnt hat. Wenn ich die beiden Vögel vor derselben Problemstellung sitzen sah und der eine das hemmende Stück Gitter sofort erkannte, der andere aber nicht, sträubte sich alles in mir gegen die Annahme, daß die beiden nur von einem Vogel gemeisterten Gegebenheiten der Außenwelt nicht identisch seien.

Nur eine Welt

Weit davon entfernt, durch die Vielheit tierischer Umwelten auf die Annahme einer UEXKÜLLschen Monadologie zu verfallen, schien es mir bald verständlicher, daß gewisse Programmierungen, die bei dem einen Lebewesen gewisse Problemlösungen ermöglichen, bei dem anderen einfach fehlen. Es fiel mir wohl auf, daß ein Käfer sehr viel mehr Informationen über seine Umwelt besitzt als ein Pantoffeltierchen, eine Hausente mehr als ein Käfer, und ich selbst unvergleichlich viel mehr als alle mir »unterstellten« Tiere; es blieb doch offensichtlich, daß es dieselbe Welt war, auf die sich alle diese Informationen bezogen. Ich geriet auch nicht in erkenntnistheoretische Krämpfe, wenn mein Hund beim Beriechen eines Zaunpfahles wesentliche und ihn interessierende Informationen empfing, die in meiner Programmierung nicht vorgesehen waren. Ein bißchen realer Gestank war mir doch zugänglich.

Nach diesem Exkurs in die vergleichende Verhaltenssphäre halte ich aber doch die Feststellung für nötig, daß ich aus meiner eigenen Wahrnehmung und ihren Gesetzen und Leistungsbeschränkungen mehr für meine Überzeugung von der EE gewonnen habe. Ich weiß auch bis heute nicht, ob es ein Glück oder ein Unglück für mich gewesen ist, daß ich sowohl aus eigener Neigung als auch durch die Lehren einflußreicher Gebildeter daran verhindert wurde, mich jemals aktiv mit den Geisteswissenschaften zu beschäftigen. In dieser Hinsicht ist mein Weg fast das genaue Gegenteil des von RUPERT RIEDL beschrittenen. Im Vergleich zu manchen bahnbrechenden evolutionären Erkenntnistheoretikern ist meine philosophische Vorbildung nicht nur als innocentia totalis, sondern als »ignorantia alba absoluta« zu bezeichnen.

Gestaltwahrnehmung

Erst als ich mein Medizin- und Zoologiestudium abgeschlossen hatte und mit KARL BÜHLER in nähere Berührung geriet, wurde mir die Gestaltwahrnehmung zu einer Quelle der Erkenntnis. Die Zweiheit zwischen dem wirklich Wahrgenommenen und dem von unseren Sinnesorganen und mehr noch von meinen damaligen recht einfachen optischen Apparaten lehrten mich die grundsätzlichen Verhältnisse zwischen dem realen Objekt und den »Attributen«, die unser Wahrnehmungsapparat hinzufügte. Mein erstes Schülermikroskop, dem übrigens die vorderste Frontlinse fehlte, war keineswegs achromatisch, und dennoch habe ich nie geglaubt, daß die regenbogenfarbigen Ränder, die alle von mir beobachteten Kleinlebewesen zeigten, Attribute dieser Wesen seien. Sie erfreuten mich zwar, aber sie bewiesen mir wieder einmal, daß das Phänomen mit dem dahintersteckenden An-Sich-Seienden keineswegs identisch ist.

»Attribut« heißt ja »das Hinzugefügte«, und ich glaube, daß es von dem Augenblick an, wo ich Paramaecien durch ein nicht achromatisches und auch durch ein achromatisches Objektiv gesehen hatte, das Hauptbestreben meines Wissensdurstes war, mit möglichster Schärfe zu unterscheiden, was den Dingen in ihrer außerweltlichen Wesenheit zu eigen sei und was, im Gegensatz dazu, von meinem subjektiven Wahrnehmungsapparat attributiert wurde. Und dieses »Attributierte« ist so reichhaltig, daß es schwerfällt, es von den ihm zugrunde liegenden Sinnesdaten zu unterscheiden. Unsere zentrale Repräsentation des Raumes, z. B. die von EUKLID beschriebenen geometrischen Gesetze, würde ein Optiker kaum wiedererkennen, der die faktischen, »unretuschierten« Abbildungen in unserem Augapfel untersuchen wollte. Man kann spekulieren, daß das unserer apriorischen Raumvorstellung zugrunde liegende Modell unseren Wahrnehmungsapparat von den drei rechtwinkelig aufeinanderstehenden Bogengängen unseres Labyrinthes vorgeschrieben sei. Die Gerade als kürzeste Verbindung zwischen zwei beliebigen Punkten ist eine Erfindung unseres Zentralnervensystems, die gewiß gut geeignet ist, es übersichtlicher zu machen. Der Übersichtlichkeit dient offenbar so ziemlich jede Verzerrung, die die euklidische Wahrnehmung vorzunehmen »für nötig findet«. Eine optische Gerade gibt es in der Natur bekanntlich nicht, wenn man von Projektionen des Horizontes u. ä. absieht. In der horizontalen Projektion ist diese Linie selbstverständlich ein nach oben konvexer Kreisbogen, wie ebenso natürlich jede Oberkante einer Mauer. Ein euklidisches Apriori aber zwingt uns, diese Horizontalkante als Gerade zu sehen. Die Konvexität, die erscheint, wenn die Linie oberhalb unserer Augen verläuft, wird, wie der Leuchtlinienversuch eindeutig zeigt, vom euklidischen Apparat gefälscht. Eine in der entsprechenden Höhe über den Augen angebrachte Leuchtlinie scheint im verdunkelten Raum um genau jenen Betrag durchzuhängen, den sie im Phänomen nach oben gekrümmt ist. Die Linie *ist* also in Wirklichkeit eine Gerade, sie wird aber nur als gerade gesehen, weil zwei weise vorgebildete optische Täuschungen einander kompensieren. Um es noch einmal zu sagen, eine Mauer, die vor uns steht und in jedem Teil ihrer Oberfläche von Horizont zu Horizont reicht, bildet sich auf unserer Netzhaut als ein Kreisbogen ab. Wir sehen sie aber als Gerade. Naive Menschen würden sagen, dies sei deshalb so, weil die Mauerkante eben eine Gerade *sei*. Wo aber ist diese Gerade in Wirklichkeit? Vor diese merkwürdige Frage wird der erkenntnissuchende Mensch gestellt.

Was mich von Jugend auf an diesen vielseitigen Korrekturen, die ein übergeordneter Apparat an unserem Zentralnervensystem vornimmt, geärgert und in Verlegenheit gesetzt hat, ist die Frage, mit welchem Recht das euklidische System an meinen Sinnesdaten wilde Korrekturen vornimmt, ohne daß man wirklich wissen kann, woher die richtig sind. Manchmal sind sie sicher falsch. Es kommt aber auch vor, daß außer der Korrektur, die von den apriorisch-euklidischen Regeln vorgenommen wird, noch ein zweiter Korrektor am Werke ist, nämlich der ungemein komplexe Apparat der *Gestaltwahrnehmung*. Die Probleme der Gestaltwahrnehmung waren zweifellos das Lebensinteresse meines großen Lehrers KARL BÜHLER, und ihre Erkenntnis ist ohne allen Zweifel ein großer Schritt in der Richtung auf die Einsicht in die Evolutionäre Erkenntnistheorie. Es ist sehr schwer, eine funktionelle Definition der Gestaltwahrnehmung zu geben. Ich wünsche vielmehr, in diesem Kreise eine zu hören.

Die Definition, »jene Leistung, die aus den Sinnesdaten Wahrnehmungen formt«, trifft zum Teil auch auf die Wahrnehmung zu, nur sind es nicht Sinnesdaten, die ihr als Ausgangsmaterial dienen, sondern schon fertig konstruierte Wahrnehmungen, wie z. B. ein Kreis oder eine Gerade, deren Erkennen man gerne dem Apparat der euklidischen Geometrie zuschreiben würde, woferne beide Funktionen überhaupt zu trennen sind. Bei Betrachtung des gründlichen Studiums, das ERICH VON HOLST den optischen Täuschungen zuteil werden ließ, könnte man schließen, es sei die Funktion der Gestaltwahrnehmung, optische Täuschungen, die durch die Physiologie des Sinnesapparates nahegelegt werden, eben gerade zu verhindern. Wo aber dann der Arbiter steckt, der das letzte Urteil darüber fällt, was nun »wirklich wahr« sei und was Täuschung, bleibt für immer unentschieden. Wir kennen sogar Fälle, wo die Gestaltwahrnehmung den Aussagen der euklidischen Geometrie geradewegs widerspricht. Pilatusfrage! Ein Beispiel, das KARL BÜHLER in seiner Vorlesung zur Illustration des paradoxen Widerspruches zwischen Gestalt und euklidischer Wahrnehmung heranzuziehen pflegte, ist folgendes: Man stellt aus dünnen geraden schwarzen Drähten ein Würfelskelett her und bringt eine mechanische Verlängerung in der einen Diagonalachse an, so daß sich daran das Modell hochkant befestigen und um diese Achse rotieren läßt. Dann läßt man dieses Modell zwischen dem Auge des Betrachters und einem Spiegel erscheinen, so, daß die Diagonalachse möglichst genau mit derselben Achse im Spiegelbild zusammenfällt. Wenn man diese Anordnung beidäugig betrachtet, sieht man natürlich den Würfel, der ja durchsichtig ist, und sein hinter ihm rotierendes Spiegelbild beide zugleich, und sie drehen sich, wie Bild und Spiegelbild es immer tun, im entgegengesetzten Sinne. Schließt man nun aber ein Auge, so vollbringt die Gestaltwahrnehmung einen merkwürdigen Purzelbaum: Sie läßt den gespiegelten Würfel springen, d. h. sie »findet es eleganter«, das Wahrgenommene als *ein* Objekt zu interpretieren, das sich in einem Sinne um dieselbe Achse dreht. Nach den Regeln der uns bekannten euklidischen Perspektive *geht das gar nicht.* In unserem Netzhautbild werden am gespiegelten Würfel alle Geraden länger, wenn sie sich dem Auge des Betrachters nähern oder im Spiegelbild zu nähern scheinen, im umgekehrten Falle aber kürzer. Da nun in unserem Spiegelbild die dem Spiegel sich nähernden, also dem Beobachter näher kommenden Teile größer werden, ihr Netzhautbild aber tatsächlich kleiner wird, müssen sich alle Linien des gespiegelten Würfels verbiegen, dehnen oder zusammenstauchen, je nachdem, ob das vereinheitlichte Bild sich dem Auge oder auch dem Spiegel nähert oder entfernt. Der Beobachter sieht dann zwar auch bei Einsicht in die Zusammenhänge nur einen tanzenden Würfel, dieser aber scheint einen merkwürdigen Bauchtanz zu vollführen, anzuschwellen, wenn er sich dem Auge nähert, und sich im umgekehrten Falle einzuziehen.

Prägnanz

Wie schon FELIX KRUEGER gesehen hat, gibt es sogenannte prägnante Merkmale, die der Gestalt geradezu einen Zwang auferlegen, sie als Attribute anzunehmen. Der menschliche Bildner von Hypothesen verhält sich ganz ähnlich, er bevorzugt allzu leicht eine »elegante« Lösung vor der kritisch richtigen. Die Vernachlässigung der euklidischen Kontraktionen und Dehnungen, die sich der »Konstrukteur des Spiegelbildes« zuschulden kommen läßt, ist typisch menschlich. Das Öffnen des zweiten Auges läßt allerdings den Spuk verschwinden, und eine ähnliche Wirkung haben oft zusätzliche Daten.

Es ist mir selbst, und wahrscheinlich auch vielen anderen, nicht klar, ob die euklidische Auslegung unseres Raumbildes und die integrierende Leistung der von der Gestaltwahrnehmung vorgeschlagenen Interpretationen Leistungen desselben Apparates sind. Unzweifelhaft geht in die Bildung des nach rechten Winkeln und geraden Verbindungslinien geordneten räumlichen Bildes viel Erworbenes mit ein, man bekommt eben selten Versuchspersonen, die in Eingeborenenhütten ohne rechten Winkel und ohne Gerade großgeworden sind. Auch an der Größeneinschätzung sind erworbene Leistungen stark beteiligt. In dem geradezu unheimlichen Kabinett optischer Täuschungen an der Princeton Universität gibt es einen Raum, der durch vorgetäuschte Rechtwinkeligkeit die Größe von Menschen verändern kann. Die linke Lotrechte der Hinterwand ist viel größer als die rechte, die beiden Oberkanten sind daher nicht horizontal, sondern gehen schräg nach links aufwärts und nach rechts abwärts, und beide vom Betrachter fort. Um die optische Täuschung noch zu fördern, sind an der Hinterwand einige entsprechend verzerrte Möbelstücke und Bilder angebracht. Wenn man nun vom Eingang her das Zimmer beidäugig betrachtet, ist seine schiefe Konstruktion sofort einsichtig, wenn man aber einäugig durch das vorgesehene Guckloch blickt, ist sie zwingend. Eine Braut bekam hysterische Krämpfe, als sie sah, wie ihr Geliebter längs der Hinterwand von rechts nach links ging und dabei immer kleiner wurde, mir selbst war dasselbe Erlebnis bei meiner Frau ausgesprochen alarmierend. Eine sehr verliebte junge Dame sah die Deutung einfach nicht, daß ihr Geliebter kleiner wurde, kam nicht in Frage, individuelle Größe wurde zum herrschenden prägnanten Merkmal. Analog verhielt sich ein junger Soldat, dem die Rangabzeichen seiner Vorgesetzten so in die Kniee gefahren waren, daß es für ihn unmöglich wurde, sie in der angegebenen Weise verkleinert zu sehen.

Die euklidische Raumwahrnehmung und die Gestaltwahrnehmung tun den im Sinnesorgan festgelegten Daten nahezu unbeschränkt Gewalt an. Daß sie, wie in einem unserer Beispiele, dem tanzenden Würfel, miteinander in Widerspruch geraten, läßt vermuten, daß wir recht unterschiedliche Organisationen vor uns haben. Wenn man in weitem Überblick ihre Funktionen betrachtet, so findet man, daß überraschenderweise die Täuschungen fast immer dazu da sind, eine Wahrheit zu enthüllen. Jedem Denkenden muß sich die Frage aufdrängen, wer der Beratende ist, der aus dem Chaos der Wahrnehmungsdaten das jeweils Wichtigste und am leichtesten Verständliche auswählt. Dies tut er nämlich. Das geht daraus hervor, daß wir mit unseren so täuschungsfähigen Apparaten in unserem täglichen Leben im sogenannten Mesokosmos das Richtige treffen, und zwar fast immer, mit Ausnahmen, die aus dem Funktionsbild des Apparates verständlich werden. Die mesokosmische Richtigkeit der vielfältigen Interpretationen, die euklidisches Weltbild und Gestaltwahrnehmung uns unterbreiten, legen mir persönlich die Vermutung nahe, daß beide wie unser gesamter apriorischer Denk- und Anschauungsapparat stammesgeschichtlich und unter dem Druck der Selektion entstanden sind.

Der vorliegende Aufsatz ist eine durchaus subjektive Darlegung und soll eigentlich nur besagen, daß mich Wahrnehmungstäuschungen zu einer Zeit, da ich noch nicht allzuviel von vergleichender Ethologie wußte, zur EE geführt haben.

Literatur

BÜHLER, K. (1922): Handbuch der Psychologie. 1. Teil: Die Struktur der Wahrnehmung. Jena: VEB Gustav Fischer.

HOLST, E. v. (1956): Optische Wahrnehmungen, die wir selbst erzeugen, und ihre Bedeutung für unser Dasein. Jb. Max Planck Ges.

KRUEGER, F. (1926): Über psychische Ganzheit. N. psych. Stud. I, 1.

SAINT-EXUPERY, A. DE (1943): Le Petit Prince. Paris.

UEXKÜLL, J. v. (1921): Umwelt und Innenwelt der Tiere. 2. Aufl. Berlin: Springer.

WERNER, H. (1933): Einführung in die Entwicklungspsychologie. 2. Aufl. Leipzig: J. A. Barth.

Kommentar zu »Evolution und Apriori«

RUDOLF HALLER

KONRAD LORENZ charakterisiert in einem Erinnerungsbild *sein* bereits in der Kindheit erwachsenes Verständnis der evolutionären Erkenntnistheorie und zweier Postulate dieser Auffassung, daß es nämlich erstens eine Welt der *Erscheinung* gibt - die Welt unseres ursprünglichen Erlebens von Phänomenen, die Welt der sinnlichen Erfahrung, des Empfindens und Wahrnehmens von Gegenständen und Gestalten, die wir als unseren innersten Besitz betrachten - und daß es zweitens eine »hinter dem Phänomen« liegende »reale Außenwelt« gibt, die die *wirkliche Welt* ist. Das zweite Postulat besagt, daß alles Erleben aller Lebewesen, von Igeln und Enten z. B. bis zum Menschen, zwar in der Form der »Abbildung« verschieden ist, aber *ein und dasselbe bezeichnet*, nämlich *dieselbe* Außenwelt.

Da die *Phänomene* des Erlebens von ein und demselben nicht immer die gleichen sind und verschiedene Individuen Verschiedenes erleben, ergibt sich, daß die Phänomene, sozusagen die Innenseite des Erlebens, nicht gleich der Außenwelt der hinter ihnen liegenden Dinge sein können, daß also »das Phänomen mit dem dahintersteckenden An-sich-Seienden keineswegs identisch ist«.

Auf diesen Voraussetzungen aufbauend formuliert LORENZ das Ziel, nämlich »mit möglichster Schärfe zu unterscheiden, was den Dingen in ihrer außerweltlichen Wesenheit zu eigen sei und was, im Gegensatz dazu, von meinem subjektiven Wahrnehmungsapparat« beigesteuert werde.

Diesem Forschungsprogramm entstammt, was man heutzutage Evolutionäre Erkenntnistheorie nennt. Nach dem, was wir von LORENZ gehört haben, wird eine ihrer Antworten sein, daß der subjektive Wahrnehmungsapparat, der Apparat, der dazu eingerichtet wurde, die Außenwelt abzubilden, erstens derart ist, daß seine Treffsicherheit nur für eine bestimmte Art der Außenwelterfahrung programmiert ist, und zweitens, daß das Programm selbst das Produkt der Stammesentwicklung unter dem Druck der Selektion ist.

Das in den Apparat, die physisch-physiologische Konstitution der Lebewesen, eingebaute Programm ist nichts anderes als das Apriori der Anschauungs- und Denkformen.

Meinen Kommentar zu KONRAD LORENZ' Vortrag möchte ich in drei Punkte untergliedern, von denen der erste das Problem des Apriori betrifft, wie man es faßt und fassen kann, der zweite meine Deutung und Antwort auf KONRAD LORENZ' erkenntnistheoretische Behauptungen; drittens, meine Beurteilung der Möglichkeiten und Grenzen einer naturalistischen Erkenntnistheorie.

Das Apriori-Problem

Natürlich ist jedem, der die Terminologie KANTs benützt, um eine empirische, naturgesetzliche oder naturgeschichtliche Hypothese zu unterstützen, klar, daß damit gewisse erkenntnistheoretische und ontologische Voraussetzungen mitbetroffen sind, die man nicht ohne Schaden vernachlässigen kann. Da ich mich nicht zur Verteidigung KANTs berufen oder veranlaßt sehe, möchte ich nur den Kern des Problems herausstellen. Und dieser betrifft zunächst die Frage der Bedeutung dessen, was verhandelt werden soll. Nach KANT können wir und sollten wir zwischen zwei Arten von Erkenntnissen unterscheiden: *Jenen*, die apriori, also unabhängig von der Erfahrung sind, und damit auch unabhängig von der sinnlichen Erfahrung, und *jenen*, die aposteriori sind und ihre Quelle eben in der Erfahrung haben. Apriori wahre Urteile sind dann solche, deren Wahrheit erstens notwendig ist und zweitens von strenger Allgemeinheit, womit KANT zwei Kriterien der Apriorität vorschlägt. Es ist selbstverständlich den an KANT geschulten Philosophen aufgefallen, daß die *Umdeutung* des Apriori-Begriffes durch die Evolutionäre Erkenntnistheorie mehr Probleme schafft, als sie löst. So hat STEGMÜLLER, der immer ein mehr oder minder offenherziger Verteidiger der Existenz synthetischer Urteile a priori war, und *insofern* ein Neo-Neo-Kantianer genannt werden mag, darauf hingewiesen, daß es sich dabei um eine *gewaltige Umdeutung* von einem erkenntnistheoretisch operativen Begriff zu einem *Dispositionsbegriff*, nämlich dem angeborener Eigenschaften, handelt.

Aber lange vor den Kritikern der Evolutionären Erkenntnistheorie *unserer* Tage haben die Kritiker der Evolutionären Erkenntnistheorie *ihrer* Tage den zentralen Punkt herausgegriffen, daß nämlich die Auffassung der Apriorität als einer Erkenntnis *ohne* Erfahrung dann widersprüchlich wird, wenn man glaubt, sie durch eine *genetisch-akkumulierte Erfahrung* ersetzen zu können. Denn ob individuell oder gattungsmäßig, in beiden Fällen ist die *Quelle* der Erkenntnis dann die Empirie und *nicht* - wie bei der Bestimmung des Begriffes apriorischen Wissens - die Vernunft. Die Bestimmung der Apriorität ist die Bestimmung einer Quelle des Wissens. Eine *Erkenntnis* apriori, die aposteriori gewonnen wird, ist ein Widerspruch in sich.

Nun nützt es zwar, wenn man einen Fehler in einer Überzeugung oder in einem Argument, das zu einer solchen führt, entdeckt. Aber die noch wichtigere Aufgabe ist, zu erklären versuchen, wie der Fehler entsteht oder auf welchen Gründen er aufbaut. Wir haben gesagt, daß ein Urteil (oder ein Satz) dann apriori wahr ist, wenn seine Wahrheit notwendigerweise gültig ist, und wir haben gehört, daß KANT auch die *Allgemeinheit* des Urteils (oder Satzes) als ein Kriterium behauptet. Wenn wir nun auch nur für einen Augenblick auf den *Beweisgang* des evolutionären Arguments achten, daß nämlich die Stammesgeschichte der Artenentwicklung unter Selektionsdruck eben *diesen* Apparat hervorgebracht habe, der uns wahrnehmen läßt, wie wir wahrnehmen, und denken läßt, wie wir denken, *dann* ist es ganz klar, daß die Konklusion nicht stärker sein kann als die Prämissen: Die Schlußfolgerung ist sonach weder notwendigerweise gültig noch von strikter Allgemeinheit. Sie *kann* daher auch nicht *ein apriori wahrer* Satz sein. Da es klar ist, daß Behauptungen über *Entstehungsbedingungen* von empirisch erfaßbaren Gegenständen *nicht logischen*, sondern *empirischen* Gesetzmäßigkeiten unterliegen, könnten wir auch nicht (und natürlich auch nicht KONRAD LORENZ) zu Recht behaupten, daß der sog. Apparat unseres Weltbildes zwar so ist, wie er ist, aber *nicht* anders sein hätte können. Nein, wie bei jeder Aussage über die Gegenstände empirischer Forschung müssen wir auch hier zugeben, daß das, was der Fall ist, auch anders hätte sein können. Während, wie WITTGENSTEIN im Traktat sagte, *ein apriori richtiger Gedanke* ein solcher wäre, »dessen Möglichkeit seine Wahrheit bedingte«.

Da uns LORENZ (1941) durchaus zugibt, daß man von der »'aposteriorischen' Entstehung des 'Apriorischen' zu Recht sprechen kann«, gibt er wohl auch der Erklärung recht, die ich für die nicht gerechtfertigte Begriffsbildung verantwortlich mache. So heißt es denn an einer Stelle jenes frühen Aufsatzes über KANTs Lehre vom Apriorischen: »Nichts, was unser Hirn denken kann, hat absolute, im eigentlichen Wortsinn apriorische Geltung.«

Das ist sicher falsch. Ich glaube, daß sich die Lage dieser Verwirrung in den letzten fünfundzwanzig Jahren aber nicht wesentlich verbessert hat. Und es schiene mir daher besser, die Insistenz auf dem Apriori aufzugeben.

Das Realismus-Problem

Damit komme ich zum zweiten Punkt meiner Bemerkungen. Dieser betrifft die erkenntnistheoretische Frage nach dem Realismus oder, wie manche gerne zu mildern versuchen, dem »hypothetischen Realismus«. Das ist einerseits natürlich ein altes metaphysisches Problem und, wie jedermann weiß, hat der Alleszermalmer KANT hier einen klaren Standpunkt mit einer unklaren Theorie verbunden. *Er* meinte, daß es wohl *Dinge an sich* gebe, deren Erscheinungen wir erfahren und erkennen können, daß es aber unmöglich sei, die Dinge selbst in ihrem An-sich-Sein zu erkennen. Darum könnten auch die durch den Verstand konstituierten Formen der Anschauung von Raum und Zeit sowie die der Natur die Regeln »vorschreibenden« Kategorien *nur* auf den Bereich des Phänomenalen und *nicht* auf Dinge an sich bezogen werden.

Demgegenüber meint LORENZ eine Art von Common-sense-Realismus mit dem KANTschen Dualismus kombinieren zu können und beansprucht von Beginn an auch eine *Einsicht in das An-sich-Seiende*; nicht eine totale, aber doch eine partielle, nämlich jedenfalls solcherart, daß dem erlebten Phänomen eine Entsprechung in der Außenwelt prädiziert wird. Der Ausschnitt, auf den der evolutionäre Erkenntnistheoretiker vornehmlich sein Interesse richtet, ist der Bereich der Lebenswelt, für den nun gelten soll, daß eine Entsprechung statthat. Diesem Bereich haben sich die Mitglieder der Spezies Mensch so *angepaßt*, daß ihr Apparat, trotz der Verzerrungen, doch gewissermaßen richtige Aufnahmen macht.

Das dabei zentral berührte Problem der Realismusfrage ist eine Frage, die sich für den evolutionären Erkenntnistheoretiker entweder gar nicht sinnvoll stellt oder wenn, deren Antwort für ihn jenseits vernünftigen Zweifels liegt.

Ich will nicht leugnen, daß der Standpunkt des Common sense eine dominierende Stelle in dem Streit um erkenntnistheoretische Standpunkte beanspruchen darf, und ich selbst habe mehrmals für seine Vernünftigkeit argumentiert (HALLER, 1981). Aber die Evolutionäre Erkenntistheorie setzt ja bereits voraus, was zu begründen ist, daß nämlich das erkennende Subjekt *reale* Gegenstände trifft und selbst ein *realer* Gegenstand ist: Kurz, der hypothetische Realismus postuliert einfach, daß es ein *reales Ding* gibt, das Erfahrungen macht, und daß die Erfahrungen *dieses* Dinges bestimmte Strukturen der realen Welt zeigen und das Gezeigte erkennbar ist, wie gesagt nicht gänzlich, aber teilweise.

Eine solche Überlegung könnte in Frage stellen, ob das Postulat die Aufgabe erfüllt, für die es eingesetzt ist. Aber während LORENZ selbst noch bescheiden nicht mehr behauptet, als daß die Grundannahme bereits in ihm *verursacht* war, als er noch ein Kind war, finden sich bei den Anhängern und Fortsetzern sogleich die Übertreibungen. Dort wird uns dann gezeigt, so z. B. bei RIEDL (1980), daß die bloße *Annahme* - und das *ist* ja ein *hypothetischer* Realismus - »den naiven, den kritischen und den streng kritischen Realismus« *überwinde*, denn keiner derselben sei für die Praxis verläßlich. Der hypothetische Realismus hingegen enthalte die Methode der Verbesserung in sich selbst.

Ich glaube, solche Aussagen sind entweder naiv - wenngleich nicht realistisch - oder bloße Überredung - wenngleich nicht erfolgreich. Denn soweit die Normalwissenschaft unreflektiert oder reflektiert dieser Annahme folgt, entsteht solange kein Problem, als niemand daran Anstoß nimmt. Schließlich gibt es keinen größeren Freiheitsraum im Bereich der intellektuellen Einstellungen als beim *Annehmen:* Im Annehmen sind wir absolut frei und *keine* Beschränkung unseres Apparates kann uns hindern, alles Mögliche und alles Unmögliche anzunehmen. Also warum nicht auch das Wirkliche? Die Frage ist nur, welche Konsequenzen es für unsere *Theorienbildung* haben wird. Und wenn wir dabei die Möglichkeit des Solipsismus *ernsthaft*, d. h. *philosophisch* betrachten, dann bedeutet die Annahme der Evolutionären Erkenntnistheorie nichts anderes als die *Verweigerung*, das Problem eben ernsthaft zu betrachten. Denn schließlich scheint mir völlig richtig, worauf HEINER RUTTE aufmerksam macht, daß die empirische Wissenschaft zu einer Beantwortung der erkenntnismetaphysischen Frage des Realismus gar nichts beitragen kann (RUTTE, 1987). Und der Grund ist offenkundig: Auch für den Solipsisten gibt es die

Unterscheidungen, von denen der hypothetische Realist ausgeht, aber seine Grenzziehung stimmt nur in bezug auf das Eine *Subjekt* mit der Wirklichkeit überein. Und es gibt kein experimentum crucis, das zwischen den beiden Annahmen eine Entscheidung gestattete. Das ist zwar für den Verstand des Common sense eine Zumutung: Aber das sind wohl viele der metaphysischen Annahmen, wie MACH und andere evolutionäre Erkenntnistheoretiker des vorigen Jahrhunderts klar gesehen haben. Ich glaube, daß hier das Argument von RUTTE erst recht durch MACH bestätigt wird, daß nämlich - wer von physikalischen Gegenständen oder Tatsachen spricht, nicht deswegen schon ein *Realist* sein muß.

Ich will nicht den ganzen Ballast von Argumenten anhäufen, um klar zu sagen, daß wir es hier mit einem typischen *Scheinproblem* zu tun haben. Es zu lösen in dem Sinne, daß man eine Antwort als Annahme akzeptiert, schadet zwar nicht der wissenschaftlichen Theorie, um deretwillen man die Annahme macht, hilft aber auch nicht der philosophischen Theorie, denn das wäre ein einfaches Spiel, bei dem man statt zu gewinnen nur den Sieg zu postulieren hätte.

Ich komme nun zu den Argumenten, die eigentlich die tragenden für die evolutionären Erkenntnistheoretiker zu sein scheinen; das sind jene, die die *Art* und *Weise* der Programmierung betreffen, die den Erkenntnisapparat zugleich befähigt, Bestimmtes zu tun, und ihn eben darum limitiert, anderes tun zu können. Allein das reiche Material jener Wissenschaft, zu deren Begründern LORENZ zählt, hat uns klarmachen müssen, wie oft und in welchem Maße das Verhalten durch Anlagen geprägt und gesteuert ist, die nichts anderes sind als ein Produkt jener vernunftgemäßen Entwicklung, die MACH - berechtigt oder übertrieben - dem Prinzip der Maximierung unterordnet.

Ich glaube, daß ein wesentlicher Teil der Überzeugungskraft und jedenfalls der Plausibilität der Evolutionären Erkenntnistheorie darauf beruht, daß *sie eine erklärende Großtheorie ist*, die den Überlebenswert des tatsächlich funktionierenden organischen Aufbaus von Lebewesen *auf die intellektuellen und gemütsmäßigen Phänomene menschlichen Verhaltens* anwendet.

Nun, viele Gegner und Kritiker der Evolutionären Erkenntnistheorie übersehen, daß - soweit wir (beim gegenwärtigen Erkenntnisstand der Wissenschaft) wissen - *eine* Grundlage der Theorie richtig ist: Die intellektuellen Handlungen des Menschen, deren Auftreten und Erscheinung genetisch bedingt sind, *sind* gemeinhin ein Resultat der biologischen Evolution (s. auch VOLLMER, 1983). Also kann ihr Auftreten und ihr Erscheinen auch aus der Theorie der biologischen Evolution erklärt werden. Wenn sonach z. B. ein System nur mit unrichtigen, falschen intellektuellen Einstellungen sich in der Lebenswelt bewegte, würde es notgedrungen scheitern. Auf die Art übertragen hieße dies eine evolutionäre Unmöglichkeit (DENNETT, 1978). Soweit, so gut, und das Forschungsprogramm der evolutionären Theorie liefert eine gewaltige und eindrucksvolle Menge empirischer Daten, die bestätigen, daß die *funktionale Organisation* des organischen Systems, das »Weltbildapparat« genannt wurde, geeignet ist und determiniert *scheint*, gewisse intellektuelle Einstellungen, wie etwas zu erwarten, zu vermuten, etwas für wahr zu halten usw., hervorzubringen und zu bestimmen.

Aber so einfach liegen die *philosophischen* Probleme nicht. Denn wenn auch angenommen wurde, daß intentionale Strukturen zu *nichts anderem* dienten als zur Stabilisierung der Überlebenschance, so folgt aus dieser Annahme noch nichts über den *semantischen* Charakter jener Zeichensysteme, die zum Ausdruck der intentionalen Strukturen verwendet werden. Und es folgt natürlich erst recht nichts über deren Wahrheit.

Ich will nicht sagen, daß LORENZ selbst nicht die Einsicht in die Begrenztheit des Versuchs der Evolutionären Erkenntnistheorie zeige, die manchem ihrer Vertreter zunehmend bewußt wird: Aber es wäre verwunderlich, wenn der Vater seinen Kindern nicht das beste - nämlich Überleben - wünschen würde.

Möglichkeiten und Grenzen des Naturalismus

Ich komme nun zum letzten Punkt meiner Überlegung, der Frage nach der Möglichkeit und den Grenzen einer naturalistischen Erkenntnistheorie. Natürlich ist das ein viel zu großes und viel zu gewichtiges Thema, als daß man es gewissermaßen in der Fußnote eines Kommentars behandeln könnte. Aber wenn man nicht den Rahmen beachtet, innerhalb dessen ein Problem erörtert wird, wird man auch die Perspektive verfehlen, unter der es gesehen wird. Also nur eine Fußnote: ERNST MACH, zweifelsohne einer der Ahnherren der Evolutionären Erkenntnistheorie, hat für sich nie beanspruchen wollen, seine zweifelsohne *philosophischen* Untersuchungen *als* Philosoph zu unternehmen. Immer blieb er der Überzeugung, *nur* als Naturwissenschaftler zu handeln und zu sprechen. Ich glaube, daß KONRAD LORENZ' übertriebenes Geständnis einer philosophischen »ignorantia alba absoluta« der gleichen Einstellung entspringt. Es ist die Einstellung jener, die keinen wesentlichen Grund sehen, bei der Behandlung verschiedener Fragen, von denen die einen philosophisch genannt werden, ihre bewährte Einstellung und Methode zu ändern.

Als Naturalismus (in der Philosophie) ist nun jene Auffassung charakterisiert, die dieses Programm durchführt, die also der Forschungsregel folgt, erstens keinen genuinen Unterschied zwischen philosophischen und naturwissenschaftlichen *Fragen* anzuerkennen und zweitens keinen Unterschied in der *Methode* der Behandlung dieser Fragen. In einer radikalen Form hat z. B. WITTGENSTEIN in seinem Traktat diese These vertreten, wenn er fordert, daß die richtige Methode der Philosophie jene wäre, »nichts zu sagen, als was sich sagen läßt«, und das sind einzig und allein naturwissenschaftliche Aussagen, Sätze der Naturwissenschaft. Schon fünfzig Jahre zuvor hat FRANZ BRENTANO deklariert: Die Methode der Philosophie ist keine andere als die der Naturwissenschaft. Aber natürlich ist, wenn zwei dasselbe sagen - oder ähnliches - nicht gesagt, daß sie dasselbe meinen. Es würde uns zu weit führen, auch nur im geringsten *hier* einem Versuch zu folgen, das Gemeinte zu verdeutlichen.

Was sich in solchen Devisen ausdrückt, ist das verständliche Verlangen eines Denkens, die Einheit der Erkenntnisse und Vermutungen über den Kosmos der Natur, der Geschichte und des Menschen zu bewahren, und die Überzeugung, den Erklärungswert der empirischen Forschung durch keine andere Methode ersetzen zu können. Da die Wissenschaft selbst aus dem Leben hervorgeht, sind die Lebensbedingungen ihres Entstehens und Fortschreitens am ehesten auch aus den Lebensbedingungen der Spezies, die Wissenschaft betreibt, zu erklären; so wird die Erklärung, wie die Entwicklung der Spezies die Bedingungen des Erkennens und Wissens determiniert, zu einer Aufgabe. Aber sicher ist es nicht die alleinige Aufgabe einer Theorie der Erkenntnis. Andere Aufgaben betreffen die Begriffserklärung jener Ausdrücke, die wir zur philosophischen und wissenschaftlichen Beschreibung der erkenntnismäßigen Einstellungen verwenden, wieder andere, welchen Charakter die Rechtfertigungen und Überprüfungen dieser Einstellungen haben, wiederum andere, welche logischen Beziehungen zwischen ihnen bestehen und dergleichen mehr.

Ich denke, es wird gerne zugegeben werden, daß viele dieser Fragen, wie die Analyse der Begriffe, die epistemische Logik u. a., keine Antwort durch die Evolutionäre und eine ungenügende durch die naturalistische Erkenntnistheorie erfahren.

Das mag Anlaß sein, darüber nachzudenken, ob das Programm der Evolutionären oder naturalistischen Erkenntnistheorie ein *Ersetzungsprogramm* oder ein *Ergänzungsprogramm* sein soll, unabhängig von der Frage, wie erfolgreich es sich unter dieser oder unter jener Devise bewährt.

Ich meine, die Antwort auf diese Frage ist kein Streit um Worte und auch kein solcher, in dem der Angegriffene, die Philosophie in ihrem traditionellen Verstande, seinen Besitzstand verteidigen möchte. Ich glaube, die Antwort ist ein typisches Beispiel *philosophischer* Theorienbildung, wie immer sie ausfällt.

Literatur

DENNETT, D. (1978): Brainstorms. Hassocks: Harvester Press.
HALLER, R. (1981): Die Vernünftigkeit des Common sense. In: POSER, H. (Hrsg.): Der Wandel des Vernunftsbegriffs. Freiburg: Alber.
LORENZ, K. (1941): Kants Lehre vom Apriorischen im Lichte gegenwärtiger Biologie. Blätter für Deutsche Philosophie **15**, nachgedruckt in: LORENZ, K., & F. M. WUKETITS (Hrsg.): Die Evolution des Denkens. München/Zürich: Piper.
RIEDL, R. (1980): Biologie der Erkenntnis. Die stammesgeschichtlichen Grundlagen der Vernunft. Berlin/Hamburg: Paul Parey.
RUTTE, H. (1987): Der Realismus, das Wahrnehmungsproblem und die Ansprüche der naturalistischen Erkenntnistheorie. In: LÜTTERFELDS, W. (Hrsg.): Transzendentale oder evolutionäre Erkenntnistheorie? Darmstadt: Wissenschaftliche Buchgesellschaft.
VOLLMER, G. (1983): Mesokosmos und objektive Erkenntnis - über Probleme, die von der evolutionären Erkenntnistheorie gelöst werden. In: LORENZ, K., & F. M. W UKETITS (Hrsg.): Die Evolution des Denkens. München/Zürich: Piper.

■ *Diskussion*

POPPER: Ich würde gerne etwas sowohl zu KONRAD LORENZ als auch zu RUDOLF HALLER sagen. Vielleicht zuerst zu HALLER. Ich nenne mich nicht einen evolutionären Erkenntnistheoretiker, sondern ich bin so genannt worden. Was meine Evolutionäre Erkenntnistheorie betrifft, so macht sie vollkommen klar, daß es etwas gibt, was man genetisch apriori nennen kann. Und dieses genetische Apriori stellt keinen Anspruch daran, im Sinne von KANT etwas apriori gültiges zu sein. Was apriori betrifft, so glaube ich, daß es das nicht gibt. Es gibt nichts, was apriori gültig ist, im KANTschen Sinn, außer das, was KANT selbst analytisch genannt hat. Synthetisch apriori gültig gibt es meiner Meinung nach nicht. Aber es gibt sehr vieles, das genetisch apriori ist. Das heißt also, das nichts aus der Wahrnehmung stammt. Es ist also, glaube ich, eigentlich ein Fehler, wenn man sozusagen von der Evolutionären Erkenntnistheorie spricht und da alles mögliche zusammenhält, in dem Sinn, in dem es RUDOLF HALLER gemacht hat. Man kann also ein evolutionärer Erkenntnistheoretiker genannt werden und eine klare Unterscheidung machen zwischen dem apriori Gültigen und dem apriori Genetischen. Ich möchte noch dazusagen, daß es auch andere Dinge bei KANT gibt, außer der These, daß es synthetisch apriori gültige Sätze gibt. Und diese anderen Sätze, diese anderen Dinge bei KANT kann man sehr begrüßen, ohne damit auch ein »Apriorist« zu sein. In dem Vortrag, den wir gehört haben, betont LORENZ fast nur die Wahrnehmung. Ich glaube aber, daß es genetisch apriorische Prinzipien gibt, die erst die Wahrnehmung möglich machen. Das bedeutet nicht, daß sie deshalb im KANTschen Sinn apriori gültig sind. Sie sind von der Natur eines Koordinatensystems. Wir brauchen für unsere Wahrnehmung etwas wie ein vorgegebenes Koordinatensystem. Ohne das würden unsere Wahrnehmungen vollkommen verwirrt sein, würde es überhaupt nicht zu Wahrnehmungen kommen. Obwohl dieses Koordinatensystem vor den Wahrnehmungen vorgegeben sein muß, so ist es schon apriori gültig. Es ist von der Natur von Annahmen, Annahmen, die wir brauchen, um z. B. wahrzunehmen, aber nicht von apriori gültigen Dingen. Es ist hier also ein zweiter Sinn des nicht apriori Gültigen da, nämlich nicht nur, daß es apriori genetisch gegeben ist, sondern daß wir es apriori brauchen, um zu irgendeiner Empirie zu kommen. Das bedeutet aber nicht, daß es im KANTschen Sinn apriori notwendig ist, nur, wenn man mit KANT die Wahrnehmungen als Erkenntnisquelle annimmt, dann ist es natürlich eine Vorbedingung für Erkenntnis. Aber das muß man nicht.

LEINFELLNER: Ich stimme mit der philosophischen Kritik von RUDOLF HALLER vollkommen überein, aber die Realitätsfrage wird dadurch nicht nur von den Philosophen gelöst. Lassen Sie mich ganz kurz auf eine Fragestellung zurückgehen. Sie haben hier die Realität vom BELL-Theorem aus behandelt; das Theorem sagt einfach, daß Ereignisse in unserem All, z. B. von einer Lichtquelle ausgehende Elektronenpaare, untereinander noch zusammenhängen, auch wenn sie 30 Milliarden Lichtjahre entfernt sind. Nun, das BELL-Theorem und dann die Bestätigung von ESPANARD behaupten, daß wir einen All-Zusammenhang kriegen, also fällt innen und außen schon weg. Es fällt natürlich dann auch Subjekt und Objekt weg, die Tatsachen, die aus dem BELL-Theorem hervorgehen, und darüber kann uns kein Philosoph hinwegtäuschen, sind nun, daß wir einesteils auf der linken Seite das Realismus-Postulat aufgeben könnten, oder die Induktion, oder die Statistik, oder auf der rechten Seite die Separabilität, das heißt wir werden »Panholisten«. Wenn wir Panholisten werden, dann wird die Fragestellung des Realitätenproblems eigentlich obsolet. Nun, sie haben da die Aufgabe der Separabilität, daraus folgt, daß wir hierarchische Modelle haben, die die Theorie beschreiben können, daraus folgt, daß das Prinzip der lokalen Verursachung nicht gilt, eine unangenehme Erscheinung des BELL-Theorems. Woraus sich ergibt, daß Konterfakzidität und die definite Beschreibung, Aufgaben klassischer Methoden, klassischer Logik und klassischer Mathematik nicht mehr gelten, und daß höhere Sprachstufen der Modelle und Theorien unanschaulich mathematisch auch mehrdimensional werden. Das ist nur eine kurze Bemerkung. Noch einmal, ich möchte sagen, das Realitätenproblem kann man nicht unbedingt nur den Philosophen überlassen. Ich bin zwar selbst ein Philosoph, aber auch ein Wissenschaftler, und in dieser Hinsicht sollten wir uns doch mit den Konsequenzen des BELL-Theorems beschäftigen.

VOLLMER: Ich möchte gerne auf eine Bemerkung von RUDOLF HALLER antworten, und zwar geht es da aber nicht nur bei HALLER, sondern öfter in der Reaktion auf die Evolutionäre Erkenntnistheorie um die Frage, ob sie, die Evolutionäre Erkenntnistheorie, eine Umdeutung der KANTschen Apriori vornimmt. Natürlich kann man die Wörter so verwenden, wie man möchte, wenn man nur klar sagt, was man meint. Aber das Wort Umdeutung legt natürlich doch die Vorstellung nahe, daß man KANT etwa so lassen will, wie er ist, und dann biologisch oder genetisch phylogenetisch, evolutionär ergänzt. Das halte ich nicht für möglich, und darauf beruht natürlich mit Recht viel Kritik, daß man der Evolutionären Erkenntnistheorie vorwirft, daß sie es dort mit einer bloßen Ergänzung oder Interpretation oder Umdeutung bewenden lassen wollte. LORENZ sagt selbst in dem Aufsatz von 1941, daß eine solche Interpretation des Begriffes apriori bedeutet, den KANTschen Begriff apriori zerstören; daß es also keine Interpretation mehr sein kann, sondern ein ganz anderes apriori. Und insofern sollte man jedenfalls LORENZ das nicht vorwerfen, daß er da nur eine Interpretation zu geben geglaubt hat. Darauf würde ich auch sehr bestehen, oder das sehr betonen: Daß man es nicht als eine KANT-Interpretation deuten oder verstehen sollte, sondern was uns mit KANT verbindet, ist nicht sozusagen alles von KANT plus Biologie, sondern wir haben ein ähnliches Problem, z. B. wie Erkenntnis zustande kommt. Und wir finden dann, daß andere Philosophen, insbesondere KANT, sich mit diesem Problem auch befaßt haben, aber letztlich eine andere Lösung angegeben haben; anders vor allem in der Hinsicht, die sie ja mit ihren Kriterien Allgemeingültigkeit und Notwendigkeit skizziert haben, daß der evolutionäre Erkenntnistheoretiker, aber auch schon der hypothetische Realist oder der kritische Rationalist sogar stark fürchtet, daß es die gar nicht gibt und dann auf die Erklärung sicheren Wissens von vornherein verzichtet.

Das »hypothetisch« in der Verbindung hypothetischer Realismus betrifft natürlich nicht nur die These, daß auch die Existenz der Außenwelt eine Hypothese ist, die man, wenn schon nicht empirisch überprüfen, so doch kritisieren und dann verfeinern kann, sondern den Hypothesecharakter all unseres Wissens. Also wenn dann nun zwei Begriffe, hypothetisch und realistisch, dastehen, ist es natürlich nicht nur in der engen Beziehung, daß man die Existenz der Außenwelt eben als Hypothese nimmt. Das auch, aber das gilt für unser gesamtes Wissen. Und vielleicht noch eine Bemerkung zu der Alternative Solipsismus - nicht Solipsismus: Ich sehe Solipsismus und Realismus als zwei einander widersprechende Thesen, von denen unmöglich beide richtig sein können, die aber ein Spektrum aufspannen, in dem z. B. MACH weder am einen Ende des Solipsismus, noch am anderen des Realismus steht, sondern irgendwo in der Mitte, und in meinen Augen ist jede Position dazwischen mit einer gewissen Willkür behaftet, so daß ich glaube, konsequent ist nur der Solipsist oder der Realist, wenn er soviel behauptet, wie er vertreten kann. Also vielleicht hypothetischer Realist oder kritischer Realist, da sehe ich nicht so große Unterschiede. Und ich würde also sagen, man kann Solipsist sein und keiner kann diesen widerlegen, weder logisch, erkenntnistheoretisch, noch empirisch, aber niemand ist Solipsist, und wenn man nicht Solipsist ist, dann, glaube ich, muß man hypothetischer Realist sein. Insofern halte ich zwar den Solipsismus, wie Sie auch, nicht für irgendwie widerlegbar, aber wenn man schon nicht Solipsist ist, dann muß man wieder konsequent sein und die gegenteilige Position einnehmen. Vielen Dank.

OESER: Ich möchte zu GERHARD VOLLMER noch hinzufügen und etwas verschärft die Frage stellen, »wer hat überhaupt von den evolutionären Erkenntnistheoretikern die totale Identifikation des KANTschen Apriori mit dem phylogenetischen Aposteriori im Sinne von LORENZ behauptet?«.

HALLER: Ich glaube, daß es KONRAD LORENZ an manchen Stellen tut, ich gebe Ihnen aber recht, und das ist ja das Faszinierende an den originären Denkern, daß sie in einer großen Einfachheit eine Forschungsregel entwickeln und vorgeben, daß der Fehler, den man bei manchen evolutionären Erkenntnistheoretikern findet, sich nicht in dieser Kraßheit bei LORENZ selbst findet, da gebe ich VOLLMER recht. Ich gebe natürlich auch Sir KARL recht, daß ein solcher Regenschirm-Begriff wie Erkenntistheorie oder evolutionäre Erkenntnistheoretiker sehr Verschiedenes umfaßt, aber Sie wissen ja selbst, daß wir in der Kürze der Rede natürlich gezwungen sind, solche Täfelchen zu verwenden, und schließlich und endlich heißt ja auch das Symposium so wie es heißt. Also, an wen soll man sich wenden, als an die, die hier auftreten und unter diesem Namen die Theorie vertreten und die Wiener Schule, zu der ja natürlich die Veranstalter gehören und die ja im wesentlichen zu der Verbreitung beigetragen haben; die sind mitumfaßt, wenn ich von den Fortsetzern der Schule spreche. Ich denke, daß KARL POPPER natürlich auch recht hat, und da haben wir die geringste Differenz, daß es apriori analytisch wahre Sätze gibt und apriori analytisch falsche Sätze, daß es aber kein synthetisches Apriori gibt. Das war ein alter Glaubenssatz des logischen Empirismus, und ich freue mich zu sehen, daß Sir KARL doch diesem Ursprung seines Denkens auch in diesem Punkt treu bleibt. Was die Unterscheidung zwischen Gültigkeit und genetischen Apriori betrifft, da habe ich eben den Eindruck, daß wir hier in einer Zwangslage sind; natürlich sind wir durch die Begriffsbestimmungen der Philosophie vorgeprägt. Apriori heißt für uns das, was es eben definitorisch eingeführt heißt, und wenn Sie einen anderen Begriff verwenden wollen und den alten sozusagen obsolet auf den Theaterboden verschwinden lassen wollen, dann tun Sie es, und dann reden Sie nicht mehr von einem apriori eingerichteten Weltbildapparat, denn dieser apriori eingerichtete Weltbildapparat ist entweder apriori in dem Sinn, in dem wir gelernt haben, apriori zu verwenden, oder Sie müssen einen anderen Sinn bestimmen und deutlich sagen, daß Sie sich von dem früheren trennen und mit diesem Wort nichts zu tun haben wollen. Dann sage ich, Wortwechsel ist das beste, schließlich und endlich hat GERHARD VOLLMER auch nicht mehr gern den HUSSERLschen Begriff der Lebenswelt verwenden wollen und hat jetzt Mesokosmos dafür gesagt. Das sind diese Dinge mittlerer Größe, wie Sie und ich, und die kleinen oder größeren, die wir sind. Ich hätte noch viele Punkte, aber warum man jetzt in die LORENZdebatte das BELLsche Theorem uns an den Kopf haut, das habe ich nicht verstanden. Lieber WERNER LEINFELLNER, das ist ja mit einem solchen Wust an Theorien belastet, daß wir das, glaube ich, in der Kürze einer Abhandlung über die Evolutionäre Erkenntnistheorie nicht gut mit abhandeln können. Vielleicht an anderer Stelle, vielleicht innerhalb Deines Vortrages.

DITFURTH: RUDOLF HALLER, erlauben Sie mir auf dieses so herrlich zum Streit geeignete Begriffspaar, apriori - aposteriori, hier nochmals zurückzukommen, obwohl ich dazu vielleicht am wenigsten diszplinär berufen bin, aber vielleicht hilft folgender Kompromißvorschlag weiter. Ein neuer Ansatz, aber wir haben uns ja darüber geeinigt, daß es in dem Lager, das sich mit dem Titel »Die Evolutionäre Erkenntistheorie« etikettiert, durchaus verschiedene Ansätze gibt. Könnten wir uns nicht darauf einigen, daß diese Kategorie apriori aus der Weltsicht des Individuums unverrückbar im KANTschen Sinne weiterhin existiert, daß ich aber dann, wenn ich den Erklärungsrahmen erweitere, so daß ich das Individuum als ein vorübergehendes Mitglied einer sich im Rahmen einer stammesgeschichtlichen Evolution vorübergehend auftauchendes Exemplar zu Gesicht bekomme, daß ich dann sagen kann, ohne daß es ein Widerspruch ist, wie Sie so ganz bestimmt und nachdrücklich betont haben, daß sich dann aus diesem erweiterten Rahmen heraus dieses subjektiv nach wie vor unverrückbar feststehende apriori der individuellen Weltsicht entpuppt als ein in einem größeren Zusammenhang genetisch aposteriori entstandener Sachverhalt? Das ist doch in simplen Worten das, was, so habe ich es jedenfalls verstanden, bisher den Ansatz der Evolutionären Erkenntnistheorie ausmacht. Jetzt müßten Sie mir erklären, wo da ein Widerspruch bestehen soll.

HALLER: Manche Erklärungen bestehen in Wiederholungen, und die Wiederholung ist eigentlich diese: Das ist ein Argument, das BRENTANO - BRENTANO war sehr scharfsichtig - in einem großartigen Streit mit ERNST MACH im großen und ganzen vorweggenommen hat. Er war der Überzeugung, daß eine akkumulierte Erfahrung, die nun ontogenetisch in einem Individuum den Weltbildapparat bestimmt - nämlich die Stammeserfahrung bestimmt meinen Apparat - aposteriori ist, und nicht anders bestimmt werden kann, als aposteriori. Und die Frage ist, warum etwas, was aposteriori sein muß, apriori sein kann. Und das, glaube ich, ist der Widerspruch, das geht nicht. Und deswegen sage ich, warum darauf bestehen, daß es so ist, wenn es nicht geht.

BARTLEY: Wenn ich RUDOLF HALLER mit meinem schlechten Deutsch richtig verstanden habe, dann meint er, daß Fachtermini nur in einer Bedeutung verwendet werden können. Wenn das, was er über die Apriori sagt, richtig ist, hätten wir längst unsere Vorstellungen von Raum und Zeit aufgeben müssen, wenn wir unsere formalen Begriffe verändert hätten, sooft wir sie umgestoßen haben, sooft sie sich verändert haben. Wenn die evolutionären Erkenntnistheoretiker (und ich glaube die meisten von ihnen, obwohl POPPER meinte, daß es große Unterschiede zwischen ihnen gäbe) von Apriori sprechen, meinen sie der Erfahrung vorausgehendes Wissen. Apriori im Sinne von der Erfahrung vorausgehendem Wissen bedeutet nun aber nicht apriori gültig, es sei denn, man verwendet nur eine einzige Definition. Das sind zwei verschiedene Dinge. Man kann sich nun fragen, ob apriori im Sinne von der Erfahrung vorausgehend notwendigerweise auch apriori gültig ist.

MEDICUS: Die Begriffe »apriori« und »aposteriori« werden nicht von der evolutionären Erkenntnislehre so in einen Topf geworfen, wie Sie sagen, wenn etwas aposteriori ist, dann könne es nicht apriori sein. Es gehört ein wichtiger Zusatz zu diesen apriori und aposteriori, so wie sie die evolutionäre Erkenntnislehre verwendet, nämlich apriori ist ontogenetisch und aposteriori ist phylogenetisch zu verstehen, und das macht dann schon Sinn und ist kein Widerspruch.

Die erkenntnistheoretische Position der Evolutionären Erkenntnistheorie

KARL POPPER

Apriori - Aposteriori

Ich möchte zunächst etwas über den Apriorismus sagen. Erstens möchte ich mir von niemandem vorschreiben lassen, welche Terminologie ich benützen soll. Die Hauptsache ist, daß die Terminologie klar ist. Und die Terminologie »genetisch apriori« ist vollkommen klar, zumindest meiner Meinung nach. Es heißt, daß etwas schon da ist, *vor* dem Aposteriori, *vor* der Wahrnehmung. Außerdem ist es notwendig, das Wort »apriori« deshalb weiter zu verwenden, weil es hier eben eine ganz bestimmte Beziehung zum Kantianismus gibt. Meiner Meinung nach wird KANT viel verständlicher, wenn man sich darüber klar wird, daß er, wenigstens sehr oft, »genetisch apriori« gemeint hat, obzwar er natürlich immer von »apriori gültig« gesprochen hat

Ich möchte zweitens sagen, daß meine Meinung von KANTs apriori (POPPER, 1979) von der von KONRAD LORENZ vor vielen Jahren entwickelten Meinung völlig verschieden ist. Ich habe mit KONRAD LORENZ oft darüber gesprochen; aber ich weiß nicht genau, was seine gegenwärtige Meinung ist. Damals aber, als er über Kantianismus geschrieben und seine Interpretation veröffentlicht hat, war seine Meinung die folgende: Er hat gemeint, daß unsere Vorläufer, unsere Ur-urahnen, Dinge durch Wahrnehmung kennengelernt haben, die dann irgendwie von der Wahrnehmung ins Genetische übernommen wurden und damit für uns apriori geworden sind, nämlich genetisch apriori. Meine Meinung ist von dieser total verschieden. Und zwar ist die Verwendung der Begriffe nicht verschieden, aber meine Theorie ist verschieden. Und Theorien sind hundertmal wichtiger als Begriffe. (Theorien können wahr und falsch sein. Begriffe können bestenfalls adäquat und schlimmstenfalls irreführend sein. Begriffe sind nicht wichtig, verglichen mit Theorien.)

Ich behaupte nämlich, daß alles, was wir wissen, genetisch apriori ist. Aposteriori ist nur die *Auslese* von dem, was wir apriori selbst erfunden haben.

Wie alle anderen Organismen, die so etwas wie Wahrnehmungen haben und diese Wahrnehmungen verwenden können, um aus ihnen etwas zu lernen, müssen wir, *bevor* wir das können - also genetisch apriori - die Fähigkeit besitzen, unsere Sinneseindrücke zu ordnen und zu interpretieren. Aber das ist äquivalent mit dem KANTschen apriorischen Wissen, was besonders klar ist, wenn wir an KANTs Theorie von Raum und Zeit denken.

Zu sagen, wie es KONRAD LORENZ tat, daß das KANTsche, angeborene, apriorische Wissen ursprünglich Wahrnehmungswissen war, das uns angeboren ist, weil es uns von unseren Urahnen vererbt wurde, heißt, die ungeheuer wichtige KANTsche Grundeinsicht zu ignorieren, daß Wahrnehmungswissen ohne apriorisches Wissen unmöglich ist. In der Tat, wir dürfen nicht einmal *versuchen*, das KANTsche apriorische Wissen durch Wahrnehmungswissen zu erklären. Es war KANTs bedeutendste Leistung zu zeigen, daß alles Wahrnehmungswissen ein apriorisches Wissen voraussetzt.

KANT war der erste, der daran dachte, daß die Existenz von apriorischem Wissen eine notwendige Voraussetzung der Existenz von aposteriorischem Wissen ist. Aber von der »Notwendigkeit« eines apriorischen Wissens, um das Wahrnehmungswissen zu ermöglichen, darf man nicht auf die »Notwendigkeit« im Sinne einer logischen Modalität schließen. Genau hier weiche ich von KANT ab: Da unser Wahrnehmungswissen hypothetisch ist, darf unser apriorisches Wissen auch hypothetisch sein. Und so ist es in der Tat. Um das mit einem wichtigen Beispiel zu erläutern: Um unsere Wahrnehmung zu interpretieren, brauchen wir eine Geometrie, die *zumindest annähernd* euklidisch ist;

zumindest für unsere nähere Umgebung. Aber ob der Raum, der über die Erde und den Mond hinausgeht, euklidisch ist oder nicht, ist eine andere Frage: Hier kommen wir eben zur Hypothese, zum konjekturellen Wissen. KANTs Ansicht, daß alles apriorische Wissen »notwendig« im Sinne von »nicht hypothetisch sondern apodiktisch« ist, scheint mir zwar sehr verständlich zu sein, aber dennoch unbegründet, und sogar irrtümlich.

Aus diesen und vielen anderen Gründen nehme ich also, in scharfem Gegensatz zu KANTs Annahme, an, daß unser apriorisches Wissen, zum Beispiel in der Geometrie, hypothetischen (oder konjekturellen) Charakter hat. Ich nehme an, daß es nur genetisch apriori ist, und *nicht apriori gültig*; *nicht apriori notwendig, nicht apodiktisch.*

Aber auch wenn diese Korrektur gemacht wird, dann bleibt KANTs Apriorismus von der allergrößten Bedeutung. Und ich möchte es ganz klar und ausdrücklich sagen, daß ich ein radikaler Apriorist (im Sinne des genetischen Apriori) bin, viel radikaler als KANT, obwohl mein Apriorismus ein hypothetischer, ein konjektureller Apriorismus ist.

Ich stelle nämlich, im schärfsten Gegensatz zu allen Erkenntnistheoretikern seit JOHN LOCKE, und sogar auch im Gegensatz zu KANT, die folgende These auf: Alles Wissen ist seinem Inhalt nach apriori, nämlich genetisch apriori. Denn alles Wissen ist hypothetisch, konjekturell: Es ist *unsere* Hypothese. Aposteriori sind *nur* Ausmerzungen der Hypothesen: Der Zusammenprall der Hypothesen mit der Wirklichkeit. Darin und darin allein, besteht das Erfahrungselement in unserem Wissen. Und das genügt, um von der Erfahrung lernen zu können: Es genügt, um ein Empirist zu sein.

Um es anders zu formulieren: Wir lernen *nur* durch Versuch und Irrtum. Unsere Versuche sind aber *immer* unsere Hypothesen. Sie stammen von uns, nicht von der Außenwelt. Von der Außenwelt lernen wir *nur*, daß gewisse unserer Versuche Irrtümer sind.

Von den Urtierchen, von den Urzellen an, ist die Anpassung eine Erfindung der Lebewesen. Die Lebewesen passen sich an und verbessern selber ihre Anpassung. Diese Theorie von mir führt bestimmt zu großen Schwierigkeiten. Diese Schwierigkeiten sind nicht deshalb vorhanden, weil meine Theorie schwierig ist, sondern weil wir so wenig wissen. Über die Entstehung des Lebens und die Ur-Entstehung der Anpassung wissen wir fast nichts. Darüber werde ich etwas später sprechen.

Darwinismus

Ich habe den Darwinismus in sehr bescheidener Weise neu formuliert; nämlich DARWINs Theorie, die die Anpassung durch Selektion erklärt. DARWINs Theorie sagt folgendes:

Individuen, die besser angepaßt sind, haben eine größere Chance, Nachkommen zu haben.

Die Theorie - ich könnte darüber ziemlich viel historisch sagen - findet sich bei DARWIN selbst auch in dieser Form, und ist in dieser Form, meiner Meinung nach, viel klarer und viel besser formuliert als wenn man über »Selektion« spricht oder über die »natürliche Zuchtwahl«, oder über »natürliche Auslese«, oder über den »Kampf ums Dasein« und alle diese Dinge.

Kampf ums Dasein, natürliche Zuchtwahl, das sind lauter Metaphern, das sind keine Theorien; denn alles das existiert ja gar nicht. Was existiert, sind Individuen, die Nachkommen hinterlassen, und hier ist es eben DARWINs Theorie, daß die besser angepaßten Individuen eine größere Chance haben, Nachkommen zu hinterlassen. In dieser Formulierung sieht man aber auch sehr klar die Grenzen des Darwinismus. Der Darwinismus nämlich muß voraussetzen, daß es angepaßte, »einigermaßen« angepaßte Individuen gibt. Und das ist gleichzeitig das Problem der Entstehung des Lebens, über das wir ja wirklich leider noch sehr wenig wissen.

Anpassung und Darwinismus: Ein Gedankenexperiment

Ein Gedankenexperiment: Ich nehme an, daß wir in einem Reagenzglas, in einer test-tube (und mit einer test-tube meine ich eine test-tube und nicht eine große Maschinerie) Leben erzeugen können. Ich halte das gar nicht für so außerordentlich unmöglich, da wir ja so ungefähr wissen, wie die Dinge zusammenhängen. Und wenn wir es nicht wissen, werden wir es vielleicht einmal in hundert oder tausend Jahren wissen.

Also in einer test-tube haben wir Leben erzeugt, und zwar Leben in der Form eines Gens, oder mehrerer Gene, ich nehme an, wir haben ein ziemlich einfaches Gen, das sich da verdoppelt. Es ist ein Gedankenexperiment der künstlichen Entstehung des Lebens aus nicht-lebendigen Ingredienzen. Ich weiß, daß das sehr unwahrscheinlich ist und sehr schwierig, und MONOD hat diese Unwahrscheinlichkeit beiläufig ausgerechnet. Aber nehmen wir an, wir können es doch machen. Dann ist es unglaublich unwahrscheinlich, daß dieses von uns erzeugte Leben weiterleben wird. Und zwar deshalb, *weil kein Grund vorliegt anzunehmen, daß dieses Leben, das wir erzeugt haben, an eine test-tube angepaßt ist.*

Eine test-tube ist eine sehr arme Umgebung für das Leben, und um das Leben am Leben zu erhalten, werden wir anfangen müssen, eine Maschinerie zu entwickeln. Wir werden also *die Umgebung an das Leben anpassen* müssen. (Anpassung ist ja etwas, das auf Gegenseitigkeit beruht.) Um die Umgebung an das Leben anzupassen, müssen wir zumindest einen Supermarkt einführen, um das Leben zu füttern. Auch brauchen wir ein Kanalisationssystem, damit man die Abwässer des Lebens wegschafft. Und dann müssen wir noch Schulen einführen, um die Kinder aus dem Weg zu schaffen: Der eigentliche Zweck von Schulen. - Und die Geburtenregelung müssen wir organisieren, sonst erstickt dieses von uns im Reagenzglas gemachte Leben unter seiner Nachkommenschaft.

Nun, der Zweck meines Gedankenexperiments ist ein doppelter. Zunächst will ich darauf aufmerksam machen, daß die bloße Entstehung des Lebens noch überhaupt kein Problem löst. Warum ist dieses entstandene Leben seiner Umgebung angepaßt? Ich vermute, daß das Leben millionenfach entstehen mußte, bevor es eine Umgebung gefunden hat, an die es angepaßt war. Daß es entstanden ist aus irgendeiner chemischen Situation, die wir nicht kennen, bedeutet überhaupt nicht, daß es in einer Umgebung entstanden ist, in der es fortleben konnte.

Die Unwahrscheinlichkeit dieses Zusammentreffens von Leben und einer möglichen, also einer angepaßten Umgebung ist wohl ebenso groß, wie die Unwahrscheinlichkeit der Entstehung des Lebens selbst. Meines Wissens ist dieser Punkt bisher noch nicht besprochen worden. Ich bringe ihn hier vor, im Zusammenhang mit dem Problem der Erkenntnis.

Denn die Anpassung des Lebens an seine Umgebung ist eine Art von Erkenntnis. Ohne diese Minimalerkenntnis kann das Leben nicht weiterbestehen. Diese Erkenntnis ist eine Erkenntnis von sehr *allgemeinen* Lebensbedingungen. Entweder müssen die Bedingungen, von denen ich gesprochen habe, also die Umwelt, an das Leben angepaßt sein, oder das Leben an die Umwelt. Das beruht natürlich auf Gegenseitigkeit.

Wenn diese Umgebung nicht einigermaßen stabil, das heißt, die Anpassungsbedingungen nicht über Zeiträume hinweg einigermaßen konstant sind, können wir auch ziemlich sicher sein, daß das Leben in einer solchen Katastrophe der Umwelt zugrunde geht. Mit einer Katastrophe der Umwelt meine ich, daß die Umwelt sich in den Aspekten ändert, die an das Leben angepaßt sind. Wenn sich die Umgebung in ihren Anpassungen ändert, so geht das Leben zugrunde: Eine Katastrophe hat stattgefunden, und das ganze muß noch einmal von vorne anfangen. Wenn also die Bedingungen der Umwelt nicht einigermaßen stabil sind, dann können wir annehmen, sie waren nicht gut genug, um das Leben am Leben zu erhalten: Die Geschichte muß noch einmal beginnen.

Es muß also eine gewisse Stabilität der Umwelt vorhanden sein, damit es eine Anpassung geben kann - oder damit ein *Wissen* da ist: Das Leben muß von Anfang an, also apriori, ungefähr so viel über die Umwelt wissen wie wir in unserem Gedankenexperiment über das von uns erzeugte Leben und seine Bedürfnisse wissen mußten, damit das Leben fortbestehen kann: Anpassung ist eine Form des apriorischen Wissens.

Ich habe das alles hier jetzt nicht so sehr wegen des Gedankenexperiments selbst gesagt, sondern wegen der Rolle, die das apriorische Wissen in meiner, von anderen so benannten, »Evolutionären Erkenntnistheorie« spielt. Ich habe schon früher bemerkt, daß nicht ich diesen Namen auf meine Erkenntnistheorie angewendet habe, sondern daß andere Leute meine Erkenntnistheorie als eine evolutionäre gekennzeichnet haben. Aber jedenfalls ist sie ganz anders als die anderen evolutionären Erkenntnistheorien.

Ich gehe also davon aus, daß das Leben von seinem Anfang an eine Antizipation eingebaut haben muß, die Antizipation fortdauernder Umweltbedingungen des Lebens. Es muß nicht nur *an diese Umweltbedingungen* momentan angepaßt sein, sondern es muß diesen Umweltbedingungen über Zeiträume hinweg angepaßt sein. Und das bedeutet vermutlich, daß die Umweltbedingungen ziemlich stabil sein müssen. Es könnte ja auch sein, daß das Leben schon von Anfang an alle möglichen Änderungen der Umwelt mit antizipiert hat, aber das ist wohl doch etwas zu unwahrscheinlich.

Wir kommen also zu dem Schluß: Das Leben muß von Anfang an die Zukunft der Umwelt in irgendeinem Sinn antizipieren, das heißt, alle diese zukünftigen Umstände der Umwelt. Das sind vielleicht nur Stunden, oder es sind vielleicht Jahrmillionen. Es muß an die zukünftigen Bedingungen der Umwelt angepaßt sein; *und in diesem Sinn ist das allgemeine Wissen früher da, als das momentane Wissen*, das besondere Wissen. Von Anfang an muß das Leben ausgestattet gewesen sein mit allgemeinem Wissen, dem Wissen, das wir gewöhnlich Wissen von Naturgesetzen nennen. Selbstverständlich nicht Wissen in dem Sinne von bewußtem Wissen. Bewußtsein ist eine ganz andere Sache. So komme ich also dazu, den Urwesen ein Wissen zuzuschreiben, was offenbar eine *anthropomorphistische Idee* ist.

Über diesen Anthropomorphismus möchte ich jetzt kurz sprechen.

Homologie, Wissen und Anpassung

Ich glaube, daß es unsinnig ist, allen Anthropomorphismus aus der Biologie zum Verschwinden zu bringen, und daß wir darin wie in anderen Dingen evolutionär, und das bedeutet *homologiedenkend*, vorgehen müssen.

Wenn ich meine Nase der Nase eines Hundes homolog finde, so ist das der erste Schritt zur Evolutionstheorie. Es ist keineswegs selbstverständlich, daß der Hund eine Nase hat, es ist eine Theorie von uns, und eine Theorie, die bestimmt schon ein Urmensch aufgestellt hat. Er hat seine Nase der Nase des Hundes homolog gehalten; und er hat auch bemerkt, daß, während der Hund einen Schweif hat und manche Affen Schweife haben, er selbst keinen Schweif hat. Dieses Denken in Homologien ist eine *Voraussetzung* des evolutionären Denkens. Und wenn man überhaupt evolutionär denkt, muß man diese Homologien - von unseren Armen und Flügeln der Vögel, unseren Beinen und den Beinen der Vögel, unserer Nase und der Nase des Hundes - akzeptieren. Es sind Hypothesen der Evolutionstheorie: Unsere Nase und die Nase des Hundes sind evolutionär homolog.

Dieses Homologiedenken muß man auch auf unser Wissen ausdehnen, auf den Wissenserwerb und das Wissen überhaupt. Irgendwie ist es so, daß Hunde und Affen etwas haben, das unserem menschlichen Wissen entspricht. Das ist übrigens einer der Gründe, warum der dogmatische Behaviorismus, kurz gesagt, verblödet ist. Er sieht nicht, daß sogar dann, wenn er nur von Verhalten spricht, er schon eine Homologie einführt zwi -

schen unserem und dem tierischen Verhalten, und daß es ohne diese Homologie nicht geht, und daß man deshalb ohne weiteres berechtigt ist, solche Hypothesen über Homologie auch etwas weiter zu spinnen.

Nun, meine Grundthese in der Erkenntnistheorie ist, daß Wissen von einem hohen Allgemeinheitsgrad ist, also *antizipierend*, die Umwelt für lange Zeit antizipierend: Zum Beispiel das Wissen über den Wechsel von Tag und Nacht, das wir, *homolog*, bei Blumen finden. (Blumen schließen sich u.s.w.) Also die Blumen »wissen« etwas über allgemeine Regelmäßigkeiten. Das bedeutet nicht, daß sie einen Verstand haben, das bedeutet nur, daß sie entsprechend angepaßt sind. Daß das über Expansionen und Kontraktionen von Geweben geht, ist selbstverständlich. Aber jedenfalls sind die Gewebe so gebaut, daß sie dem angepaßt sind: Sie setzen die Regelmäßigkeit voraus.

Meine Behauptung in der Erkenntnistheorie geht über alle anderen Erkenntistheoretiker hinaus, ob nun evolutionär oder kantisch oder nicht-evolutionär ist ganz egal: Die allgemeinen Anpassungen gehen den Momentanpassungen voraus. Sie sind zuerst da. Sie sind apriori.

Erwartung

Bevor ich ein Beispiel bringe, möchte ich noch einen Ausdruck einführen, nämlich: Man kann dieses Wissen oder diese Anpassungen, insbesondere bei Tieren, als *Erwartungen* kennzeichnen.

Der Hund erwartet seinen Herrn um halb sechs Uhr. Er wird unruhig, man sieht, er bereitet sich darauf vor, daß der Herr um halb sechs nach Hause kommt. Das sind Formen des Wissens, und alle diese Formen des Wissens sind *Erwartungen*. Ähnlich *erwartet* die Blume, daß es am Abend kälter wird: Sie bereitet sich darauf vor.

Ich sage auch folgendes: Bevor wir, die wir nicht blind sind, Wahrnehmungen mit unseren Augen haben, haben wir Augen. Und daß die Augen Erwartungen sind, also eine Form, in der wir wissen, also Anpassung in die Augen eingebaut haben, sieht man sehr gut am mexikanischen Axolotl. Denn beim mexikanischen Axolotl, das in Höhlen aufwächst, sind die Augen zerstört. Das mexikanische Axolotl ist blind. Jene Erwartung, die zur Evolution unserer Augen geführt hat, ist bei ihm nicht eingetroffen, die Augen spielen keine Rolle mehr.

Die Augen sind also die Erwartung, daß wir in einer Welt leben, in der es zumindestens von Zeit zu Zeit Licht gibt, und daß sie dieses Licht dann verwenden können. Das ist die Erwartung, die uns mit den Augen angeboren ist. Vom evolutionären Standpunkt aus ist das Auge da vor jeder Gesichtswahrnehmung. Und ebenso ist das Auge, wie in anderer Weise die Gesichtswahrnehmung, eine Art von biologischem Wissen, denn es ist eine Antizipation, eine Erwartung.

Soviel ich weiß, gehen so gut wie alle Erkenntnistheoretiker (auch KONRAD LORENZ, den ich ungeheuer bewundere) mehr oder weniger davon aus, daß mein Wissen eine Folge meiner Wahrnehmung ist. Wir haben heute eine solche Vorlesung gehört, in der gezeigt wird, wie ein korrigiertes Wahrnehmen dann zu dem besten Wissen führt, das wir haben. Nach Korrektur sehe ich die Dinge überhaupt ganz anders. Wahrnehmungen sind verhältnismäßig unwichtige Pfade des Wissens, das Wichtige liegt nicht in der Kontrolle der Momentanumgebung, die uns die Wahrnehmung erlaubt. Das Wissen, das fundamentale Wissen, ist so etwas wie die Fühler selbst, die wir ausstrecken nach allen Richtungen. Fundamental ist also, wenn ich hier bin, daß ich weiß, daß ich in Wien bin, und daß ich in Österreich bin und alles mögliche derartige. Das ist eine Art von Wissen, das für mich wichtiger ist, als die momentane Wahrnehmung. Ich weiß ja auch, daß ich in einem Vorlesungssaal bin u.s.w.

Wir gehen also, sagen wir, von meiner Auffassung der Evolutionären Erkenntnistheorie aus. Gehen wir aus vom ganz allgemeinen Wissen und kommen dann auch zu gewissen ganz speziellen Dingen,wie etwa, daß ich dort oben gewisse Leute sehe, die ich kenne u.s.w. Ich kann meine Freunde in diesem Saal aus der Menge der mir unbekannten Gesichter herauslesen, was eine Funktion der momentanen Wahrnehmung ist: Für mich und in diesem Augenblick. Aber diese Funktion ist auch für mich im Augenblick weniger wichtig als meine allgemeine Orientierung, die mich zu dem leitet, was ich gerade jetzt tue und was ich gerade jetzt spreche. Und in diesem Wissen, in diesem Wahrnehmungswissen, können wir uns auch immer wieder irren, und irren wir uns auch immer wieder.

Unser Wahrnehmungswissen ist geleitet nicht nur von dem, was in uns anatomisch und physiologisch eingebaut ist, die Art, wie unser Gehirn alles filtriert und, sagen wir, integriert. Es ist vor allem auch immer wieder geleitet von unseren Zielen und Absichten.

Da KONRAD LORENZ in seinem Vortrag Geschichten erzählt hat, möchte ich auch eine erzählen.

Vor vielen, vielen Jahren, es dürften ungefähr 65 Jahre sein, war ich am Dachstein und wollte vom Karls-Eisfeld hinübergehen durch eine Scharte, als Nebel kam, und im dicksten Nebel suchte ich jetzt nach einer Scharte, und schließlich sah ich in Nebel und Eis etwas ähnliches. Und natürlich glaubte ich, die lang gesuchte Scharte endlich gefunden zu haben. Aber als ich näher kam, war ein Felsblock auf dem Eisfeld, und der Felsblock hatte dazu geführt, daß das Eis eingesunken war und eine Mulde bildete.

Ich erzähle das, weil es zeigt, daß unsere Wahrnehmungen zum Teil von unseren momentanen Erwartungen und Interessen dominiert sind. Wir sind also dauernd aktiv, wie man hier sieht. Ich nehme ja gar nicht wahr, wie man von Gestaltwahrnehmung und ähnlichem spricht. Ich nehme nicht wahr in dem Sinn, daß meine Wahrnehmung so etwas wie eine Fotografie ist. Ich bin aktiv und suche, und indem ich suche, interpretiere ich gewisse Dinge in gewisser Weise und manchmal durchaus nach den Zielen oder Wünschen, die ich eben verfolge. Diese Wünsche sind aber gewöhnlich von längerer Dauer. Ich war schon weit über eine Stunde auf der Suche nach dieser Scharte, die ich am Schluß doch gefunden habe - und die dann ganz anders ausgesehen hat, als ich erwartet hatte. - Also spielen im Leben und im Wahrnehmen unsere Ziele, unsere Wünsche, unsere Präferenzen eine ungeheure Rolle. Sie bestimmen unsere Interpretationen und unsere Interpretationen versuchen wir dann zu prüfen, zu verifizieren oder zu falsifizieren.

Ich möchte noch folgendes sagen. Es ist hier vom Realitätsproblem gesprochen worden. Ich sehe dieses Realitätsproblem auch völlig anders an. Für uns alle ist die Realität problematisch. Und wir alle senden ununterbrochen Signale aus, um uns zu versichern, daß wir nicht träumen, und daß wir in einer realen Welt leben. Wir sind wie die Fledermäuse. Wir schicken eben auch selbst unsere Signale aus: Obwohl wir nicht genau die Technik der Fledermäuse haben, so haben wir doch eine ähnliche Technik. Z. B. ich verändere meinen Platz dauernd, es ist Teil der Technik, um meine Signale in verschiedener Weise auszusenden und mich also von den zurückspringenden Momentansignalen, die ich dann integriere - die ich *aktiv* integriere - belehren zu lassen, daß ich nicht träume, und daß die Realität wirklich diesen merkwürdigen Eindruck hat, der recht verschieden ist von dem, was ich, in den letzten Jahren wenigstens, gewohnt war.

Ich behaupte also, Lebewesen sind *aktiv*, indem sie dauernd tasten, nach allen Richtungen tasten, wie die Käfer. Wir fühlen uns an die Dinge heran, mit allen Mitteln, die wir zur Verfügung haben. Solange wir nicht blind sind, sind die Augen von größter Bedeutung; wenn wir blind sind und nicht auch schwerhörig, kommen dann die Ohren, aber in allen Fällen versuchen wir, uns mit den Fingern zurechtzutasten.

Ich habe da eine Art Gleichnis, aber es ist absolut ernst gemeint. Ich habe zu meinem Entsetzen bemerkt (denn es handelt sich um ein Gleichnis, das ich von Zeit zu Zeit verwende), daß meine Zuhörer es für eine Art Witz ansehen, aber es ist absolut ernst gemeint: Unsere Situation ist immer die eines schwarzen Mannes, der in einem schwarzen Keller nach einem schwarzen Hut sucht, der vielleicht gar nicht dort ist. Das ist unsere Situation: Ganz ernst. Wir sind dauernd Nicht-Wisser und versuchen, uns dauernd mit unseren Händen zurechtzufinden, oder mit unseren Füßen oder mit unseren Ohren oder mit unseren Augen, mit was immer wir an Sinnesorganen haben, die wir aktiv verwenden, um uns dauernd der Realität um uns herum zu vergewissern.

Meine Theorie des Wissens oder der Erkenntnis ist darin also ganz revolutionär und dreht alles um, was meine Vorgänger bisher gesagt haben. Wir sind *aktiv, wir probieren dauernd aus, wir arbeiten dauernd mit der Methode von Versuch und Irrtum.*

Und das ist die einzige Methode, die wir haben. Die einzige Methode auch, von der wir annehmen können, daß die Urtiere oder Urpflanzen sie gehabt haben. Sie bewegen sich hin und her, wie KONRAD LORENZ sehr schön geschildert hat, in einer oder in mehreren Arbeiten: Sie machen Probierbewegungen, die Urtiere, und versuchen, irgendetwas irgendwie zu optimieren. Wahrscheinlich handelt es sich bei diesen Probierbewegungen um gefühlsmäßiges Abwägen. Aber vielleicht auch um gar nichts Psychisches, sondern nur darum, was für den Mechanismus, den sie auch darstellen, das Beste ist. Sie suchen und sie finden; sie sind auf der Suche nach einer besseren Umgebung, nach einer besseren Welt, schon die Urtiere. Und sie sind aktiv in dieser Suche nach einer besseren Welt. In dieser Suche müssen sie schon irgendwie angepaßt sein, wie ich gesagt habe: Sie müssen da schon ein gewisses allgemeines Wissen haben. Und dann kommen dazu noch Mutationen und neue Anpassungen. Und das ist die Empirie: Versuch und Irrtum.

Die Empirie ist das, was »nein« sagt. Jene Versuche, die nicht erfolgreich sind - also die Irrtümer - werden ausgeschaltet. Und diese Ausschaltung führt dann auf irgendeine Weise zu neuen Versuchen. Dabei spielen die Mutationen, und andere Mittel, die die DNS verändern, eine Hauptrolle.

Ganz ähnliche Resultate wie die, die genetisch bedingt sind, können auch traditionell bedingt sein. LORENZ hat gezeigt, daß, was bei der Graugans genetisch ist, nämlich das Erkennen eines Feindes, bei den Dohlen traditionell ist. Er hat das ganz besonders schön gegenübergestellt.

Widerlegung der Induktion

Das Leben kann also mit sehr verschiedenen Mitteln ähnliche, funktionell aber nicht genetisch homologe Maßnahmen treffen. Nun, von diesem Gesichtspunkt aus behaupte ich zum Beispiel, daß es keine Induktion gibt. Ich fürchte, daß es kaum jemanden gibt, der mir da zustimmt. Und es scheint mir jedenfalls doch sehr trivial zu sein. Die Idee der Induktion hängt zusammen mit einem weitverbreiteten Vorurteil »Wie wissen wir?« - Das ist die Frage.

Die traditionelle Antwort ist: »Na ja, ich mache die Augen auf und schaue mich um, dann weiß ich.«

Diese Idee über die Rechtfertigung unseres Wissens findet man bei fast allen Erkenntnistheoretikern, zum Beispiel bei RUDOLF CARNAP, der schreibt:

»How do you know?« - Query.

»Which are the perceptions which led you to your opinion?« -Query.

Die zweite Frage ist für CARNAP eine Umschreibung von »How do you know?«- »Welche Wahrnehmungen liegen deinen Ansichten zugrunde?«

Es wird als selbstverständlich angenommen, daß ich Wahrnehmungen habe, und daß diese Wahrnehmungen der Ursprung meines Wissens sind.

Ich aber behaupte, daß unser Wissen zu 99%, oder sagen wir zu 999% biologisch angeboren ist; und der Rest ist eine Modifikation, ein revolutionärer Umsturz von irgendwelchem vorhergehenden Wissen, wie das auch seinerseits wieder ein revolutionärer Umsturz von irgendetwas Vorhergehendem war, u.s.w. Aber zum Schluß geht alles Wissen wieder auf angeborenes Wissen zurück.

Angeborenes Wissen, aber *nicht sicheres* Wissen. Sicheres Wissen gibt es nicht. Ich kann nicht wissen, ohne dauernd meine Versuche zu machen, ob ich nicht träume. Wir müssen uns der Realität dauernd versichern, durch alle möglichen Stichproben. Alles, was existiert, ist Vermutungswissen.

Es tut mir leid, daß der von mir sehr geliebte und bewunderte KANT hier mit allen anderen, oder mit fast allen anderen Philosophen unrecht gehabt hat. Wir sind Tiere. Wir Menschen sind Tiere, und Tiere können kein sicheres Wissen haben. Das haben schon die Griechen gewußt. Sie haben gesagt: »Die Götter haben sicheres Wissen - episteme, die Menschen haben nur Meinungen - doxa.« Erst ARISTOTELES hat diese gesunde und richtige Ansicht verdorben. Er sagt, daß auch wir episteme, also sicheres Wissen, haben: beweisbares Wissen. Und um beweisbares Wissen zu bekommen, hat er die Induktion erfunden. Da er sich aber dabei sehr unwohl gefühlt hat, hat er sie dem SOKRATES in die Schuhe geschoben, oder in die Sandalen!

Das kann in diesem Rahmen aber nicht weiter besprochen werden.

KANT hatte recht, daß die Induktion etwas braucht, das ihr vorhergeht, etwas Allgemeines. - Nur daß dieses Allgemeine, obwohl es a priori allem Empirischen gegenüber war (da hatte er recht) *nicht sicher* war. Sicheres Wissen gibt es nicht. Das Wort »Wissen« ist, zumindest im Englischen und im Deutschen, der Ausdruck eines Wunschtraums. Die genaue Semantik des Wortes »Wissen« ist, daß Wissen *sicheres* Wissen ist. Ich kann nicht sagen: »Ich *weiß*, daß ich in Wien bin, obwohl ich es nur vermute.« Das kann man nicht sagen, das wäre ja ein Heruntergehen vom Wissen zum Vermuten. Wenn ich sage: »Ich weiß, daß ich in Wien bin«, so muß ich *sicher* sein, daß ich in Wien bin. Aber ich bin eben niemals so ganz sicher, daß ich in Wien bin, ich könnte ja vielleicht sehr lebhaft träumen. Da ist also etwas, eine Möglichkeit, die jetzt und hier in meinem Leben eine Rolle spielt, nämlich: Vielleicht träume ich doch - es würde ein sehr lebhafter Traum sein, aber da ich furchtbar müde bin, wäre es gar nicht so verwunderlich.

Im Englischen und im Deutschen bedeutet »Wissen« (also »knowledge«) *sicheres* Wissen. Das gibt es aber nicht. Was wir haben, bestenfalls haben, ist Vermutungswissen: Das ist alles, was wir haben können. Unser bestes Wissen ist das Wissen der Wissenschaft, bei weitem unser bestes Wissen; und dennoch ist auch das wissenschaftliche Wissen nur Vermutungswissen.

Ziele, Probleme, Werte

Ich bin etwas kritisch über eine Bemerkung, die mein Freund RIEDL in seiner Einleitung gemacht hat. Er hat irgendwie in das Horn derer geblasen, die mit unserer Vernunft unzufrieden sind, wenigstens ein bißchen. Und er hat für den Kulturrelativismus gesprochen. Ich werde etwas ganz anderes sagen.

Unser aller Aufgabe als denkende Menschen ist die Wahrheitsfindung. Die Wahrheit ist absolut und objektiv, nur haben wir sie nicht in der Tasche. Es ist etwas, das wir dauernd suchen und oft nur schwer finden; und unsere Annäherung an die Wahrheit versuchen wir dauernd zu verbessern. Wäre die Wahrheit nicht absolut und objektiv, so könnten wir uns nicht irren. Oder unsere Irrtümer wären so gut wie unsere Wahrheit.

Unsere Wahrheitssuche geht immer folgendermaßen vor sich: *Wir erfinden* - apriori - unsere Theorien, unsere Verallgemeinerungen. Zu denen gehören auch unsere Gestaltwahrnehmungen. Eine Gestaltwahrnehmung ist eine Hypothese: Es ist unsere Interpretation dessen, was wir sehen; und als Interpretation ist die Gestaltwahrnehmung eine Hypothese. Wir haben es überhaupt nur mit Vermutungen oder Hypothesen (das ist dasselbe) zu tun. Wir haben dauernd Vermutungen, die von uns geschaffen werden. Diese Vermutungen versuchen wir dauernd, mit der Wirklichkeit irgendwie zu konfrontieren und sodann unsere Vermutungen zu verbessern und sie der Wirklichkeit näher zu bringen.

Ich würde gern erreichen, daß die Wissenschaftler, und die Intellektuellen überhaupt, sich klar werden, wie wenig wir wissen. Zum Beispiel über den Ursprung des Lebens: Da wissen wir so gut wie nichts. Das sind diese ungelösten Probleme, die ich erwähnt habe. Selbst wenn das Leben entsteht: Warum sollte es dann gerade so entstehen, daß es zufällig mit der Umgebung, in der es entstanden ist, irgendwie übereinstimmt? Ein überaus schwieriges Problem.

Wir wissen nichts - das ist das Erste.

Deshalb sollen wir sehr bescheiden sein - das ist das Zweite.

Daß wir nicht behaupten zu wissen, wenn wir nicht wissen - das ist das Dritte.

Das ist so ungefähr die Einstellung, die ich gerne popularisieren möchte. Es besteht wenig Aussicht darauf.

Literatur

LORENZ, K. (1941): Kants Lehre vom Apriorischen im Lichte gegenwärtiger Biologie. Bl. f. Deutsche Philosophie **15**: 94-125. (Nachgedruckt in: LORENZ, K., & F. M. WUKETITS (Hrsg.) (1983): Die Evolution des Denkens. München-Zürich: Piper).

POPPER, K. (1979) in: HANSEN, T. (Hrsg.): Die beiden Grundprobleme der Erkenntnistheorie. Tübingen: J. C. B. Mohr.

Kommentar zu » Die erkenntnistheoretische Position der Evolutionären Erkenntnistheorie«

WILLIAM W. BARTLEY

Es ist merkwürdig (nach KARL POPPERs Beitrag allerdings weit weniger), wie sich die erste Begegnung mit einer neuen Idee, die einem wichtig erscheint - auf jeden Fall einer, die das eigene Leben verändern kann - im Gedächtnis verankert.

So mag man sich lebhaft an eine plötzliche Veränderung seiner geistigen Umwelt oder seiner ökologischen Nische erinnern. Ich sage *plötzlich*, weil sich das Aufschlagen eines Buches oder das Anhören einer Vorlesung katastrophal auf die Ideen auswirken kann. Man kann in einer Bibliothek schmökern, nach einem Vulkan suchen, und sich wieder lebhaft daran erinnern, wie man aktiv wurde, um sich - je nach Präferenz - entweder die Möglichkeiten, die einem die Idee bietet, zu Nutze zu machen, oder den Gefahren, die sie mit sich bringt, zu entgehen.

Begegnung mit der Evolutionären Erkenntnistheorie

Zwei solchen Momenten in meinem Leben verdanke ich die Begegnung mit der Evolutionären Erkenntnistheorie.

Der erste stand im Zusammenhang mit der Darwinismus-Lamarckismus-Diskussion, die in mir die lebhafte Erinnerung an einen Spaziergang durch Kensington Garden in London 1959 wachruft, bei dem KARL POPPER mir höchst angeregt von SAMUEL BUTLER und dessen Buch »Erewhon« erzählte.

Eine zweite solche Erinnerung - wieder eine, die im Zusammenhang mit einer Veränderung in meinem Leben steht - hat etwas mit der Ankunft eines großen, braunen Pakets aus Amerika zu tun, welches mir mein Freund DONALD CAMPBELL 1963 schickte. Es enthielt einen Stoß Arbeiten von ihm und von LORENZ, einschließlich des großartigen Aufsatzes von LORENZ über den KANTschen Begriff der Apriori im Lichte der gegenwärtigen Biologie. Die Nachwirkungen dieser beiden Begegnungen haben meinen weiteren Werdegang entscheidend beeinflußt, und ich bin glücklich, mich zu den evolutionären Erkenntnistheoretikern zählen zu können. Ich werde auf diese beiden Begegnungen eingehen.

Zuerst zu KONRAD LORENZ: Ich fand seine frühe Arbeit wirklich aufregend und war erstaunt, wie sehr die Ansätze darin denen in POPPERs Arbeit »Die beiden Grundprobleme der Erkenntnistheorie« ähnelten. Und immer noch verblüffen mich seine Erklärung der Apriori als Aposteriori und seine Überzeugung, daß es in der Evolution ein induktives Element gibt.

Lorenz und Popper

Nachdem ich LORENZ' Arbeit gelesen hatte, versuchte ich die Erklärung dafür zuerst in der unterschiedlichen Terminologie zu finden, um sagen zu können, daß er die Rolle der natürlichen Selektion lediglich als parallel zur versuchten Falsifikation in POPPERs Methodologie verstand; obwohl er doch den konventionellen Begriff »Induktion« verwendet hatte. Aber ich hatte die Situation aufgrund eines Zieles mißverstanden. Ich wollte, daß dieser großartige Mann, KONRAD LORENZ, mit POPPER übereinstimmt, doch mein Versuch, ihn dahingehend auszulegen, schlug fehl. LORENZ hat tatsächlich Induktion gemeint. Doch alles, was in der Evolution aposteriori ist, ist Elimination, und Elimination ist nur ein Teil der Geschichte - wie POPPER in seinem Beitrag und in vielen seiner Publikationen und Vorträgen erklärt hat. Auf jeden Fall hat sie nichts mit Induktion zu tun, denn Induktion hängt, wie POPPER zeigte, von der in Mißkredit geratenen Vorstellung des Lamarckismus ab, die Umwelt als Lehrmeister zu sehen.

Nun, meine zweite Bemerkung bezieht sich auf POPPERs großartigen Vortrag, den er vor circa einem Monat vor der Gesellschaft der Ärzte in Wien gehalten hat. Was diesen Vortrag anbelangt, möchte ich gerne die eine oder andere Bemerkung von POPPER näher erläutern: POPPER behauptete, daß die Teleologie, solange sie homolog zu verstehen ist, durchaus vertretbar wäre. Ich bin davon überzeugt - und nicht nur das: Es bedeutete für mich eine enorme Erkenntnis. Aber ich möchte in diesem Zusammenhang gern eine Frage stellen, wobei mich dabei weniger die Grenzen der POPPERschen Metapher interessieren. Ich möchte vielmehr wissen, welches die Grenzen der Homologie sind? Eine Frage, die POPPER in seinem Beitrag nur indirekt angeschnitten hat.

Homologien und Metaphern

Meine Bemerkungen sind keinesfalls als Widerspruch aufzufassen, sie greifen im Grunde auf seine eigenen Ideen zurück, um seine Argumente zu erläutern. Ein nicht-menschlicher

Organismus wird sich oft aus Neugierde oder auf der Suche nach einer besseren ökologischen Nische in Gefahr bringen, ist dabei aber für gewöhnlich nicht selbstmörderisch, und nicht darauf aus, durch besser angepaßte Nachfolger oder Konkurrenten ersetzt zu werden. Für Tiere ist eine bessere ökologische Nische nicht eine, die ständig gefährlicher wird. Aber in diesem Ausmaß sind solche Tiere auch keine Wissenschaftler, ihre Aktivitäten zur Problemlösung sind sehr eingeschränkt.

Nun ist der Standpunkt klar, und so stimme ich mit POPPER überein, daß Präferenzen eine entscheidende Rolle spielen, und daß es meist einer Katastrophe bedarf, um diese Rolle einzuengen.

Einen Fall gibt es aber, über den POPPER mehr als alle anderen publiziert hat, auf den das nicht ganz zutrifft, nämlich der speziell menschliche Fall der Wissenschaft; denn die Wissenschaft besteht zum Teil aus bewußten Versuchen, uns selbst zu übersteigen, wie POPPER es in seinem Buch »The Self an its Brain« gezeigt hat. Aber es ist eine Art von Selbstmord, in Homolgien und nicht in Metaphern zu sprechen. Wir versuchen unser altes Ich zu zerstören, das sich aus Theorien zusammensetzt, indem wir es kritisieren, es töten, es verstoßen und neue Theorien entwickeln. Um das zu tun, unternehmen wir den Versuch, Institutionen und Umstände zu schaffen, die die Umwelt - und damit uns selbst - auf dramatische Weise verändern.

Nun kommt die Präferenz als wichtiger Aspekt hinzu, was mich zu meiner eingangs gemachten Bemerkung zurückführt. Manche Menschen ziehen es vor, solche Katastrophen um jeden Preis zu vermeiden. POPPER hat diese Menschen als Ideologen beschrieben und als Beispiel eine kleine Gruppe Menschen in Indien genannt, die mitten unter Tigern leben. Diese halten bis zum bitteren Ende - denn ich nehme an, Menschen schmecken für Tiger bitter - an ihrem Glauben fest, daß Tiger heilig sind. So wie manche, hauptsächlich Philosophen, die Katastrophe, bei lebendigem Leib gefressen zu werden, der Katastrophe, ihre Ideen aufzugeben, vorziehen. Gerade in der Wissenschaft entgehen wir dem und opfern unsere Ideen und damit einen Teil von uns selbst, um uns selbst erweitern zu können. Und wir ersinnen katastrophale Situationen und Institutionen, wie etwa Konferenzen, um den Prozeß zu erschweren und außerdem fortzusetzen.

Damit äußere ich die Hoffnung, mit POPPERs Ansichten konform zu gehen. Ich möchte lediglich die Grenze - eine POPPERsche Grenze zur Homologie - stärker hervorheben, auf die er in so großartiger Weise unsere Aufmerksamkeit gelenkt hat.

Literatur

CAMPBELL, D. T. (1974): Evolutionary Epistemology. In: SCHILPP, P. A. (Ed.): The Philosophy of Karl Popper. La Salle: Open Court.

LORENZ, K. (1941): Kants Lehre vom Apriorischen im Lichte gegenwärtiger Biologie. Bl. f. Deutsche Philosophie **15**: 94-125.

POPPER, K. R. (1972): Objective Knowledge. An Evolutionary Approach. Oxford: Clarendon Press.

(Aus dem Englischen übertragen von Sabina Riedl.)

■ *Diskussion*

POPPER: Ich bedanke mich für die sehr freundlichen Bemerkungen. WILLIAM BARTLEY hat mich an etwas erinnert, das ich in meinem Vortrag sagen wollte, etwas sehr Wichtiges, worüber ich leider nicht gesprochen habe. Ich habe nämlich über den Gegensatz gesprochen zwischen den gewöhnlichen Erkenntnistheorien, die von der Wahrnehmung ausgehen oder der Wahrnehmung eine große Rolle zuschreiben, und meiner Erkenntnistheorie, die der Wahrnehmung, als einer Momentanhypothese, eine verhältnismäßig kleine Rolle zuschreibt. Aber ich habe etwas nicht erwähnt, das noch wichtiger ist im Vergleich zu den anderen Erkenntnistheorien - und das ist für mich das wirkliche Problem der Erkenntnistheorie: Es ist das *Wachstum* unseres Wissens. Nicht die Konzentrierung unseres Wissens, nicht das Erklären der Frage, warum wir an eine Realität glauben, an die natürlich jeder glaubt, oder ähnliche Erklärungen. Nicht die Erklärung des Wissens, das wir alle haben, ist wichtig, sondern das wichtige ist das neue, das revolutionäre Wissen, jenes Wissen, das nicht mit dem Rest unseres Wissens übereinstimmt und das uns dazu zwingt, gewisse Seiten unseres Wissens zu revidieren und vielleicht aufzugeben.

Das habe ich leider nicht erwähnt, aber BARTLEY hat darauf angespielt, daß eben *dieses* Wissen *nicht* homolog sein kann zu irgendeinem anderen Wissen. Nur in einem sehr allgemeinen Begriff kann es homolog sein, aber in seiner spezifischen Weise bricht es aus der Homologie aus. Das ist eben etwas Neues, etwas von uns Geschaffenes: Eine neue Theorie. Es ist nun so, daß die gewöhnlichen Erkenntnistheorien auf das überhaupt nicht eingegangen sind. Es ist interessant, wie KANT auf NEWTON reagiert hat. KANT, auf den NEWTON ein ungeheurer Einfluß war. NEWTONs Theorie war für ihn das Entscheidende überhaupt. Man kann geradezu sagen, er sah es als seine Aufgabe an, das NEWTONsche Wissen, das er selbstverständlich als sicheres Wissen ansah, zu erklären. Seine Frage: »Wie können wir wissen?« fragt nach der Möglichkeit des NEWTONschen Wissens. Aber er hat sich nie überlegt, daß, nach seiner Theorie, das NEWTONsche Wissen seit Ewigkeiten unser hätte sein müssen; daß wir immer schon dieses NEWTONsche Wissen hätten haben müssen. Da es ja in einem Sinn apriori war, der ja absolut und nicht beweglich war. Das wirklich revolutionäre Wissen ist ja nie wirklich *Wissen*, sondern immer nur Hypothese, Vermutungswissen; aber es kann uns immer dazu bringen, daß wir unsere Ideen vollkommen revidieren müssen. Dieses neue, revolutionäre Wissen ist, meines Wissens nach, von keiner Erkenntnistheorie wirklich ernsthaft behandelt worden. (Das sieht man am besten daran, daß die Kohärenztheorie der Wahrheit noch immer ernsthaft als ein mögliches Wahrheitskriterium diskutiert wird.)

Nachdem ich darauf hingewiesen habe, haben die Philosophen den schönen Ausdruck »Theoriedynamik« erfunden. Es gibt aber natürlich keine Theoriedynamik. Ich wollte auf diesen Punkt aufgrund von BARTLEYs Bemerkungen hinweisen, weil es einen sehr wichtigen Punkt meiner Erkenntnistheorien betrifft, durch den sie sich von der meiner Vorläufer unterscheidet.

Dieser Punkt ist aber auch von KANT in seiner Weise behandelt worden, und zwar im Vorwort zur zweiten Auflage der »Kritik der reinen Vernunft«. In diesem Vorwort ist sehr viel enthalten, in dem KANT über sich selbst und alle anderen Erkenntnistheoretiker hinausgeht.

Das Realitätsproblem

ERHARD OESER

Zwischen Erkenntnistheorie und faktischer Erkenntnis besteht eine notwendige Rückwirkung. Die Evolutionäre Erkenntnistheorie (EE) ist das Ergebnis der Rückwirkung der biologischen Evolutionstheorie auf die Erkenntnistheorie. Diese Argumentationsstruktur ist nicht zirkulär, sondern hat die Form einer Spirale, bei der sich der Radius der Reflexion erweitert, so daß man nicht mehr auf dieselbe Ebene zurückkehrt. Die EE ist daher eine mehrstufige Theorie, die selbstverständlich auch eine niveauadäquate Terminologie (OESER, 1985 c) braucht, wenn sie nicht in den Verdacht der Zirkularität geraten will. Diese Mehrstufigkeit ist schon dadurch gegeben, daß innerhalb der EE selbst zwischen den biologischen, d. h. genetisch bedingten Grundlagen der menschlichen Erkenntnisfähigkeit und der Erkenntnisfähigkeit selbst unterschieden wird.

Dieser nichtzirkuläre Zugang zu erkenntnistheoretischen Problemen über eine naturwissenschaftliche Disziplin ist also logisch erlaubt. Was nicht verboten ist, ist jedoch noch lange nicht zwingend vorgeschrieben. Wer also in der EE keinen Fortschritt sieht, kann daher ruhig bei seinen alten Vorstellungen bleiben. Allerdings hat er dann das Risiko auf sich genommen, vielleicht eine der entscheidendsten Entwicklungen in der gesamten Geschichte der Erkenntnistheorie verschlafen zu haben. Ich halte es daher mit ERNST MACH, der in bezug auf seinen eigenen evolutionistischen Standpunkt in einer Mischung aus gesunder Selbsteinschätzung und Toleranz einen Ausspruch Friedrich II. zitiert: »Wer am Jüngsten Tag nicht mitauferstehen will, der mag meinetwegen liegen bleiben.« (Verkürzt nach MACH, 1905).

Ich glaube, daß diese Bemerkung den Anspruch der EE auch in ihrer gegenwärtigen Form am besten charakterisiert: Es ist ein neuer Zugang zu alten Problemen, den es vorher nicht gegeben hat und der nicht mehr rückgängig zu machen ist. Das heißt: Die Erkenntnistheorie, aber auch die Ethik und damit die gesamte Philosophie, kann, wenn man überhaupt eine Rückwirkung von wissenschaftlicher Erkenntnis auf die Philosophie akzeptiert, nach dem Auftreten der biologischen Evolutionstheorie, also nach CHARLES DARWIN, niemals mehr das sein, was sie vorher war.

Das betrifft alle philosophischen Probleme und somit auch das sogenannte »Realitätsproblem«. Das Realitätsproblem ist insofern ein rein philosophisches Problem, als es weder im normalen Alltagsleben noch am Anfang der erfahrungswissenschaftlichen Erkenntnis auftritt. Die »Existenz der Welt« selbst steht auf diesen Reflexionsstufen nicht zur Debatte; sie wird als selbstverständlich vorausgesetzt. Sie steht auch in der EE selbst, die eine Satellitentheorie (H. MOHR) oder Anwendungsdisziplin der biologischen Evolutionstheorie ist, nicht zur Debatte. Das bedeutet, daß der sogenannte »hypothetische Realismus« keine ontologische Position ist, die auch die Existenz der Welt als hypothetisch betrachtet und als solche auch in diesem Bereich gar nicht reflektiert zu werden braucht. Das gleiche gilt vom »internen Realismus«, der - wenn man ihn nicht von vornherein auf einen begründungssemantischen Realismus einschränkt - sowohl eine folgerichtige Weiterentwicklung der KANTschen als auch der Evolutionären Erkenntnistheorie ist.

Das Zwei-Stufen-Modell der EE

Die Basis einer zweistufigen Evolutionären Erkenntnistheorie bildet die biologische Evolutionstheorie selbst. Das bedeutet, daß die EE keine voraussetzungslose Theorie im

Sinne der reinen aprioristischen Erkenntnistheorie KANTs ist, sondern von der prinzipiellen Wahrheit oder Gültigkeit einer erfahrungswissenschaftlichen Theorie abhängt. Mit der Falsifikation der biologischen Evolutionstheorie wäre auch die EE falsifiziert. Daher ist die Frage nach der Gültigkeit der biologischen Evolutionstheorie von entscheidender Bedeutung. Diese Frage ist jedoch nichts anderes als die Frage nach der Zuverlässigkeit oder Bewährung einer empirischen Theorie und läßt sich zirkelfrei nach allgemeinen wissenschaftstheoretischen Kriterien ohne Vorwegnahme der EE selbst mit hinreichender Sicherheit beantworten.

Wie ich an anderer Stelle nachzuweisen versucht habe (OESER, 1974), ist die biologische Evolutionstheorie das Ergebnis einer rational rekonstruierbaren historischen Entwicklung, aus der zunächst DARWINs Theorie konkurrenzlos hervorging. Die notorische Unterschätzung der modernen Evolutionstheorie durch formalistisch oder physikalisch orientierte Wissenschaftstheoretiker stellt heute eine geradezu anachronistische Fehlhaltung dar. Nach der von JULIAN HUXLEY so genannten »modernen Synthese« von naturhistorisch-anatomisch-morphologischer Systematik und kausal-analytischer Genetik, die um die Mitte unseres Jahrhunderts erfolgt ist, kann man sagen, daß alle Evolutionsbiologen sich in den Grundfragen einig sind. Trotz gewisser Differenzen in bezug auf die Mechanismen und den Modus des zeitlichen Ablaufs der Evolution kann daher die biologische Evolutionstheorie als eine zuverlässige und empirisch gut abgesicherte Theorie betrachtet werden, der keine ernstzunehmende Alternative mehr gegenübersteht. Es gibt zahllose einzelne Erfahrungen aus allen Bereichen der Biologie, die mit ihr verträglich sind, und nicht eine, die ihr in nachprüfbarer Weise widerspräche (H. MOHR, 1983). Fast die gleiche Zuverlässigkeit besitzt auch der empirisch-deskriptive Teil der Evolutionären Erkenntnistheorie, soweit er sich auf die Entwicklung des Erkenntnisapparates bezieht, der ein materielles Organ ist. Der rekonstruktiv-normative Teil, der sich auf die Steigerung der Funktionen unseres Erkenntnisapparates über das bloße Überleben hinaus bezieht, bedarf jedoch einer eigenen Argumentation. Diese besteht zunächst in dem immer noch empirischen Nachweis, daß der Selektionsdruck in der Hominidenevolution einen Erkenntnisapparat hervorgebracht hat, dessen Reichweite größer ist, als er zum Überleben und zur Arterhaltung nötig war. Wie groß die Reichweite dieses Erkenntnisapparates ist, läßt sich an der Wissenschaftsentwicklung nachweisen. Diese zeigt an der Evolution der wissenschaftlichen Methode, auf welche Weise der ursprünglich angeborene Mechanismus des Erkenntnisgewinns modifiziert worden ist.

Damit ist bereits eine zweite Stufe der EE erreicht. Diese ist jedoch nicht zu verwechseln mit einer »evolutionären Wissenschaftstheorie« im Sinne von POPPER und TOULMIN, in der Theorien in Analogie zu biologischen Arten gesetzt werden. Solche letzten Endes nur metaphorisch zu verstehenden Vorstellungen haben bestenfalls heuristischen Charakter, könnten aber schlimmstenfalls völlig in die Irre führen. Die EE zweiter Stufe ist mehr als eine Analogie, denn sie handelt von den Modifikationen der menschlichen Erkenntnisfähigkeit, die sich in den konkreten Erkenntnisleistungen im Laufe der Wissenschaftsgeschichte niederschlagen. In diesem Sinne ist die nachträgliche Berufung von KONRAD LORENZ auf BOLTZMANN treffender als auf POPPER. Denn BOLTZMANN hat tatsächlich vom Menschenhirn als einem Apparat zur Herstellung der Weltbilder gesprochen, »das sich wegen der großen Nützlichkeit dieser Weltbilder für die Erhaltung der Art entsprechend der DARWINistischen Theorie beim Menschen geradeso zur besonderen Vollkommenheit herausbildete, wie bei der Giraffe der Hals, beim Storch der Schnabel zu ungewöhnlicher Länge«. Entscheidend jedoch für die argumentative Begründung einer zweiten Stufe der EE ist BOLTZMANNs Feststellung, daß diese angeborenen Denkformen und Denkgesetze, wenn sie zu absurden Konsequenzen führen, »modifiziert« werden können. Und er spricht den programmatischen Satz aus: »Dafür, daß dies nicht absolut unmöglich ist, scheint die Geschichte zu sprechen.« Das Paradebeispiel für derartige Modifikationen unserer angeborenen Denkform und Denkgesetze war für ihn mit Recht seine eigene Disziplin, die theoretische Physik (BOLTZMANN, 1979).

Betrachtet man die EE als zweistufige Theorie, die ihre Basis in der biologischen Evolutionstheorie hat, dann ist es auch klar, daß sich der Begriff der Realität entsprechend diesen Reflexionsstufen verändert. Wobei der Grundsatz gilt, daß nur jener Grad von Reflexivität erreicht werden muß, der dem Grad der Theoretisierung der jeweiligen erfahrungswissenschaftlichen Erkenntnis entspricht. In jedem Fall aber handelt es sich in der EE immer um die Position des Realismus, der lediglich auf den verschiedenen Reflexionsstufen entsprechend modifiziert wird. Somit lassen sich die Reflexionsstufen des Realismus mit den Stufen der EE auf folgende Weise in Verbindung bringen:

- der Basistheorie, also der biologischen Evolutionstheorie, entspricht der wissenschaftliche Realismus,
- der EE erster Stufe entspricht der hypothetische Realismus,
- der EE zweiter Stufe entspricht der interne Realismus.

Der wissenschaftliche Realismus

Der »wissenschaftliche Realismus« besteht zunächst in der unreflektierten Auffassung, daß die Ereignisse, Zustände, Objekte und Eigenschaften, mit denen sich der Erfahrungswissenschaftler beschäftigt (also nicht nur über die er spricht):

1. »wirklich vorhanden sind« (= Fakten) und daß
2. alle Objekte der Erkenntnis in derselben Weise reale Tatsachen sind und daß
3. diese gegebenen Objekte unserer Erkenntnis als solche sich nicht ändern - zumindest während der Erkenntnis eine gewisse Stabilität besitzen und wiederholt beobachtbar sind. Was sich ändert, sind nur unsere Vorstellungen und Behauptungen über sie, die »wahr« oder »falsch« sein können. Dieser Realismus kann mit einer noch stärkeren Annahme verknüpft werden - nämlich:
4. daß es einen bestimmten, vor aller Erfahrung festliegenden Bestand an Gesetzen gibt, die nur »darauf warten, entdeckt zu werden«. Diese Gesetze regieren das Universum und können nicht durchbrochen werden (LORENZ, 1973).

Auf diesem Fundament eines unreflektierten, weil selbstverständlichen Realismus wurde historisch gesehen die Evolutionstheorie DARWINs errichtet. Als Beleg dafür ein Zitat aus DARWINs »Descent of Man«: »Unrichtige Tatsachen sind dem Fortschritt der Wissenschaft in hohem Grade schädlich, denn sie bleiben häufig lange bestehen. Aber falsche Ansichten tun, wenn sie durch einige Beweise unterstützt sind, wenig Schaden, da jedermann ein heilsames Vergnügen daran findet, ihre Irrigkeit nachzuweisen; und wenn dies geschehen ist, ist unser Weg zum Irrtum hin verschlossen und gleichzeitig der Weg zur Wahrheit geöffnet.«

In einer nachträglichen Selbstreflexion über sein eigenes methodisches Vorgehen versucht DARWIN daher auch zu zeigen, daß seine Vorstellung von der Veränderlichkeit der Arten durch den induktiven Druck des Tatsachenmaterials erzwungen worden ist: »Ich arbeitete nach wahrhaft BACONschen Grundsätzen und sammelte ohne irgendeine Theorie mit Hilfe gedruckter Nachfragen, durch Gespräche mit geschickten Züchtern und Gärtnern und durch ausführliches Lesen unterschiedslos eine ungeheure Menge von Tatsachen.«

Für DARWIN war also der Realismus kein Problem, weil er wußte oder zu wissen glaubte, was eine Tatsache und was eine spekulative Ansicht oder Vermutung ist. Zum

Problem wird der Realismus erst dann, wenn diese Unterscheidung schwierig oder zumindest in einer bestimmten historischen Situation unmöglich wird. Daß die Unterscheidung zwischen den sogenannten »Tatsachen« und den »Vermutungen« schwierig wird, ist eine Folge der Erweiterung unseres Wissens, das nicht nur in die Breite der uns direkt zugänglichen Umwelt (UEXKÜLL), die eine Welt der mittleren Dimensionen (BERTALANFFY, 1971) oder des »Mesokosmos« (VOLLMER, 1983) ist, sondern auch in die »Tiefe« geht, und zwar in die Tiefen des Mikrokosmos und des Makro- oder Megakosmos, d. h. in die molekularen und atomaren Strukturen der Dinge oder noch weiter ins »Innere der Atome« selbst bzw. auf der anderen Seite in die Tiefen des Weltraumes.

Beides ist nur möglich mit Hilfe von Prothesen, d. h. theoretisch konstruierten Beobachtungsapparaten, die Phänomene zweiter Art, d. h. an der Apparatur, zeigen, wie zum Beispiel Zeigerausschläge oder optische Muster, von denen aus die eigentlichen Objekte erschlossen werden müssen. Das bedeutet: Zu den Dingen des Alltags kommen sukzessiv immer neue Objekte, deren Realität umso problematischer ist, je weiter sie sich von der Welt der mittleren und direkt zugänglichen Phänomene entfernt. Zum Beispiel in folgender Reihenfolge: Feste oder elastische Körper (wie GALILEIs Kugeln), Moleküle, Atome, Elementarteilchen bis zu den Quarks. Oder eine andere Reihenfolge: Planeten, Monde, Sonnen, Fixsterne, Galaxien, interstellare Materie, Quasare, schwarze Löcher, weiße Löcher usw.

Dasselbe gilt auch für die biologische Evolutionstheorie (ET), die es sukzessiv mit neuen Objekten zu tun hat: Zunächst waren es Pflanzen und Tiere, an denen Variation und Mutationen festgestellt werden. Dann sprach man von Genen als Konstrukte der sogenannten klassischen Genetik und schließlich von Genen im Sinne der Molekulargenetik als Abschnitte oder Sequenzen auf dem DNS-Faden. Und damit öffnet sich ein neuer Bereich von »theoretisch konstruierten Tatsachen« mit den dazugehörigen Theorien über die Mechanismen der Evolution.

Daraus ergibt sich nun ein Einwand gegen die EE, der folgendermaßen lautet: Wenn die EE eine Konsequenz der ET ist, dann soll man zunächst abwarten, bis die ET vollständig ist oder zumindest eine einheitliche Theorie ohne interne Widersprüche oder Alternativen darstellt (Civitas-Tagung). Abgesehen von der wissenschaftstheoretischen Bewertung der ET, die selbst bei den Vertretern der EE uneinheitlich ist (z. B. MOHR, VOLLMER), ist die EE eine logisch notwendige Konsequenz aus der ET bereits in ihrem ersten Ansatz als bloße Phylogenetik oder Stammbaumkonstruktion. Schon dieses »Faktum der Evolution« (LORENZ) reicht für das Auftreten der EE aus, die ja bereits mit DARWIN beginnt und in MACH und BOLTZMANN und anderen Zeitgenossen oder unmittelbaren Nachfolgern DARWINs ihre Vertreter hat, und zwar lange bevor der (wissenschaftstheoretische) Status der ET als einheitliches Forschungsprogramm nach der sogenannten »modernen Synthese« positiv geklärt war. Das zeigen auch die ersten systematischen Ansätze einer biologischen Erkenntnistheorie, die sich lediglich auf das Faktum der Phylogenie stützten und von der Verhaltenslehre ausgingen - und zwar bei K. LORENZ (1941), der die Verbindung zu KANT mit der phylogenetischen Aposteriorisierung des KANTschen Apriori durchgeführt hat.

Für die EE, die sich auf die biologische Evolution stützt, ist also ebenfalls die »Realität« selbst kein Problem. Denn der Begriff der »Realität« umfaßt sowohl Subjekt als auch Objekt der Erkenntnis. Die Subjekt-Objekt-Relation ist erst im Prozeß der Evolution entstanden. Das Subjekt kann ein Objekt als realen Sachverhalt nur dann erkennen, wenn es selbst vor aller Erkenntnis mit dem Objekt evolutionär strukturell verkoppelt ist, d. h. selbst ein Teil der objektiven Realität ist, die eine wie immer geartete Struktur besitzen muß. Damit erweitert sich die Erkenntnistheorie von einer Theorie der Erkenntnisfähigkeit des Subjekts zu einer Theorie der Erkennbarkeit des Objekts, ohne in einen unkritischen Objektivismus zu verfallen. Das ist die Position des »hypothetischen Realismus«, die nach LORENZ besagt, »daß alle Erkenntnis auf Wechselwirkung zwischen dem erkennenden Subjekt und dem erkannten Objekt beruht, die beide gleichermaßen wirklich sind.« Daraus folgt, daß die Phänomene »nie wirklich genau« so sind, wie sie uns erscheinen (LORENZ).

Der hypothetische Realismus

Der hypothetische Realismus ist nicht die Voraussetzung, sondern die Konsequenz der Anwendung der Evolutionstheorie auf die Erkenntnistheorie und macht den nichtreflektierten selbstverständlichen wissenschaftlichen Realismus zu einer kritischen Position, welche die vier Hauptthesen des wissenschaftlichen Realismus in folgender Weise umformt:

1. Die Vorstellungen und Begriffe von den Ereignissen, Zuständen, Dingen und Eigenschaften sind nicht Abbilder der Realität an sich, sondern Reaktionsschemata auf Ereignisse und Dinge, die grundsätzlich wirklich stattgefunden haben oder wirklich vorhanden sein müssen. Diese Reaktionsschemata entstehen und laufen ab aufgrund einer bestimmten angeborenen Struktur (apriori). (Dies gilt auch dann, wenn die Reaktionen Nonsens-Reaktionen sind, die von Nonsens-Reizen innerhalb des zentralen Nervensystems ausgelöst werden. Diese sind dann als Fehlreaktionen zu betrachten und bedeuten nur, daß Irrtum möglich ist.)
2. Nicht alle Objekte der Erkenntnis haben daher die gleiche Realität. Es gibt Tatsachen erster und zweiter Ordnung. Die Objekte oder Tatsachen erster Ordnung sind die Dinge, Zustände, Ereignisse innerhalb der kognitiven Nische unserer artspezifischen Umwelt. Ihre Realität ist gesichert (nicht: »bewiesen«) durch die evolutonäre Verkoppelung unseres realen Erkenntnisapparates mit der dazugehörigen Umwelt, die zu einem wesentlichen Teil eine echte Koevolution darstellt. Diese Sicherung ist eine durch Millionen von Jahren bewährte Sicherheit der Richtigkeit unserer lebenserhaltenden Reaktionen und Aktivitäten in unserer Welt (RIEDL, 1980). Sie läßt uns aber im Stich, wenn wir die Grenzen des Mesokosmos überschreiten und Objekte zweiter Art konstruieren, deren reale Existenz nur indirekt erschlossen werden kann.
3. Sowohl die Tatsachen erster Ordnung als auch die Tatsachen zweiter Ordnung sind veränderbar, weil sich unsere Reaktionen und Handlungsschemata ändern. In diesem Sinne gibt es keine rohen, unbearbeiteten Tatsachen, weder im Mesokosmos noch jenseits des Mesokosmos - und natürlich auch keine Protokollsätze, die in schlichter Weise die realen Fakten als unverfälschte Daten wiedergeben. »Alles ist Arbeitshypothese« (LORENZ) - auch das sogenannte »Datenmaterial« selbst.
4. Es gibt für uns keine Garantie für die Existenz eines abgeschlossenen Satzes von allgemeingültigen Gesetzen, die deterministisch das ganze Universum regieren, sondern nur die Erwartung, daß die erfahrbaren Gesetze des Mesokosmos im Makrokosmos oder Mikrokosmos fortsetzbar sind.

Die Leistung der EE besteht darin, daß sie zwar einerseits Konsequenz der ET ist, aber trotzdem als Rückwirkung die naive, unreflektierte Position des naiven »wissenschaftlichen Realismus« zu einem kritischen, d. h. »hypothetischen Realismus« macht. Damit liefert sie die Grundlage zu einer Überschreitung der eigenen erkenntnistheoretischen Position und eröffnet auch einen methodologischen Weg zur Erweiterung der Erfahrung über den Bereich des Mesokosmos hinaus; und zwar indem sie grundsätzlich nachweist, daß zum Überleben nicht wirklichkeitsgetreute Abbilder, sondern nur richtige Reaktionen notwendig sind.

Die Logik, mit der wir die Welt erfassen können, ist nicht nur eine realistische, sondern eine reale Logik in dem Sinne, daß sie selbst unabhängig von unserem Bewußtsein in den realen Strukturen der Welt existiert, und der reale Ort der realen oder »lebendigen« (RAMON Y CAJAL, 1957) Logik ist das Menschenhirn: Diese Logik ist ein »Hirngespinst« im wahrsten Sinne des Wortes, denn sie liegt auf der Programmebene der Neuronennetzwerke und makroanatomischen Strukturen, die mit der sogenannten »realen Außenwelt«, zu der auch für das Gehirn der eigene Körper, der eigene Trägerorganismus gehört, evolutionär verkoppelt sind (OESER, 1985 a, 1985 b).

Diese reale Logik, die eine Logik der aktiven Reaktion, eine Logik von Versuch und Irrtum darstellt, liefert die Grundlage für jene realistische Logik, die in den empirischen Wissenschaften funktioniert und all unsere Erklärungen und Prognosen als Mechanismus der »Übertragung der Wahrheit und Rückübertragung der Falschheit« (POPPER) bestimmt. Wobei die Feststellung des Wahrheitswertes selbst eine eigene Angelegenheit ist, die nicht zu einer Ähnlichkeitstheorie der Abbildung, sondern zu einer Übereinstimmung unserer experimentellen Handlungen mit der realen Welt führt, auch wenn sie nicht mehr unsere artspezifische Umwelt ist, sondern auch neue Welten umfaßt, die wir uns theoretisch oder praktisch, aber auf jeden Fall aktiv erworben haben.

Das bedeutet nicht eine Relativierung unseres Wissens, sondern im Gegenteil die Folgerung, daß Objektivität keine »Tatsache«, sondern eine Aufgabe ist, welche die wissenschaftliche Erkenntnis erfüllen muß.

Der interne Realismus

Die Position des hypothetischen Realismus ist nicht der Position KANTs entgegengesetzt. (LORENZ, 1973: »Alles, was ich über die erkenntnishemmende Wirkung des Idealismus zu sagen habe, bezieht sich nicht auf KANT«) KANTs sogenannter »transzendentaler Idealismus« ist selbst ein Realismus, der nach heutiger Terminologie (H. PUTNAM, 1982; STEGMÜLLER, 1985) als »interner Realismus« bezeichnet werden kann. Der interne Realismus im Sinne eines kritischen wissenschaftlichen Realismus besagt:

1. Die Gegenstände und Objekte erster Art in den mittleren Dimensionen unserer artspezifischen Sinneserfahrung sind nicht an sich realer als die der zweiten Art (Steine oder Kugeln sind nicht realer als Moleküle oder Atome), sondern es sind nur unsere Vorstellungen und Begriffe von ihnen realistischer im Sinne einer direkten Reaktionsmöglichkeit. An sich realer im Sinne der größeren Wahrheitsnähe sind die theoretisch konstruierten Objekte, also diejenigen, über die nur im Rahmen einer wissenschaftlichen Theorie gesprochen werden kann (wie H_2O statt »Wasser« in der Chemie, wie Atome in der physikalischen Atomtheorie oder Gene in der Genetik).
2. Die Sicherung der Realität der im Rahmen einer Theorie konstruierten Objekte, die den Mesokosmos überschreiten, ist eine andere, keine angeborene, sondern eine konstruierte. Sie liegt in der Theorie selbst bzw. in deren Konsequenzen, d. h. in den aus der Theorie ableitbaren Erklärungen und Prognosen, die empirisch überprüft werden können.
3. Da das Zusammentreffen der theoretisch abgeleiteten Prognosen und Erklärungen mit den Tatsachen ein Zusammentreffen einer axiomatisch-deduktiven Theorie mit den Hypothesen einer die Realität interpretierenden Theorie darstellt (die wir selbst als biologische Art homo sapiens mit unserem artspezifischen Erkenntnisapparat sind), fällt die Entscheidung, ob wahr oder falsch, real oder nicht real, nie ohne Bezug auf eine Theorie und immer im Inneren eines erkennenden Subjekts. Die EE liefert daher mit ihrer These der evolutionären Verkoppelung von realem Subjekt (Mensch) und Objekt (Umwelt), die beide zur Realität gehören, das einzig wirklich realistische Fundament der Erkenntnis.

Die methodologische Konsequenz daraus ist, daß nur das als real gelten kann, das auf irgendeine Weise auf direkt erfahrbare Phänomene des Mesokosmos zurückgeführt werden kann.

4. Es gibt daher auch nicht von vornherein einen fixen Bestand von Gesetzen, sondern nur einen endlosen offenen Prozeß der Konstruierbarkeit von Gesetzeshypothesen, die immer nur Modifikationen jener Gesetze sein können, die wir im Mesokosmos erfahren können, weil sie in der Struktur unseres Erkenntnisapparates eingebaut sind. Das bedeutet jedoch keine prinzipielle Einschränkung unserer Erkenntnisfähigkeit. Denn die Struktur unseres Erkenntnisapparates ist nicht nur bedingt durch die organisch-genetische Evolution, sondern auch durch die molekulare-chemische und physikalisch-kosmische Evolution. Wir tragen daher auch im Sinne eines schwachen anthropischen Prinzips kosmologische Informationen in uns, zu denen wir natürlich keinen direkten Zugang haben. In diesem Sinn ist die EE auch konform mit den kosmologischen Theorien oder den Theorien des quantenmechanischen Meßprozesses, und zwar auch dann, wenn die reale Welt in eine Unzahl von vielen Welten aufgespalten wird. Nur begründet die EE solche Theorien nicht, sondern sie erklärt vielmehr, warum überhaupt Lebewesen auf solch seltsame Theorien kommen können.

Die innerwissenschaftliche Konsistenz, die zumindest im naturwissenschaftlichen Bereich zwischen Biologie, Physik und Kosmologie bestehen muß, die jedoch von den Kritikern der EE (z. B. STEGMÜLLER, 1985) angezweifelt worden ist, ist daher - gleichgültig, wie die Diskussion über die Viel-Welten-Theorie und den quantenmechanischen Meßprozeß erfolgen mag - durch den metatheoretischen Standpunkt der EE gegeben. Das aber ist eine Auffassung, die historisch gesehen nicht von den Biologen, sondern von den Physikern MACH und BOLTZMANN stammt, die bereits die EE als wissenschaftstheoretische Grundkonzeption auf die Evolution der Physik angewendet haben. Allerdings mit dem Unterschied, daß BOLTZMANN die realistische Lösung grundsätzlich erreicht hat, während MACH in der Doppeldeutigkeit seiner Empfindungstheorie geblieben ist.

Konsequenzen des funktionalen internen Realismus für das Wahrheitsproblem

Wie die EE nicht von vornherein auf einen metaphysischen Realismus als eine »ontologische Position« rekurrieren muß, die in einer erfahrungswissenschaftlichen Theorie wie der biologischen Evolutionstheorie gar nicht zur Debatte steht, so ist sie auch nicht auf die sog. Korrespondenztheorie der Wahrheit festgelegt. Die Korrespondenztheorie der Wahrheit besagt in ihrer einfachsten Formulierung, daß eine Aussage genau dann wahr ist, wenn der durch sie beschriebene Sachverhalt tatsächlich vorliegt (STEGMÜLLER, 1985). In dieser Form ist sie eine relativ späte Erfindung der Sprachphilosophen, deren Absurdität und Unbrauchbarkeit auf der Hand liegt: Denn auf welche Weise kann überhaupt eine Aussage, ein Satz, also ein linguistisches Gebilde mit der Realität übereinstimmen? Die klassische aristotelisch-scholastische Wahrheitsdefinition, die selbst nie den Anspruch auf ein Kriterium der Wahrheit stellte, lautet daher ganz anders: Wahrheit ist die Angleichung (adäquatio) der Vernunft (intellectus) an die Realität (ad rem). Und KANT wußte, daß diese Forderung eine Selbstverständlichkeit darstellt, die als »geschenkt« gelten kann, aber mit der nichts anzufangen ist, weil das dem Versuch gleichkäme, »einen Ziegenbock zu melken und dabei ein Sieb darunterzuhalten« (KANT).

Denn das, was wir »Realität« oder »Wirklichkeit« nennen, ist uns unbekannt. Diese noch bei KANT als absolut zu verstehende Unbekanntheit der Realität an sich wird jedoch in der EE durch die empirisch nachprüfbare Feststellung aufgehoben, daß wir in unseren angeborenen Verhaltensstrukturen ein vorreflexives organisch-genetisch bedingtes »Vorauswissen« besitzen, das zumindest jenen Teil der Realität, in dem wir leben und handeln, umfaßt. Diese nicht nur hypothetisch oder postulatorisch vorausgesetzte, sondern »real« (im Sinne des wissenschaftlichen Realismus) vorgegebene Korrespondenz jedes überlebensfähigen Organismus mit seiner Umwelt ist die logische Konsequenz aus der biologischen Evolutionstheorie. Eine derartige Auffassung von Korrespondenz bedeutet jedoch keine Unterstützung einer philosophisch naiven Korrespondenztheorie der Wahrheit, die, falls sie nicht überhaupt als eine innersprachliche Korrespondenz von meta- und objektsprachlichen Sätzen (POPPER im Anschluß an TARSKI) aufgefaßt wird, lediglich zum negativen Bezugspunkt einer destruktiven Kritik geworden ist. Denn die Einsicht, daß die Korrespondenztheorie der Wahrheit kein Kriterium der Wahrheit liefert, ist eine Auffassung, die sich mittlerweile auch unter den modernen Sprachphilosophen herumgesprochen hat. Sie kann jedoch schon als ein Resultat der alten Protokollsatzdiskussion im Wiener Kreis betrachtet werden, als man nach einer eingehenden Reflexion über die sog. »Tatsachen« zur Überzeugung kam, daß das positiv Gegebene selbst ein Problem darstellt, wenn es über die unmittelbare Konstatierung hinausgeht und sprachlich in Form von Sätzen dargestellt wird. Die EE ist jedoch im Unterschied zum »logischen Positivismus« nicht zu einem Rückzug auf eine sprachlogische Kohärenztheorie gezwungen, die den Begriff der Wahrheit auf formallogische Widerspruchsfreiheit reduziert. Der ihr von der biologischen Evolutionstheorie vorgegebene Naturalismus, der besagt, daß nur der über die Natur Erkenntnis gewinnen kann, der zugibt, ein Teil von ihr zu sein, führt vielmehr zu einer anderen, jeder sprachlogischen Kohärenz vorgeordneten »naturalen« Kohärenz, die durch das selbstreferentielle System des Menschenhirns gegeben ist, das ein Produkt der Evolution ist und mit dem physischen Universum von allem Anfang an in dem Sinne strukturell verkoppelt war, daß es sowohl seine Entstehung als auch Weiterentwicklung einer ständigen Wechselwirkung mit der sich ständig ändernden Umwelt verdankt. Einmal entstanden und zu einem spezialisierten Überschußorgan entwickelt, hat aber das Menschenhirn jene Fähigkeit erhalten, in welcher einer der Begründer der Evolutionstheorie, A. WALLACE, überhaupt die Sonderstellung des Menschen gesehen hat: Sich mit unverändertem Körper in einer veränderlichen Welt am Leben zu erhalten (OESER, 1983 b). Aus dieser »Naturalisierung« der Erkenntnistheorie ergibt sich zunächst die vielkritisierte Erweiterung des Erkenntnisbegriffes, die jedoch folgendermaßen präzisiert werden kann: »Erkennen« kann zwar nicht direkt mit »Leben« gleichgesetzt werden, es läßt sich aber von der »Erkenntnisförmigkeit« allen Lebens sprechen. Im Sinne eines erweiterten Erkenntnisbegriffs beginnt Erkennen bereits dort, wo irgendein Lebewesen in seinem Innern ein Modell der Außenwelt aufbaut, so dürftig ein solches Modell auch sein mag.

Die Evolution der Erkenntnis besteht im Sinne der Umweltlehre von J. v. UEXKÜLLs in einer Entwicklung des inneren Modells zu immer größerem Reichtum an Differenzierungen und wachsender Problematik der Sicherheit. Das Menschenhirn ist ein Extremorgan, das über die Sicherung des Überlebens hinausgeht. Die neue Sicherheit der menschlichen Erkenntnis beruht nicht auf der Unmittelbarkeit des Kontaktes mit der Umwelt durch die Peripherie der Sinnesorgane, sondern auf der funktionalen Kohärenz des inneren Verarbeitungssystems als Folge der progressiven Enzephalisation der Wahrnehmung (SEITELBERGER, 1983). Die menschliche Erkenntnis besteht daher aus einer minimalen aktiven Abtastung der Umwelt und einer internen Konstruktion, die sowohl Voraussetzung als auch Resultat dieser Abtastung ist. Begriffe sind daher nicht Abbilder der Realität an sich, sondern Reaktionsschemata auf die artspezifische Umwelt. Daraus folgt, daß auch Theorien verdichtete Komplexe von Handlungsschemata sind. Auf diese Weise wird der funktionale interne Realismus mit einer kausalen Theorie der Referenz verbunden, während die begründungssemantische Version des internen Realismus (PUTNAM, 1982) von einer kausalen Referenztheorie, wonach die Bedeutung eines sprachlichen Ausdrucks nicht allein durch das festgelegt wird, »was in den Köpfen der Sprachbenutzer vorgeht«, sondern außerdem von der Beschaffenheit der Außenwelt als solcher bestimmt wird, logisch völlig unabhängig ist (STEGMÜLLER, 1986). Allerdings wird die von der EE in Anspruch genommene logisch konsistente Verknüpfung von internem Realismus und kausaler Referenztheorie um den Preis erkauft, daß Begriffe und somit auch ihre sprachlichen Ausdrücke primär kein Bild der Wirklichkeit liefern, sondern, wie auch C. F. v. WEIZSÄCKER völlig konform mit K. LORENZ und mit der alten Auffassung MACHs vom »Begriff« als Reaktion (MACH, 1905) festgestellt hat, »ein Bild dessen, was wir mit der Wirklichkeit anfangen, ein Bild unseres Handelns« (v. WEIZSÄCKER, 1977).

Trotzdem wird dadurch die EE nicht auf die Position eines Pragmatismus oder Instrumentalismus reduziert, der letzten Endes nur die Beschränkungen unserer Erkenntnisfähigkeit nachweist. Die als »genetisches Apriori« vorgegebene naturale Korrespondenz und die darauf gegründete funktionale Kohärenz des menschlichen Erkenntnisapparates liefert vielmehr eine sichere Operationsbasis zur kognitiven Eroberung der an sich seienden Realität. Aus den Bedürfnissen des Überlebens einmal entstanden, dient das selbstreflexive Bewußtsein des Menschen dann der wahren Erkenntnis. Dazu ist allerdings eine aktive Modifikation der ursprünglichen angeborenen Grundstrukturen der menschlichen Erkenntnisfähigkeit nötig. Die Geschichte der Wissenschaft zeigt, daß es diese Modifikationen tatsächlich gegeben hat. Somit wird die genetisch-organische Evolution des Erkenntnisapparates überlagert durch die Evolution unserer Erkenntnisfähigkeit, die keiner genetisch organischen Veränderung bedarf und daher im wesentlichen eine Evolution der wissenschaftlichen Methode ist (OESER, 1983a).

Mit dieser Evolution der wissenschaftlichen Methode beschäftigt sich die EE zweiter Stufe, die mehr ist als eine bloße Metapher oder Analogie und deshalb auch mit mehr Recht »evolutionäre Wissenschaftstheorie« genannt werden kann als die bekannten Entwürfe von POPPER und TOULMIN (OESER, 1984). Diese evolutionäre Wissenschaftstheorie im eigentlichen Sinn ist eine explanatorische Theorie, welche die Modifikationen der menschlichen Erkenntnisfähigkeit erklärt, die an ihren Produkten, den wissenschaftlichen Begriffssystemen und Theorien, genauso abzulesen sind wie die noch mit der Hirnentwicklung gekoppelten Modifikationen der Hirnleistungspotenzen der Hominiden an der Entwicklung der Steinwerkzeuge. Während bisher die evolutionstheoretische Terminologie nur zur metaphorischen Einkleidung von wissenschaftstheoretischen Modellen benutzt wurde, die mit der EE erster Stufe nichts zu tun haben (s. die deutliche Abgrenzung POPPERs von LORENZ auch im vorliegenden Band), liefert die EE zweiter Stufe eine Erklärung der Wissenschaftsevolution aufgrund einer Analyse und Rekonstruktion der kognitiven Leistungsfähigkeit ihres Trägers. Der Träger der Wissenschaftsevolution ist jedoch nicht das Individuum allein, das mit seinem genetischen Apriori immer wieder von »unten« anfangen müßte, sondern die kollektive Vernunft der Menschheit, die eine echte Vererbung von erworbenen Eigenschaften durch die Tradition kennt (OESER, 1987). In diesem Sinne hat die EE zweiter Stufe für die Überschreitungen des Mesokosmos zwar kein absolutes Wahrheitskriterium, aber doch zumindest ein Kriterium für die »Unmöglichkeit des absoluten Irrtums« (OESER, 1983a). Denn so sehr neue wissenschaftliche Hypothesen und Theorien unser Weltbild verändern, müssen sie noch immer eine Verwandtschaftsähnlichkeit mit ihren Vorläufern oder »Vorfahren« aufweisen. Denn Evolution bedeutet, daß die Kinder den Eltern ähnlich sein müssen. Diese »Verwandtschaftsähnlichkeit« ist das Kohärenzprinzip der Wissenschaftsevolution, das die Irreversibilität und somit auch den Fortschritt der wissenschaftlichen Erkenntnis garantiert und das Ziel selbst, die »Realität an sich«, kennen zu müssen. Damit sollte nun sowohl den Vertretern als auch den Kritikern der EE klargeworden sein, daß die EE nicht auf eine »bedauerliche dreifache Synthese von metaphysischem Realismus, Korrespondenztheorie der Wahrheit und moderner Wissenschaftsauffassung (Szientismus)« (STEGMÜLLER, 1985) zu reduzieren ist, sondern ein neues Forschungsprogramm darstellt, das eine Revidierung aller erkenntnis- und wissenschaftstheoretischen Grundbegriffe erzwingt.

Literatur

BERTALANFFY, L. v. (19712): General System Theory Foundations, Development, Applications. Harmondsworth: Penguin Books.

BOLTZMANN, L. (1979²): Populäre Schriften. Ausgew. v. E. BRODA. Braunschweig: Vieweg.

DARWIN, CH. (1875): Die Abstammung des Menschen und die geschlechtliche Zuchtwahl. Übers. J. v. CARUS. 2 Bde. Stuttgart: Schweizbartsche Verlagshandlung.

LORENZ, K. (1941): Kants Lehre vom Apriorischen im Lichte gegenwärtiger Biologie. Blätter für Deutsche Philosophie (**15**): 94-125.

LORENZ, K. (1973): Die Rückseite des Spiegels. Versuch einer Naturgeschichte menschlichen Erkennens. München-Zürich: Piper.

MOHR, H. (1983). Evolutionäre Erkenntnistheorie. Sitzungsberichte der Heidelberger Akademie der Wissenschaften. Math.-naturw. Klasse Jg. 1983. 6. Abh. Berlin-Heidelberg-New York: Springer.

OESER, E. (1974): System, Klassifikation, Evolution. Wien-Stuttgart: Braumüller.

OESER, E. (1982). Kants progressive Begründung der komparativen Wissenschaftstheorie. In : Phil. Nat. **19**: 201-250.

OESER, E., & H. MOHR (1983): Das Erkenntnisproblem in der Biologie. In: MOLDEN, O. (Hrsg.): Wissen, Glaube, Skepsis. Europ. Forum, Alpbach 1983. Wien: Österr. College.

OESER, E. (1983a): Die Evolution der wissenschaftlichen Methode. In: LORENZ, K., & F. M. WUKETITS (Hrsg.): Die Evolution des Denkens. München-Zürich: Piper.

OESER, E. (1983b): Evolution und Involution der Wissenschaft. In: RIEDL, R., & F. KREUZER (Hrsg.): Evolution und Menschenbild. Hamburg: Hoffmann und Campe.

OESER, E. (1984): Evolutionäre Wissenschaftstheorie. In: JÜSSEN, G. (Hrsg.): Tradition u. Innovation. XIII. Dt. Kongreß f. Phil. Bonn 1984.

OESER, E. (1985a): Gehirnmodelle der Erkenntnisfunktionen. Die Rückseite des Spiegels gespiegelt. In: BERAN, H., & F. PICHLER (Hrsg.): Beiträge zur Systemforschung. Festschrift Adolf Adam. Wien-New York: Springer.

OESER, E. (1985b): Kants Philosophie des Gehirns. In: SCHMIED-KOWARZIK, W. (Hrsg.): Objektivationen des Geistigen. Berlin: Reimer.

OESER, E. (1985c): Informationsverdichtung als universelles Ökonomieprinzip der Evolution. In: OTT, J. A., G. P. WAGNER & F. M. WUKETITS (Hrsg.): Evolution, Ordnung und Erkenntnis. Berlin-Hamburg: Paul Parey.

OESER, E. (1986): Die Evolution der Technik im Kontext von Natur und Kulturverständnis. In: Zeitschrift für Wissenschaftsforschung. Sondernr. 3: 97-104.

POPPER, K. R. (1974): Objektive Erkenntnis. Ein evolutionärer Entwurf. 2. Aufl. Hamburg: Hoffmann und Campe.

PUTNAM, H. (1982): Vernunft, Wahrheit und Geschichte. Frankfurt/M: Suhrkamp.

RAMON Y CAJAL, S. (1957): Regeln und Ratschläge zur wissenschaftlichen Forschung. 4. Aufl. München-Basel: Ernst Reinhardt.

RIEDL, R. (1980): Biologie der Erkenntnis. Die stammesgeschichtlichen Grundlagen der Vernunft. Unter Mitarbeit von Robert Kaspar. Berlin-Hamburg: Paul Parey.

SEITELBERGER, F. (1983): Neurobiologische Aspekte der Intelligenz. In: LORENZ, K., & F. M. WUKETITS (Hrsg.): Die Evolution des Denkens. München-Zürich: Piper.
STEGMÜLLER, W. (1985): Evolutionäre Erkenntnistheorie, Realismus und Wissenschaftstheorie. In: SPAEMANN, R., P. KOSLOWSKI & R. LÖW (Hrsg.): Evolutionstheorie und menschliches Selbstverständnis. Zur philosophischen Kritik eines Paradigmas moderner Wissenschaft. Weinheim: Acta humaniora.
STEGMÜLLER, W. (1986): Theorie und Erfahrung II/3: Die Entwicklung des neuen Strukturalismus seit 1973. Berlin-Heidelberg-New York-Tokyo: Springer.
VOLLMER, G. (1983): Mesokosmos und objektive Erkenntnis. In: LORENZ, K., & F. M. WUKETITS (Hrsg.): Die Evolution des Denkens. München-Zürich: Piper.

Kommentar zu »Das Realitätsproblem«

BERNULF KANITSCHEIDER

Das Verhältnis von Erkenntnistheorie und Fachwissenschaft

In seiner ersten Thesengruppe spricht OESER das Verhältnis von Erkenntnistheorie und Fachwissenschaft an und beschreibt die Evolutionäre Erkenntnistheorie als jene Theorie der Erkenntnis, die die naturgeschichtliche Vergangenheit des menschlichen Gehirns als des Produzenten von Erkenntnis in ihren Aussagenbestand aufgenommen hat. Die Möglichkeit einer solchen Einflußnahme einer deskriptiven Wissenschaft auf eine philosophische Disziplin ist immer wieder kritisiert worden, am schärfsten wohl von LUDWIG WITTGENSTEIN, der im Tractatus grundsätzlich die Irrelevanz der naturwissenschaftlichen Ergebnisse für philosophische Fragestellungen behauptet. Explizit drückt er dies noch einmal für die Psychologie und insbesondere für die Biologie aus. In 4.1122 lesen wir: »Die DARWINsche Theorie hat mit der Philosophie nicht mehr zu schaffen als irgendeine andere Hypothese der Naturwissenschaft.« Inzwischen hat sich durch eine Vielzahl von Fallstudien herausgestellt, daß die Beziehung von Philosophie und Naturwissenschaft einen komplizierten Rückkopplungsmechanismus darstellt. Heuristische metaphysische Annahmen stellen die Katalysatoren für die Konstruktion von physikalischen, biologischen und psychologischen Theorien dar, ja, man kann sogar einsehen, daß die Theorienkonstruktion ohne solch eine Hilfestellung, ohne ein solches Gerüst gar nicht funktionieren könnte. Aus einer philosophisch sterilen Menge von Beobachtungsdaten ließe sich niemals eine Theorie gewinnen. Es gibt viele Beispiele für diese Katalysatorfunktion von Philosophie, HENRY MOREs theologische Theorie des Raumes hat eine entscheidende Rolle in NEWTONs Mechanik gespielt, das MACH-Prinzip hat bei der Genese der allgemeinen Relativitätstheorie Hilfe geleistet. Die heuristischen Annahmen werden dann partiell durch die Theorienkonstrukteure umgesetzt, wodurch ein Import von philosophischen Ideen in die Wissenschaft stattfindet. Die metaphysischen Vortheorien, Leitbilder und Heuristiken können meist nicht ganz realisiert werden, wie man am schönsten am MACH-Prinzip in der Relativitätstheorie gesehen hat. Aber teilweise bleiben Intrusionen in den fertigen einzelwissenschaftlichen Theorien hängen. Hat die fertige Theorie dann eine gewisse Reife erreicht, zeigt sie ihrerseits Implikationen, und dies führt zu einem Export wissenschaftlicher Ideen in die Philosophie.[1] Hier können wissenschaftliche Ideen Antworten auf philosophische Fragestellungen liefern. Philosophische Fragen erhalten mithin verschiedene Grade der Dignität, je nachdem, welche wissenschaftlichen Theorien wahr oder gut bewährt sind. Alles spricht dafür, daß das für die Biologie genauso gilt wie für die Physik. Es gibt keinen Grund, den deskriptiven Teil der Erkenntnistheorie von der Einzelwissenschaft abzuschotten, es sei denn, man definiert als Erkenntnistheorie nur den normativen Teil allein, also die Methodologie, was ich aber als eine ausgesprochene Verarmung ansehen würde.[2] Dies ginge gegen den historischen Sprachgebrauch und gegen die semantische Stabilität im Gebrauch philosophischer Terme. Fragen von der Art: Was können wir wissen? Was sind die Grenzen der Erkenntnis? Gibt es unübersteigbare Barrieren für unser Erkenntnisvermögen, z. B. im sehr Großen, im sehr Kleinen oder auch im Komplexen? werden im üblichen Sprachgebrauch als philosophische Fragen angesehen. Ob die Raumzeitstruktur von der Art ist, daß wir mit Beobachtungsgrenzen rechnen müssen, oder ob es Grenzen der Komplexität von formalen Kalkülen gibt, die wir in der Mathematik behandeln können, solche Fragen können nur unter Einsatz des Wissens um die Struktur des erkennenden Systems beantwortet werden. Es sind philosophische Fragen, aber für ihre Beantwortung reicht die logische Analyse allein nicht aus.

Verwunderlicherweise wird es relativ selten erwähnt, daß die Überwindung des WITTGENSTEIN-Dogmas und damit des Hiatus zwischen Philosophie und Wissenschaft längst im Rahmen der analytischen Tradition erfolgt ist und zwar durch WILLARD VAN ORMAN QUINE. QUINE (1975) hat darauf hingewiesen, daß dann, wenn man das Ideal des klassischen Empirismus aufgegeben hat, wonach reale Objekte aus Sinnesdaten konstruiert werden sollen und Theorien durch logische Konstruktion aus den Beobachtungssätzen gewonnen werden müssen, der Graben zwischen Wissenschaft und Philosophie eigentlich schon nicht mehr existiert. Als das empiristische Begründungsprogramm scheiterte, war der Weg dafür offen, naturalistische Beschreibungen der Methode, mit der Erfahrung gewonnen worden war, mit in die Erkenntnistheorie einzubeziehen. QUINE plädierte damals dafür, die psychologischen Resultate mit in die Erkenntnistheorie hereinzunehmen. Letztlich sind ja die Reizungen der eigenen Sinnesrezeptoren das einzige, was man hat, um zu einem Bild der Welt zu kommen. Warum sollte man nicht einfach zu ermitteln suchen, wie diese Konstruktion wirklich vor sich geht? Der Einwand gegen die Zirkularität eines solchen Unternehmens fällt dann weg, wenn wir den Traum aufgegeben haben, die Wissenschaften aus den Beobachtungen abzuleiten. Dann ist jede Information, die das Verhältnis von Theorie und Erfahrung erhellt, gleich wertvoll, auch die Information jener Wissenschaft, um deren Geltung es im Augenblick geht.

Die Erkenntnistheorie und damit alle Philosophie erhält dann einen Platz innerhalb der Wissenschaft. Philosophische Fragen betreffen den abstraktesten Teil des begrifflichen Gebäudes, das die Welt beschreiben soll, aber sie sind immer Elemente innerhalb unserer Gesamttheorie der Natur.

Eigentlich müßte durch dieses QUINEsche Argument die Kluft zwischen Wissenschaft und Philosophie überwunden sein und die Informationskanäle müßten in beide Richtungen fließen können, die evolutionäre Erkenntnistheorie wäre dann nur ein Spezialfall dieser Situation.

Der Status des erkenntnistheoretischen Realismus

In seinem zweiten Thesenpaket befaßt sich OESER mit dem Status des erkenntnistheoretischen Realismus. Sowohl der epistemische Idealismus als auch der epistemische Realismus sind bekanntermaßen keine scharf umrissenen Positionen, sondern Begriffsfelder, die durch Familienähnlichkeiten bestimmt sind; das sieht man schon daran, daß der Realismus mit vielen Adjektiven auftritt: Kritisch, hypothetisch, struktural, wissenschaftlich. Es fragt sich, ob alle diese Spielarten eine gemeinsame Kernbedeutung (core meaning) besitzen. Zumeist wird die Existenz einer Dingwelt mit inneren Eigenschaften, die nicht vom Zustand irgendeines Bewußtseins abhängen, als unverzichtbarer Kern angesehen. Oft wird auch die Möglichkeit der Erkennbarkeit der inneren Prädikatklassen mit dem Realismus verbunden. BUNGE (1973) hat in seiner Rekonstruktion der Hauptthesen des kritischen Realismus auch noch die Annahmen eingeschlossen, daß diese Dingwelt nur durch eine Zusammenwirkung von Theorie und Erfahrung erkannt werden kann, daß die Erkenntnis immer hypothetisch ist, korrigierbar, fallibel, und daß ihre Darstellung niemals bildlich, sondern immer symbolisch gedacht werden muß. Über eine solche Rekonstruktion kann man geteilter Meinung sein, aber gewöhnlich wird doch der Kern der Position in einer ontologischen und in einer epistemischen Komponente gesehen. Nicht ganz eingeleuchtet hat mir deshalb, warum der hypothetische Realismus gar kein ontologisches Postulat sein soll, wie OESER in seinem Kapitel »Der wissenschaftliche Realismus« ausdrückt.

Verwenden wir für einen Moment einmal die obigen Gedankenkomponenten des Realismus, so ist die Dingwelt nicht nur für sich gegeben, sondern auch für uns, und dies macht es möglich, die Erkenntnis als Wechselwirkung zu betrachten. Zeitlich geht natürlich die Entstehung derjenigen Systeme, die Kognition tragen, aus der Welt der akognitiven Materie dem Prozeß des Erkennens voran. Doch diesen Vorgang haben wir nicht erlebt, sondern wir haben ihn theoretisch erschlossen. Dessen müssen wir uns stets bewußt sein, und wir können uns deshalb auch nicht einfach außerhalb des Kognitionsprozesses stellen, so als ob wir aus der Vogelperspektive das Zusammenwirken von kognitiven Systemen und ihren Erkenntniszielen beurteilen könnten. Mit der Einnahme dieses Außenraumstandpunktes handeln wir uns den Einwand jedes Transzendental-Philosophen ein, daß wir eine petitio principii begehen, weil wir den Realismus, den wir eigentlich begründen wollen, in der Vogelperspektive schon vorweggenommen haben. Wir müssen immer immanent aus dem Kognitionsprozeß heraus argumentieren. Wir sind Lebewesen, die sich als Kognitionssysteme wiederfinden. Innerhalb unserer Erscheinungswelt stellen wir eine Zahl von invarianten Mustern fest, Konstanzphänomene, Regularitäten, Konkordanzen von Prozessen in verschiedenen Erfahrungsbereichen, die es als vernünftig erscheinen lassen, die ontologische Hypothese zu wagen, daß diese gleichbleibenden Muster durch eine permanente, hinter den Erscheinungen liegende Dingwelt verursacht wurden und daß die Veränderungen, deren Regularitäten wir feststellen, auf objektiven Strukturen transphänomenaler Provenienz zurückgehen. Bei diesem Vorgehen wird das thetische Element des realistischen Ansatzes ganz klar. Wir haben uns nicht zirkulär auf einen externen Standpunkt über der kognitiven System- und Dingwelt begeben, sondern wir haben das auf der metatheoretischen Ebene gemacht, was auf der objektwissenschaftlichen Ebene gang und gäbe ist. So wie man versuchsweise einmal ansetzt, daß es gefangene Elementarteilchen mit gebrochener Elementarladung gibt, die die Regularitäten auf der Ebene der beobachtbaren Hadronen gut erklären, so machen wir jetzt in der Erkenntnistheorie den provisorischen Schritt der Setzung einer autonomen Dingwelt, wobei wir diesen Schritt wieder zurückziehen, wenn einschlägige Ergebnisse der Fachwissenschaft ihn unglaubwürdig erscheinen lassen. Bestimmte Ergebnisse aus der Quantenmechanik der Messung, sagen wir aus der orthodoxen Interpretation, wären im Prinzip Indikatoren und Gründe, um unsere philosophische Hypothese zurückzuziehen. Fallibilität muß auch für die Metatheorie gelten. Für das Scheitern kann man nicht einfach Experimente anführen, wohl aber sind erfolgreiche Theorien denkbar, für die sich beim besten Willen keine Interpretation finden läßt, wonach es eine Dingwelt gibt mit autonomen, von der Experimentiertätigkeit des Naturwissenschaftlers unabhängigen Prädikatklassen. OESER stützt die Position des Realismus in erster Linie auf die biologische Evolutionstheorie. Wenn die biologischen Theorien stützende Instanzen für einen solchen Realismus liefern, so müssen aber auch im Prinzip unterminierende Instanzen angebbar sein. Wenn der hypothetische Realismus fallibel im Sinne einer empirisch kontrollierten Wissenschaft ist, muß der Protagonist dieses Realismus sagen, wann er bereit wäre, ihn aufzugeben; sonst müßte er sich den Vorwurf einer dogmatischen Position gefallen lassen.

Aber wie würde man im Konfliktfalle eigentlich verfahren? Nehmen wir einmal an, was der tatsächlichen Situation nicht entspricht, daß die Quantenmechanik als einzige konsistente Interpretation die idealistische Deutung der orthodoxen Richtung zuließe. Würde sich ein evolutionstheoretischer Realist dann erschüttern lassen, oder würde er einfach dem quantenmechanischen Physiker auf die Schulter klopfen und zu ihm sagen: »Wie ich deinen Scharfsinn kenne, wirst du eine realistische Interpretation der Quantenmechanik der Messung schon noch finden!«? (Siehe die ausführliche Diskussion bei KANITSCHEIDER, 1979).

Hier erhebt sich die Frage, wie stark man die Anbindung erkenntnistheoretischer Überlegungen an einzelwissenschaftliche Theorien überhaupt machen soll. Man muß ja in jedem Fall zwei Klassen von Argumenten unterscheiden, interne philosophische und externe einzelwissenschaftliche. In welchem Gewichtsverhältnis stehen nun die internen zu den externen Argumenten? Schließlich bekriegten sich epistemischer Idealismus (man denke nur an das esse est percipi von BERKELEY) und Realismus schon lange bevor es die Evolutionstheorie und die Quantenmechanik gab. Ich wäre geneigt, die innerphilosophischen Gründe ebenso hoch zu bewerten wie jene, die aus der Wissenschaft kommen. Wenn der Realismus glaubhaft machen kann, daß er einen bestimmten Erklärungsüberschuß besitzt, wenn es etwa um die Deutung von Theorien geht, und er Fragen beantworten kann, die der Instrumentalismus und der Operationalismus offen lassen müssen, dann kann er in meinen Augen einen Punkt für sich verbuchen.

Mit einer gewissen Verwunderung habe ich festgestellt, daß OESER, ohne viel zu zögern, den Typ des Realismus, der durch die Evolutionstheorie als gestützt erscheint, mit dem internen Realismus HILARY PUTNAMs identifiziert. Hier muß man die Frage stellen, ob ein interner Realismus die Kernbedeutung, sozusagen die Urintuition aller realistischen Vorstellungen noch wiedergibt oder eigentlich nur ein verbales Bekenntnis zu dieser Position darstellt, weil der Name »Realismus« emotiv relativ positiv besetzt ist. Es gibt eine Reihe von Formulierungen des internen Realismus. Eine recht griffige ist folgende: »There are real entities, but which they are, is relative to the observer« (PUTNAM, 1981). Wir haben es hier mit einer bloßen Existenzbehauptung einer Dingwelt zu tun, sie ist offensichtlich das einzige, was von den früher genannten Komponenten übrigbleibt. Es gibt keine wie immer geartete Strukturabbildung: KEPLER-Ellipsen bilden keine Bahnen von Planeten ab; sprechen wir von der Kugelgestalt der Erde, so gibt es kein mathematisches Objekt, das die Form dieses konkreten Systems wiedergibt. Es scheint auf den ersten Blick sehr kontraintuitiv zu sein, daß die gesamte physikalische Geometrie der Formenwelt der Natur beobachterabhängig sein soll. Der Eigenschaftsbegriff bleibt nach wie vor erhalten, er wird nicht völlig ausgesetzt, nur relativiert. In gewissem Sinne hat HILARY PUTNAM das präzisiert, was etwas früher NIELS BOHR die Relativität der Zustandsbeschreibung genannt hat. Die ganze Diskussion ging eigentlich von der Relativitätstheorie aus, wurde dann auf die Quantenmechanik übertragen und ist jetzt bei der Erkenntnistheorie angelangt. Zeitintervalle, Längen von Strecken hängen in der speziellen Relativitätstheorie vom Bezugssystem ab. In ähnlicher Weise hängen in der Quantenmechanik Sinn und Wahrheitswert einer Aussage von der Experimentalanordnung ab. Bezugssysteme und Experimentalanordnungen spielen in der Relativitätstheorie und der Quantenmechanik homologe Rollen. In beiden Fällen ist es nicht möglich, jenseits oder vor der Wahl einer solchen kognitiven Plattform, wie man Bezugssystem und Experimentalanordnung nennen könnte, Aussagen über das System an sich zu erhalten. Einen Zug hat der interne Realismus sicher mit der Realismusfamilie gemeinsam: Innerhalb eines Rahmens, wenn wir also z. B. alle gleichzeitig quantenmechanisch meßbaren Aussagen betrachten (das sind alle, bei denen die zugehörigen Operatoren vertauschen), werden gemessene und nicht gemessene Werte gleich behandelt, d. h. beide haben Aussagesinn. Insofern setzt sich der interne Realismus von einem reinen Empirismus oder Instrumentalismus ab. Entscheidend ist jedoch die Relativierung des Eigenschaftsbegriffes.

Ich will hier nicht die philosophiehistorische Frage weiterverfolgen, ob die Gleichsetzung des transzendentalen Idealismus mit dem internen Realismus, die OESER übernimmt, korrekt ist. Immerhin lassen sich ja bei Vorgabe einer Meßanordnung, wenn z. B. das Bezugssystem durch die Meßgröße Impuls vorgegeben wird, Aussagen über Eigenschaften des Dinges an sich machen. Ob das mit der Transzendentalphilosophie vereinbar ist, möchte ich den KANT-Experten überlassen. Auf einen Unterschied möchte ich jedoch aufmerksam machen: Eine Relativierung bedeutet nicht gleich eine Subjektivierung. Eine Meßanordnung ist ein physikalisches System, das den Meßvorgang zum Abschluß bringt. Selbst Interpreten wie JOHN ARCHIBALD WHEELER, die im Geiste von BOHRs Komplementaritätsdenken philosophieren, betonen: »No phenomenon is a phenomenon until it has been brought to a close by an irreversible act of amplification« (WHEELER, 1985).

Entscheidend ist hier der irreversible Vorgang der Verstärkung und nicht die Zurkenntnisnahme des Beobachters. PUTNAMs Grundmotivation für eine Abschwächung des metaphysischen Realismus in Richtung auf den internen Realismus liegt nicht nur einfach in der quantenmechanischen Zustandsbeschreibung, auch nicht in der Abhängigkeit relativistischer Eigenschaften vom Bezugssystem. In der Quantenmechanik gibt es ja gleichzeitig meßbare Größen und sogar klassische Eigenschaften wie Masse und Ladung, und in der Relativitätstheorie gibt es absolute Größen wie das Linienelement, die Ladung und die Entropie. PUTNAMs Hauptmotiv ist seine Kritik am Korrespondenzgedanken, wonach Wahrheit in der Korrespondenz einer Aussage mit der Realität besteht. Er will stattdessen Wahrheit als rationale Akzeptierbarkeit verstanden wissen. Der Grund liegt darin, daß eine nichtepistemische Relation, die den sprachlichen und den ontologischen Bereich verbindet, also z. B. die Wahrheit als Erfüllung einer Referenzrelation, nach PUTNAM keine Chance für eine vernünftige Rekonstruktion besitzt. Die Wahrheit eines Satzes hat nach ihm etwas mit den Möglichkeiten seiner Verifikation zu tun. Wenn die Eigenschaften nun nicht gleichzeitig prüfbar sind, sondern nur in Bezugssystemen, die im Komplementaritätsverhältnis zueinander stehen, dann kann man diese Relativierung als Spezialfall der allgemeinen Situation ansehen, daß die Eigenschaften der Dingwelt relativ zu den verwendeten Theorien sind.

Diese Wanderung einer Idee, von der Relativitätstheorie über die Quantenmechanik zur Erkenntnistheorie, ist jedoch nicht ganz unbedenklich. Kritisch ist dazu zu sagen, daß bei der Übernahme der Beschreibungsform aus der Relativitätstheorie in die Erkenntnistheorie etwas Entscheidendes verlorengeht. In der Relativitätstheorie sind die Meßergebnisse aus verschiedenen Beschreibungsbasen ineinander umrechenbar. In der SRT sind die zulässigen Bezugssysteme durch die LORENTZ-Gruppe verbunden. Über eine LORENTZ-Transformation kann man sich jederzeit die Eigenschaften eines Systems besorgen, wenn man sie z. B. im ruhenden Laborsystem gemessen hat. Darüber hinaus gibt es nicht nur LORENTZ-kovariante Gesetze, sondern auch LORENTZ-invariante Größen, die sich gar nicht ändern und in allen zulässigen Bezugssystemen den gleichen Wert besitzen. Damit sind sie Kandidaten für objektive Züge der Welt. Schon in der Quantenmechanik liegen die Dinge nicht mehr so einfach. Es ist zwar richtig, daß gewisse bohrende Fragen durch die Relativierung der Zustandsbeschreibung verschwinden, das sind alle jene, die sich nach dem Zusammenhang der Erscheinungsform eines physikalischen Objektes in verschiedenen Bezugsrahmen erkundigen. Wenn man also den Realismusbegriff vom metaphysischen in Richtung auf den internen abschwächt, tauchen bestimmte erkenntnistheoretische Fragen der Quantenmechanik und der Objektivität der einzelwissenschaftlichen Theorien gar nicht mehr auf, sie werden Pseudofragen, da muß man HILARY PUTNAM zustimmen. Im internen Realismus kann nicht mehr sinnvoll danach gefragt werden, was beim Wechsel einer Beschreibungsbasis (sei es Bezugssystem oder Basis im HILBERT-Raum oder eine Theorie) passiert. Warum zeigt die Welt jenes Spektrum von Eigenschaften, wenn sie unter diesem Theorienaspekt gesehen wird, und ein anderes Spektrum, wenn man eine davon verschiedene Theorie zugrunde legt? In der Quantenmechanik wird diese Variation in den Eigenschaften durch die BOHRsche Annahme begründet, daß die Wechselwirkung von System und Meßanordnung wegen der Kleinheit des Wirkungsquantums im Prinzip nicht kontrollierbar ist. Darum kann man auch nicht sagen, warum ein System auf der Phänomenebene sich gerade so zeigt, wie wir es sehen, und schon gar nicht kann man verstehen, warum das System wie ein Chamäleon sein Eigenschaftsspektrum in einer bestimmten Richtung wechselt, wenn wir Meßgerät, Beobachterplattform bzw. Theorienrahmen wechseln.[3] Hier liegt die Motivation für jene, die den stärkeren metaphysischen Realismus nicht so einfach aufgeben wollen. Sie geben zwar zu, daß man durch Abschwächung des Erkenntnisanspruches unbequeme ontologische Fragen wegtransformieren kann, aber eben nur durch Opferung des Anspruches, daß naturwissenschaftliche Theorien ein näherungsweise verbindliches Bild der Welt liefern. Deshalb möchte ich zu einer bestimmten Vorsicht mahnen, die Evolutionäre Erkenntnistheorie vorschnell mit dem internen Realismus zu verbinden.

Die Naturalisierung der Erkenntnistheorie

In bezug auf den dritten Thesenkomplex, der die Naturalisierung der Erkenntnistheorie betrifft, kann ich mich kurz halten. Was man unter Erkenntnis verstehen will, ist mehr eine Sache der Zweckmäßigkeit des Sprachgebrauches bzw. hängt von der Überlegung ab, was man mit einer bestimmten Terminologie ausdrücken will. Die Erweiterung des Erkenntnisbegriffes auf alle Vorgänge, wo ein Lebewesen eine innere Repräsentation einer äußeren Struktur erarbeitet, ist natürlich möglich. Letzten Endes ist es Konvention, wie stark man den Begriff ausweiten will. Philosophen haben hier eher restriktive Neigungen, wollen von einer Erkenntnis erst dann sprechen, wenn sie im Prinzip auch mit einem reflexiven Wissen um diese Erkenntnis vereinbar ist. Andere Philosophen der Biologie haben jede Reaktion auf einen Reiz einer bestimmten Art bereits in die Erkenntnis eingeschlossen. Ein gewisser Kompromißvorschlag ist der von MARIO BUNGE, der einen kognitiven Prozeß dann ansetzt, wenn es sich um einen Prozeß in einem plastischen Untersystem des Nervensystems eines Tieres handelt. Wenn also ein Tier kein Nervensystem besitzt, wie eine Amöbe oder ein Schwamm, dann kann es auch nichts erkennen. Dies hat gewisse Vorteile, weil man den Lernvorgang dann mit der Plastizität des neuralen Systems in Verbindung bringen kann.

Was die Naturalisierung der Erkenntnistheorie grundsätzlich anbelangt, so habe ich keine Probleme mit OESERs Position, mir scheint es evident zu sein, daß es keine Erkenntnis an sich gibt, d. h. getrennt von den kognitiven Prozessen, die in bestimmten Nervensystemen ablaufen, daß Ideen nicht in körperloser Form in unserer Welt neben den Dingen existieren können, sondern nur in den Gehirnen bestimmter hochentwickelter Säugetiere und Vögel. Es ist ja nichts dagegen einzuwenden und mit der naturalistischen Position durchaus vereinbar, wenn man gelegentlich, z. B. im Rahmen von wissenschaftlichen Argumentationen, die platonische Sprechweise verwendet und so tut, als ob man über Ideen an sich spricht. Diese Façon de parler schadet nichts. Nur im Rahmen einer erkenntnistheoretischen Reflexion, wenn der Kognitionsvorgang wirklich analysiert wird, muß man sich zurückerinnern, daß dies eine Vorgabe war, die das Sprechen erleichtern sollte, und nicht mehr. Das Grinsen der Ceshire-Katze, das auch dann noch erscheint, wenn die wirkliche Katze längst verschwunden ist, wirkt auf uns deshalb so amüsant, weil wir wissen, daß die nüchterne Natur - vielleicht bedauerlich, aber wahr - nicht den ontologischen Empfehlungen von LEWIS CARROL gefolgt ist.

Anmerkungen

[1]Die griffige Sprechweise von Import und Export im Zusammenhang des Verhältnisses von Philosphie und Wissenschaft ist von MAX JAMMER eingeführt worden. Vgl. JAMMER 1979.

[2]Moderne Darstellungen der Erkenntnislehre enthalten immer beide Teile, einen normativen und einen deskriptiven. (Vgl. etwa: BUNGE, 1984).

[3]Dieses wichtige Argument gegen den internen Realismus wurde zuerst von M. STÖCKLER vorgebracht (vgl. STÖCKLER, 1985).

Literatur

BUNGE, M. (1973): Method, Model and Matter. Dordrecht: Reidel.

BUNGE, M. (1984): Treatise on Basic Philosophy. Vol. 5,6. Dordrecht: Reidel.

JAMMER, M. (1979): A Consideration of Philosophical Implications of the New Physics. In: RADNITZKY, G., & G. ANDERSON (Eds.): The Structure and Development of Science. Dordrecht: Reidel.

KANITSCHEIDER, B. (1979): Philosophie und moderne Physik. Darmstadt: Wissenschaftliche Buchgesellschaft.

PUTNAM, H. (1981): Quantum Mechanics and the Observer. Erkenntnis **16**: 193-200.

QUINE, W. V. O. (1975): Ontologische Relativität und andere Schriften. Stuttgart: Reclam.

STÖCKLER, M. (1985): Komplementarität als Relativität der Zustandsbeschreibung. Praxis Naturwiss. (Physik) **34** (6): 29-33.

WHEELER, J. A. (1985): Bits, Quanta and Meaning. In: GIOVANNINI, A. et al. (Eds.): Caianello Celebration (Vorabdruck).

WITTGENSTEIN, L. (1977): Tractatus Logico-philosphicus. 12. Aufl. Frankfurt/M.: Suhrkamp.

■ *Diskussion*

OESER: Ich fange von hinten an, indem ich zunächst auf den Begriff »interner Realismus« eingehe. Ich habe etwas getan, was uns RUDOLF HALLER am Vormittag verboten hat, nämlich einen Begriff, der schon einmal aufgetaucht ist, in anderer Weise zu verwenden. Ebenso wie den Begriff a priori verwende ich auch den Begriff »interner Realismus« in einer abweichenden Bedeutung, nicht so wie es offensichtlich der Urheber dieses Begriffes, HILARY PUTNAM, getan hat. In dem Sinn fällt mir natürlich auf, daß ich im Thesenpapier die Unterscheidung nicht so deutlich gemacht habe. Vielleicht war das auch intuitiv beabsichtigt: Ich wollte Ihr Geschütz gleich auf HILARY PUTNAM gerichtet sehen und selbst aus der Schußrichtung kommen. Sie haben sich jetzt sehr gut eingeschossen auf den internen bedeutungssemantischen Realismus, und ich teile Ihre Hauptargumente dagegen. Soweit also die Frage des internen Realismus.

Auf der anderen Seite ist natürlich ein Vorwurf sehr tiefgreifend. Nämlich jener Vorwurf, der grundsätzlich auch die Evolutionäre Erkenntnistheorie in allen ihren Versionen treffen könnte, daß man sich sozusagen auf einen Standpunkt außerhalb des gesamten Geschehens stellt. Dieser Einwand ist vor allem dann ernst zu nehmen, wenn man dabei die Überlegung verbindet, daß wir uns als kognitive Systeme auf diesen externen Standpunkt stellen wollen. Nun ist es aber gerade die Lehre der Evolutionären Erkenntnistheorie, daß wir eben nicht nur kognitive Systeme sind und das, was wir als Realismus bezeichnen, nicht nur die evolutionären Erkenntnistheoretiker, sondern jeder vernünftige normale Mensch in sich als vorbewußte Struktur trägt, so daß eben gerade das, was ich als rein philosophisches Problem genannt habe, gerade jenes Problem ist, das uns zuerst gar nicht zugänglich ist, sondern erst auf einer Reflexionsstufe, die diese Frage nach einer Position, die sich aus dem konkreten Leben herausstellt, erst ermöglicht. Also in dem Sinn sage ich, der Vorwurf, sich von vornherein auf eine externe Position zu stellen und sozusagen mit den Augen des Lieben Gottes den Prozeß zu umfassen, stimmt nicht; im Gegenteil, es ist ein tieferliegender Standpunkt, der davon ausgeht, daß wir als Lebewesen, die wir nicht nur nachdenken, sondern auch essen, trinken und uns fortpflanzen, schon immer mit der Realität verbunden sind, und daß es also einer großen Hirnakrobatik von mehr als zweitausend Jahren bedarf, um auf diese Position kommen zu können, die Realität anzuzweifeln. Das ist also meine Antwort auf diese Vorstellung des externen Standpunktes.

Noch eine weitere Überlegung, die ich nicht so ganz teile, ist die, unbedingt zwei Klassen von Zugängen oder Erkenntnismöglichkeiten zu unterscheiden: Nämlich auf der einen Seite die innerphilosophischen und auf der anderen Seite die empirisch fachwissenschaftlichen Erkenntnisse. Wenn man auf irgendeine Art und Weise eine Rückwirkung und Rückkoppelung akzeptiert, glaube ich, läßt sich dieses wasserdichte Abschotten von zwei logisch trennbaren Problembereichen nicht durchführen, weil dann eine Rückkoppelung nicht möglich wäre. Mit anderen Worten, auch dann, wenn man vom Standpunkt des evolutionären Erkenntnistheoretikers argumentiert, liegen die Sachen so, daß das, was als kognitives Phänomen auftaucht, dann auch mit dem identifiziert werden muß, womit sich die Philosophie beschäftigt. Das gilt auch im Bezug auf die Freiheit unseres Denkens, die ja von der Evolutionären Erkenntnistheorie nicht ausgeschlossen wird. Denn auf der biologischen Ebene wird immer betont, daß das Extremorgan, durch das sich die biologische Art homo sapiens auszeichnet, nämlich das Gehirn, das zentrale Nervensystem, ein Überschußorgan ist, das eben nicht nur dem Überleben dient. Wie auch von der Gehirnphysiologie bestätigt wird, hat dieses Organ eine ungeheure Möglichkeit an Kombinationen und kann sich auch wünschbare Welten ausdenken. Dann aber ist es durchaus so, daß diese Verkoppelung des reinen Denkens mit dem konkreten Erkenntnisapparat nach meiner Ansicht durchaus akzeptabel ist und nicht unbedingt zwei wasserdicht abgeschlossene Klassen von Problemen auseinandergelegt werden müssen. Genau wie man z. B. eben auch die genetische Anlage oder die »genetische Propensität«, wie HANS MOHR richtig sagt, nicht hundertprozentig von dem trennen kann, was man als »erworben« oder »erlernt« oder als »epigenetische Überlagerung« bezeichnet, denn auch hier handelt es sich um ganz komplexe Verschichtungen und um verschiedene Stufen.

KANITSCHEIDER: Vor allem zu den zwei Punkten, also Vogelperspektive und die zwei Arten von Argumenten. Mit der Vogelperspektive, da bin ich sozusagen ein gebranntes Kind, und deshalb bin ich in einem Argumentationskreis, wo die Transzendentalphilosophie sehr stark ist. Ich habe immer wieder damit zu tun, aufzupassen: Die Transzendentalphilosophen sind so gewissermaßen diejenigen, die nach etwaigen unterdrückten Prämissen einen aufmerksam machen, daß man eben irgendwelche unterdrückte Prämissen drinnen hat, und ich möchte also den Typ für Begründungen des Realismus nur so stark machen, daß man nicht in dieses Zirkularitätsargument der Transzendentalphilosophen hineinrennt, das immer sofort automatisch kommt. Sie argumentieren ja schon unwillkürlich von einer Theorie her, insofern sie ein kognitives Wesen sind, und stecken damit alle deskriptiven Prämissen herein. Ich möchte immer betonen, wenn es gute Gründe gibt, selbst für einen metaphysischen Realismus, dann müssen die immanent aus der Kognitionssituation ohne Verwendung dieses übergeordneten Standpunktes kommen, sonst hat man einfach ein Begründungsdefizit. Und das zweite ist, die zwei Arten von Argumenten gegen den Fluß in beide Richtungen: Ich glaube nur, trotzdem die semantische Distinktion zwischen einem logischen und einem semantischen Argument und zwischen einem Argument, das faktische Information enthält, also deskriptiv ist. Hier liegt ein Fehlschluß vor, oder das ist ein non sequitur, ein logisches Argument, und das bleibt es immer. Die Distinktion bleibt aufrechterhalten.

VOLLMER: Sie wissen ja, daß ich ein »Zirkel-Fan« bin und daß mich natürlich dieses Bild der Spirale oder des virtuosen Zirkels, wie ich das gerne nenne, beschäftigt und mich auch interessiert. Nun sehe ich hier aber doch Probleme, man würde zunächst doch erwarten, soweit es überhaupt zirkulär ist und sich nicht nur irgendwo anders hinbewegt, daß eine Erkenntnistheorie auch auf die Evolutionstheorie zurückwirkt - korrigierend. Also kann zwischen Einzelwissenschaft und erkenntnistheoretischer Reflexion eine Rückkoppelung stattfinden, die eben nicht nur irgendwo hinführt, sondern tatsächlich in einem gewissen Sinn zurückführt. Jetzt ist das Bild wieder etwas anders, aber inwiefern die Evolutionstheorie korrigiert würde oder verbessert würde, das haben Sie natürlich nicht gesagt, und es wäre natürlich auch interessant, ob das überhaupt der Fall ist oder in Zukunft der Fall sein wird: Daß man daraus, was die Evolutionäre oder irgendeine andere naturalistische Erkenntnistheorie sagt, etwas lernt für die Evolutionstheorie an Korrektur oder Präzisierungsmöglichkeiten. Das ist sozusagen nur eine offene Stelle, die sich als Frage daraus ergibt, würde mich aber sehr interessieren, das wäre ein wunderbarer Beleg, daß es auch wirklich klappt. Nun muß die Rückwirkung aber gar nicht auf die Evolutionstheorie gehen, sondern kann ja in irgendeine Fachwissenschaft, Naturwissenschaft oder geisteswissenschaftliche Theorie gehen. Dafür gibt es ja sicherlich auch genügend Beispiele.

Das ganz andere Problem ist die Frage: Welches Verhältnis hat der Realismus zur Evolutionären Erkenntnistheorie? Und da kann man natürlich auch ein Stück Zirkularität oder virtuosen Zirkel feststellen. Das kann man, wenn man will, biographisch, historisch erklären, Evolutionäre Erkenntnistheorie ist im wesentlichen von Leuten gemacht worden, die aus Einzelwissenschaften stammen, und die dann, jedenfalls war es bei mir so, versucht haben, die Prämissen, die man als Naturwissenschaftler in der Regel macht, explizit zu machen. Es könnte sich aber herausstellen, daß eine Evolutionäre Erkenntnistheorie auch mit etwas schwächeren Prämissen auskommt, daß sie gar nicht alles braucht, was der Naturwissenschaftler in der Regel macht, sondern auch mit weniger zurechtkäme. Insofern ist wahrscheinlich auch die Bezeichnung »wissenschaftlicher Realismus« legitim. Denn Wissenschaftler haben ja ganz verschiedene Vorstellungen und entwickeln sich auch. Interessant wäre aber natürlich, wenn es jetzt Argumente gäbe, z. B. aus der Quantenphysik, wonach der Realismus, wie man ihn üblicherweise formuliert, aufgegeben werden müßte. Ob man dann zu einer Abschwächung kommt, die dann mit dem, was der Wissenschaftler im allgemeinen und der evolutionäre Erkenntnistheoretiker im besonderen aber macht, nicht vereinbar ist?

Nun hatten Sie Ihren internen Realismus eigentlich mehr auf das Individuum eingeschränkt. Man könnte mit Ihrer Explikation von internem Realismus ja auch so etwas versuchen, wie EVE-MARIE ENGELS das gemacht hat, daß man so einen Konstruktionismus oder Konstruktivismus versucht und sagt, »wir müssen uns darüber im klaren sein, daß alle Weltbilder immer nur Weltbilder sind, die jeder in seinem Gehirn produziert hat.« Und ob es dann Argumente gibt, mehr zu sagen als ein Konstruktivist, z. B. wie ich immer sage, das Scheitern von Theorien, das kann ich nur verstehen, wenn ich annehme, daß diese an der Realität scheitern, nicht nur an irgendwelchen Schwierigkeiten? Also, ich glaube, daß eine halbe Spirale das Bild etwas zu sehr vereinfacht.

RUSE: Meine Frage betrifft den hypothetischen Realismus, und ich habe große Schwierigkeiten mit diesem Begriff, da ich nicht sicher bin, ob er sinnvoll ist. Nicht aus dem Grund, weil ich Engländer bin und keine deutschen Ausdrücke verstehen kann, sondern weil für meine Begriffe eine Hypothese nur dann einen Sinn hat, wenn ich weiß, was es bedeutet, wenn die Hypothese erfolgreich ist oder fehlschlägt. Ich möchte Ihnen ein Beispiel dafür geben: Ich, als gutes Beispiel für das männliche Geschlecht, lerne eine schöne Frau kennen, mit der ich ins Bett gehen möchte - ein gutes biologisches Beispiel. Meine Hypothese ist, daß wir beide gegen 11.00 oder 12.00 Uhr nachts ohne Kleider im Bett liegen werden. Das ist meine Hypothese, mein hypothetischer Realismus. Ich weiß, ganz ohne falsche Bescheidenheit, was es bedeutet zu sagen, meine Hypothese ist erfolgreich, und ich weiß, was es bedeutet zu sagen, sie schlägt fehl. Also, ich führe die Dame aus, wir trinken viel Wein, weder österreichischen noch italienischen Wein, denn wir wollen ja noch bis 11.00 Uhr am Leben bleiben, und meine Hypothese schlägt fehl, weil sie sich um 10.00 Uhr mit den Worten »vielen Dank und gute Nacht« von mir verabschiedet und geht. Meine Hypothese wird bestätigt, weil sie meint, »ja, ich möchte Ihre Briefmarkensammlung gerne sehen, am besten sehen wir sie uns gleich ohne Kleider an« usw. Meine Hypothese ist also, daß ich erfolgreich sein werde, baut aber auf dem Gedanken auf, nicht daß sie erfolgreich sein wird, sondern daß ich weiß, was es bedeutet, wenn sie erfolgreich ist.

Nun, für mich besteht das Problem des hypothetischen Realismus darin, daß ich nicht weiß, was es bedeuten würde zu sagen, daß der hypothetische Realist recht hat. Ich glaube, das Buch von FRANZ WUKETITS, das er mir gerade gegeben hat, existiert. Ich glaube, es ist eine Realität. Ich glaube, daß es ein rotes Buch ist, daß es in Deutsch geschrieben ist, ich weiß, daß ich es daher nicht lesen kann. Das ist schön und gut, aber meine Hypothese ist, daß das Buch wirklich *wirklich* ist. Nun, was heißt das? Und ich verstehe wirklich nicht, was die Wirklichkeit dieses Buches ist, die über die phänomenologische Wahrnehmung hinausgeht, die ich entweder direkt oder durch die Wissenschaft habe. Sie sagen, der hypothetische Realist ist überzeugt, daß das Buch wirklich existiert, daß es aus Molekülen besteht, die sich mit 30 km/sec im Universum bewegen, je nachdem, etwa in Deutschland, wo es keine Geschwindigkeitsbegrenzungen gibt, wären sie schneller, jedenfalls die Behauptung, etwas sei wirklich wirklich, umfaßt eine wahrnehmende Einheit, sie umfaßt immer noch meine Annahme, daß etwas wirklich wirklich ist, daß sich etwas wirklich so und so verhält, und wieder bin ich mit einbegriffen. Was bedeutet es schon, vom hypothetischen Realismus zu sprechen, der etwas meint, das über die wahrnehmende Einheit hinausgeht, eine Realität nämlich, die nicht von mir abhängt, denn wenn ich sage, das Buch besteht aus Molekülen, wenn ich sage, sie bewegen sich mit 30 km/sec etc., bin ich dabei immer noch als wahrnehmende Einheit mit einbegriffen.

Ich meine, daß der hypothetische Realismus, wie ihn POPPER und einige Redner von heute Nachmittag formulierten, immer auf irgendeiner Ebene eine wahrnehmende Einheit einbezieht, wobei es sich dann aber nicht mehr um hypothetischen Realismus handelt. Ich finde, daß bereits der Begriff des hypothetischen Realismus widersprüchlich ist, weil damit fälschlich versucht wird, eine Analogie zwischen einer echten Hypothese und einer philosophischen Hypothese herzustellen, wobei in diesem Fall keineswegs von einer echten Hypothese die Rede sein kann.

GÖTSCHL: Ich glaube, ERHARD OESER hat etwas sehr Wichtiges getan, nämlich versucht, strenger zu unterscheiden, als es bisher gemacht wurde, zwischen der Evolutionstheorie auf der einen Seite und unterschiedlichen Stufen der Evolutionären Erkenntnistheorie auf der anderen. Hier herrscht viel Verwirrung.

In Bezug auf diese intertheoretischen Relationen drei ganz kurze Fragen: Sie sprechen davon, daß die Evolutionäre Erkenntnistheorie - und ihre Grundthesen sind ja sehr wohl bekannt - durch die Evolutionstheorie selbst gestützt werde. Wenn man dies akzeptiert heißt das, daß es mindestens eine oder mehrere intertheoretische Relationen gibt, die man explizit machen kann in bezug auf Evolutionäre Erkenntnistheorie und Evolutionstheorie.

Meine Frage ist: Bedeutet dies, daß man sagen darf, die Evolutionäre Erkenntnistheorie ist allgemeiner als die Evolutionstheorie? Wenn ja, welches Allgemeinheitskriterium als Strukturkriterium wird dabei verwendet?

Zweite Frage: Wenn Sie sagen, die Evolutionstheorie dient als Stützungsinstanz für die evolutionären Erkenntnistheorien, wenn Sie dies sagen, und das haben Sie getan, dann frage ich mich, welchen Stützungs-, Bewährungsbegriff etc., etc. im Sinn der wissenschaftstheoretischen Diskussion verwenden Sie hier?

Dritte Frage: Oder ist es eine Unterstützungsüberlegung einfach im Sinn einer relativ kruden Analogisierungstendenz, die Sie vornehmen? Wenn die Theorie durch Analogie gestützt ist, würde ich gerne hören, wie das auszusehen hat.

Und der letzte Punkt betrifft die Zirkularität, die GERHARD VOLLMER angesprochen hat. Soweit ich Ihre und RIEDLs Ansicht verstanden habe, behauptet die Evolutionäre Erkenntnistheorie unter anderem einen Fortschritt dahin vollbracht zu haben: Daß eben die Evolutionäre Erkenntnistheorie, die zentrale Thesen behauptet, nicht mehr in die Lage versetzt wird, sozusagen empirisch begründungslos dazustehen, sondern sich eben auf empirische Wissenschaft bei der Stützung ihrer Behauptungen berufen kann.

Nun haben Sie aber überraschenderweise, was GERHARD VOLLMER angesprochen hat, heute gesagt: Na ja, ein Punkt der Leistung der Evolutionären Erkenntnistheorie bestünde darin, daß der naive Realismus oder pragmatische Realismus, der der Evolutionstheorie zugrunde liegt, aufgehoben wird, und daß diese mesokosmische Selbstbeschränkung des Wissenschaftlers, nämlich qua des Evolutionstheoretikers, erweitert wird. Das ist dieses Rückkopplungsphänomen, auf das VOLLMER hingewiesen hat. Wenn dem so ist, dann eine kleine Vermutung. Dann heißt das aber, daß Sie ein Stück Begründungstheorie liefern, die eben der Evolutionstheorie zugrunde gelegt wird, wie die klassische Philosophie es eigentlich immer wollte. Sind wir dann in der Situation, daß wir sagen müßten: Es geht so weiter wie bisher; wir bemühen uns um eine philosophische Begründung der empirischen Wissenschaft, um eine empirische Begründung philosophischer Thesen, der Unterschied besteht jetzt nur im Vergleich zu früher darin, daß wir eben jetzt die Evolutionäre Erkenntnistheorie haben, aber die Denkfigur wäre dieselbe?

OESER: Zunächst einmal freue ich mich, daß GERHARD VOLLMER seinen Begriff des virtuosen Zirkels in der Weise sieht, wie ich ihn hier dargestellt habe. Deshalb können wir uns auch sehr leicht verständigen. Ihre wichtigste Frage war natürlich zunächst einmal die, die sich auf den Anfang und das Ende dieser Spirale bezieht. Ich habe hier bewußt nur eine Schleife dargestellt und sie dann zu ergänzen versucht. Erstens gebe ich Ihnen recht, daß natürlich der wissenschaftliche Realismus nicht der unterste Punkt dieser Argumentationsstruktur ist, sondern daß sie noch weiter zurückgeht auf jenen Realismus, von dem ich gesprochen habe, wenn ich auf unser vorbewußtes Realitätsempfinden in der Antwort auf BERNULF KANITSCHEIDER rekurriert habe. Und in dem Sinn kann ich das dort Gesagte noch verstärken. Ich sage in dem Sinne auch, daß diese unbewußte Vorwegnahme eines Realismus notwendig zu einer evolutionär-erkenntnistheoretischen Position hinführt. Hier könnte ich noch weiter in meine Kindheitserinnerungen zurückgreifen als KONRAD LORENZ.

Wie ich schon HANS MOHR erzählt habe, bin ich ein monozygotischer Zwilling und habe mich schon im Kinderwagen gewundert, warum wir so gut genetisch aufeinander abgestimmt sind. Also, ich nehme vom Beginn meines Lebens an, daß die genetische Anlage sehr stark ist. Sie kann sich zwar in verschiedener Weise auswirken, aber zu unseren genetischen Anlagen gehört jedenfalls so etwas wie ein unerschütterliches Realitätsbewußtsein, das in dem Sinne selbstverständlich ist und natürlich nicht bloß naiv ist. Das wäre der unterste Punkt dieses Realitätsproblems und der sich steigernden Reflexion.

Ich will jetzt zum Teil wenigstens das zu beantworten versuchen, was JOHANN GÖTSCHL angesprochen hat. Und zwar in dem Sinn, daß ich zunächst feststellen möchte, daß ich, wenn ich hier von Reflexionsstufen rede, der Meinung bin, die verschiedenen Reflexionsstufen haben einen bestimmten Zweck zu erfüllen. Das ist durchaus im Sinn einer pragmatisch verstandenen Evolutionären Erkenntnistheorie gesprochen, für die die Regel gilt, daß eine solche Reflexion nur so weit taugen muß, soweit ihre Problemstellung geht. Das heißt, man kommt mit einem naiven, aber selbstverständlichen Realismus im Alltagsleben aus, und man kommt zunächst auch mit einem unreflektierten wissenschaftlichen Realismus in den Erfahrungswissenschaften aus. Es gibt so etwas wie eine interne Logik in diesem Zusammenhang, die uns dazu zwingt, jedes Mal beim Übersteigen auf eine nächste Ebene eine andere Reflexionsstufe anzuwenden. Das heißt also, der Grad der Reflexion wird einfach stärker und er wird notwendig stärker. Und das ist auch in der internen Entwicklung der Wissenschaften selbst festzustellen, je weiter der konstruktiv-theoretische Teil dieser Wissenschaften wächst. In diesem Sinne glaube ich nun auch auf GÖTSCHLs Frage »Ist die Evolutionäre Erkenntnistheorie allgemeiner als die Evolutionstheorie?« mit »Ja« und »Nein« antworten zu müssen. »Ja« in dem Sinne, daß die Evolutionäre Erkenntnistheorie natürlich diese Reflexionsstufe der biologischen Evolutionstheorie im Sinne einer erkenntnistheoretischen Reflexion erhöht und mehr hinzubringt. Das heißt also, man kann durchaus sagen, und es ist auch historisch-faktisch so, daß die Geschichte der Erkenntnistheorie seit zweitausend Jahren, bis hin zu KANT, eine Reflexionsstufe erreicht hat, die natürlich nicht von der Evolutionären Erkenntnistheorie unterboten werden darf. Aber das ist eine Selbstverständlichkeit. Das Unterbieten der klassischen Erkenntnistheorie wird den evolutionären Erkenntnistheoretikern polemisch vorgeworfen; das mag manchmal zutreffen, manchmal auch wieder nicht. Da muß man jedes einzelne Argument kritisch beleuchten.

Also in diesem Sinne ist es so, daß, wenn man in verkürzter Weise das so sagen kann, ein Input auch auf dieses System der Evolutionären Erkenntnistheorie von der traditionellen Erkenntnistheorie her bis hin zu den gegenwärtigen Kritiken und erkenntnistheoretischen Positionen der Philosophen erfolgt. Da ja auch hier die Wechselwirkung zulässig ist, nicht nur zwischen den naturwissenschaftlichen Fachdisziplinen, sondern selbstverständlich auch zwischen der Evolutionären Erkenntnistheorie und, sagen wir einmal verkürzt, der »reinen« philosophischen Argumentation. Andererseits ist es aber auch so, daß die biologische Evolutionstheorie natürlich nicht in allen Einzelheiten ausgearbeitet sein muß, damit daraus als Konsequenz die Evolutionäre Erkenntnistheorie gezogen werden kann. Denn die biologische Evolutionstheorie beschäftigt sich natürlich mit einer ungeheuren Fülle von Problemen, die mit der Evolutionären Erkenntnistheorie direkt eigentlich nichts zu tun haben.

Aber eines halte ich natürlich fest: Wenn die biologische Evolutionstheorie grundsätzlich und nicht nur in ihren Variationen, die sich immer verbessern können, sich eines Tages als falsch erweisen wird, fällt damit auch die evolutionäre Erkenntnistheorie zumindest in der Form, wie ich sie zu begründen versucht habe. Das ist auch die Antwort auf die Frage der Falsifikation der Evolutionären Erkenntnistheorie selbst. Sie ist falsifizierbar, und ich würde diese Bedingung stellen: Die biologische Evolutionstheorie muß so, wie sie in ihrem Grundkonzept heute vorliegt, wahr sein. Wird sie als falsch erwiesen, und es entsteht eine total andere Alternativtheorie zur heutigen biologischen Evolutionstheorie, dann kann man sozusagen auch die Evolutionäre Erkenntnistheorie einpakken und zusperren.

Noch ein kurzes Wort in bezug auf den hypothetischen Realismus. Ich habe diesen Ausdruck nur erwähnt, weil er sich eben in der Evolutionären Erkenntnistheorie eingebürgert hat und auch von KONRAD LORENZ so verwendet wird. Ich verbinde damit nur die Vorstellung, daß ein solcher hypothetischer Realismus eben genau das besagt, was LORENZ auch heute in seinem Vortrag hervorzuheben versuchte, daß alle unsere Ansichten über Fakten und Daten, und seien sie noch so einfach, hypothetisch sind. Sie besitzen einen Wahrheitsgehalt, denn sonst könnten wir nicht mit ihnen überleben. Aber keine davon ist absolut wahr. Eine ontologische Position derart, daß auch die Existenz der Welt als hypothetisch anzusehen wäre, habe ich nicht damit gemeint.

Der Passungsbegriff und die logische Struktur der evolutionären Erkenntnislehre

GÜNTER P. WAGNER

Das Äquivalenzpostulat

Die Grundgedanken der Evolutionären Erkenntnislehre (EE) bauen auf der Feststellung auf, daß unsere kognitive Ausstattung und deren »in die Welt passen« das Resultat evolutiver Anpassungsprozesse sind (LORENZ, 1973; CAMPBELL, 1974; VOLLMER, 1975; RIEDL, 1980; WUKETITS, 1981, 1983). »Kenntnis« i. w. S. wird nicht nur vom Individuum in Form von Alltagserfahrung oder in Form methodischer wissenschaftlicher Arbeit erworben, sondern ist bereits in unserer Ausstattung eingebaut, eingebaut von den universellen Evolutionsfaktoren Mutation und Selektion.

Leben ist ein kenntnisgewinnender Prozeß. Aus dieser Aussage folgt, daß es eine strukturelle Ähnlichkeit geben muß zwischen gewissen biologischen Phänomenen wie Lernen und Evolution einerseits und menschlichen und sozialen Erkenntnisleistungen andererseits. Das ist der Ausgangspunkt für alle philosophischen Erörterungen im Rahmen der EE. Der Kürze wegen möchte ich dieses Postulat Äquivalenzpostulat (ÄP) nennen (WAGNER, 1983). ÄP deswegen, weil eine Äquivalenz zwischen bestimmten biologischen Vorgängen und wissenschaftlicher Erkenntnis behauptet wird.

Obwohl die zentrale Bedeutung dieses Postulats für die EE evident ist, wird es nur in wenigen Schriften zur EE explizit formuliert (LORENZ, 1973; CAMPBELL, 1974; WAGNER, 1983). Weder in der klassischen Arbeit von LORENZ über KANTs Lehre vom Apriorischen im Lichte der gegenwärtigen Biologie (1941), noch bei POPPERs »Objective Knowledge« (1972) oder in VOLLMERs EE (1975) wird das ÄP erwähnt oder reflektiert.

Diese Scheu vor dem ÄP besteht aus gutem Grund. Es macht zwar einerseits den Charme der EE aus, weil es eine Erweiterung der Perspektive bedeutet, in der epistemologische Fragen abgehandelt werden können. Andererseits ist es aber auch die Quelle der meisten philosophischen Probleme, die mit der EE verbunden sind (s. z. B. HOLZHEY, 1985; STEGMÜLLER, 1985; ENGELS, 1983, 1985 a, b).

Die Probleme entstehen, weil in diesem ÄP Begriffe und Konzepte miteinander in Verbindung kommen, die in langen philosophischen Auseinandersetzungen schließlich als nicht zusammengehörig erkannt wurden. Diese Begriffe sind z. B. Passung und Geltung, sowie Genesis und Geltung. Die Verbindung zwischen diesen Begriffen entsteht zwangsweise mit dem ÄP und kann nicht eliminiert werden, ohne die EE selbst zu eliminieren.

Ein naheliegender Versuch, diesen Problemen zu entgehen, ist die Preisgabe des ÄP, wie sie von VOLLMER (1984) vorgeschlagen wird. VOLLMER unterscheidet zwischen mesokosmischer und wissenschaftlicher Erkenntnis. Die mesokosmische Erkenntnis ist mit Wahrnehmungs- und Erfahrungserkenntnis gleichzusetzen und wird als Produkt der Evolution betrachtet. Die wissenschaftliche Erkenntnis dagegen stellt eine qualitativ neuartige Stufe der objektiven Erkenntnis dar, die den Passungscharakter der mesokosmischen Erkenntnis bestätigen oder von einer höheren Warte aus korrigieren kann. Damit löst sich zwar z. B. das Zirkelproblem auf, aber letztlich auch die EE selbst (ENGELS, 1985 b). Denn entweder fällt damit die wissenschaftliche Erkenntnis vollständig aus dem Kompetenzbereich der EE heraus, was einer Aufgabe der erkenntnistheoretischen Ansprüche der EE gleichkommt (s. auch STEGMÜLLER, 1985), oder man akzeptiert eine Verdoppelung des Realitätskonzepts in mesokosmische und wissenschaftliche Realität, was dem Konzept des hypothetischen Realismus widerspricht. Interne Inkonsistenz oder Verzicht auf die erkenntnistheoretischen Ansprüche der EE sind die Konsequenzen einer Preisgabe des ÄP (ENGELS, 1985 b).

Die bisherige Diskussion läßt also vermuten, daß die mit dem ÄP verbundenen Probleme nicht zu lösen sind, solange nur einzelne inhaltliche Aussagen der EE »repariert« werden. Erst wenn die logische Struktur der EE selbst zum Gegenstand der Diskussion gemacht wird, ist eine Lösung des Problems wahrscheinlich. Die Frage lautet also nicht, ob die eine oder andere Behauptung der EE, z. B. im Sinne der Transzendentalphilosophie, erlaubt oder sprachphilosophisch sinnvoll, sondern welche logische Struktur der EE angemessen ist. Was fehlt, ist die adäquate logische Form, die den inhaltlichen Einsichten der EE gerecht wird.

Über Passung und Geltung

Ich möchte meine Erörterungen zur logischen Struktur der EE mit einer Betrachtung der Begriffe Passung und Geltung beginnen, wobei ich als Biologe dem Passungsbegriff den Vorrang geben möchte. D. h. ich frage, was aus dem Passungsbegriff für die logische Struktur der EE abzuleiten ist und wie folglich Geltungsprobleme in der EE behandelt werden sollten. Das bedeutet nicht, daß eine Analyse des Geltungsbegriffs nicht notwendig wäre. Diese sollte aber wohl besser einem Fachphilosophen überlassen bleiben.

Es gibt aber noch einen inhaltlichen Grund, warum ich die Erläuterung des Passungsbegriffs vorziehe. Der eigentliche Wert der EE, wie der jeder naturalisierten Erkenntnistheorie, liegt nicht darin, daß in einer anthropomorphen Weise über Evolution und Wahrnehmung geredet wird. Ich glaube vielmehr, daß die EE Anlaß sein sollte, das Erkenntnisproblem in einer »biomorphen« Weise zu betrachten, d. h. die Erkenntnisleistungen als eine Art von Lebensäußerungen unter anderen zu betrachten, in der Erwartung, daß sich allgemeine strukturelle Merkmale von Lebensvorgängen auch im Erkenntnisprozeß wiederfinden lassen (z. B. die rückbezügliche Struktur aller Lebensprozesse, VARELA, 1981).

Was unter der Wendung »eine Struktur oder ein Organ ist eine Anpassung an die Umwelt« gemeint ist, ist für die meisten Biologen intuitiv klar. Man denkt dabei meist an so eindrückliche Beispiele wie die Umwandlung der Phalangenspitze in einen Huf bei Steppentieren oder die Umwandlung der Hand in ein flossenförmiges Paddel bei Wassersäugern. Es gibt kein Wassertier, das einen Huf entwickelt hat und kein Steppentier mit einer flossenförmigen Hand. Huf und Flosse sind Anpassungen an die Lebensbedingungen in verschiedenen Umwelten.

Aber diese wenigen auffälligen Beispiele sollten nicht darüber hinwegtäuschen, daß es im allgemeinen sehr schwierig ist, den Anpassungswert oder den »Passungscharakter« eines somatischen Merkmals zu erklären oder plausibel zu machen (CURIO, 1973; BOCK, 1980). Man denke z. B. an die somatischen Merkmale des Menschen, die funktionelle Haarlosigkeit, den aufrechten Gang, das Kinn. Keines dieser Merkmale ist funktionell leicht verständlich, geschweige denn eindeutig als Anpassung ausgewiesen. Auch in der Zoologie finden sich viele Beispiele von Merkmalen, deren Passungscharakter nicht leicht nachweisbar ist (z. B. der Schwertfortsatz der Xiphophoren Fische).

Gleiches gilt natürlich auch für unsere geistige Ausstattung. Woher wissen wir eigentlich, daß unser kognitiver Apparat, der auch ratiomorpher Apparat genannt wird, Anpassungscharakter hat?

Liberaler formuliert lautet das Problem: Woher wissen wir, welche Teile unserer kognitiven Ausstattung Anpassungen sind und welche nicht? Der Hinweis auf die Lebensfähigkeit unserer Vorfahren reicht nicht aus, denn auch die somatischen Merkmale sind ein Mosaik von historischen Zufälligkeiten und echten Anpassungen. Die Lebensfähigkeit unserer Vorfahren zeigt nur, daß sie als Ganzes hinreichend angepaßt, aber nicht, daß alle ihre Merkmale optimal angepaßt waren.

Die Säugetiere leben seit 180 Mio. Jahren mit einem Geburtskanal, der durch einen stabilen Knochenring, das Becken, führt. Beweist das den Passungscharakter des Merkmals? Sicher nicht! Im Gegenteil, dieses Merkmal hat vielen Säugetierarten erhebliche Probleme bereitet. Es ist eine biologische Trivialität, daß nicht alle Merkmale, mit denen eine Art auskommt, d. h. überlebt, auch adaptiv entstanden sein müssen (GOULD & LEWONTIN, 1979; GOULD & VRBA, 1982; RIEDL in diesem Band).

Diese prinzipielle Schwierigkeit, den Passungscharakter eines Merkmals nachzuweisen, hat wichtige Konsequenzen für den Aufbau der EE.

Dieses Problem ist der Grund dafür, daß die EE keine geschlossene Theorie sein kann und sie eher einer Kohärenztheorie der Wahrheit nahe steht als einer Korrespondenztheorie. Um das zeigen zu können, muß ich wieder zur Biologie zurückkehren, denn in ihr gibt es Möglichkeiten, den Passungscharakter eines Merkmals nachzuweisen (RIDLEY, 1983; CURIO, 1973; RIEGER & TYLER, 1985).

Wenn ein Biologe vor die Aufgabe gestellt wird, den Passungscharakter eines Merkmals (z. B. der Torpedoform eines Delphins) zu belegen, so hat er grob gesprochen zwei Wege offen: Die vergleichende Methode und die funktionsanalytische Methode.

Die vergleichende Methode hat die Aufgabe, die Ähnlichkeiten zwischen den Organismen in zwei Gruppen zu sortieren: In homologe und analoge Ähnlichkeiten (RIEDL, 1975; LORENZ, 1978). Ohne auf Details einzugehen kann man sagen, daß homologe Ähnlichkeiten jene sind, die auf gemeinsame Abstammung (Verwandtschaft) zurückgeführt werden können (z. B. die Wirbelsäule einer Kuh und eines Menschen). Die Analogien sind jene Ähnlichkeiten, die zwischen Arten bestehen, die nicht näher miteinander verwandt sind (z. B. die Körperform von Delphinen und bestimmten Knochenfischen).

Für das Passungsproblem sind vor allem die Analogien von Bedeutung, weil unter ihnen auch die Belege für den Passungscharakter gewisser Merkmale zu finden sind. Bei der Frage, ob die Körperform der Delphine eine Anpassung ist, kann man nach folgendem Schema vorgehen:

1. Man fragt, welche Arten eine ähnliche Körperform besitzen,
2. man überprüft die Verwandtschaftsverhältnisse zwischen den Arten mit gleicher Körperform,
3. man überprüft die Umweltbedingungen, unter denen die Arten mit gleicher Körperform leben.

Sollte nun das Merkmal nur bei jenen nicht verwandten Arten auftreten, die unter gleichen Umweltbedingungen leben, so ist der Schluß gerechtfertigt, daß das Merkmal eine Anpassung an eine bestimmte Lebensweise ist, z. B. daß die Körperform der Delphine eine Anpassung an die Lebensweise eines schnellschwimmenden Wassertieres ist.

Man muß dabei auf die Formulierung achten. Es ist nicht eine Anpassung an das Wasser, denn viele Knochenfische sehen ganz anders aus, sondern an eine Lebensweise, d. h. die Verhaltensweisen des Tieres in seiner Umwelt. Das Verhalten der Tiere bestimmt, wie die Umwelt auf die Gestaltung der Organe zurückwirkt, nicht die Umwelt, sondern das System Organismus-Umwelt bestimmt den Passungscharakter der Merkmale.

Die vergleichende Methode hat für unser Problem geringere Bedeutung, denn sie setzt voraus, daß es eine Vielzahl an Arten mit ähnlichen Merkmalen gibt, die aber nicht so nah miteinander verwandt sind, daß ihre Ähnlichkeit als homolog gelten muß. Für das besonders interessante Beispiel der menschlichen Erkenntnisfähigkeit haben wir aber nur eine Art zur Untersuchung, eben *Homo sapiens*.

Interessanter ist da schon die Methode der Funktionsanalyse. Bei der Funktionsanalyse wird versucht, genauer herauszufinden, woran sich ein Organ angepaßt haben soll. Bei unserem Beispiel wird in der Funktionsanalyse untersucht, welchen Einfluß die Körperform auf den Energiebedarf der Fortbewegung hat. Man kann dann zeigen, daß die Körperform wahrscheinlich eine Anpassung an schnelle Bewegung in einem dichten Medium ist, denn sie erlaubt eine sehr effektive Ausnutzung der Bewegungsenergie.

Die strukturelle Unvollständigkeit der EE

Bei der Einbeziehung der Funktionsanalyse ist etwas Wesentliches passiert. Wenn ein Biologe eine Funktionsanalyse durchführt, so ist er gezwungen, auf Prinzipien zurückzugreifen, die nicht Teil der Biologie i. e. S. sind. Er muß sich auf die Gesetze der Physik und der Chemie beziehen, um den Passungscharakter eines Merkmals zu zeigen. Der Biologe muß sich z. B. bei der Körperform der Delphine auf die Gesetze der Strömungsmechanik beziehen. Das ist ein ganz wesentlicher Punkt, auch für die EE, denn man muß fragen, worauf sich denn die EE bezieht, um den Passungscharakter der kognitiven Strukturen zu zeigen.

Welche Disziplin übernimmt für die EE jene Rolle, die die Physik im Rahmen der Funktionsanalyse für die Biologie spielt? Wenn kognitive Strukturen Anpassungen sind, so muß die Frage erlaubt sein: »Anpassung woran?«

Bei einfachen wahrnehmungsphysiologischen Fragen wird wieder die Physik als externe Referenz herangezogen werden können. So bei dem berühmten Beispiel für den Passungscharakter unserer Lichtsinnesorgane, wo gezeigt wird, daß das Maximum der Strahlungsintensität auf der Erdoberfläche mit dem Empfindlichkeitsmaximum der Retina übereinstimmt (VOLLMER, 1975).

Schwieriger ist diese Frage aber bei etwas abstrakteren kognitiven Leistungen, wie bei den ratiomorphen Hypothesen nach RIEDL (1980). Ein Beispiel ist die Neigung aller Menschen, wiederholte Koinzidenzen für Notwendigkeiten zu halten. Wenn ihr Partner beim Würfelspiel zehnmal hintereinander die Sechs würfelt, so werden sie sich nur schwer der Vorstellung entziehen können, daß es nicht mit rechten Dingen zugeht. Das ist das sogenannte psychologische Induktionsproblem. Diese Neigung, Regelmäßigkeiten für Notwendigkeiten zu halten, ist zwar nach unserem heutigen Verständnis rational völlig unbegründet, aber trotzdem eine empirische Tatsache (RIEDL, 1980; ACKERMANN, 1984).

In einem solchen Fall hilft die Physik nicht weiter. Die einzige Quelle für externe Referenz ist dann die Logik, die Wahrscheinlichkeitstheorie und die anderen Disziplinen der traditionellen Erkenntnistheorie.

Wenn man also empirisch eine kognitive Leistung beschreibt, so kann man den Passungscharakter nur dann belegen, wenn man einen wahrscheinlichkeitstheoretischen oder logischen Zusammenhang aufweist, der dieser Verhaltensdisposition entspricht. Das gleiche gilt für andere biologische Vorgänge, denen man im Sinne der EE eine erkenntnistheoretische Bedeutung zuweist.

Das Kohärenzpostulat

Dieses Verfahren des Vergleichs zwischen empirischen Befunden und metatheoretischen Einsichten ist natürlich nicht geeignet, eine Passung mit der objektiven Realität zu zeigen. Es ist ein Kohärenzargument. Es wird gefordert, daß unterschiedliche Zugänge zu ähnlichen Problemen zu kohärenten Resultaten führen. In diesem speziellen Fall wird eine Kohärenz zwischen empirischem Wissen, z. B. der Beschreibung einer kognitiven Leistung, mit metatheoretischem Wissen, z. B. aus der Logik, gefordert.

VOLLMER verwendet in diesem Zusammenhang das Bild eines Regelkreises zwischen EE und den Einzelwissenschaften (VOLLMER, 1975). Diese Metapher ist jedoch wenig hilfreich, wenn man versucht zu verstehen, was die logische Struktur und die epistemologischen Implikationen der EE sind. In diesem Abschnitt wird daher vorgeschlagen, die Metapher vom Regelkreis durch ein Kohärenzpostulat (WAGNER, 1983) zu ersetzen.

Das Kohärenzpostulat besagt: *Aussagen über die Methodologie der Wissenschaften dürfen den Ergebnissen der empirischen Wissenschaften nicht widersprechen.* (WAGNER, 1983)

Das Kohärenzpostulat ist für sich alleine nicht sinnvoll, denn es steht nicht von vornherein fest, ob Aussagen der Erkenntnistheorie überhaupt mit den Aussagen der empirischen Wissenschaften in Konflikt geraten können. Voraussetzung für den Sinn des Kohärenzpostulats ist das ÄP, das ja die Vergleichbarkeit von bestimmten biologischen Vorgängen und wissenschaftlichem Erkenntnisgewinn behauptet. Auch sogenannte Einzelwissenschaften wie Biologie, Psychologie und Kybernetik beschäftigen sich mit kognitiven Systemen, ebenso wie die Erkenntnistheorie.

Wie eine solche Kohärenz zwischen metatheoretischem und empirischem Wissen aussehen kann, möchte ich am Beispiel des Satzes »Evolution ist ein kenntnisgewinnender Prozeß« erläutern.

Die Rechtfertigung für diesen Satz besteht meist in dem Verweis auf die Wirkung der natürlichen Selektion, durch die nur die Angepaßten überleben können. Natürliche Selektion ist ein Mechanismus, der unter gewissen Bedingungen zum Tragen kommt: Selbstreplikation, Autokatalyse 1. Ordnung, Überschuß an Nachkommen usw. (SCHUSTER, 1986).

Nun ist aber nicht sofort einsichtig, warum ein solcher Mechanismus »erkenntnisförmig« sein soll (WEIZSÄCKER, 1977). Es gibt eine ganze Reihe von dynamischen Systemen, die auch zu geordneten Endzuständen führen, wie die Musterbildungsprozesse (GIERER, 1981), die nicht erkenntnisförmig genannt werden können. Was ist also das Wesentliche an der natürlichen Selektion?

Der Unterschied besteht in der Entsprechung zwischen der dynamischen Struktur der Selektionsprozesse einerseits und einer logischen Struktur, dem *modus tollens*, andererseits. Eine solche Entsprechung kann für die Selektion angegeben werden, nicht aber für die Musterbildungsprozesse. Weil der eliminative Effekt der natürlichen Selektion der eliminativen Schlußweise des *modus tollens* entspricht und der *modus tollens* eine logische Wahrheit ist, darf man die natürliche Selektion »erkenntnisförmig« nennen.

Ebenso müßte man mit dem ratiomorphen Apparat verfahren. Der Passungscharakter einer ratiomorphen Hypothese ist erst dann erwiesen, wenn man eine rationale logische oder wahrscheinlichkeitstheoretische Struktur vorweisen kann, die den erkenntnistheoretischen Sinn der ratiomorphen Hypothese zeigt. *Ratiomorph ist nur, was einer rationalen Struktur gleicht.*

Geltung gründet sich in der EE also nicht auf Korrespondenz, dieser Anspruch kann nicht eingelöst werden, sondern auf Passung und Kohärenz. Eine Analogie zur Funktion des Nervensystems mag verdeutlichen, wie das gemeint ist. Die Rekonstruktion von Wirklichkeit im Gehirn gründet sich auf zwei Kriterien:

1. Die sensomotorische Passung, die mit dem Reafferenzprinzip geprüft wird, und
2. die Kohärenz der Wirklichkeitsbilder, die durch die Interpretation verschiedener Sinnesmodalitäten entstehen. (Jeder kennt die Konsequenzen einer Diskrepanz zwischen visueller und statoakustischer Reizung.)

Die sensomotorische Passung entspricht der hypothetisch-deduktiven Prüfung von Theorien, das Bedürfnis nach sensorischer Kohärenz entspricht dem Kohärenzpostulat, in dem eine Übereinstimmung zwischen empirischen, explanativen und explikativen Theorien gefordert wird.

Die epistemologische Relevanz der EE

Man könnte nun den Eindruck haben, die ganze erkenntnistheoretische Kompetenz sollte wieder auf die traditionelle Erkenntnistheorie abgewälzt werden. Das ist keineswegs der Fall. Um das zu zeigen, wird in diesem Abschnitt das Induktionsproblem kurz aus der Sicht der EE erläutert.

Seit HUME ist es üblich, zwischen einem logischen und einem psychologischen Problem der Induktion zu unterscheiden (POPPER, 1972). Die logische Seite des Induktionsproblems ist im wesentlichen von POPPER gelöst worden. Es ist klar, daß mit logischen Mitteln keine empirisch relevanten Hypothesen gestützt werden können. Nur die Widerlegung, die Falsifikation einer Hypothese, ist rational zu rechtfertigen.

Die psychologische Seite wird von dieser Lösung nicht betroffen. Es ist eine empirische Tatsache, daß wiederholte Bestätigungen den subjektiven Glauben in die Richtigkeit einer Theorie steigern. Andererseits gibt es aber zur Zeit keine rationalen Rechtfertigungen für diesen Glauben.

Für die EE ist das ein unbefriedigender Zustand, denn wenn der ratiomorphe Apparat, und damit unsere Neigung, an induktive Bestätigung zu glauben, ein Anpassungsprodukt sein soll, so muß auch ihr Passungscharakter gezeigt werden können!

Wie könnte ein solcher Beleg für den Passungscharakter aussehen? Z. B. in der Form eines Beweises aus der Wahrscheinlichkeitstheorie, der die ratiomorphe Gestalt dieser Verhaltensdisposition belegt. Ein solcher Beweis ist mir nicht bekannt. Im Gegenteil, es gibt genug Beweise, daß es so, wie es bisher versucht worden ist, nicht gehen kann (POPPER, 1972; POPPER & MILLER, 1983).

Die Alternative wäre, daß man nicht mehr an die rationale Lösbarkeit des psychologischen Induktionsproblems glaubt und zu belegen versucht, daß dieses Verhalten keine Anpassung ist, sondern eine Luxusbildung ohne Anpassungswert.

Solange aber weder das eine noch das andere gezeigt wurde, muß das psychologische Induktionsproblem als ungelöst gelten. Diese Problemanalyse ist nur auf der Grundlage der EE herleitbar, denn nur im Rahmen der EE erhält ein subjektives Gefühl eine potentielle epistemologische Bedeutung.

Die Problematik des Kohärenzpostulats

Der Kohärenzgedanke ist in der Erkenntnistheorie natürlich nicht neu. Er wurde vor allem im Zusammenhang mit der Explikation des Wahrheitsbegriffs entwickelt (PUNTEL, 1978). Hier wird der Kohärenzbegriff jedoch in einem anderen Kontext gebraucht, weswegen ich kurz auf die Problematik dieses Begriffs eingehen möchte. Daß das Kohärenzpostulat nicht leer ist, ist bereits gezeigt worden. Hier wird die Frage kurz angerissen, ob das Kohärenzpostulat dem erkenntnistheoretischen Relativismus in die Hände spielt. Es folgen einige Bemerkungen zu den formalen Problemen, die mit dem Kohärenzpostulat verbunden sind.

Eine Voraussetzung für die Sinnhaftigkeit des Kohärenzpostulats ist, daß ein System der wechselseitigen Kontrolle nicht der Willkür Tür und Tor öffnet. Muß der Verzicht auf eine hierarchische Kontrollinstanz in der Erkenntnistheorie nicht notwendigerweise Anarchie und Relativismus nach sich ziehen?

Das Gegenteil ist der Fall, denn durch das Kohärenzpostulat wird den Metadisziplinen neben der Forderung nach interner logischer Konsistenz noch eine Kontrolle durch die

Forderung nach externer Kohärenz mit der Biologie (i. w. S.) auferlegt. Dadurch wird den philosophischen Metadisziplinen ein Freiraum entzogen, der oft genug Anlaß für theoretischen Wildwuchs war. Das Kohärenzpostulat ist also viel restriktiver als ein hierarchisches Theorienkonzept, zumindest was die oberen Ränge der Metadisziplinen betrifft. Freiheiten gewinnen eher die unteren Ränge, die sogenannten Einzelwissenschaften, die aber ihrerseits der empirischen Prüfung unterworfen sind.

Systeme, die nach dem Prinzip der wechselseitigen Kontrolle aufgebaut sind, ziehen eine Reihe von Problemen nach sich, die die formale Darstellbarkeit dessen betreffen, was »wechselseitige Kontrolle« heißen soll. Metaphern, wie die von einem Regelkreis, helfen nicht weiter, denn es ist ja nicht klar, was da geregelt werden soll und wer da regelt. Vorzuziehen wäre eine Beschreibung mit der strengen und klaren Sprache der Logik. Das Problem ist jedoch, daß die heute allgemein anerkannte Form der mathematischen Logik nicht geeignet ist, solche Systeme wiederzugeben. Das betrifft nicht nur das Kohärenzpostulat, sondern z. B. auch die logische Struktur theoretischer Begriffe in den empirischen Wissenschaften (WAGNER, 1984). Allerdings sind relativ geringfügige Modifikationen der mathematischen Logik denkbar, die zu einer angemessenen Form der Logik führen können. Die Modifikationen können wahrscheinlich auf die Modelltheorie beschränkt bleiben.

Die Modelltheorie bestimmt, wie die Ketten von logischen Zeichen adäquat interpretiert werden können. In der traditionellen Modelltheorie werden immer die Wahrheitswerte der elementaren Aussagen als bekannt vorausgesetzt. Der Wahrheitswert des Systems wird dann mit der »Interpretationsfunktion« des Systems berechnet, wobei die Wahrheitswerte der elementaren Terme als Argumente eingehen. Es wird also in diesem Verfahren vorausgesetzt, was in dem Kohärenzpostulat immer zur Disposition steht, der Wahrheitswert von Einzelaussagen. Das Kohärenzpostulat geht dagegen davon aus, daß der Wahrheitswert des Systems vorgegeben ist, das System wird als wahr postuliert, und dann die Frage gestellt, welche Wahrheitswertbelegungen mit der postulierten Wahrheit des Systems vereinbar sind. Dieses Verfahren zur Wahrheitswertbelegung ist dann äquivalent mit der Suche nach den Lösungen einer Gleichung, wobei die Variablen die Wahrheitswerte der elementaren Terme sind, und die Gleichung aus der Gleichsetzung der Interpretationsfunktion des Systems mit dem Wahrheitswert »wahr« entsteht. Das Kohärenzpostulat kann also formal als ein Verfahren zur Wahrheitswertbelegung gedeutet werden. Es besteht in der Suche nach den Lösungen für die Interpretationsfunktion eines Systems, die man dann eher Interpretationsgleichung nennen sollte. Der Wahrheitswert einer Aussage ist bei diesem Verfahren nicht für sich definiert, sondern nur in bezug auf die Gesamtheit der Wahrheitswerte aller Aussagen.

Abschließend sei noch bemerkt, daß der Kohärenzgedanke auch für die EE nicht neu, sondern bereits im Übertragungsprinzip von POPPER (1972) angelegt und in der Arbeit von CAMPBELL aus dem Jahr 1974 in Andeutungen formuliert worden ist und sich auch in den Arbeiten von VOLLMER und RIEDL wiederfindet (s. auch SKAGESTAD, 1978). Trotzdem hat diese Dimension der EE in der philosophischen Diskussion noch keine Rolle gespielt. Das mag die gesonderte Darstellung des Kohärenzgedankens in diesem Beitrag gerechtfertigt erscheinen lassen.

Zusammenfassung

Die Konsequenzen, die der Passungsbegriff für die Struktur der EE hat, kann man in zwei Thesen zusammenfassen:

1. Die EE ist eine aus strukturellen Gründen offene Theorie, bzw. eine nicht abzu-

schließende Theorie. Um ihre Aussagen zu rechtfertigen, braucht sie immer die externe Referenz zu anderen Disziplinen, sei es die Physik oder die Biologie, sei es die Logik oder die Wahrscheinlichkeitstheorie.

2. Wegen dieser Offenheit der EE werden Geltungsfragen nicht unter Bezug auf erste Prinzipien beantwortet, wie das in deduktiv-axiomatischen Theorien der Fall ist, sondern durch eine Kohärenzforderung. Es wird erwartet, daß die ratiomorphen Prinzipien sich dadurch als Anpassungen erweisen, daß sie eine Entsprechung in anderen Theorien finden, z. B. in der Logik oder in der Wahrscheinlichkeitstheorie. Aber auch umgekehrt wird erwartet, daß die Erkenntnistheorie nicht den relevanten Aussagen der Psychologie und der Biologie widersprechen darf.

Es wird die Geltungsfrage an ein System der wechselseitigen Kontrolle delegiert, so wie das Gehirn die »Realitätsfrage« durch den Vergleich von verschiedenen Sinnesmodalitäten beantwortet. Damit steht die EE eher einer Kohärenztheorie der Wahrheit nahe als einer Korrespondenztheorie (RUSE, 1986).

Die prinzipielle Offenheit der Theorie und die kohärenztheoretische Natur der Argumentation kennzeichnen die logische Struktur der EE.

Literatur

ACKERMANN, G. (1984): Diskrimination von Zufall und Gesetz. Univ. Wien: Diss.

BOCK, W. J. (1980): The definition and recognition of biological adaptation. Amer. Zool. **20**: 217-227.

CAMPBELL, D. (1974): Evolutionary epistemology. In: SCHILPP, P. A. (Ed.): The library of living philosophers. Vol. **14**:The philosophy of Karl Popper I. Lasalle, Open Count: 413-463.

CURIO, E. (1973): Towards a Methodology of Teleonomy. Experientia **29**: 1045-1058.

ENGELS, E.-M. (1983): Evolutionäre Erkenntnistheorie - ein biologischer Ausverkauf der Philosophie? Z. allgem. Wissenschaftstheorie **14**: 138-166.

ENGELS, E.-M. (1985 a): Was leistet die evolutionäre Erkenntnistheorie? Z. allgem. Wissenschaftstheorie **16**: 113-146.

ENGELS, E.-M. (1985 b): Die Evolutionäre Erkenntnistheorie in der Diskussion II. Inf. Phil. 1985 (**2**): 49-68.

GIERER, A. (1981): Generation of biological patterns and form: Some physical, mathematical and logical aspects. Prog. Biophys. molec. Biol. **37**: 1-47.

GOULD, S.J., & R. C. LEWONTIN (1979): The spandrels of San Marco and the Panglossian paradigm: A critique of the adaptionist programe. Proc. R. Soc. Lond. B**205**: 581-598.

GOULD, S. J., & E. S. VRBA (1982): Exaptation - a missing term in the science of form. Paleobiology **8**: 4-15.

HOLZHEY, H. (1985): Kritik der Evolutionären Erkenntnistheorie. Inf. Phil. 1985 (**4**): 46-51.

LORENZ, K. (1941): Kants Lehre vom Apriorischen im Lichte gegenwärtiger Biologie. Blätter f. Dtsche Philosophie **15**: 94-125.

LORENZ, K. (1973): Die Rückseite des Spiegels: Versuch einer Naturgeschichte menschlichen Erkennens. München-Zürich: Piper.

LORENZ, K. (1978): Vergleichende Verhaltensforschung. Wien-New York: Springer.

POPPER, K. (1972): Objective Knowledge. Oxford: Clarendon Press.

POPPER, K., & D. MILLER (1983): A proof of the impossibility of inductive probability. Nature **302**: 687-688.

PUNTEL, L. B. (1978): Wahrheitstheorien in der neueren Philosophie. Darmstadt: Wiss. Buchgesellschaft.

RIDLEY, M. (1983): The explanation of organic diversity. Oxford: Clarendon Press.
RIEDL, R. (1975): Die Ordnung des Lebendigen. Berlin-Hamburg: Paul Parey.
RIEDL, R. (1979): Biologie der Erkenntnis. Berlin-Hamburg: Paul Parey.
RIEGER, R., & S. TYLER (1985): Das Homologietheorem in der Ultrasturkturforschung. In: OTT, J. A., G. P. WAGNER & F. M. WUKETITS (Hrsg.): Evolution, Ordnung und Erkenntis. Berlin-Hamburg: Paul Parey.
RUSE, M. (1986): Taking Darwin seriously. New York-Oxford: Basil Blackwell.
SCHUSTER, P. (1986): The interface between chemistry and biology - Laws determining regularities in early evolution. In: PIFAT-MRZLJAK, G. (Ed.): Supra-molecular structure and function. Heidelberg: Springer.
SKAGESTAD, P. (1978): Taking evolution seriously: Critical comments on D. T. Campbell's evolutionary epistemology. The Monist **61**: 611-624.
STEGMÜLLER, W. (1985): Thesen zur »Evolutionären Erkenntnistheorie«. Inf. Phil. 1985 (**3**): 26-32.
VARELA, F. (1981): Der kreative Zirkel: Skizzen zur Naturgeschichte der Rückbezüglichkeit. In: WATZLAWICK, P. (Hrsg.): Die erfundene Wirklichkeit. München-Zürich: Piper.
VOLLMER, G. (1975): Evolutionäre Erkenntnistheorie. Stuttgart: Hirzel.
VOLLMER, G. (1984): Evolutionäre Erkenntnistheorie. Inf. Philosophie 1984 (**5**): 4-23.
WAGNER, G. P. (1983): Über die logischen Grundlagen der evolutionären Erkenntnistheorie. In: LORENZ, K., & F. M. WUKETITS (Hrsg.): Die Evolution des Denkens. München-Zürich: Piper.
WAGNER, G. P. (1984): The logical basis of evolutionary epistemology. In: WUKETITS, F. M. (Ed.): Concepts and approaches in evolutionary epistemology. Dordrecht-Boston: D. Reidel Publ. Comp.
WEIZSÄCKER, C. F. v. (1977): Der Garten des Menschlichen. München: Hanser.
WUKETITS, F. M. (1981): Biologie und Kausalität: Biologische Ansätze zur Kausalität, Determination und Freiheit. Berlin-Hamburg: Paul Parey.
WUKETITS, F. M. (1983): Evolutionsmodelle in der Erklärung menschlicher Denkstrukturen im 19. Jahrhundert. Ber. Wiss. Gesch. **6**: 115-122.

Kommentar zu »Der Passungsbegriff und die logische Struktur der evolutionären Erkenntnislehre«

MICHAEL RUSE

GÜNTER P. WAGNER und ich stimmen in bezug auf zwei zentrale Fragen grundsätzlich überein. Zum einen sind wir uns - auch mit anderen - darüber einig, daß die einzig vernünftige und brauchbare philosophische Grundlage eines Verständnisses menschlichen Wissens (insbesondere wissenschaftlichen Wissens) die moderne DARWINsche Evolutionstheorie sein muß. Die Erkenntnistheorie muß mit der Tatsache beginnen (und darauf aufbauen), daß wir modifizierte Affen sind - und nicht als bevorzugte Schöpfung aus der Hand eines guten Gottes vor 6.000 Jahren entlassen wurden. Zum zweiten stimmen wir darin überein - sind uns darüber aber mit vielen anderen nicht einig -, daß unsere »Evolutionäre Erkenntistheorie« die Annahme einer »realen« Welt, hypothetisch oder sonstwie, als eine Art des »Dings-an-sich« (im Sinne von KANT), weder fordert noch benötigt. Wir argumentieren, daß man hinsichtlich der Wahrheit vielmehr eine Kohärenztheorie und weniger eine Korrespondenztheorie zu vertreten hat. (Eine ausführlichere Diskussion meiner Auffassungen über Evolutionäre Erkenntnistheorie findet sich in M. RUSE, 1986).

In vorliegender Notiz werde ich allerdings nichts über die Notwendigkeit und den Vorzug eines evolutionären Ansatzes in der Philosophie sagen (der, wie ich nun glaube, die Ethik ebenso wie die Erkenntnistheorie einschließt). Ich darf aber bei dieser Gelegenheit meine Hochachtung für KONRAD LORENZ und KARL POPPER hervorheben: Was ich auch immer zu ihnen kritisch gesagt habe (und zu sagen habe), sie waren vor mir da und haben den Weg beleuchtet. Ich darf ferner bemerken, daß die Evolutionäre Erkenntnistheorie im englischen Sprachraum noch immer mit Emotionen aufgenommen wird und man darauf vielfach belustigt oder verärgert reagiert. Obwohl die Barrieren freilich ein wenig zu fallen beginnen. Beispielsweise enthält eine der neuen Ausgaben der Zeitschrift »Philosophy of Science«, der führenden Zeitschrift in der Wissenschaftstheorie, einen Aufsatz aus der Feder eines bekannten Philosophen (der ursprünglich nicht wegen seines Interesses an der Evolutionstheorie bekannt wurde), der so weit geht zu sagen: »Denkern, die im 17. oder 18. Jahrhundert bestrebt waren, die Natur ihrer eigenen Erkenntnis zu verstehen, mag man verzeihen, daß sie die Evolutionstheorie oder die zeitgenössische Neurobiologie nicht zu würdigen wußten. Ein Jahrhundert nach DARWIN ist eine ähnliche Lücke weniger verzeihlich.« (GIERE, 1985) Und der Autor meinte, was er sagte!

Ich beschäftige mich in dieser Diskussion damit, was mich (und WAGNER) mit anderen evolutionären Erkenntnistheoretikern entzweit. Ich sehe das als einen grundlegenden Punkt, der geklärt werden muß, weil wir uns jetzt in einer frühen Phase unserer Bewegung befinden (falls ich die Evolutionäre Erkenntnistheorie als Bewegung charakterisieren darf). Wir öffnen uns der Kritik von seiten einiger der erfahrensten Erkenntnistheoretiker unserer Tage, was nur ein kleines Opfer ist, falls wir recht haben und sie nicht; aber ich fürchte, daß - obwohl wir im Prinzip recht haben - wir (und das sind jene evolutionären Erkenntnistheoretiker, die nicht mit WAGNER und mir übereinstimmen!) in dieser Beziehung falsch liegen und die Kritiker recht haben. Die Gefahr ist, daß für den außenstehenden Betrachter die Fehler im Programm seine Überzeugungskraft verschleiern werden.

Metaphysischer Realismus

Das Problem betrifft den Realismus. Ich meine, daß niemand - insbesondere kein evolutionärer Erkenntnistheoretiker - die Existenz einer in gewissem Sinne realen Welt leugnet. Wir sind von Stühlen und Tischen umgeben, von Kohlköpfen und Eichen, Fliegen und Pferden; von realen Stühlen und Tischen, realen Kohlköpfen und Eichen, realen Fliegen und Pferden. Die Frage ist, ob diese Dinge in einer tieferen und profunderen Weise existieren als einfach auf dem oberflächlichen Niveau unmittelbarer Beobachtung - oder, wenn nicht diese Dinge, dann andere, wie Moleküle und Gene. Gibt es eine Ebene der Realität - *die* Ebene der Realität -, die unabhängig davon besteht, ob irgendwelche Beobachter sie wahrnehmen oder sogar über sie nachdenken? Um die Sache in vertrauter Weise zu formulieren: Wir alle wissen, daß ein Baum ein Geräusch macht, wenn er fällt. Aber was ist, wenn sich niemand im Wald befindet? Macht der Baum dann auch ein Geräusch? Existiert er dann überhaupt?

Ich möchte diese Art des Realismus als »metaphysischen Realismus« bezeichnen und vom Alltagsrealismus unterscheiden, den alle akzeptieren, nämlich »Common-sense-Realismus«. Indem ich diesen Ausdruck benutze, folge ich lediglich einer üblichen Praxis, und ich intendiere nicht, wie beispielsweise die Philosophen des Wiener Kreises, die Metaphysik mit Schande zu belegen. Ich nehme auch zur Kenntnis, daß die meisten Leute sich zu einem metaphysischen Realismus hingezogen fühlen. Das zu leugnen würde wohl bedeuten, uns in einen unbefriedigenden Idealismus zu werfen. Das Leben wäre so ein Traum. Oder bestenfalls eine Erfindung göttlicher Imagination.

Das scheint sicherlich das Gefühl der meisten evolutionären Erkenntnistheoretiker zu sein. Tatsächlich empfinden sie, daß ihre Position besonders gewichtige Argumente dafür hervorbringt, daß sie die stärksten Realisten sind. Erstens ist es, vom Standpunkt des Darwinisten, der daran festhält, daß alles Leben - einschließlich homo sapiens - durch den Kampf ums Dasein kommt, von Natur aus etwas lächerlich anzunehmen, daß unsere Vorfahren in ihrer Existenz von unserem Nachdenken über sie abhängig waren.

Zweitens deutet alles, was wir über die Entwicklung der Wissenschaft wissen, darauf hin, daß diese Entwicklung nicht ziellos verläuft. Es mag sein, daß wir niemals wissen, daß wir die Wahrheit haben - und unser Wissen mag fallibel sein -, aber das bedeutet nicht, daß es nirgendwohin geht. Die Wissenschaft vermittelt einen sehr starken Eindruck davon, daß sie fortschreitet, einen Erfolg auf dem anderen baut. Von PTOLEMÄUS zu KOPERNIKUS, von KOPERNIKUS zu NEWTON, von NEWTON zu EINSTEIN. Das mag, zumindest im Prinzip, ein endloser Prozeß sein - POPPER denkt, es ist in der Tat so -, doch gewinnen wir sehr den Eindruck, daß wir zu einem Wissen über die reale Welt fortschreiten. Wie sonst wäre der Erfolg der Wissenschaft zu erklären? (Siehe hierzu POPPER, 1972)

Und drittens bestärkt die Evolution sicher, daß unsere Wahrnehmungs- und Denkkapazitäten sich in die Richtung immer größerer Sophistikation und Präzision entwickelt haben. Wir bohren tiefer und tiefer in bisher Unbekanntes und gelangen zu Information über die reale Welt. Diese ist kein Hirngespinst oder Traum, sondern etwas, was sich vor uns entwickelt. Es ist etwas, das uns die natürliche Auslese »bestimmt« hat zu begreifen oder zu spiegeln - jene unserer möglichen Vorfahren, die im Einklang mit der Realität standen, waren diejenigen, die überlebten und sich besser reproduzierten als jene, die nicht der Realität entsprachen. Nehmen wir an, daß zwei plus zwei gleich vier ist. Der Hominide, der erkannte, daß zwei plus zwei gleich vier ist, hätte die besseren Überlebenschancen gehabt als jener, der dachte, daß zwei plus zwei gleich fünf ist. Kurz, dank der Evolution wissen wir nicht nur, daß eine Realität existiert, sondern wir lernen auch etwas über ihre wahre Natur.

Zur Ontologie der Evolutionären Erkenntnistheorie

In den Augen der meisten evolutionären Erkenntnistheoretiker sind solche Argumente definitiv. Es mag sein, daß wir, wie POPPER argumentiert, vorsichtig sein sollten und die Realität als »hypothetisch« nehmen. Vielleicht ist das Leben eine Illusion, manipuliert durch einen verrückten Wissenschaftler (DESCARTES' böser Dämon?). Aber die Realität - die metaphysische Realität - hat einfach Teil der Ontologie des evolutionären Erkenntnistheoretikers zu sein. Man muß eine Theorie der Wahrheit annehmen, die die Antwort in der *Korrespondenz* unserer Ideen mit der Wirklichkeit sieht. »The moon is blue« ist wahr, weil der Mond »blau« ist.

Diese Denkweise mag plausibel sein; überzeugend ist sie nicht. Ich möchte sowohl negativ gegen die obigen Argumente antworten, als auch positiv zugunsten einer alternativen Position.

Mein negatives Argument ist zum Teil ein philosophisches - obwohl ich nicht jedes Argument benützen will, das gegen den metaphysischen Realismus gerichtet werden könnte. (Beispielsweise stimme ich mit anderen evolutionären Erkenntnistheoretikern gegen KUHN darin überein, daß Wissenschaft tatsächlich als fortschreitend, »progressiv« erscheint). In der Hauptsache stimme ich mit nicht-evolutionär orientierten Kritikern des metaphysischen Realismus überein, wie R. RORTY (1980) und H. PUTNAM (1981), daß nämlich eine solche Vorstellung letztlich inkohärent ist. Wir sollen etwas glauben, was sich definitionsgemäß jenseits unseres Horizonts befindet. Ich weiß, wie ein Tisch aussieht oder ein Pferd. Sobald man direkt - oder auch indirekt (etwa durch ein Mikroskop) - etwas wahrnimmt, ist das nicht eine solche Realität. Das, so meine ich, ist nicht sehr sinnvoll. Wenn metaphysische Realität unerfahrbar ist, dann ist sie unerfahrbar. Auch hilft es nicht, den abschwächenden Begriff »hypothetisch« einzuführen. Ich kann in der Tat sagen, daß die Verleihung des Nobelpreises für Literatur an mich hypothetisch ist - aber ich weiß, was der Nobelpreis wäre, wo ich ihn gewinnen könnte. Die Sache mit der metaphysischen Realität ist die: Ich kann sie nie gewinnen/sehen, und ich weiß nicht, wie sie wäre, wenn ich sie gewinnen/sehen könnte.

Und es ist sicher nicht wahr, daß wir Menschen dank unserer besser entwickelten Kräfte eine bessere Einsicht in die Realität haben. Auf der einen Seite müssen wir fragen, wer denn sagen kann, daß unsere Möglichkeiten besser sind als die anderer Lebewesen. Das zu behaupten würde bedeuten, einen nicht garantierten Fortschritt aus dem evolutionären Prozeß herauszulesen. Auf der anderen Seite stellt sich die Frage, wie wir denn sagen können, daß wir näher an die metaphysische Realität herankommen, ohne eine vorausgehende Annahme über die Natur einer solchen Realität. Ich glaube, daß zwei plus zwei gleich vier ist. Aber wie kann ich leugnen, daß *in Wirklichkeit* zwei plus zwei gleich fünf ist? Sagt man: »Aber zwei plus zwei muß gleich vier sein, weil sonst die Welt nicht funktionieren wird«, dann wende ich ein, daß Aussagen über diese Wirklichkeit gemacht werden, die nicht gewußt werden soll.

Wenn Sie analog dazu sagen, daß das Gen *wirklich* eine Doppelspirale ist, da anders unsere Behauptungen inadäquat wären, weil sie nicht der Welt entsprechen, dann wende ich ein, daß Sie illegitime Vermutungen über die Welt anstellen - nämlich, daß unsere Gedanken ihr entsprechen müssen. Natürlich denke ich, daß zwei plus zwei gleich vier ist und daß das Gen eine Doppelspirale darstellt, aber ich denke (wie Sie sehen werden), daß dies Aussagen über die »Common-sense-Wirklichkeit« sind.

Mein negatives Argument ist teilweise auch ein psychologisches. Es gibt sehr gute Gründe dafür, daß wir an die metaphysische Realität glauben! Jene Urmenschen, die an die unabhängige Existenz von Objekten glaubten, waren besser angepaßt (»fitter«) als jene, die nicht daran glaubten. Diejenigen, die dachten, daß die Objekte weiterbestehen, wenn wir sie nicht sehen, hatten einfachere, deutlichere Denkmuster als diejenigen, die die Dinge bloß als »Wahrnehmungswerte« betrachteten. »Nun sieht man den Tisch und er existiert.« »Nun sieht man den Tisch wieder und er existiert.« Es ist wesentlich besser zu denken, daß der Tisch existiert, unabhängig davon, ob wir da sind oder nicht.

Mein positives Argument ist, daß man ein Evolutionist sein und bei jener »Common-sense-Wirklichkeit« bleiben kann, die wir alle akzeptieren. Es besteht keine Notwendigkeit - und gewiß nicht, wenn man Evolutionist ist -, eine unsichtbare, unerfahrbare metaphysische Realität zu beschwören. Weil erstens die Alltagsrealität eine »Common-sense-Realität« *ist*; man beachte, daß es keine Frage über die Welt gibt, die zu einem schattenhaften Echo ihrer ursprünglichen Wirklichkeit herabgesetzt wird. Der Apfel, den wir sehen und in den wir hineinbeißen, ist ebenso hart und grün und sauer, wie er immer war. Er ist kein unreale Phantasie wie Macbeth's Dolch. Es ist einfach so, daß »grün« und »Härte« nicht »außerhalb«, unabhängig existieren und auf ihre Entdeckung warten.

Zweitens kann der »Common-sense-Realist« ganz einfach - und auf legitime Weise - die Realität der nicht gesehenen Entitäten der Wissenschaft behaupten, gleich ob sie die ganz kleinen sind, wie Gene, oder längst vergangen sind, wie Dinosaurier, Trilobiten und unsere Vorfahren. Die Frage ist nicht, ob die Dinosaurier oder die Australopithecinen existierten - natürlich existierten sie! -, sondern was die Annahme ihrer Existenz mit sich bringt. Sagt man beispielsweise, daß *Tyrannosaurus rex* existierte, dann sagt man nichts über eine geheimnisvolle Realität. Man spricht dabei über Reptilien aus Fleisch und Blut, von gigantischer Größe und furchterregendem Aussehen, die vor vielen Millionen Jahren auf diesem Planeten lebten. Macht man Aussagen über *Tyrannosaurus rex*, dann bedeutet dies, daß man selbst in den Prozeß der Wissenschaft als beobachtendes, denkendes Wesen eintritt. Wir bilden uns unsere Begriffe von diesem Monstrum, gemäß den Schemata, die *unserem* entwickelten Denkweg entsprechen.

Drittens kann (und, wie ich meine, sollte) der »Common-sense-Realist« dem wissenschaftlichen Fortschritt ebenso verpflichtet sein wie jeder andere auch. KOPERNIKUS war ein Fortschritt gegenüber PTOLEMÄUS und DARWIN war ein Fortschritt gegenüber den Kreationisten. Aber was bedeutet ein solcher »Fortschritt«? Es kann kein Fortschritt zu einer unerfahrbaren Realität sein. Vielmehr lernen wir aus der Geschichte der Wissenschaft, daß der (wissenschaftliche) Fortschritt eine immer größere, umfassendere Synthese des Wissens bedeutet. Wirklicher Fortschritt ist dann gegeben, wenn zwei oder mehrere bislang disparate Bereiche der Wissenschaft unter einer vereinheitlichenden Theorie zusammengebracht werden. Das war der Fall, als DARWIN zeigte, wie sein Mechanismus der natürlichen Auslese biologische Probleme der Embryologie, Systematik, Paläontologie, Biogeographie und viele mehr erklären könnte. Und das war der Fall, als NEWTON die Himmelsmechanik und die terrestrische Mechanik innerhalb seiner Gravitationstheorie miteinander kombinierte. Schließlich geschah dasselbe eben in der Geologie mit der Etablierung der neuen Theorie der Kontinentalverschiebung durch die Plattentektonik. Alle Arten einzelner Teile des Wissens sind nun miteinander vereint. Mit den Worten der Geologen - wie der Biologen und Physiker - hat die Theorie »wahr zu sein«. Soviele Dinge zusammen - das »kann kein Zufall sein«.

Die Wahrheit liegt in der Vereinheitlichung, in der Synthese, oder (um den terminus technicus des britischen Philosophen WILLIAM WHEWELL aus dem 19. Jahrhundert zu gebrauchen) in einer *consilience of inductions* (WHEWELL, 1840), d. h. in einer Generalisation verschiedener separater Klassen von Tatsachen in logischen Induktionen. Die Wissenschaft schreitet voran, wenn immer mehr »consiliente« Theorien konstruiert werden. Oder, um die Sache in mehr traditionellen und bekannteren philosophischen Begriffen auszudrücken: Wahrheit und Fortschritt liegen in der *Kohärenz* unserer Eindrücke und Ideen, weniger in ihrer Korrespondenz mit einer nicht gesehenen Realität. Dies, so meine ich, ist nicht nur mit der Haltung der Evolutionären Erkenntnistheorie kompatibel, sondern wird von dieser Theorie geradezu gefordert.

Skeptizismus

Ein letzter Punkt noch. Wenn das, was hier steht, wahr ist - schwebt man dann nicht am Rande des Skeptizismus, wenn man nicht gar in den Abgrund hinabstürzt? Man mag die Schwierigkeiten mit dem Ding an sich von KANT beseitigt haben, aber man ebnet den Weg zu den Zweifeln, die eine Philosophie wie jene von DAVID HUME umgeben, wozu ja alle Kohärenztheorien gehören. Am schlimmsten (und höchst lächerlich) ist, wenn man erlaubt, daß - obwohl die Welt normal aussieht, wenn man hinschaut - alles Existierende sich, sobald man wegschaut, in einen dampfenden Topf von Sauerkraut verwandeln kann! Buchstäblich - alles ist möglich.

Um darauf zu antworten, darf ich versichern, daß es keinen Grund gibt zu denken, daß nicht wahrgenommene Realität ein Topf von Sauerkraut ist - oder sonst irgendetwas. Der springende Punkt ist, daß nicht wahrgenommene Dinge nicht wahrgenommen sind - und nicht, daß sie sich in andere Dinge verwandeln (die ihrerseits wenig Sinn ergeben, solange sie nicht wahrgenommen sind). Die Essenz des Arguments des Kohärenztheoretikers ist, daß das, was sich jenseits unseres Wissens befindet, buchstäblich unerfahrbar ist, nicht gewußt werden kann - ungeachtet der Tatsache, daß unser Verstand eine biologische Neigung (Propensität) dazu hat, die Lücken auszufüllen.

Wenn Sie weiterhin durch den Skeptizismus beunruhigt sind, dann habe ich Ihnen zwei Dinge zu sagen. Erstens sollte für einen evolutionären Erkenntnistheoretiker der Skeptizismus nicht in dem Maße die *reductio ad absurdum* sein, wie er es etwa für den Christen wäre. Für letzteren (wie etwa für DESCARTES) ist es undenkbar, daß ein guter Gott alles in Zweifel und Unsicherheit zusammenstürzen lassen würde. Das würde ja der Annahme gleichkommen, daß unsere uns von ihm übertragenen Fähigkeiten etwas mangelhaft sind. Tatsächlich kann es sein, daß wir nur »durch ein Glas dunkel« sehen - aber siehe, wir können. Für einen Evolutionisten gibt es keine solchen Garantien. Die natürliche Selektion gab uns die Fähigkeiten zu überleben und uns zu reproduzieren. Und nicht in die Geheimnisse der Philosophie einzudringen. In der Tat, man erwartet beinahe Lücken und Fehlschläge. Der Skeptizismus ist keine Widerlegung unserer Position.

Zweitens aber macht der Skeptizismus nicht wirklich viel aus! Was sich durch die Philosophie auftut, wird durch die Psychologie geschlossen. Da ich beschuldigt werde, daß meine Sicht der Evolutionären Erkenntnistheorie zu HUMEs Skeptizismus führt, soll HUME selbst die nötige Erwiderung geben: »Most fortunately it happens, that since reason is incapable of dispelling these clouds, nature herself suffices to that purpose, and cures me of this philosophical melancholy and delirium, either by relaxing this bent of mind, or by some avocation, and lively impression of my senses, which obliterate all these chimeras. I dine, I play a game of back-gammon, I converse, and am merry with my friends; and when after three or four hours amusement, I wou'd return to these speculations, they appear so cold, and strain'd, and ridiculous, that I cannot find in my heart to enter into them any farther.«

Zweifellos wird der Kritiker einwenden, daß die von der Philosophie verursachte Lücke durch die Psychologie nicht richtig ausgefüllt werden kann. Worauf ich antworten würde, daß ein solcher Einwand die radikale Natur des Ansatzes der Evolutionären Erkenntistheorie übersieht. Wir versuchen nicht, die traditionellen Philosophien mit ihren eigenen Spielregeln zu schlagen. Wir ändern radikal die Weise, wie philosophische Forschung gemacht wird. Der Effekt ist befreiend, sogar wenn - vor allem wenn - man vor-evolutionären Illusionen über absolute Wahrheit und eine metaphysische, letzte Realität abschwört.

Literatur

GIERE, M. (1985): Philosophy of Science Naturalized. Philosophy of Science **52**: 340.

PUTNAM, H. (1981): Reason, Truth, and History. Cambridge: Cambridge University Press.

POPPER, K. R. (1972): Objective Knowledge. Oxford: Clarendon Press.

RORTY, R. (1980): Philosophy and the Mirror of Nature. Oxford: Blackwell.

RUSE, M. (1986): Taking Darwin Seriously. A Naturalistic Approach to Philosophy. Oxford: Blackwell.

WHEWELL, W. (1840): The Philosophy of the Inductive Sciences. London: Parker.

(Aus dem Englischen übertragen von Franz M. Wuketits)

■ *Diskussion*

VOLLMER: Wenn ich Sie recht verstanden habe, sagten Sie, daß wir nicht außerhalb unserer angeborenen Veranlagungen oder außerhalb unserer epigenetischen Regeln denken können, ist das richtig? Das Wort »außerhalb« ist möglicherweise das Problem, aber ich glaube, was Sie gesagt haben, ist einfach falsch, weil wir uns nicht etwas vorstellen können, was außerhalb unseres Vorstellungsvermögens liegt. Wir haben jedoch noch die Sprache. Wir haben die Sprache, um Dinge, Hypothesen, Strukturen zu formulieren, die nicht einmal außerhalb unserer angeborenen Anlagen liegen müssen, die jedoch möglicherweise dem widersprechen, was wir uns vorstellen würden. So können wir uns vielleicht keine Vorstellung bilden, die nicht euklidisch oder vierdimensional ist. Ich glaube, wir können es nicht. Wir können aber eine Theorie formulieren, die besagt, daß die Welt vierdimensional oder nicht-euklidisch sei, und wir können eine solche Theorie prüfen und sie widerlegen oder bestätigen. Ich glaube also, daß es nicht richtig ist, daß wir außerhalb unserer angeborenen Anlagen nicht denken können, weil wir ja schließlich die Sprache haben.

MOHR: Ich möchte, gerade GÜNTER WAGNER gegenüber, doch eine Vorbemerkung zur generellen Vorsicht machen, aus meiner eigenen Erfahrung heraus als Biologe im Umgang mit biologischen oder überhaupt naturwissenschaftlichen und philosophischen Theorien. Ich glaube, wir sollten die Dinge auseinanderhalten, solange es irgendwie geht. Und gerade mit GERHARD VOLLMER habe ich viele Debatten darüber gehabt, wie lange man sozusagen die Evolutionäre Erkenntnistheorie tatsächlich streng als eine Satellitentheorie der Evolutionstheorie auffassen kann. Solange man dieses macht, hat man zwei Vorzüge. Einmal wissen wir alle als Naturwissenschaftler, daß man Naturwissenschaften sehr wohl machen kann ohne Metatheorie. Die meisten hervorragenden Naturwissenschaftler, die das moderne Weltbild der Wissenschaften begründet haben, haben keine Ahnung von Epistemologie, haben sich nie darum gekümmert und haben hervorragende Wissenschaft gemacht, auf denen unser ganzes Denken aufbaut. Das ist der eine Punkt. Um eine Theorie zu bauen, brauche ich keine Metatheorie, ich brauche auch keine Rechtfertigungsbeklemmungen zu haben, sondern ich gehe so vor, wie wir seit eh und je, seit es die modernen Naturwissenschaften gibt, vorgegangen sind. Das braucht nicht zu bedeuten, daß ich nicht den philosophischen Hintergrund sehr schätze, sonst wäre ich ja nicht hier. Ich möchte nur sagen, wie in der Regel auch gute hervorragende Wissenschaft funktioniert. Und über weite Bereiche hinaus, und das ist der kritische Punkt, sind wir doch, wenn wir über Evolutionäre Erkenntnistheorie sprechen, in der glücklichen Lage, daß wir im Bereich der biologischen Theorie bleiben können, der modernen Evolutionstheorie mit dem Impakt der Molekularbiologie, den ganzen Überlegungen der letzten Jahre, die einen ungeheuren Fortschritt gebracht haben, was Evolutionstheorie angeht. Und wenn es uns gelingt, von dieser Theorie her die Frage nach der Evolution der kognitiven Dispositionen des Menschen zu beantworten, dann stoßen wir hier zunächst einmal nicht zusammen mit philosophischen, traditionellen Überlegungen im Bezug auf Erkenntnistheorie, sondern wir haben dann sozusagen die Gelassenheit, daß wir auf der nächsten Stufe, ohne im theoretischen Zugzwang bezüglich der Metatheorie zu sein, den Versuch machen zu können, in aller Gelassenheit die beiden Aspekte miteinander zu verknüpfen. Wenn man das von Anfang an gemacht hätte, wären uns, glaube ich, viele unnötige Reibereien und Dispute erspart geblieben. Erlauben Sie mir jetzt noch, daß ich das an einer Stelle konkretisiere, wo ich ausdrücklich nicht einverstanden war mit dem, was Sie gesagt haben, so sehr ich das übrige sonst schätzte. Es geht um das psychologische Induktionsproblem. Ich glaube, von den »epigenetic rules« her gesehen, ist Induktion eine Erwartungshaltung, die wir haben, unabhängig davon, ob wir sie belegen können. Wir haben sie als Erwartungshaltung in unseren Genen, und die Frage ist doch eigentlich, wenn ich Sie recht verstanden habe, ob man das nun biologisch und probabilistisch begründen kann, und ich glaube, daß man es sehr wohl kann. Wir haben zufällig über Mittag darüber gesprochen, wenn hundert Mal das gleiche passiert ist - ich will es ganz simpel machen - und wir zwei erwarten dann, daß beim hundertsten Mal in der gleichen Konstellation wieder das gleiche passiert, habe ich von der evolutionistischen Probabilitätsrechnung her einen viel größeren Vorteil gegenüber meinem Partner, der erwartet, daß das nicht passiert, und das ist der Grund dafür, weshalb sich in der Evolution diese probabilistische Erwartungshaltung eingebürgert hat, und ich kann Ihnen also versichern, nicht nur bei mir, sondern auch bei meinem Hund ist das ganz genauso. Und alles, was ich aus der Ethologie weiß, stimmt mit dieser These überein. Aber man kann es auch mathematisch begründen.

WAGNER: Wenn ich darauf gleich antworten darf. Zunächst einmal glaube ich, daß der Sündenfall, in dem Biologie oder Einzelwissenschaft mit Philosophie in Berührung gekommen ist, bereits passierte, als evolutionäre Erkenntnistheorie entstanden ist. Also ist es nicht meine Aufgabe, die wieder auseinander zu bekommen. Und das zweite ist, daß ich sicher bin, daß Ihnen, wenn Sie genau und kritisch fragen, wie eben dieses psychologische Induktionsproblem zu lösen ist, die Molekularbiologie und alle einzelwissenschaftlichen Disziplinen überhaupt nichts nützen. Wenn Sie sagen, es hat unseren Vorfahren Vorteile gebracht, dann ist das ein post hoc Argument, Sie können es nicht belegen; ich könnte auch sagen, es hätte Vorteile gegeben für uns, ein Kinn zu haben, weil das vielleicht bei Wirtshausraufereien zum Vorteil würde. Die Tatsache, daß unsere Vorfahren überlebt haben, kann für das spezielle System, das Sie untersuchen, das spezielle somatische oder verhaltensbiologische Merkmal, noch nicht belegen, an welche Gegebenheit dieses Merkmal eine Anpassung ist. Und die Wahrscheinlichkeits-Überlegungen, die Sie anführen, die sind sicher nicht sehr einfach. Es gibt also jede Menge von sehr rigorosen mathematischen Beweisen, die so eine intuitive probabilistische Begründung einer induktiven Bestätigung ad absurdum führen. Aber es ist in jedem Fall eine Frage der Wahrscheinlichkeitstheorie, und das ist eine Hilfsdisziplin der Erkenntnistheorie oder ein Gebiet der Mathematik, auf jeden Fall aber keine Naturwissenschaft.

KUTSCHERA: Ich wollte auch noch was sagen zu dem Induktionsproblem. Sie haben darauf hingewiesen, daß HUME also unterschieden hat zwischen einem logischen Problem und einem psychologischen. HUME selbst hat gezeigt, daß es logisch nicht lösbar ist. Es macht sich so ein bißchen POPPERscher Einfluß breit, also HUME war das schon. Und HUME hat auch gesagt, oder angedeutet jedenfalls, wie man das psychologische Problem behandeln könnte. Er hat nämlich hingewiesen auf die Wahrscheinlichkeitstheorie seinerzeit, das war die LAPLACE-Rechnung. Sie beziehen, glaube ich, Ihre Information zum Induktionsproblem zu stark aus POPPER, der ist doch gerade dagegen. Ich würde einfach ein gutes, ich würde am besten kein philosophisches, sondern ein gutes mathematisches Werk über Wahrscheinlichkeitsrechnung nehmen, und da werden Sie finden, daß man dieses Prinzip in der subjektiven Wahrscheinlichkeitstheorie unter gewissen Voraussetzungen streng begründen kann, und da haben Sie einen Hintergrund, woran Sie unser Verfahren tatsächlich messen können. Ob unser psychologisches Verhalten tatsächlich dem genau entspricht, ist eine andere Frage. Es gibt z. B. diese GAMBLER's fallacy und diese Dinge, wo also die Abweichung der psychologischen Erwartung von dem vorliegt, was mathematisch vernünftig ist, und darüber könnte man noch extra Untersuchungen anstellen.

WAGNER: Ich glaube, zu diesem Beitrag brauche ich nicht viel hinzuzufügen. Natürlich glaube ich auch selber daran, daß es eine solche rationale Rechtfertigung geben kann, es gibt auch verschiedene Möglichkeiten, wie eben die subjektive Wahrscheinlichkeitstheorie. Der allgemeine Eindruck, den ich allerdings aus der Theorie der subjektiven oder logischen Wahrscheinlichkeit gewonnen habe, ist eher der, daß Aussagen und Hypothesen, die im wesentlichen Allsätze sind, mit Ansätzen dieser Art nicht gerechtfertigt werden

können.
KUTSCHERA: Wenn ich das noch sagen darf: Die logische Wahrscheinlichkeit ist ja eine Erfindung von CARNAP und das ist eine eingeschränkte subjektive Wahrscheinlichkeit, und da hat er Prinzipien verwendet, die sich nicht generell halten lassen, die unter anderem auch dazu führen, daß man generelle Hypothesen nicht bestätigen kann. Das gilt allgemein für die subjektive Wahrscheinlichkeitstheorie nicht.
WAGNER: Gut, ich kann also mein statement insofern verändern, als ich sage, das Induktionsproblem ist auch für die Evolutionäre Erkenntnistheorie gelöst, in dem Sinn, als wir die empirisch belegbare Verhaltensdisposition haben und die Kohärenz, zumindest die partielle Kohärenz mit einer rationalen Rechtfertigung dieses Verhaltens.
PLOTKIN: Ich möchte eine kleine Bemerkung zu GERHARD VOLLMERs Argument machen. Die Tatsache, daß ich mit meinen Füßen einen Ball schießen und meine Füße zu diesem Zweck verwenden kann, spricht für meine Begriffe nicht gegen die allgemein anerkannte Tatsache, daß meine Füße das Ergebnis der Evolution und der Dynamik des zweifüßigen Ganges sind. In ähnlicher Weise wird das Vermögen zu denken genetisch oder epigenetisch eingeschränkt. Es scheint mir kein notwendiges Argument, daß wir sie, wie Sie meinten, dann nicht verwenden könnten, und ich glaube nicht, daß das zwei völlig verschiedene Dinge sind.
RIEDL: Lassen Sie mich etwas zu dem Beitrag von MICHAEL RUSE hinzufügen. Ich glaube nicht, daß die Korrespondenztheorie so schlecht ist, wie Sie meinen. Lassen Sie mich eine kleine Skizze machen. Wir sind uns natürlich darüber im klaren, daß die Biene und der Adler das Problem des Fliegens auf sehr unterschiedliche Art gelöst haben. Und wenn man Evolutionszeit gegen Optimierung von irgendetwas aufträgt, wie etwa der Fluggeschwindigkeit oder der Flugdauer, dann erreichen die Biene und der Adler ein jeweiliges Optimum in der Evolution. Würden Sie mir da zustimmen? Das hat nichts mit dem sogenannten »So-Sein« der Dinge zu tun. Das liegt auf einer ganz anderen Ebene. Es ist nichts als eine Optimierung bestimmter Strukturen. Biologische Strukturen können sich weiterentwickeln, und in diesem Sinn kann Korrespondenz meiner Ansicht nach verstanden werden.
RUSE: Darf ich darauf antworten? Natürlich kann ich im Sinne einer Korrespondenztheorie sprechen. Ich könnte beispielsweise etwas behaupten, was offensichtlich nicht wahr ist: RUPERT RIEDL trägt eine Perücke. Ich meine, daß er hinsichtlich seiner Glatzköpfigkeit empfindlich sein würde. Aber wesentlich ist, daß diese Behauptung eindeutig falsch ist. Auf dieser Ebene verwende ich eine Art Korrespondenztheorie. Das liegt immer noch in der Welt meiner Wahrnehmung; oder, um GERHARD VOLLMER zu antworten, meiner Wahrnehmung im weiteren Sinne, die auf den epigenetischen Regeln basiert, welche ich verwende, um in das Unbekannte hineinzublicken. Auch wenn ich von Vierdimensionalität spreche, habe ich nicht aufgehört, wie ein menschliches Wesen zu denken. Ich habe weder mein Denken noch die epigenetischen Regeln aufgegeben, denn tatsächlich verwende ich beide noch. Ich gebrauche Voraussagen und Bestätigungen und all' diese Dinge. Also im Sinne einer Welt des internen Realismus, um einen Begriff zu verwenden, der bereits gefallen ist, bin ich selbst eine Korrespondenztheorie, gerade so, wie jeder andere auch. Aber so, wie ich das verstanden habe, sollte die Korrespondenztheorie im philosophischen Sinne wirkungsvoller sein. Sie soll folgendes aussagen: Wenn wir über irgendetwas sprechen, seien es meine Haare, Ihre Haare, Moleküle oder irgendetwas anderes, so korrespondiert unsere Erkenntnis oder dieses Gespräch in irgendeiner Weise mit einer metaphysischen Substanz, einer Substanz im allgemeinen, dem »Ding an sich« oder was weiß ich was; es existiert jedoch etwas, was außerhalb meines Wahrnehmungsapparates liegt und aufgrund dessen alles funktioniert, nämlich das, was KANT im Vorwort der zweiten Auflage seiner »Kritik der reinen Vernunft«erörtert hat.

Und das ist für meine Begriffe die traditionelle Korrespondenztheorie, die ich ablehne, ebenso wie moderne Philosophen wie PUTNAM und RICHARD RORTY sie ablehnen. Ich glaube, daß Sie sie bestätigen wollen, finde aber, Sie sollten das nicht tun, da die Evolutionäre Erkenntnistheorie nicht dahin drängt, sondern sie drängt vielmehr weg von dieser Position, und ich denke, daß GÜNTER WAGNER und ich in dieser wichtigen Frage anderer Ansicht sind als Sie. Ich möchte jedoch nicht behaupten, daß WAGNER anders denkt als sein Professor. Ich will sicher gehen, daß das, was ich sage, mit dem, was Sie glauben, übereinstimmt.
WAGNER: Ich glaube, ich kann zu dieser Frage etwas vom biologischen Standpunkt beitragen. Die Korrespondenztheorie der Wahrheit kann nicht durch den Begriff der Adaptierung gestützt werden, einfach weil es nicht allein um Anpassung an etwas außerhalb des Organismus geht, sondern, wie ich bereits in meinem Beitrag erwähnt habe, um die Anpassung von Organen an das Verhalten, das ein Tier in einer bestimmten Umgebung entwickelt. Es ist also die Art, wie sich das Tier auf die Umweltfaktoren einstellt. Man kann daher nicht sagen, die Adaptierung ist die Anpassung an etwas außerhalb des Tieres. Es ist vielmehr die Anpassung eines Organs an das Verhalten des Tieres innerhalb seines Milieus.
RUSE: Darf ich noch eine letzte Bemerkung machen? Ich möchte nichts von dem zurücknehmen, was ich über unsere Meinungsverschiedenheit gesagt habe. Mit dem, was ich anfangs sagte, nämlich, daß ich glaube, daß Sie, LORENZ und andere den richtigen Grundstock gelegt haben, möchte ich meinen Beitrag belassen. Wir haben hier eine sehr wichtige Auseinandersetzung, bei der wir uns aber nicht mißverstehen sollten. Es handelt sich hier um eine Meinungsverschiedenheit zwischen Leuten, die in sehr bedeutender Hinsicht dem selben Paradigma angehören.
RIEDL: Ich glaube, daß hier zum Teil ein semantisches Problem vorliegt. Ich darf es zunächst einmal von der biologischen Seite her darstellen. Die Erhaltung eines Systems fern vom thermodynamischen Äquilibrium, typisch für einen Organismus, setzt Bedingungen voraus, die wir in zwei Arten sortieren können. Zunächst muß innerhalb des offenen Systems eine Übereinstimmung der Teile existieren. Das System muß in sich konsistent, übereinstimmend sein. Herz und Niere müssen aufeinander abgestimmt sein, und gleichzeitig bedarf es einer Übereinstimmung mit dem Außensystem, wobei natürlich keineswegs die Bedingungen des Außensystems sich abbilden, Organismen sehen ja nicht so aus wie ihre Umwelt, nur in ganz spezifischen Fällen bildet sich nach der REYNOLDschen Zahl eine Stromlinienform aus, und diese innere und äußere Übereinstimmung gilt natürlich nicht nur für die physische Struktur eines Organismus, sondern sie hängt auch mit der Verhaltensstruktur eines Organismus zusammen, in dem sich beispielsweise die sozialen Verhaltensbedingungen innerhalb einer Stichlingsgruppe abbilden, wie habe ich mich zu verhalten, um einen Feind zu vertreiben, ein Weibchen anzulocken, es muß auch gelten für unsere Sprache, ein Kommunikationssystem innerhalb, und es muß auch gelten für unsere Logik. Denn was, wie BOLTZMANN sagt, sollte unsere Logik schon anderes sein, als ein Phänomen der Adaptierung. Wenn Sie jetzt diese Systeme zusammenfassen, gewissermaßen das innere und das äußere, dann hat es viel Verwandtschaft mit den zwei Formen der Wahrheit, die uns so große Schwierigkeiten machen, der sogenannten logischen und der sogenannten empirischen Wahrheit, und für den Biologen ist der Unterschied höchst bescheiden. Er besteht nämlich nur in der inneren Kohärenz und äußeren Korrespondenz, oder, wie GÜNTER WAGNER sagt, der inneren oder äußeren Übereinstimmung oder Zusammenpassung, Äquivalenz, und wenn ich mich recht erinnere, sagten mir Philosophen, daß man hinsichtlich der Wahrheitstheorien von einer Kohärenz- und von einer Korrespondenztheorie sprach, so daß man aus historischen Gründen diesen empiristischen versus logischen Wahrheitsbegriff aufeinander beziehen könnte.

Zusammenfassender Kommentar

EVE-MARIE ENGELS

Wir haben heute einen wichtigen Markierungspunkt in der Diskussion um die Evolutionäre Erkenntnistheorie (EE) miterlebt. Das Besondere sehe ich in den Bemühungen um eine *Rekonstruktion* dieser Theorie, die auf jene Mittel zurückgreift, die von jeher konstitutiv für die EE waren, jedoch im Zuge der Diskussion von Detailfragen aus dem Blickfeld geraten waren. Dabei wird die EE zunächst einmal in die Biologie zurückgeholt, und es wird theoretisch durchgespielt, was es für die Bestimmung von Erkenntnis sowie für einzelne philosophische Fragestellungen bedeutet, wenn wir **Erkenntnis** konsequent als **biologisches Phänomen** betrachten. Hier scheint sich der Beginn einer *zweiten Phase der Diskussion* abzuzeichnen: In der Reaktion auf die breit angelegte, philosophische Kritik an der EE wird zur Herausschälung ihres harten Kerns von einigen philosophischen Voraussetzungen und Ansprüchen Abschied genommen bzw. gesagt, daß diese mit einer recht verstandenen biologischen EE gar nicht verbunden sein brauchen und es teilweise nie waren. Bei WAGNER ist es insbesondere der Verzicht auf den Anspruch der Lösung von Geltungsproblemen sowie auf die Korrespondenztheorie der Wahrheit, bei OESER die Abwehr des Vorwurfs, daß die EE einen metaphysischen Realismus vertritt, indem OESER den hypothetischen Realismus als internen Realismus rekonstruiert, und bei KONRAD LORENZ ist es gar das Eingeständnis einer »ignorantia alba absoluta« in philosophischen Dingen. Der Ansatz bei der Erkenntnis als biologischem Phänomen ist jedoch nicht im Sinne eines Isolierungsversuches der biologischen von philosophischen und einzelwissenschaftlichen Disziplinen mißzuverstehen. Denn im neuen biologischen Zugang zum Phänomen der Erkenntnis soll sich nicht nur die Leistungsbreite der Biologie zeigen, sondern es werden auch ihre Grenzen sichtbar, wodurch die Überschreitung in andere Gebiete notwendig wird. Damit wird die wechselseitige Verflechtung von biologischer EE und philosophischer Erkenntnistheorie deutlich.

In meinem Kommentar werde ich auf einzelne Aspekte und Fragen aufmerksam machen, die bisher im Hintergrund standen und unerwähnt blieben. Dabei verstehe ich meine Aufgabe - um mit KONRAD LORENZ an SAINT-EXUPERY anzuknüpfen - als einen Versuch, die EE zu »zähmen«[1] Im ersten Teil werde ich den Akzent auf die biologischen Aspekte legen, im zweiten auf die philosphischen, ohne diese Vorgehensweise mit dem Anspruch der strikten Trennbarkeit beider Seiten verbinden zu wollen, was auch dem Ansatz einer naturalisierten Erkenntnistheorie nicht gerecht würde.

Die EE als Teilgebiet der Biologie

WAGNERs Ansatz, Erkenntnis unter Anwendung biologischer Kategorien (Homologie, Analogie usw.) zu untersuchen, halte ich nicht nur in systematischer Hinsicht für fruchtbar, sondern darüber hinaus auch aus historischer Perspektive für gerechtfertigt. Daher sei mir ein kurzer Rückblick in die **Geschichte der EE** erlaubt. Wie wir wissen, ist die **vergleichende Verhaltensforschung**, früher vergleichende Psychologie genannt, eine Disziplin der Biologie. Ursprünglich entstand sie als eine »Hilfsdisziplin der allgemeinen Stammesgeschichtsforschung, der sie wertvolle taxonomisch verwertbare Daten lieferte«. Insbesondere das Studium der Ausdrucksbewegungen von Tieren brachte Zoologen auf den Gedanken, »daß Bewegungsmuster ebenso verläßliche Merkmale von Verwandtschaftsgruppen seien wie nur irgendwelche körperlichen Charaktere. Diese Erkenntnis rief die Ethologie ins Leben« (LORENZ, 1980). Über die Untersuchung homologer

Merkmale zur Rekonstruktion stammesgeschichtlicher Zusammenhänge hinausgehend, untersucht die vergleichende Verhaltensforschung die Verhaltensweisen von Organismen, um Aufschluß über ihre spezifische Funktion in ihren Umwelten und damit über den Anpassungswert dieser Merkmale zu gewinnen. Der Vergleich zwischen verschiedenen Tierarten wird also sowohl unter *stammesgeschichtlicher* als auch unter *ökologischer* Perspektive durchgeführt, es wird *Homologie*- und *Analogie*forschung betrieben. In diesem Rahmen ist auch das Anliegen der EE zu sehen. Soll die Untersuchung der menschlichen Erkenntnisleistungen zwar nicht taxonomischen Zwecken dienen, so hebt LORENZ doch die Bedeutung der vergleichenden Forschung von vormenschlichen und menschlichen Erkenntnisleistungen für ein besseres Verständnis unserer kognitiven Möglichkeiten und Grenzen hervor (LORENZ, 1941) Damit verbindet sich gleichzeitig eine Sichtweise unseres **Erkenntnisapparates als organisches System.** »Wie andere im Lauf der Stammesgeschichte entstandene und der Arterhaltung dienende Leistungen soll auch die des menschlichen Erkennens untersucht werden: als Funktion eines realen und auf natürlichem Wege entstandenen Systems, das mit einer ebenso realen Außenwelt in Wechselwirkung steht.« (LORENZ, 1980) Wie wir von DARWIN wissen, hat dieser lange vor dem Erscheinen seiner Hauptschriften, obgleich diese weit auseinanderliegen, die theoretische Einheit dessen vorweggenommen, was sich dann wissenschaftshistorisch nacheinander entwickelte: Das Forschungsprogramm der Erklärbarkeit organischer, geistiger und moralischer Phänomene mit den Gesetzen der Variation und natürlichen Selektion.[2] Diesen Hintergrund müssen wir im Auge behalten, um zu einer angemessenen Einschätzung der EE kommen zu können. So läßt sich zunächst einmal festhalten, daß die EE von ihrem Ursprung her ein Teilgebiet der Biologie, insbesondere der vergleichenden Verhaltensforschung oder Tierpsychologie ist und es ihr von daher um die historische Rekonstruktion und funktionale Charakterisierung menschlicher Erkenntnisleistungen und ihrer Beziehungen zu nichtmenschlichen Tieren geht, um dadurch ein besseres Verständnis des Menschen zu gewinnen.[3]

Für WAGNER beinhaltet die biologische Betrachtungsweise der Erkenntnis im Rahmen der EE die Verpflichtung auf das sog. **Äquivalenzpostulat** (ÄP), das »Postulat der Entsprechung von organischen Anpassungsvorgängen und den verschiedenen Formen des Kenntnisgewinns«. Wie fruchtbar ist nun eine Betrachtung von Erkenntnis unter biologischen Aspekten, und was leistet hierfür eine Untersuchung, die sich am ÄP orientiert? Da dieses Postulat, obgleich es in den Schriften der EE nicht namentlich erwähnt wird, nach WAGNER der Angelpunkt der EE ist, mit dem sie steht und fällt, muß zunächst gefragt werden, was dieses Postulat genau bedeutet. Wovon soll eine Äquivalenz bestehen und im Hinblick worauf? Das ÄP behauptet nicht nur die Äquivalenz organischer und *bestimmter* kognitiver Leistungen, sondern *aller* Formen der Erkenntnis einschließlich der wissenschaftlichen (WAGNER, 1983). Zwischen den abstraktesten Formen wissenschaftlichen Tuns und den Reaktionsleistungen der Amöbe bestehe also eine Äquivalenz. Damit gibt es für WAGNER auch keine Hierarchie der verschiedenen Erkenntnisformen mit den Wissenschaften an der Spitze, sondern alle sind äquivalent, aber im Hinblick worauf? Organische und kognitive Leistungen entsprechen einander hinsichtlich ihrer *Passung* zur Welt, so daß z. B. die Flosse zum Wasser paßt wie die Kategorie der Kausalität zur Struktur der realen Ereignisse. Darüber hinaus sind sie beide das Resultat *evolutiver Anpassungsprozesse*. Nach WAGNER bringt das ÄP nun zwei Begriffe in Verbindung, nämlich Anpassung oder Passung einerseits und Geltung andererseits, und diese Verbindung sei unvermeidlich. Diese Unvermeidlichkeit liegt, was hier nicht erwähnt wird, im **Erklärungsanspruch der EE** begründet. Denn die EE muß und will ja erklären können, warum die Fähigkeit der Erkenntnis, d. h. aber die Fähigkeit der Unterscheidung zwischen wahr und falsch, zwischen gültigen und irrtümlichen Weltbildhypothesen, einen

Anpassungsvorteil für Lebewesen mit sich bringt, die über diese Fähigkeit verfügen. WAGNER will nun durch eine Analyse des Passungsbegriffs, wie er in der Biologie verwendet wird, zeigen, was Geltung für die EE bedeuten kann. Diese Konkretisierung der Fragestellung halte ich für wichtig und fruchtbar, weil sich dadurch zeigen kann, an welchen Stellen sich die biologische Erkenntnistheorie zu anderen, außerbiologischen Disziplinen hin öffnet, ja von ihrer »strukturellen Unvollständigkeit« her öffnen muß und damit präziser als bisher angeben kann, wo der *interdisziplinäre Dialog konstitutiv* für bestimmte Problemlösungen werden kann. Zunächst einige Bemerkungen zu den Begriffen **Anpassung, Passung** und **Geltung.**

Anpassung, Passung und Geltung

Es ist wichtig, hier auf eine Gefahr hinzuweisen, die besteht, wenn die Begriffe Anpassung und Passung nicht voneinander unterschieden werden und Geltung durch Passung ersetzt wird. Dies ist die Gefahr der **Tautologisierung der EE.** Auch WAGNER hält diese Unterscheidung nicht konsequent durch, so spricht er z. B. von »Anpassung oder Passung einerseits und Geltung andererseits« sowie von der »Ersetzung des Geltungsbegriffs durch den Passungsbegriff«. Der Anpassungsbegriff kommt bei ihm in zwei Bedeutungen vor, die nicht immer auseinandergehalten werden. Einmal bezeichnet Anpassung das auf dem Wege der natürlichen Selektion entstandene überlebensdienliche Merkmal eines Organismus, das andere Mal ist damit Passung im Sinne von Übereinstimmung gemeint, so z. B. die Übereinstimmung zwischen dem Empfindlichkeitsmaximum der Retina und dem Strahlungsfenster der Atmosphäre. Dasselbe gilt für den Passungsbegriff. Werden diese Bedeutungen nicht auseinandergehalten, entstehen logische Probleme für die EE. Die Unterscheidung zwischen Anpassung und Passung ist nämlich für evolutionstheoretische Erklärungen im allgemeinen wesentlich und daher auch für die EE. Dies sei an einem Beispiel erläutert. Ein Beispiel für eine Passung ist die Übereinstimmung der Farbe eines Organismus mit der seines Hintergrundes. Diese Passung kann für den betreffenden Organismus einen Anpassungswert im Sinne der Überlebensrelevanz haben und hat es meistens auch. Gerade weil wir aber Passung *semantisch unabhängig* vom Überlebenserfolg, in diesem Fall als Übereinstimmung der Farben definieren können, ist eine *empirische Erklärung* überhaupt möglich: Der Organismus hat gegenüber anders ausgestatteten Artgenossen derselben Umgebung Überlebensvorteile, ist besser angepaßt, weil gewisse seiner Merkmale mit denen seines Hintergrundes übereinstimmen - eben dazu passen, wodurch potentielle Feinde ihn schwieriger entdecken können. Würden wir aber Passung im Sinne von Anpassung definieren, kämen wir zu der Aussage, daß der Organismus angepaßt ist, weil er angepaßt ist, wobei wir es aber nicht mit einer empirischen Erklärung, sondern mit einer Tautologie zu tun hätten. Dasselbe trifft auf evolutionstheoretische Erklärungen kognitiver Leistungen zu, wenn Passung mit Anpassung gleichgesetzt und der Geltungsbegriff dann über den Passungsbegriff expliziert bzw. durch diesen ersetzt wird. Auch bei der Erkenntnis müssen wir in einer konsequent biologischen Betrachtungsweise die Passungskriterien für Erkenntnis unabhängig vom Anpassungswert der Erkenntis angeben können. Welches sind nun die **Passungskriterien für Erkenntnis**? Wenn wir, wie ich es hier tue, Erkenntnisfähigkeit definieren als Fähigkeit der Unterscheidung zwischen Wahrheit und Falschheit und Erkenntnis dementsprechend als den Akt dieser Unterscheidung, so ist die Frage nach den Passungskriterien für Erkenntnis nichts anderes als die nach den Kriterien ihrer Gültigkeit, die es uns ermöglichen, und sei es auch nur im vorläufigen Sinn, zwischen richtigen und falschen Weltbildhypothesen zu unterscheiden. Die für diese Antwort zuständige Disziplin sind Wahrheitstheorien, womit wir den Bereich der Evolutionsbiologie aber bereits verlassen haben. Für unsere Problemstellung bedeutet dies folgendes: Will die EE unsere Erkenntnisfähigkeit evolutionstheoretisch erklären, so darf sie auf die *Unabhängigkeit* der **Geltungskriterien** für Erkenntnis vom *Anpassungswert* der Erkenntnis nicht verzichten. Daher ist es um der Aufrechterhaltung ihres *Erklärungsanspruchs*, nicht etwa wegen erkenntnistheoretischer Letztbegründungsansprüche, notwendig, die Bedeutung des Geltungsbegriffs unabhängig vom Anpassungsbegriff zu explizieren bzw. explizieren zu lassen, was WAGNERs Annahme der strukturellen Unvollständigkeit der EE, ihrer prinzipiellen Offenheit für andere Wissensgebiete, ja auch zuläßt, wenn nicht gar verlangt. Die Scheu der Biologen vor dem Geltungsbegriff, der bei WAGNER zu dem Vorschlag führt, ihn durch den Passungs- bzw. Anpassungsbegriff zu ersetzen, liegt wohl in der häufig zu beobachtenden Verwechslung von Geltungs- mit Letztbegründungsansprüchen begründet, so daß sich hier nur die Alternative zwischen Letztbegründungsdogmatismus und Verzicht auf jeglichen Geltungsanspruch anzubieten scheint.

Erkenntnislogik im Unterschied zu Erkenntnisbiologie

POPPERs Ansatz ist demgegenüber der Versuch, zu zeigen, daß sich Geltungsfragen auf eine Weise behandeln lassen, die weder mit Letztbegründungsansprüchen identifiziert werden muß und Wahrheit mit Sicherheit oder Gewißheit gleichsetzt, noch Erkenntnistheorie auf Erkenntnispsychologie reduziert. POPPER hat die Unterscheidung zwischen Geltungs- und Tatsachenfragen auch später in seinem Buch »Objektive Erkenntnis - Ein evolutionärer Entwurf« nicht aufgegeben und vor einer zu engen Deutung seiner DARWINistischen Formulierungen gewarnt. Zwar verwendet er hier den Begriff »evolutionäre Erkenntnistheorie«, grenzt sich aber von anderen Vertretern dieser Theorie ab. Denn er hält an der Auffassung fest, daß die Hauptgedanken der Erkenntnistheorie logischer, nicht faktischer, also nicht historischer, genetischer oder psychologischer sind, und er versteht Erkenntnistheorie im Sinne von **Erkenntnislogik** (POPPER, 1974). Es scheint mir daher nicht gerechtfertigt, POPPER und LORENZ unter einen Hut eines gemeinsamen theoretischen Interesses bringen zu wollen, wie es durch das Programm des heutigen Tages nahegelegt wird. Wenn POPPER in meinem Kommentar eher am Rande besprochen wird, so nicht zuletzt deshalb, um auch hierdurch die Unterschiede zwischen biologischer EE und wissenschaftstheoretischer Erkenntnislogik zu markieren.

Erkenntnisleistungen mit und ohne Anpassungswert

Für die biologische EE beinhaltet die Unverzichtbarkeit des Geltungsmomentes von Erkenntnis nicht, daß es ihre Aufgabe wäre, Geltungskriterien, d. h. Passungskriterien für Erkenntnis *anzugeben*. Wie sich ohne Rückgriff auf andere Naturwissenschaften die Passung organischer Strukturen zu ihrer Umwelt nicht zeigen läßt, so läßt sich ohne Rückgriff auf andere Disziplinen oder außerevolutionstheoretische Voraussetzungen die Passung von Erkenntnis nicht bestimmen. Es bedeutet aber keine Schwächung der EE, daß sie diese Kriterien voraussetzt oder sie sich von anderen Disziplinen vorgeben läßt. Die **Aufgabe der EE** sehe ich vielmehr in der Angabe von biologischen Kriterien für die Möglichkeit einer Unterscheidung zwischen *Erkenntnisleistungen mit und ohne Anpassungswert* sowie darin, Aufschluß über den biologischen Ursprung dieser Leistungen zu geben. Sie ist also nicht für die jeweiligen inhaltlichen Füllungen des Passungsbegriffes zuständig, sondern für die Klärung von Fragen der Anpassung, die durch die Fähigkeit der Unterscheidung von wahr und falsch möglich ist. Eine evolutionsbiologische Betrachtung der Erkenntnis nach dem ÄP besagt dann, daß dasselbe, was für die Untersuchung des Anpassungscharakters somatischer Merkmale gilt, auch auf kognitive Leistungen zutrifft: Aus der Lebensfähigkeit ihrer Träger läßt sich nicht auf den Anpassungswert *aller*

Merkmale schließen. Ich kann an dieser Stelle nicht auf die Schwächen des **adaptionistisch-selektionistischen Programms** eingehen, daher nur eine kurze Bemerkung hierzu. Einer der wesentlichen Ansatzpunkte für die Kritik an der EE ist deren häufig zu beobachtende Überbewertung des adaptionistischen Zuganges zur Erkenntnis mit dem Ergebnis einer Vernachlässigung der **Systembedingungen der Evolution**. Je nach der Wahl des Bezugsrahmens und der Akzentuierung adaptionistischer oder systemtheoretischer Aspekte wird unsere Deutung menschlicher Erkenntnis aber sehr unterschiedlich ausfallen und sowohl auf Grenzen, als auch auf Freiheitsspielräume unseres Erkennens neues Licht werfen (s. hierzu die Arbeiten von GOULD, GOULD & LEWONTIN, GOULD & VRBA). Es kommt daher einer differenzierteren Betrachtungsweise menschlichen Erkennens mit den Mitteln der Biologie zugute, wenn WAGNER darauf hinweist, daß adaptionistische Übertreibungen auch von der Biologie her nicht gerechtfertigt sind. Und dies steht nicht nur im Einklang mit heutigen Vertretern der Systemtheorie der Evolution, sondern auch mit dem Vater der Evolutionstheorie selbst (s. z. B. DARWIN, 1982).

Vor dem Hintergrund des von LORENZ formulierten Programms der EE im Rahmen der vergleichenden Psychologie verwundert es, daß WAGNER ausgerechnet die **vergleichende Methode** so schnell als von nur beschränktem Interesse ad acta legt. WAGNER begründet sein Urteil damit, daß diese Methode eine Vielzahl von Arten verlangt, wir aber für die besonders interessanten menschlichen Fähigkeiten nur eine Spezies zur Verfügung haben. Dagegen ließe sich einwenden, daß auch unsere spezifisch menschlichen Gliedmaßen und sonstigen Organe nur beim Menschen vorkommen, dennoch aber Vergleiche mit anderen Tierarten durchgeführt werden. Erst im Vergleich können Ähnlichkeiten, aber auch bedeutende Unterschiede zwischen Menschen und nichtmenschlichen Lebewesen sichtbar werden. In der Diskussion um die EE und auch bei WAGNER wird zu wenig berücksichtigt, daß menschliche Erkenntnis ein komplexes Phänomen ist, das eine Vielzahl von Einzelaspekten und Teilfunktionen aufweist, von denen sich einige auch bei Tieren nachweisen lassen. Ein Beispiel für einen Vergleich ist die Wahrnehmung von geometrischen Mustern beim Menschen und bei der Taube. DELIUS und HOLLARD fanden bei ihren Untersuchungen heraus, daß Tauben bei manchen Testaufgaben besser abschnitten als Studenten, indem sie geometrische Muster auch nach Rotation schneller als dieselben identifizieren konnten, als Menschen dazu in der Lage waren. Dieses Beispiel zeigt, daß die Annahme einer qualitativen Hierarchie von Erkenntnisleistungen mit den menschlichen an der Spitze nicht für alle Leistungen gilt. Die kognitive Kapazität eines Lebewesens läßt sich nicht per se beurteilen, sondern ist immer in Relation zu den Aufgaben zu sehen, die in einer bestimmten Umwelt zu erfüllen sind.

Wie wir gehört haben, besagt das ÄP nicht, daß alle organischen und kognitiven Leistungen Anpassungswert haben, sondern daß es kognitive und organische Leistungen mit Anpassungswert gibt. Damit läßt die EE die Möglichkeit für spezifische Erkenntnis- und Erfahrungsweisen offen, die die Funktion, Überlebensinstrumente zu sein, überschreiten. Die Anerkennung von **Redudanz***phänomenen* steht nicht im Widerspruch zur EE, wie manchmal angenommen wird. Vielmehr ist es im Lebendigen ein weitverbreitetes Phänomen, daß Leistungen, die zunächst einen bestimmten Anpassungswert hatten, später frei wurden für andere Zwecke (GOULD et al., 1978). Redundanz schließt aber nicht nur die Möglichkeit der positiven Transzendenz von Überlebensimperativen ein, sondern sie kann sich auch als überlebenswidrig erweisen. Daher ist noch gar nicht ausgemacht, ob organische und wissenschaftliche Leistungen hinsichtlich ihres Anpassungswertes äquivalent sind. Merkmale und Leistungen eines Organismus sind immer in Beziehung zu setzen zur Gesamtausstattung des Organismus sowie zu seiner Umwelt. Bevor dies nicht geschehen ist, läßt sich nicht von der Äquivalenz organischer und wissenschaftlicher Leistungen sprechen. Die Wissenschaftsgeschichte nimmt in der Gesamtevolution des Lebendigen und auch der des Menschen einen so verschwindend geringen Zeitraum ein, daß mir eine Entscheidung über ihren Anpassungswert verfrüht erscheint. Wenn die durch Wissenschaft gewonnene theoretische Einsicht in komplizierte Sachverhalte nicht mit der Einsicht in die durch die negativen Nebenwirkungen der Technik bedingten Grenzen praktischer Umsetzbarkeit in Einklang steht, könnte sich unsere Fähigkeit der wissenschaftlichen Erkenntnis bzw. ihr Umgang damit als überlebenswidrig erweisen.

Halte ich eine konsequent biologische Betrachtungsweise menschlicher Erkenntnis auch für aufschlußreich, so erscheint mir der Begriff »Äquivalenzpostulat« jedoch unglücklich gewählt. Es ist kein Zufall, daß er in den Schriften der EE nicht verwendet wird. Neben dem oben bereits genannten Einwand täuscht er über wichtige Unterschiede hinweg. So verdeckt er z. B. die Verschiedenheit der Mechanismen, durch die Informationen gewonnen werden, die wichtige Differenzierung zwischen Angeborenem und Erworbenem, die Unterschiede im Ablauf von phylogenetischer Evolution und Kultur- sowie Wissenschaftsgeschichte und die Geschwindigkeitsunterschiede in der Weitergabe kultureller und genetischer Information. Der Grund für die Wahl des Begriffs »Äquivalenzpostulat« mag u. a. der gewesen sein, daß die EE Leben selbst als einen Erkenntnisvorgang bezeichnet. Durch diese sehr weit gefaßte Verwendung des Erkenntnisbegriffs läuft sie aber Gefahr, Differenzierungen zurückzunehmen, die die Ethologie bereits getroffen hat, wie z. B. die zwischen Instinkt und Erkenntnis oder Einsicht.

In diesem Zusammenhang möchte ich eine kurze Bemerkung zum **Anthropomorphismusvorwurf** machen, der oft gegen die EE erhoben wird, da sie den Begriff der Erkenntnis auch auf nichtmenschliche Lebewesen anwendet. Die Frage, ob ein Anthropomorphismus vorliegt, ist immer nur *theorieabhängig* zu beantworten, d. h. unter Berücksichtigung der Theorie, die vorausgesetzt wird, wenn menschliche Kategorien auf Nichtmenschliches angewendet werden. Im Rahmen der EE muß nicht jede dieser Anwendungen einen Anthropomorphismus bedeuten, da wir Menschen nach Ansicht der EE nur deshalb erkennen können, weil vor uns Lebewesen bereits über Erkenntnisfähigkeiten verfügten, und diese Annahme ist keine beliebige Setzung der EE, sondern durch die allgemeinere evolutionstheoretische Annahme der Verwandtschaftsbeziehungen zwischen vormenschlichen und menschlichen Lebewesen abgestützt. Die Frage ist vielmehr, wo die Grenze zu ziehen ist zwischen legitimer und anthropomorpher Terminologie, d. h. ab wann Erkenntnis im wörtlichen und nicht mehr nur metaphorischen Sinn zu verstehen ist. Eine Erweiterung des herkömmlichen Erkenntnisbegriffs über den Bereich des Menschlichen hinaus erscheint mir schon allein aus heuristischen Gründen für wichtig, weil damit Fragestellungen über mögliche Beziehungen zwischen Menschen und nichtmenschlichen Lebewesen eröffnet werden, die durch eine allzu enge und dogmatische Terminologie ausgeblendet würden. Darüber hinaus gibt es auch beim Menschen eine Vielzahl von Orientierungsleistungen, die sich nicht dem Muster propositional ausdrückbarer Erkenntnis fügen, dennoch aber Bestandteile des komplexen Phänomens der Erkenntnis sind.

Zusammenfassend zum ersten Teil meines Kommentars läßt sich sagen, daß eine Untersuchung menschlicher Erkenntnis aus biologischer Perspektive sinnvoll und fruchtbar sein kann, ohne das problematische ÄP anzunehmen.

Zur Realismuskonzeption der EE

OESERs Ausführungen zum Realitätsproblem sind vor dem Hintergrund der philosophischen Kritik an der **Realismuskonzeption der EE** zu verstehen. STEGMÜLLER u. a. haben gegen die EE den Einwand erhoben, sie vertrete einen **metaphysischen Realis-**

mus. Kennzeichen eines metaphysischen Realismus ist die Annahme, daß wir die Realität an sich in ihrer Struktur erkennen können, wie sie unabhängig vom erkennenden Subjekt existiert. Um eine Aussage oder Theorie mit einer so verstandenen Wirklichkeit vergleichen zu können, müßte man aber, wie STEGMÜLLER im Anschluß an PUTNAM sagt, »die Welt gleichsam von außen, durch 'das Auge Gottes', betrachten können« (STEGMÜLLER, 1984). Da dieser Realismus einen Beobachterstandpunkt außerhalb der Welt, einen externen Standpunkt, voraussetzen muß, um seinen Anspruch einlösen zu können, sich solch ein Standpunkt aber nicht einnehmen läßt und die behauptete Korrespondenz von Realität an sich und Aussage folglich empirisch nicht überprüfbar ist, wird er metaphysischer Realismus genannt. OESER will nun zeigen, daß die Realismuskonzeption der EE, der **»hypothetische Realismus«**, kein metaphysischer Realismus ist und daher die Einwände gegen ihn gegenstandslos sind. Der Realismus der EE sei vielmehr, um in der Terminologie PUTNAMs zu sprechen, als **interner Realismus** rekonstruierbar. Er sei die Konsequenz der Anwendung der Evolutionstheorie auf die Erkenntnistheorie. Dazu greift Oeser auf den Ansatz der EE beim erkennenden Subjekt als aktivem System zurück, das mit seiner Umwelt in Wechselwirkung steht. Der hypothetische Realismus besagt, daß »alle Erkenntnis auf Wechselwirkung zwischen dem erkennenden Subjekt und dem erkannten Objekt beruht, die beide gleicherweise wirklich sind.« (LORENZ, 1980) Da der Begriff der Realität hier Subjekt *und* Objekt der Erkenntnis umfaßt, trifft auf diese Position der oben genannte Einwand nicht zu. Denn die Erkenntnisfähigkeit des Subjekts und die Erkennbarkeit des Objekts gehören hier zusammen (UEXKÜLL & PIAGET bei ENGELS, 1985).

Tatsächlich wäre die Kritik am hypothetischen Realismus der EE gegenstandslos gewesen, wenn sich die Vertreter der EE auf das im LORENZ-Zitat ausgedrückte Verständnis beschränkt hätten. Wie im einzelnen jedoch nachweisbar ist, wurden mit diesem Realismus stärkere Behauptungen verknüpft, wodurch er die beschriebenen metaphysischen Züge annahm (ENGELS, 1985). Dies klang auch heute wieder in dem Vortrag von KONRAD LORENZ an. Für LORENZ bestand nie ein Zweifel daran, daß, obgleich die vielen Lebewesen »in einer und derselben Außenweltsituation völlig Verschiedenes erlebten, ... es *dieselbe* reale Außenwelt sei, die sich in allen diesen Erlebnisformen abbildete.« Hier stellt sich nicht nur die Frage nach der Bedeutung dieser Aussage, sondern darüber hinaus, von welchem Standpunkt aus sie gemacht werden kann. Zunächst einmal ist nicht klar, was es bedeutet, daß völlig verschiedene Erlebnisformen dasselbe abbilden können. Wie kann angesichts der Vielfalt dieser Erlebnisformen von ein und derselben Außenweltsituation gesprochen werden? Von dieser gemeinsamen Außenweltsituation läßt sich nicht aus der Perspektive der einzelnen Lebewesen sprechen, weil jedem dieser Lebewesen seiner jeweiligen Ausstattung entsprechend nur seine je spezifische Weise des Erlebens dieser Wirklichkeit vertraut ist. Von wessen Gesichtspunkt wird hier also von »derselben realen Außenwelt« gesprochen? Es ist die übergreifende Perspektive des menschlichen, Wissenschaft treibenden Lebewesens. Hier aber entscheidet sich dann, wie die EE ihren hypothetischen Realismus verstanden wissen will, ob als internen oder metaphysischen Realismus. Nimmt sie an, daß unser wissenschaftliches Bild von der Realität, und damit auch von der Evolution, auch nur jeweils theorie-, d. h. perspektivenabhängig ist, oder verbindet sie damit den stärkeren Anspruch, Strukturen der Welt an sich zu begreifen?

Verwundert hat mit OESERs These, daß *theoretisch konstruierte Objekte* »realer im Sinne der größeren **Wahrheitsnähe**« seien als die Objekte unserer mesokosmischen Erfahrungswelt. Ich sehe nicht, wie der interne Realismus hier Vergleichsmaßstäbe anbieten kann, die ein Mehr oder Weniger an Wahrheitsnähe bestimmen lassen. Damit meine ich nicht, daß ein interner Realismus auf Wahrheitsansprüche überhaupt verzichten muß, womit konstruktionistischer Willkür ja Tür und Tor geöffnet würde. Vielmehr läßt sich über Wahrheit und Falschheit von etwas immer nur in Relation zum jeweiligen Bezugssystem sprechen. Dies sei an einem Beispiel erläutert: Von einer Biene, die aufgrund ihrer Ausstattung nicht in der Lage ist, Rot zu sehen, können wir nicht sagen, sie irre sich oder sei weiter von der Wahrheit entfernt als wir, wenn sie die roten Blumen, die wir sehen, nicht wahrnimmt. Denn es gibt keine Farben an sich. Farben sind Eigenschaften von Dingen *für* wahrnehmende Lebewesen. Wenn die Biene jedoch eine blaue für eine gelbe Blume sieht, läßt sich sehr wohl von Irrtum sprechen, da ihre Ausstattung ihr diese Unterscheidung erlaubt. Dasselbe gilt auch für das Verhältnis von mesokosmischer und wissenschaftlicher Erkenntnis. OESERs Bewertung ist darauf zurückzuführen, daß er mesokosmische Erfahrungen auf »richtige Reaktionen« reduziert, während eigentliche Erkenntnis für ihn erst auf der Ebene der Wissenschaft beginnt. Selbst wenn aber zum Überleben nur richtige Reaktionen nötig waren, womit der Erklärungsanspruch der EE jedoch reduziert würde, ist damit noch nicht die Möglichkeit von Erkenntnis im Bereich des Mesokosmos ausgeschlossen. Denn wir verfügen über mehr Möglichkeiten, als überlebensnotwendig ist (Redundanzphänomen).

Zum Verhältnis der Begriffe **angeboren** und **a priori** will ich hier nur eine kurze Bemerkung machen. Wie weit sich der Begriff »a priori« in der Verwendungsweise der EE von seiner ursprünglichen Bedeutung bei KANT entfernt hat, zeigt sich darin, daß auch angeborene Strukturen, die *Fehlleistungen* hervorbringen können, hier als a priori bezeichnet werden. (Weiteres zum Verhältnis von angeboren und a priori s. HART, 1975; KRÜGER, 1985.)

Welche Konsequenzen lassen sich nun aus der EE für den Entwurf einer adäquaten Realismus- und Wahrheitskonzeption ziehen, die für die Philosophie in dem Sinne verbindlich sein könnten, daß sie den Spielraum möglicher Positionen einschränken? Die Schwächen eines metaphysischen Realismus sowie einer Korrespondenztheorie der Wahrheit, sofern diese Wahrheit als Übereinstimmung von Aussage und Realität an sich definiert, lassen sich auch ohne die theoretischen Voraussetzungen der EE einsehen, wie die Geschichte der Philosophie zeigt. Kann die EE aber *empirisch erklären*, warum wir keinen »Außenraumstandpunkt« oder »Gottesgesichtspunkt« einnehmen können? Dazu müßte sie erklären können, warum wir endliche Lebewesen sind, und zwar nicht nur wir Menschen, sondern auch diejenigen, von denen wir abstammen usw. Eine derartige Frage übersteigt aber den Rahmen einer empirischen Wissenschaft, weil sie letzten Endes danach fragt, warum die Welt so und nicht anders ist, m. a. W. eine metaphysische Frage ist.

Läßt sich nun aber, ausgehend von der Voraussetzung, daß wir uns als endliche Lebewesen vorfinden sowie von der evolutionstheoretischen Erklärung unserer Geschichte her positiv bestimmen, welche theoretischen Konsequenzen angemessen sind? Hier bieten sich Positionen im Umkreis des von OESER beschriebenen internen Realismus an. Dieser ist aber durchaus mit einer **Korrespondenztheorie der Wahrheit** vereinbar, wenn wir Korrespondenz bescheidener verstehen als Übereinstimmung von Denken bzw. Aussagen und vorgängig konstituierten Welt-Handlungssystemen (ENGELS, 1985). Zu fragen bleibt abschließend, ob sich WAGNERs und OESERs Rekonstruktionsvorschläge der EE, genauer, das **Kohärenzpostulat** und der **interne Realismus**, miteinander vereinbaren lassen. Oberstes Kriterium für die Berechtigung einer Behauptung ist nach WAGNER die Kohärenz der Resultate, die mit verschiedenen Zugängen gewonnen werden. Dies setzt aber die Vergleichbarkeit dieser Zugänge voraus. Ein interner Realismus kann diese Vergleichbarkeit jedoch nicht ohne weiteres postulieren (s. den Kommentar von KANITSCHEIDER).

Anmerkungen

[1] Zitiert wird nach den mir zur Verfügung gestellten Vortragsmanuskripten bzw. -entwürfen.

[2] Damit soll nicht gesagt sein, daß DARWIN *alle* organischen, geistigen und moralischen Phänomene mit Hilfe der natürlichen Selektion erklärte. Vielmehr hat er insbesondere in seinem Buch »Die Abstammung des Menschen« auf die Grenzen einer derartigen Erklärung hingewiesen und seinen früheren Standpunkt korrigiert. Für GOULD war WALLACE der viel konsequentere Selektionist, DARWIN dagegen Pluralist.

[3] Dies schließt nicht aus, daß LORENZ' Motivation für seine spätere systematische Beschäftigung mit der EE in der Kindheit, wie wir gehört haben, in seinem Interesse an Wahrnehmungstäuschungen liegt, noch bevor er Ethologe wird.

Literatur

DARWIN, CH. (1982): Die Abstammung des Menschen. 4. Aufl. Stuttgart: Kröner.Übers. nach der 2. engl. Aufl. von 1874.

DELIUS, J. D. (1985): Cognitive Processes in Pigeons. In: d'YDEWALLE, G. (Ed.): Cognition, Information Processing and Motivation. North-Holland: Elsevier Science Publishers B. V.

DELIUS, J. D.: s. HOLLARD, V. D., & J. D. DELIUS.

ENGELS, E.-M. (1985): Evolutionäre Erfahrung und Realismus. Kritische Überlegungen zur realistischen Grundlage der Evolutionären Erkenntnistheorie und eine konstruktionistische Rekonstruktion. In: Siegener Periodicum zur int. emp. Literaturwisse. **4/1**: 41-69.

GOULD, ST. J., & R. C. LEWONTIN (1978): The Spandrels of San Marco and the Panglossian Paradigm: A Critique of the Adaptationist Programme. In: Proc. R. Soc. London **205**: 581-598. Wieder abgedruckt in: SOBER, E. (Ed.) (1984): Conceptual Issues in Evolutionary Biology. Cambridge/Mass.-London: The MIT Press.

GOULD, St. J. (1980): The Evolutionary Biology of Constraint. In: Daedalus **109**: 39-52.

GOULD, St. J., & E. S. VRBA (1982): Exaptation - a missing term in the science of form. In: Paleobiology **8** (1): 4-15.

GOULD, St. J. (1984): Evolutionäre Flexibilität und menschliches Bewußtsein. In: KOSLOWSKI, P., PH. KREUZER & R. LÖW (Hrsg.): Evolution und Freiheit. Stuttgart: Hirzel.

HART, W. D. (1975): Innate Ideas and A Priori Knowledge. In: STICH, St. P. (Ed.): Innate Ideas. Berkeley-Los Angeles: University of California Press.

HOLLARD, V. D., & J. D. DELIUS: Rotational invariance in visual pattern recognition by pigeons and humans. Science **218**: 804-806.

KRÜGER, L.: Der Streit um das angeborene Wissen. Vorlesung, geh. am 15.10.1985 an der Freien Universität Berlin im Rahmen der Ringvorlesung: Der Mensch im Zusammenspiel von Anlage und Umwelt. Erscheint demnächst unter demselben Titel, hrsg. von CARSTEN NIEMITZ.

LORENZ, K. (1941): Kants Lehre vom Apriorischen im Lichte gegenwärtiger Biologe. In: Blätter für Deutsche Philosophie **15**: 94-125. Wiederabgedr. in: LORENZ, K. & F. M. WUKETITS (Hrsg.) (1983): Die Evolution des Denkens. München-Zürich: Piper.

LORENZ, K. (1980): Die Rückseite des Spiegels. Versuch einer Naturgeschichte menschlichen Erkennens.4. Aufl. München: DTV.

LORENZ, K., & F. M. WUKETITS (Hrsg.) (1983): Die Evolution des Denkens. München-Zürich: Piper.

LORENZ, K. (1959): Gestaltwahrnehmung als Quelle wissenschaftlicher Erkenntnis. In: LORENZ, K.: Über tierisches und menschliches Verhalten. 13. Aufl. München-Zürich: Piper.
POPPER, K. (1974): Objektive Erkenntnis. Ein evolutionärer Entwurf. 2. Aufl. Hamburg: Hoffmann und Campe.
STEGMÜLLER, W. (1984): Evolutionäre Erkenntnistheorie, Realismus und Wissenschaftstheorie. In: SPAEMANN, R., P. KOSLOWSKI & R. LÖW (Hrsg.): Evolutionstheorie und menschliches Selbstverständnis. Weinheim: Acta humaniora: 5-34.
WAGNER, G. P.: Über die logischen Grundlagen der Evolutionären Erkenntnistheorie. In: LORENZ, K. & F. M. WUKETITS (Hrsg.): Die Evolution des Denkens. München-Zürich: Piper.

2. Teil: Lösungen

Grenzen der Adaptierung

RUPERT RIEDL

Der erste entscheidende Schritt, den die evolutionäre Erkenntnislehre gesetzt hat, war ein adaptionistischer. Die »Denkgesetze«, so finden wir es schon bei LUDWIG BOLTZMANN, »werden im Sinne DARWINs nichts anderes sein als ererbte Denkgewohnheiten...«, da, »wenn wir diese Denkgesetze nicht mitbringen würden, jedes Erkennen aufhören würde und die Wahrnehmung ohne jeden Zusammenhang wäre.« (Zuletzt abgedruckt in F. KREUZER, 1981.)

Und aus dem Jahre 1941 stammt der entscheidende Satz von KONRAD LORENZ: »Unsere vor jeder individuellen Erfahrung festliegenden Anschauungsformen und Kategorien passen aus ganz denselben Gründen auf die Außenwelt, aus denen der Huf des Pferdes schon vor der Geburt auf den Steppenboden, die Flosse des Fisches, schon ehe er dem Ei entschlüpft, ins Wasser paßt.« (LORENZ & WUKETITS, 1983.)

Jene angeborenen Lehrmeister, wie sie LORENZ später (1973) nannte, wie diese auch den Ratiomorphen Apparat im Sinne von EGON BRUNSWIK zusammensetzen (z. B. 1952), betrachten wir also als adaptiv erworben; als einen Kenntnisgewinn des genetischen Lernens unseres Stammes. Als ein System von Hypothesen (RIEDL, 1981) der Anleitung des Verhaltens (oder der Interpretation des Milieus), ganz in dem Sinne, wie Sir KARL POPPER (1984) unsere Organe ganz allgemein mit Hypothesen vergleicht.

Dieser Schritt der evolutionären Lehre ist so entscheidend, weil er uns auf natürliche Weise verstehen (und empirisch prüfen) läßt, auf welche Weise die Vorbedingungen unserer Vernunft entstanden sind, und wie es kommt, daß sie in diese Welt passen.

Adaptierung und Geschichte

Für den Biologen bietet diese Theorie natürlich eine weitere Herausforderung. Für ihn bedeutet sie nicht den Abschluß, sondern den Ansatz zu einer neuen Disziplin der Erforschung der Vorgänge in der Evolution.

Wir fragen uns prüfend nach dem Hergang und den Bedingungen, unter welchen diese Adaptierung vonstatten gegangen sein mußte, nach dem Selektionsdruck, dem Selektionserfolg, nach der jeweiligen Disposition der kreatürlichen Ausstattung für solche genetischen Lernerfolge und nach den mit dieser Ausstattung aufschließbaren (zugänglichen, wie relevanten) Milieubedingungen. Vereinfacht gesagt fragen wir, wann, das heißt unter welchen Entwicklungs- und Milieubedingungen, diese angeborenen Lehrmeister entstanden sein mußten.

Die methodische Grundlage bildet dabei die Morphologie mit der Erforschung der Homologien (REMANE, 1971; RIEDL, 1975, 1980, 1980a). Mit ihrer Hilfe gelingt es, die Wahrscheinlichkeiten zu bestimmen, mit welchen wir darauf vertrauen können, einzelne Komplexe organismischer Strukturen gleichzusetzen, die sich anatomisch darstellen, aber ebenso die Zeitstrukturen von Verhaltensweisen (LORENZ, 1978) und deren Konsequenzen.

Das phylogenetische Alter dieser Einrichtungen wird sich als beträchtlich erweisen.

Darum habe ich im voraus noch auf drei weitere Zusammenhänge aufmerksam zu machen.

Zunächst haben natürlich auch die erblich verankerten und weitgehend fixierten Homologien ihre eigene Geschichte; eine Entstehensgeschichte, wie eine Geschichte ihres Wandels. Jedoch ist es für alle Homologien charakteristisch, daß ihr adaptiver Wandel in engen Grenzen bleibt. Ihre Freiheitsgrade sind begrenzt, ihre Adaptierungsmöglichkeiten kanalisiert; sie folgen Trends innerhalb festgelegter Contraints, wie unsere englisch-sprachigen Kollegen sagen (SMITH et al., 1985). Die zunächst adaptiv erworbenen Prinzipien oder Grundmuster der Homologien bleiben erhalten; und zwar sogar entgegen neuerlichem Adaptierungsdruck von seiten des Milieus.

Ferner ist der genetische Erwerb neuer Strukturen ein sehr langsamer Prozeß. Die rascheste Entwicklung von Artmerkmalen (der tachytelischen Merkmale) bei Säugetieren nimmt 200 bis 500 Jahrtausende in Anspruch, die langsamste (der tachytelischen) 10 Jahrmillionen. Homologien von den Gattungen bis zu den Klassen zeigen Fixierungen, die von 10 bis einige 100 Jahrmillionen reichen (RIEDL, 1975).

Diese Zeitskalen machen darauf aufmerksam, daß die Entstehung unserer angeborenen Lehrmeister vor dem Auftreten unserer Art *Homo sapiens* liegen wird, großteils vor dem Werden unserer Gattung *Homo* und vielfach vor dem Hellwerden des Bewußtseins. Die Anlagen unserer ratiomorphen Leistungen selbst werden also alle vor unserem Bewußtsein liegen. Es ist für sie kennzeichnend, daß es Entscheidungs- oder Interpretationshilfen im Sinne von nichtbewußten Verhaltenssteuerungen sind, die von den Leistungen der bewußten Reflexion erst später überbaut wurden. Damit wirken sie zwar in die Reflexion hinein, können aber durch diese, selbst im Konfliktfall, nicht verändert werden.

Homologe und analoge Problemlösung

Um nun auf die Grenzen evolutiver Adaptierung eingehen zu können, muß ich noch auf einen grundsätzlichen Mechanismus der Evolution aufmerksam machen.

Wenn ich vorhin referierte, daß sich Homologien dadurch kenntlich machen, daß sie Adaptierungen an das Milieu widerstehen, bedeutet dies, daß ihre Träger einem Selektionsdruck, den die Umwelt auf sie ausübt, entgegenwirken. Das ist die Folge von Mechanismen der Evolution. Und zwar sind es die »inneren Selektions-Mechanismen«, die auf die Entwicklung und Erhaltung der Kohärenz der Funktionszusammenhänge der Merkmale hinwirken; auf die Erhaltung der Abstimmung der Teile innerhalb des Organismus (RIEDL, 1975, 1977).

Man kann von einer Überselektivität sprechen, die, über die Anforderungen des Milieus hinaus, auf die Erhaltung der tiefersitzenden, funktionell bebürdeten Strukturen und Funktionen hinwirkt. Sie macht sich im Überwiegen der letalen Mutanten im Mutationsgeschehen deutlich. Und sie ist die Ursache, daß im Organismenreich erkennbare Ordnung herrscht, eine Ähnlichkeits-Hierarchie von Homologien und Bauplänen; sie begründet die Natur des natürlichen Systems der Organismen.

Für unser Thema folgt daraus die Begründung des DOLLOschen Gesetzes, der Nichtumkehrbarkeit der Evolution; sowie die Konsequenz, daß einmal eingeschlagene Wege zur Lösung eines Lebensproblemes fortgesetzt werden müssen; daß die Optimierungs-Möglichkeiten einer Problemlösung schon durch den Ansatz vorweggenommen werden. Ähnlich einer Population, die sich im Nebel einer unbekannten Gebirgslandschaft vor der steigenden Flut zu retten sucht, nicht wissen kann, ob sie an der Flanke gerade des höchsten der Berge hinaufwandert.

Ich darf das illustrieren. Die Lösung des Flugproblems ist bei den Insekten schon im Ansatz anders als bei den Vögeln. Die Dispositionen waren verschieden. So sind die Problemlösungen so verschieden wie die möglichen Optimierungen. Und kein Insekt könnte je den Falken erreichen. Ungeachtet des Umstandes, daß die Korrespondenz von Aufgabe und Lösung in beiden Fällen dieselbe ist.

Übersetzt man dieses weit verbreitete Phänomen der analogen Problemlösungen aus unterschiedlicher Disposition in unsere Erlebniswelt, so hat es Ähnlichkeit mit der selbsterfüllenden Prophezeihung. Es bestätigt sich der Evolution der Vögel wie der der Insekten ja fortgesetzt, daß die Lösung zur Hand ist und sich zudem noch verbessern läßt.

So werden wir gewärtig sein müssen, daß dies auch für die uns angeborenen Anschauungsformen gilt. Daß der von ihnen eingeschlagene Lösungsweg nicht umkehrbar gewesen ist, die Optimierung kanalisiert wurde, und daß die Lösungsweise, welche sie unserer bewußten Reflexion suggerieren, als die Lösung schlechthin erscheinen muß; einmal, weil sich ja irgendeine Art von Erfolg immer wieder bestätigt, ein andermal, weil sie auch keine Andeutung einer alternativen Lösung anbieten.

Adaptierende und tradierende Evolution

Eingangs sagte ich, daß der erste entscheidende Schritt, den die evolutionäre Erkenntnislehre gesetzt hat, eine adaptionistische Lösung vorgesehen hat, Das ist für die Lösung des Problemes von der Herkunft der Vorbedingungen unserer Vernunft richtig; bedeutet aber nicht, daß die traditive Komponente und deren Konsequenzen, die ich nun untersuchen will, nicht bemerkt worden wäre.

Wieder ist es nämlich KONRAD LORENZ (1943, 1965), der sie gesehen hat. Man erinnert sich des »Kindchen-Schemas«, auf das wir angeborenermaßen hereinfallen; und das, bewußt oder nicht, von der Werbung und der *Disney*-Produktion ausgenützt wird. Und wichtiger noch die Einsicht, daß unsere angeborene Tötungshemmung durch die Fernwaffen ausgeschaltet wird; und ihr kein verläßliches Substitut entstanden ist (außer einer manipulierbaren und daher im entscheidenden Fall eben unverläßlichen Moral).

So ist es eines, unsere Adaptierung zu bewundern, ein ganz anderes aber, ob der Grenzen unserer Adaptierung aufmerksam, ja alarmiert zu sein.

Ich will also in der Folge mit der nötigen Kürze zu zeigen versuchen, welchen Ursprungs die Ausstattungen unseres ratiomorphen Apparates sind; das heißt, unter welchen Dispositionen und Lebensproblemen sie sich entwickelten und aufgrund welcher Übereinstimmung mit den Milieubedingungen sie selektiv durchgesetzt wurden. Und ich will demgegenüber zeigen, in welchem Maße sie uns in einem nun ungleich komplizierteren und aufklärungsbedürftigeren Milieu heute irreführen.

Die Zeit (oder der Ab-Lauf)

Die Reaktion auf Zeitintervalle ist ein Prinzip des Lebendigen schlechthin und damit drei Jahrmilliarden alt. Die Zeitmessung im Organismus ist durch den Ablauf komplexer chemischer Reaktionen gegeben, von der Eigenbewegung über den Stoffwechsel bis zum Wachstum. Bei höheren Organismen spricht man zu Recht von einer physiologischen Uhr. Der Erfolg der Reaktion auf Zeitabläufe ist ein zweifacher. Einmal ist er aus der richtigen Koordination (der Kohärenz) der internen Abläufe begründet, ein andermal aus der zeitrichtigen Übereinstimmung (der Korrespondenz) mit den Zeitintervallen im Milieu; der Zeitsetzung von Räubern und Beute wie der Tagesgänge, Gezeiten und Jahreszeiten.

Diese Uhr tickt ihren relativen Takt eindimensional. Keine zweite Dimension (etwa eine Relativierung auf den Raum) war in ihm je erforderlich. Die Lösung genügte für alle Kreaturen, selbst für den Kulturmenschen; jedenfalls bis EINSTEIN und die ihm folgende kosmische Physik. Und über die Konsequenz dieser Lösungsweise, daß wir uns nämlich eine Welt ohne Zeit nicht vorstellen können, auch ihren Anfang und ihr Ende nicht, helfen vereinbarliche Mythen hinweg, nach welchen diese Welt aus nichts entstanden sei, dafür aber in das einmündet, was wir die Ewigkeit nennen.

Der Raum (oder das Rund-Um)

Das ist mit der Reaktion auf den Raum ganz anders. In der frühen Phylogenie existieren keine Raumachsen, die Umwelt ist rundum gleichbedeutend. Ein Zustand, der auch noch bei manchen vielzelligen Schwebformen des Planktons erhalten ist. Die erste Raumachse entsteht mit einer bevorzugten Bewegungsrichtung (und den Taxien) sowie über die radiäre Symmetrie der höheren Pflanzen und der seßhaften Seetiere (Korallen und Seeanemonen).

Eine zweite und dritte Raumachse ist die Folge bevorzugter Bewegungsrichtung in Beziehung zu einem festen Substrat. Zum Vorne und Hinten kommt das Oben und Unten (von Rücken- und Bauchseite) und daraus jene Symmetrie, die wir als links und rechts bezeichnen. Diese Bauform der *Bilateria* ist vor 500 Jahrmillionen schon durch einige Tierklassen (der ersten erhaltenen Makrofossilien) repräsentiert. Sie wird vor einer Jahrmilliarde angelegt worden sein.

Das Sensorium hat dann dieses Prinzip optimiert; mit der Organisation der Organe der Seitenlinien, dann der Bogengänge (seit den Knorpelfischen 450 Jahrmillionen), mit der Ableitung aus der Retina, dem stereoskopischen Sehen (Auflösung der vollkommenen Chiasma-Kreuzung bei Säugern) und der Organisation des Greifraumes (bei Primaten; je vor rund 100 und 20 Jahrmillionen). Und unsere Kultur hat dann noch die Übung der Perspektive (mit Horizont und Fluchtlinien) und die der EUKLIDschen Geometrie angefügt.

Über diese ganze Entwicklung wurde das Praktikable dieser Achsen-Trias aus Eigenbewegung, Gravitation und Eigensymmetrie immer unausweichlicher gefestigt; weil sie existiert und in ihrem Rahmen die Prognostik verbessert. Allerdings mit dem Ergebnis, daß, mit der Einwirkung der ratiomorphen Lösung auf die bewußte Reflexion, zwei- oder vierdimensionale Zusammenhänge überhaupt nicht (oder nur mit dreidimensionalen Scheinmodellen) darstellbar sind und ein Ende des Raumes (jedes Raumes) unvorstellbar ist (auch er wird unendlich). Für unser erblich festgeschriebenes Vermögen bleibt der Raum dreidimensional und die Zeit, eine von ihm unabhängige Qualität, eindimensional, beide unendlich.

Die große Leistung EINSTEINs liegt in der Transzendierung seiner Austattung als Kreatur. Ähnliches leistete die Mikrophysik. Nun sind wir naturgemäß an einen Mesokosmos adaptiert, wie HANS MOHR (1981) sagt; die Dimensionalität im Makro- und Mikrokosmos konnte nur durch Übersteigen unserer angeborenen Anschauungsformen aufgeschlossen werden. Die vier im folgenden zu beschreibenden Entscheidungshilfen aber betreffen dimensionslose, also auch im Mesokosmischen auftretende Qualitäten. Deshalb sind die vorhergehenden Beispiele lehrreich. Sie zeigen, wie angeborene Anschauungen, wenn auch nicht zu ändern, doch zu übersteigen sind. Nämlich dort, wo wir in unserem so beträchtlich erweiterten Milieu, mit Hilfe der altertümlichen Lösungen, im Sinne POPPERs (1973), fortgesetzt an unseren Prognosen scheitern.

Wahrscheinlichkeit und Wahrheit (oder das anscheinend Wahre)

Der genetische Lernerfolg beruht auf einer Vorwegnahme von Lebens-Entscheidungen gegenüber den Bedingungen innerhalb und außerhalb der selbstreproduzierenden Systeme;

wir nennen das eine Organisation, das andere Adaptierung. Dieser Mechanismus leistet eine Festschreibung von sich wiederholenden Koinzidenzen. Koinzidiert eine Änderung im System (einer Mutante) mit einer relevanten Bedingung zum besseren Reproduktionserfolg und in der Folge regelmäßig bei allen reproduzierten Folgesystemen, so wird sie (in der Species) erhalten. Der Erfolg beruht darauf, daß in diesem Mesokosmos die meisten regelmäßig auftretenden Koinzidenzen tatsächlich nicht von zufälliger Art sind; also Notwendigkeiten oder Gesetzlichkeit (RIEDL, 1981).

Dasselbe Prinzip setzt sich im assoziativen Lernen fort. Wo immer genetisch vorbereitete Leitungsbahnen in Verbindung treten können, werden sich wiederholende Koinzidenzen (wir sprechen von unbedingten und bedingten Reizen) verknüpft. Das heißt bekanntlich Assoziation. Diese wird durch stete Wiederholung gefestigt und durch deren Ausbleiben (durch Frustration gefördert) aufgelöst (FOPPA, 1975).

Dieses altertümliche, reflektorische Lernprinzip aus dem Tierreich (Alter: 2-400 Jahrmillionen), terimorph nennen es die Psychologen, reicht aber wieder steuernd in die reflektierten Urteile des Menschen. Auch wir verhalten uns, wie unsere Experimente zeigen, so, als ob mit der Bestätigung einer Prognose die Bestätigung der Folgeprognose wahrscheinlicher werden würde. Viele sind sogar bereit, die Anzahl der Bestätigungen anzugeben, welche zur Erreichung absoluter Gewißheit erforderlich wären. Und das gilt nicht nur für den Alltag, sondern auch für die Vorgangsweise in den damit höchst erfolgreichen empirischen Wissenschaften.

Die Konsequenz ist kulturabhängig verschieden. In der Folge des Indogermanischen und der griechischen Grammatik entsteht die Suggestion der Syllogismen; beispielsweise die Vermutung, man könne nach der Kenntnis von vielem über »alles« (von irgendetwas; »alle Menschen sind sterblich«) etwas aussagen und aus solcherart Behauptungen zwingende Schlüsse folgern (»also ist SOKRATES sterblich«); was in unserer Redeweise die Wahrheit genannt wird. Ich darf daran erinnern, daß Kinder und Naturvölker (auch herausgefordert) Syllogismen zu vermeiden trachten, diese aber auch der Kultur Chinas fremd sind (PIAGET, 1975; WHORF, 1976; GIPPER, 1972).

Folgen sind die Unmöglichkeit des wahrheitserweiternden Schlusses, die erfolglose Suche nach irgendeinem Ort absoluter Gewißheit und die Wanderschaft der Begründungsversuche der Logik, hin und her zwischen den Gefängnissen der Psychologie und der Metaphysik (gemeinsam mit ihrem Anspruch, Vorbedingung für jedes richtige Denken zu sein).

Folgen sind auch in der Konkretisierung (und Hypostasierung; C. F. V. WEIZSÄKKER, 1977, 1982) des Transzendenten gegeben. Die Suggestion der zunächst abstrakten Vorstellung vom Unendlichen (sei es Zeit oder Raum) bietet kein Ende in dem Prozeß, an jede noch so große Zahl noch eine weitere hinzufügen zu können. Und bekanntlich ist es der Begriff des Unendlichen, der gleichzeitig die Art unserer Mathematik hat aufblühen lassen, als er auch die Ursache dafür ist, daß die Begründung der Mathematik nicht widerspruchsfrei zu werden vermag. Wieweit Logik und Mathematik mit dieser Welt korrespondieren, bleibt damit offen (RIEDL, 1986).

Quantität und Qualität (oder das Ver-Gleichen)

Die Phylogenie der Wahrnehmung geht von der Reizbarkeit des Protoplasmas aus. Strömungs-, Schwere- und Temperatursinn, Nase, Gehör und Auge schneiden aus den Umweltbedingungen Ausschnitte heraus, die, in die Ebene des Bewußtwerdens vordringend, als unterschiedliche Qualitäten erlebt werden. So werden bekanntlich Schwingungen aufgetrennt als Vibration oder Geräusch, als Wärme, Licht und Farbe empfunden. Das Wahrnehmbare wird in Qualitäten zerschnitten und die Ausschnitte werden mit Bedeutungen verbunden; zunächst mit den elementarsten (oder abstraktesten), mit gut und schlecht (»hinzu!« oder »fort von da!«).

Der Gesichtssinn schreitet von der Helligkeits-, Richtungs- und Bewegungs-Perzeption bis in die Bildanalyse (-synthese) fort. Beim Menschen werden Farbverfälschungen ausgeglichen, Kontraste verstärkt (Konstanzphänomen und laterale Inhibition), Konturen verknüpft, vom Hintergrund abgehoben und hierarchisch zu Gestalten zusammengesetzt. Dabei werden in der Phylogenie Reizfilter entwickelt, die die Treffsicherheit der Reaktion erhöhen, indem sie nur ganz spezifische Reizsituationen mit bestimmten Reaktionen verbinden.

Beim Frosch z. B. werden große Netzhautprojektionen in rascher Vertikalbewegung in Fluchtreaktion weitergeschaltet, kleine, langsame Horizontalbewegungen zur Reaktion des Beutefangs. In einem Sinne ist also alles, was die Reaktion erreicht, bereits Interpretation. Und wahrscheinlich wird auch das Bewußtsein nur von Wahrnehmungen erreicht, die bereits eine Deutung enthalten.

Der Erfolg des Programmes beruht darauf, daß diese Welt tatsächlich Diskontinuitäten, Grenzen und Konturen enthält und die meisten derselben sich als Objektgrenzen von Gestalten erweisen, die alle irgendeine Bedeutung für den Wahrnehmenden besitzen. Er führt zu einer hervorragenden, ratiomorphen Leistung der Gestaltwahrnehmung, der Ordnung und Gewichtung von Ähnlichkeiten (STENT, 1981; MARR, 1982). So hervorragend, daß beispielsweise die Systematiker und vergleichenden Anatomen zwei Millionen Arten in ein dermaßen zutreffendes System von einer halben Million Systemgruppen ordnen konnten, ohne den Vorgang bereits rational verstanden zu haben (RIEDL, 1975, 1980, 1980a).

Eine Folge ist es aber, daß die Gestaltwahrnehmung z. B. die topologischen Zusammenhänge so überdeckt, daß wir topologische Ähnlichkeiten und damit vernetzte Zusammenhänge nur durch Analyse rekonstruieren können (KLIX, 1976; RIEDL, 1986). Auch funktioniert die Abstraktion von Gestaltsunterschieden und die Hinzufügung des nicht Wahrgenommenen, aber Erwarteten so automatisch, daß die Dinge der Welt in ein (zwar auch hierarchisches, aber) kompartmentiertes Schachtelsystem zu zerfallen scheinen. Dies wird zur Grundlage unserer Kategorien-, Klassen- und Allgemein-Begriffe.

Mit der Sprache werden sie durch Lautsymbole weiter so festgeschrieben, daß unserem Sprachdenken der Zugang zu Metamorphosen, Phasenübergängen und der Sinn für das Auftreten neuer Qualitäten fehlt. Es fällt uns sicher schwer, anzuerkennen, daß z. B. die Bedingungen des Bewußtseins im niederen Tierreich oder die Qualitäten des Lebendigen im Anorganischen auch in Spuren nicht vorbereitet sind. Es fehlt uns der Sinn sogar dafür, daß schon quantitative Änderungen das Auftreten neuer Qualitäten zur Folge haben müssen. Daß Verdoppelungen in der Dollar- und Milliarden-Dollar-Größe nicht gleiche Arten von Verdoppelungen sind; das nicht zu empfinden, plagt bereits unser Wirtschaftsleben.

Die klassische Frage: »Wieviele Körner machen einen Haufen?« scheint uns unsinnig (oder macht uns ratlos), nicht, weil wir nicht sähen, daß Körner rollen, aber ein Haufen fließt, sondern weil wir keine Begrifflichkeit für Phasenübergänge besitzen. Und wieder ist es unsere Kultur, die uns aus diesem Handicap dazu verleitet, der Natur mit immer schärferen Definitionen entsprechen zu wollen, wo deren komplexe Gegenstände (und Ereignisse) sämtlich typologisch organisiert sind; mit merkmalsreicher Mitte und merkmalsverdünnten Rändern. Das Chinesische hat dagegen auch dem Rechnung getragen (s. z. B. GIPPER, 1972).

Die Folge ist ferner eine Gliederung unseres Wissens, das die Phasenübergänge meidet, in Komplexitätsschichten getrennt: In Biochemie, Cytologie, Histologie, Anatomie, in Biologie, Chemie, Physik und in Natur- und Geisteswissenschaften überhaupt. Das wieder hat das Wissenschaftsideal der Physik gefördert, eine an ihr engagierte Erkenntnislehre und den Reduktionismus; mit der Meinung, Systeme könnten rückstandslos aus einer Rückführung auf ihre Teile verstanden werden.

Und erst heute bemühen sich einige, und gegen beträchtlichen Widerstand, angesichts der Erfolglosigkeit dieser Versuche, mit Hilfe systemtheoretischer Ansätze diese Einseitigkeit zu vermeiden.

Kausalität (oder die Ur-Sachen)

Ursachenbezügen zu folgen ist eine Bedingung aller Lebenserhaltung, Leben selbst ist Ursachenzusammenhang, und naturgemäß sind alle Lebensprozesse von den Abläufen der Reproduktion, des Stoffwechsels und der Sinne bis in die kompliziertesten, angeborenen Verhaltensmuster darauf bezogen. Und nicht minder ist der assoziative Kenntnisgewinn, wie man sich erinnert, auf der Interpretation von Koinzidenzen (eigentlich Sukzidenzen) als eines Wenn-Dann-Zusammenhanges aufgebaut.

Der Erfolg dieser Programme, nämlich auch in der Außenwelt mit Wenn-Dann-Zusammenhängen zu rechnen, beruht wieder darauf, daß die meisten sich wiederholenden Sukzessionen tatsächlich auf etwas beruhen, das wir einen Ursachen-Zusammenhang nennen; wiewohl, was bekanntlich schon DAVID HUME wußte, das »Weil« erst von uns in die Welt hineingetragen wird.

Wo immer nun Bewußtsein entsteht, also ein Experimentieren mit abgerufenen Gedächtnis-Inhalten (wie wir sagen: im zentral repräsentierten Raum), findet dieses Erfolgsprinzip eine zweite Fortsetzung. Das schon deshalb, weil der Übergang vom erbkoordinierten Bewegungsablauf zur reflektierten Steuerung phylogenetisch, aber auch ontogenetisch ein langsamer und gleitender ist (PIAGET, 1975, 1983).

Was hinzukommt, das ist allerdings nicht nur ein Gewinn durch den Einsatz von Gedächtnis-Inhalten (eine Reduktion der Risiken und eine Erhöhung der Trefferchance). Hinzu kommt auch eine Beschränkung der bewußtwerdenden Wahrnehmung auf sichtbare Abläufe. Von den nicht minder ursächlichen Verknüpfungen, die zu einer Handlung führen oder deren Folge sind, wird in der Regel erstaunlich wenig bewußt. Wenn keine Störung im nichtbewußten Getriebe auftritt, die das Bewußtsein alarmiert, nämlich gar nichts. Und dies führt zu der so einschneidenden und natürlich ganz falschen Ansicht, daß Ursachen-Ketten an irgendwelchen Stellen ihren Anfang nähmen und ihr Ende fänden; z. B. an den eigenen Absichten und Zielen von Handlungen.

»Ich bin die Ursache«, pflegt man zu sagen, oder »er hat verursacht«. Und erst im Falle von Ungereimtheiten oder Konflikten werden die Vor- und Folgebedingungen, im Sinne von Problemsituationen, ernsthaft reflektiert.

In solcher Weise scheinen Kausalketten ganz allgemein Anfänge zu haben und ein Ende zu finden. Aber die Betrachtung zeigt, daß an diesen Stellen nicht die Ursachenketten enden, sondern eben das Interesse des Betrachters. Die Koinzidenz mit den Intentionen eigener oder fremder Handlungen ist nicht zu übersehen.

Man denke an irgendein Spiel, z. B. Golf. Die Serie der Schläge erscheint uns als die Ursache, die Sprünge des Balles bis ins Zielloch als die Wirkung, als Anfang und Ende des Kausalzusammenhanges. Die Umstände, die uns zu Golfen bewogen, scheinen nicht dazuzugehören. Und auch nicht die Folgen des Falles des Balls ins Loch; daß z. B. der Golfplatz zum Wald werden würde, wenn (aus welchen Gründen auch immer) über lange Zeit kein Ball mehr ins Loch fiele. Wonach selbst die Intention zu Golfen entweder nicht mehr zum Golfen führte oder gar nicht entstanden wäre - und so weiter.

Eine solche, auf einzelne Handlungen reduzierte Instruktion unseres Bewußtseins, gestützt durch die Grenzen von Wahrnehmung und Kenntnissen, wird auch der Grund dafür sein, daß uns Ursachen in Kettenform (eben zwischen Anfang und Ende) erscheinen. Und daß es wieder einer absichtsvoll entschlüsselnden Reflexion bedarf, um sich den Netzzusammenhang (in welchem Ursachen in Wahrheit existieren) wenigstens abstrakt oder theoretisch zu vergegenwärtigen.

Natürlich spricht man in den sogenannten exakten Naturwissenschaften nicht mehr von Ursache und Wirkung, sondern von Wechselwirkungen. Aber, wie man weiß, selbst die Wechselwirkung zwischen nur drei Körpern läßt sich nicht mehr vorausrechnen; und wir finden uns zurückverwiesen auf die zweiteiligen Modelle, wie sie ohnedies durch unsere angeborene Form der Anschauung suggeriert werden.

Die Folge ersten Grades ist, daß wir uns der Komplexität zu entziehen trachten. Darstellungen (man erinnert sich des Topologie-Problems) sollen klar und einfach und auf das Wesentliche beschränkt sein, mehrseitige Ursachenbezüge scheinen suspekt und sollen reduziert werden, Wechselbezüge (z. B. der Hermeneutik) werden als Zirkelschlüsse verdächtigt. Und selbst die Zurechnungslehre der Juristen empfiehlt, in die Aufklärung eines Rechtsfalles nur möglichst kurze Ursachenketten zuzurechnen (RIEDL, 1978/79, 1981, 1981a, 1986).

Die Folge zweiten Grades ist, daß wir fast unfähig sind, mit komplexen Systemen systemgerecht umzugehen. JAY FORRESTER sagt dazu, daß der menschliche Verstand nicht dazu geschaffen ist, menschliche Sozialsysteme zu verstehen; JOHN K. GALBRAITH, daß die Sozialplanung der Experten in ein Gebiet zwischen Traumdeutung und Beschwörung gehört. Und dasselbe meint FRIEDRICH VON HAYEK mit der Behauptung, daß uns diese Zivilisation nur passiert ist. DIETER DÖRNERs bekannte Experimente (1975) lassen diese Unfähigkeit bereits metrisch verfolgen. Und wem unsere eigene Zivilisationsplanung zu dicht vor Augen ist, um deren grandiose Irrungen zu bemerken, der möge nur in Richtung auf die Entwicklungshilfe blicken, um die Katastrophen, die wir fortgesetzt anrichten, verdeutlicht zu finden.

Finalität (oder das Wo-Zu)

Hier ist ein Rückblick auf die Begriffsbestimmung voranzustellen. Denn zu sehr differieren die Auffassungen. Sucht man ein übergreifendes Prinzip, in dem auch das Platz hat, was wir als Zweck und Ziel, als Absicht und Intention erleben, so ist es das Programm (*projet* sagte JACQUES MONOD). PITTENDRIGH hat schon 1958 vorgeschlagen, solch einer Bestimmung die Bezeichnung Teleonomie zu geben, um das Gesetzhafte (Naturgesetzliche) vorzustellen, welches unsere Erwartung mit dem Begriff eines Programmes verbindet. KARL POPPER hat uns unlängst in einem Vortrag ermutigt, auf eine Abtrennung der Teleonomie vom Teleologie-Begriff zu verzichten. Das wäre natürlich angenehm.

Programme sind nun, ebenso wie wir es eben für die Ursachenbezüge feststellten, eine Bedingung aller Lebenserhaltung. Leben selbst bedeutet Erhaltung erfolgreicher Programme; und Erfolg heißt zunächst Lebens- und Überlebenserfolg. Auf genetische Weise entstehen solche Programme durch zunächst zufällige Änderung oder Erweiterung der Instruktions-Codices in der Aufbau- und Betriebsanleitung der Phän- und Verhaltensmuster und der fortgesetzten Auswahl der erfolgreicheren.

Das Prinzip ist im Grunde schon ein anorganisches und beruht auf katalytischen Prozessen, welchen wir den Titel eines Programmes geben, sobald die Prozeßkette nicht nur komplex, sondern auch zu einer lebenserhaltenden Funktion geworden ist. Die BELOUSOV-ZHABOTINSKY-Reaktion z. B., obwohl komplex, scheint uns nicht teleonom, weil sie keinem Lebenszweck dient. Teleonom hingegen sind alle lebenserhaltenden Erbprogramme, von der Transskription der DNA-Tripletts in die Peptidketten bis zur Regulation des Neugierverhaltens nach der Kosten-Nutzen-Relation; daß z. B. eine Dohle ein unbekanntes Objekt (einen Diwanpolster) zuerst als Feind attackiert, dann als Futter prüft, um zuletzt die Teile als Nistmaterial einzutragen.

Ebenso setzen die assoziativen Programme an den genetischen fort. Der unbedingte (genetisch fixierte) Lidschluß-Reflex beispielsweise schließt bei einem plötzlichen Luftstrahl auf die *Cornea* automatisch das Augenlid; der möglichen Störung durch ein Staubkorn wird zweckvoll vorgebeugt. Der bedingte Lidschluß-Reflex entsteht assoziativ; z. B. dann, wenn in mehreren Versuchen vor dem Luftstrahl regelmäßig eine Glocke ertönt. Dann wird das Lid bald schon bei Wahrnehmung des Tones geschlossen; er wird so automatisch wie zweckvoll als Vorwarnung der kommenden, möglichen Störung assoziiert.

Und der Erfolg der genetischen wie der assoziativen Programmbildung beruht darauf, daß stete Sukzessionen von Ereignissen in dieser Welt nun auch in Richtung auf das Folgeereignis (wir sagen: die Zukunft) wiederum meist nicht von zufälliger Art sind.

Man sieht nun schon voraus, daß im langsamen Übergang vom reflektorischen (unbewußten) zum reflektierten (bewußten) Assoziieren, sowohl durch die Anlage im System, als auch durch die Anleitung durch jene Naturgesetzlichkeit im Milieu, das Prinzip weiter verankert wird.

Was durch das Hellerwerden des Bewußtseins aber hinzukommt, ist wieder nicht nur ein Gewinn durch den Einsatz von Erfahrung. Hinzu kommt nochmals die Beschränkung der Wahrnehmung auf einen Ausschnitt der Abläufe, der uns zwischen der Absicht und dem Ziel einer Handlung begrenzt erscheint; sowie die Feststellung, daß Ziele stets in der Zukunft liegen. Ja, die Ziele scheinen sogar aus jener Zukunft auf die Intentionen in der Gegenwart zu wirken.

Übersehen wird dabei gewöhlich die Historizität aller erfolgreichen Programme. Sie entstehen sämtlich über kleine Entwicklungsschritte mit folglich noch passabler Treffer- oder Erfolgswahrscheinlichkeit. Und sie alle festigen sich durch wiederholte, erfolgreiche Durchläufe. Das ist für die genetisch programmierten noch deutlich. Auch noch für die unbewußt-assoziativen. Dies gilt aber nicht minder für die bewußt-intendierten; und zwar unabhängig davon, ob die Geschichte des Programm-Aufbaues auf die eigene Erfahrung rekurriert (wie bei der Absicht, einen Teich zu überschwimmen, ein Schloß zu reparieren) oder aber auf Nachrichten über die Erfahrung anderer (an den Südpol zu reisen oder einen Dom zu bauen).

Selbst die epochemachenden Erfindungen und Entdeckungen setzen der Erfahrung einer Kultur nur einen vergleichsweise geringfügigen neuen Programmschritt intendierend hinzu. All dies ist aber unserer Aufmerksamkeit nicht vordergründig; und es bedarf wieder der Alarmierung durch Widersprüche oder Zuwiderläufe, um die Reflexion wenigstens einiger, weiterer Zusammenhänge herauszufordern.

So mag dies der Grund für eine erste Folge sein, daß wir uns nämlich Kausalität und Finalität, Ursachen und Zwecke, als Alternativen deuten. Zwecke scheinen aus der Zukunft zu wirken, Ursachen aus der Vergangenheit. Zwecke scheint es nur im Rahmen bewußter Intention zu geben, Ursachen außerhalb derselben. Wo in Wahrheit die Final-Ursache nur eine von vier Ursachenformen darstellt, was bekanntlich schon ARISTOTELES lehrte (KULLMANN, 1979). Dennoch hat man die Disponibilitätsbedingungen, die Material-Ursache, ausgeklammert (weil wir keine Anschauungsform für Phasenwandel besitzen), und ebenso die Erhaltungsbedingungen, die Formursache, ausgegliedert (obwohl sie uns als Selektion bekannt sein sollte). Vielmehr versucht die sogenannte exakte Wissenschaft, die Welt aus der Kraft-Ursache, den Kräften, der *causa efficiens*, allein zu verstehen.

Die weitere Folge dieser reduzierten und alternativen Anschauungsweisen der Kausalitätsformen ist es, daß man eine Grundbedingung aller Entwicklung komplexer Naturdinge nicht wahrgenommen hat. Den Umstand nämlich, daß alle Differenzierungen als Einschübe entstehen, und zwar jeweils zwischen vorgegebenen Materialien (und Kräften) und einem ebenso vorgegebenen, die Erhaltungsbedingungen bestimmenden Ganzen (einem form- und zweckgebenden Ausleseprinzip). Und daß das, was wir als zweckvoll ansehen, jenen erhaltenen (erfolgreichen) Programmen entspricht, in welchen das Zusammenwirken von Untersystemen zur Erhaltung ihres Obersystemes beiträgt. Wir wären ohne das Herrschen dieses Prinzips nicht da und könnten daher auch nicht über Evolution reden.

Und eine Endfolge dieser Grenzen unserer Anschauungsformen ist die Spaltung unserer Kultur in die konfliktierenden Paradigmen des Szientismus der reduktionistischen Naturwissenschaften und einer hermeneutisch operierenden Geisteswissenschaft, der die hermeneutische Wechselursache als vermeintlich zirkulär wieder ganz zerredet wurde (RIEDL, 1985).

Ungeachtet des Umstandes, daß jedermann, der eine Handschrift entziffert, aus den Fällen von Worten die Bedeutung eines Zeichens (Buchstabens) aufdeckt und aus den Fällen von Buchstaben die eines Wortes; aus den Fällen von Sätzen die Wortbedeutung (ob mit »Strauß« ein Vogel oder Blumengebinde gemeint ist) wie aus den Fällen der Worte die Satzbedeutung; aus den Fällen des Kontextes die Satzbedeutung (ob dieser z. B. ironisch gemeint ist) wie aus den Fällen der Sätze die Bedeutung des Kontextes.

Wiewohl die Anlage also vorhanden ist, führt die reflektierende (spekulative) Extrapolation unserer limitierten Anschauungsformen in die Konflikte nicht nur der Paradigmen, sondern, viel schmerzlicher, in Konflikte mit unserer Lebenswelt und der Natur. Die Eskalation all unserer selbstgemachten Bedrohlichkeiten ist die Folge ebenso wie die der Kurz- und Langzeit-Ökonomie, das Umweltdilemma.

Einsicht und Aussicht

Was ich vortrug, stützt sich auf das, was man heute von Entwicklungsbedingungen wissen kann. Ich argumentierte mit Plausibilitäten, weil ich die ganze empirische Dokumentation nicht bringen konnte. Ich bemühte mich jedoch, nichts auszusprechen, von dem die Gewinnung des empirischen Dokuments nicht wenigstens möglich sein wird. In diesem Sinne trachte ich mein Gebiet, die empirische Wissenschaft, nicht zu verlassen.

Natürlich ist alles Theorie. Aber freilich in dem Sinne, in dem auch die Erklärung der Gravitation und selbst unsere Wahrnehmung Theorie ist. Aber sie ist mehr als ein heuristisches Konzept, sie ist mindestens selbst ein Programm, weil für jede Behauptung (oder Erwartung) angegeben werden kann, wie sie geprüft (also gestützt oder falsifiziert) werden kann.

Dennoch darf man nicht erwarten, daß man einem solchen Wechsel des Paradigmas sogleich folgt (KUHN, 1976). Zu sehr haben die gängigen (vereinbarten) Paradigmen, und trotz ihrer Unvergleichlichkeiten in unseren natur- und geisteswissenschaftlichen Teilkulturen, eine unverzichtbare Sprach- oder Verständigungsfunktion. Und so sehr hat das Erkenntnisdilemma, als Folge unseres Vertrauens auf die spekulativen Kräfte unseres Verstandes, zu einer Unsicherheit geführt, die Schutz suchen läßt in einem der widerstreitenden Häfen unserer Kultur.

Man kann das besonders schön an der Rezeption ablesen, die dieser Paradigmenwechsel bislang erlebt hat. Zum einen hat sich die neue Lehre in nur wenigen Jahren bereits in so gut wie alle Wissenschaften verbreitet. Zum anderen ist die kritische Rezension nur in wenigen Fällen sachlich. Tatsächlich überwiegen emotionelle und selbst affektbetonte Stellungnahmen; und positionsgemäß von zweierlei Seiten.

Philosophische, vor allem transzendentalphilosophische Schulen, erklären schon die adaptionistische Lösung, welche die Evolutionäre Lehre vom Kenntnisgewinn anbietet, als ein Unding in sich selbst. Die traditive Erweiterung oder Konsequenz der Lösung aber erzürnt reduktionistische Naturwissenschaftler. Und in beiden Fällen meidet man eben das klärende Gespräch, so daß die Gegnerschaften nachgerade verschwörerische Züge annehmen. Man erkennt, wie tief das Problem berührt.

Freilich wäre es ein Unding, mit Hilfe seiner Vernunft seine Vernunft übersteigen zu wollen. Mit Hilfe der möglichen Erfahrung aber die Grenzen seiner angeborenen Anschauungsformen zu übersteigen, so behaupte ich, das ist möglich. Als Anleitung genügt bereits POPPERs Falsifikations-Prinzip. Wo immer wir regelmäßig mit unseren Prognosen aufgrund der sogenannten Selbstverständlichkeiten an der Erfahrung scheitern, ist Verdacht am Platze.

Aber wir haben uns ans Scheitern gewöhnt. Wir scheitern an der Erwartung widerspruchsfreier Axiomensysteme, an der Begründung der Logik und der Erkenntnis; und aneinander scheitern Empiristen und Rationalisten, Materialisten und Idealisten, Natur- und Geisteswissenschaftler, Markt- und Planwirtschaftler, Ökonomen und Ökologen.

Unsere altertümlichen Formen der Anschauung zu übersteigen bedeutet für die Evolution wohl nur einen weiteren Adaptierungsschritt, für unsere Species aber unter Umständen eine Frage des Überlebens. Dieser Schritt ist nicht nur möglich, er wird notwendig werden.

Literatur

BRUNSWIK, E. (1952): The conceptuel framework of psychology. Chicago: Chicago University Press.

DÖRNER, D. (1975): Wie Menschen die Welt verbessern wollten und sie dabei zerstörten. Bild der Wissenschaft, 1975 (**2**): 48-53.

FOPPA, K. (1975): Lernen, Gedächtnis, Verhalten. 9. Aufl. Köln-Berlin: Kiepenheuer und Witsch.

GIPPER, H. (1972): Gibt es ein sprachliches Relativitätsprinzip. Untersuchungen zur Sapir-Whorf-Hypothese. Stuttgart: G. Fischer.

KLIX, F. (1976): Information und Verhalten. Kybernetische Aspekte der organischen Informationsverarbeitung. Einführung in naturwissenschaftliche Grundlagen der Allgemeinen Psychologie. 3. Aufl. Bern-Stuttgart-Wien: Huber.

KREUZER, F. (Hrsg.) (1981a): Ich bin - also denke ich. Die Evolutionäre Erkenntnistheorie. Franz Kreuzer im Gespräch mit Rupert Riedl und Engelbert Broda. Wien: Deuticke.

KUHN, TH. (1976): Die Struktur wissenschaftlicher Revolutionen. 2. Aufl. Frankfurt/Main: Suhrkamp.

KULLMANN, W. (1979): Die Teleologie in der aristotelischen Biologie. Sitz.ber. Heidelb. Akad. d. Wiss. 1979 (**2**): 6-72.

LORENZ, K. (1943): Die angeborenen Formen möglicher Erfahrung. Zeitschr. f. Tierpsychol. **5**: 235-409.

LORENZ, K. (1965): Über tierisches und menschliches Verhalten. Aus dem Werdegang der Verhaltenslehre. Gesammelte Abhandlungen. B. I u. II. München-Zürich: Piper.

LORENZ, K. (1973): Die Rückseite des Spiegels. Versuch einer Naturgeschichte menschlichen Erkennens. München-Zürich: Piper.

LORENZ, K. (1978): Vergleichende Verhaltensforschung; Grundlagen der Ethologie. Wien-New York: Springer.

LORENZ, K., & F. M. WUKETITS (Hrsg.) (1983): Die Evolution des Denkens. Mün-

chen-Zürich: Piper.
MARR, D. (1982): Vision; A computational investigation into the human representation and processing of visual information. San Francisco: Freeman.
MOHR, H. (1981): Biologische Erkenntnis, ihre Entstehung und Bedeutung. Stuttgart: B. G. Teubner.
PIAGET, J. (1975): Der Aufbau der Wirklichkeit beim Kinde. Gesammelte Werke, Band 2. Stuttgart: Klett.
PIAGET, J. (1983): Biologie und Erkenntnis. Über die Beziehungen zwischen organischen Regulationen und kognitiven Prozessen. 3. Aufl. Frankfurt/Main: S. Fischer.
PITTENDRIGH, C. (1958): Adaptation, natural selection and behaviour. In: ROE, A., & G. SIMPSON (Eds.): Behaviour and Evolution. Yale: Yale Univ. Press.
POPPER, K. (1973): Logik der Forschung. Tübingen: Mohr (Siebeck).
POPPER, K. (1984): Objektive Erkenntnis. Ein evolutionärer Entwurf. 2. Aufl. Hamburg: Hoffmann und Campe.
REMANE, A. (1971): Grundlagen des natürlichen Systems der vergleichenden Anatomie und der Phylogenetik. 2. Aufl. Königstein/Taunus: Koeltz.
RIEDL, R. (1975): Die Ordnung des Lebendigen. Systembedingungen der Evolution. Hamburg-Berlin: Paul Parey.
RIEDL, R. (1977): A systems analytical approach to macro-evolutionary phenomena. Quart. Rev. of Biology **52**: 351-370.
RIEDL, R. (1978-79): Über die Biologie des Ursachendenkens; ein evolutionistischer, systemtheoretischer Versuch. In: Mannheimer Forum. Boehringer/Mannheim: 9-70.
RIEDL, R. (1980): Die Entwicklung des Begriffs vom taxonomischen Merkmal und das Problem der Morphologie. Zool. Jahrb. Systematik **103**: 155-168.
RIEDL, R. (1980a): Homologien; ihre Gründe und Erkenntnisgründe. Verh. Deutsch. Zool. Ges. Stuttgart-New York: G. Fischer.
RIEDL, R. (1981): Biologie der Erkenntnis. Die stammesgeschichtlichen Grundlagen der Vernunft. 3. Aufl. Berlin-Hamburg: Paul Parey.
RIEDL, R. (1981a): Die Folgen des Ursachendenkens. In: WATZLAWICK, P. (Hrsg.): Die erfundene Wirklichkeit. Wie wissen wir, was wir zu wissen glauben? Beiträge zum Konstruktivismus. München-Zürich: Piper.
RIEDL, R. (1985): Die Spaltung des Weltbildes. Biologische Grundlagen des Erklärens und Verstehens. Berlin-Hamburg: Paul Parey.
RIEDL, R. (1987): Begriff und Welt. Biologische Grundlagen des Erkennens und Begreifens. Berlin-Hamburg: Paul Parey.
SMITH, M., R. BURIAN, S. KAUFFMAN, P. ALBRECH, J. CAMPBELL, B. GOODWIN, R. LANDE, D. RAUP & L. WOLPERT (1985): Developmental constraints and evolution. The Quarterly Rev. of Biol. **60** (3): 265-287.
STENT, G. (1981): Cerebral hermeneutics. J. Social Biol. Struct. **4**: 107-124.
WEIZSÄCKER, C. F. V. (1977): Der Garten des Menschlichen. Beiträge zur geschichtlichen Anthropologie. 3. Aufl. München-Wien: Carl Hanser.
WEIZSÄCKER, C. F. V. (1982): Die Einheit der Natur. 3. Aufl. München: Deutscher Taschenbuchverlag.
WHORF, B. (1976): Sprache, Denken, Wirklichkeit. Beiträge zur Metalinguistik und Sprachphilosophie. Reinbek: Rowohlt.

Kommentar zu »Grenzen der Adaptierung«

PERCY LÖWENHARD

Das Problem der menschlichen Vernunft

Es dürfte ein Triusmus sein, daß alle menschlichen Aktivitäten, sei es wissenschaftlicher, politischer, künstlerischer oder alltäglicher Natur, ihren Ursprung in Prozessen des menschlichen Gehirns haben. Sobald man jedoch versucht, die tiefere Bedeutung dieser Tatsache in allen ihren Einzelheiten zu erfassen, sieht man sich einem der größten Rätsel des menschlichen Daseins gegenüber: Der Spiegelung von Teilen unserer gesamten Außenwelt im bewußten Erlebnis der Innenwelt.

GEORGE WALD, Nobelpreisträger der Physiologie, formulierte das Problem einmal in den Worten: »Life has a status in the physical universe. It is part of the order of nature. It has a high place in that order, since it probably represents the most complex state of organization that matter has achieved in our universe. We on this planet, have an especially proud place as men; for in us as men matter has begun to contemplate itself.« (WALD, 1960-61, in GUNN, 1972).

Was hier in konzentrierter poetischer Form dargestellt wird, ist die Entwicklung bewußter Lebewesen über die Vorstufen der Entwicklung chemischer, biochemischer und biologischer Systeme. Im Sinne der modernen synthetischen Entwicklungstheorie dürften sich die Organismen durch adaptive Modifikation in Wechselwirkung mit ihrer Umgebung entwickelt haben. Dieses bedeutet einen laufenden Informationsaustausch in Rückkopplungsprozessen. Veränderte ökologische Bedingungen bieten dabei den äußeren Zwang zur adaptiven Selbstorganisation lebender Systeme. Es ist dabei zu beachten, daß dieser Prozeß sowohl eine konservierende Komponente, die Erhaltung erfolgreicher Entwicklungsstufen, als auch eine adaptive Komponente enthält. Die Organismen spiegeln deshalb im weitesten Sinne Eigenschaften der physikalischen Umwelt wider, in welcher und aus welcher sie entstanden sind.

Das Gehirn und Nervensystem sind dabei zu spezialisierten Organsystemen der Informationsverarbeitung geworden. Die Natur des Bewußtseins ist hier noch eine offene Frage, da es heute noch nicht möglich ist, die kritischen Systemparameter anzugeben, welche es uns erlauben würden, bewußte von unbewußten Systemen zu unterscheiden. Es ist beispielsweise anzunehmen, daß auch sehr komplexe Computer von heute kaum ein rudimentäres Bewußtsein besitzen, auch wenn Problemlösungsprozesse und Verhaltensweisen lebender Organismen erfolgreich simuliert werden können. Das Phänomen Bewußtsein ist daher heute noch der Gegenstand spekulativer Vermutungen.

Aus biologischer Sicht kann das Gehirn in erster Linie als ein Instrument betrachtet werden, welches dem Überleben und der Sicherheit seines Trägers dient, auch wenn es sich hierbei des Mittels der Informationsverarbeitung bedient. Es mag daher paradox erscheinen, daß die Frage der Adaptationsmängel überhaupt entsteht.

Aus der Sicht der Sinnesphysiologie und Neuropsychologie lassen sich Fragen nach der Zuverlässigkeit und Verzerrungsfreiheit von Informationssystemen heutiger Lebewesen mit Hilfsmitteln der Instrumenttheorie und der Systemanalyse (nicht zu verwechseln mit der Systemtheorie!) beantworten. Die Frage nach der phylogenetischen Entwicklung derartiger Systeme führt dann zu Modellen, die denen der Evolutionären Erkenntnistheorie sehr nahe stehen. Die Begriffskategorien, welche RUPERT RIEDLs Beitrag zugrundeliegen, lassen sich daher - soweit sie hier relevant sind - mit Modellen verbinden, die teilweise aus anderen Fragestellungen entstanden sind.

Ohne Zweifel steht der traurige Zustand unserer Welt nicht im Einklang mit der lateinischen Bezeichnung des heutigen Menschen: *homo sapiens sapiens*. Wenige Menschen verdienen die Bezeichnung weise. Man muß doch das Gehirn des Menschen nach den gegebenen Voraussetzungen verstehen, wie dieses aus den Arbeiten von KONRAD LORENZ, RUPERT RIEDL und anderen hervorgeht (HUBEL, 1979; LORENZ, 1969, 1973; RIEDL, 1980). Es sind dabei zwei Hauptpunkte, die hier kurz erwähnt werden sollen:

1. Das Gehirn ist ein äußerst komplexes und hierarchisch organisiertes System, welches eine sehr große Anzahl von Kontrollfunktionen simultan bewältigen muß. Hierbei sind Situationen unvermeidbar, welche die Abwägung gegensätzlicher Aufgaben erfordern. Die genetisch vorprogrammierten Problemlösungsansätze müssen dabei, wie RIEDL erwähnt, den Lebenserfolg optimieren. Man muß auch daran denken, daß erlernte Programme mit genetisch vorprogrammierten Instruktionen in Konflikt geraten können.
2. Die Phylogenese des Gehirns umfaßt die Überlagerung neuerer Strukturen über phylogenetisch ältere. Jede radikale Veränderung erfolgreicher Entwicklungsstufen würde die Gefahr des Aussterbens einer ungünstig veränderten Spezies mit sich führen. Auch hier scheinen entwicklungsmäßige Kompromisse vorzuliegen, indem neuere Strukturen die Funktionen der älteren langsam modifizieren, ohne sie doch ganz auszuschalten. Der Mensch ist - allegorisch gesprochen - Raubtier und denkender Geist zugleich.

Die Fehlleistungen des Gehirns

Die phylogenetische Entwicklung des Menschen ist doch wahrscheinlich nicht abgeschlossen. Die Entstehung wesentlich neuer, stabiler Artmerkmale erfordert doch, wie RIEDL erwähnt, Hunderttausende bis Millionen von Jahren. Das aber bedeutet auch, daß unser Gehirn dem des Steinzeitmenschen biologisch gesehen gleicht. Dennoch sind unsere Lebensbedingungen wesentlich andere als die der Steinzeit.

Nachdem die phylogenetische Entwicklung des Gehirns eine genügend hohe Stufe der Fähigkeit zur Selbstprogrammierung hervorgebracht hat, scheint - in der Sprache der Computerwissenschaften - die »Hardware«-Entwicklung von einer wesentlich schnelleren »Software«-oder Programmentwicklung begleitet zu werden. Das ZNS kann in bezug auf *kognitive* Fähigkeiten mit einer *universellen Turing-Maschine* verglichen werden, d. h. einem offenen, informationsverarbeitenden System, welches die Funktionen jeder anderen Maschine simulieren kann. Programme können hierbei als *virtuelle Maschinen* betrachtet werden. Durch die Integration direktgesteuerter Werkzeuge (Hände, Füße, Sprechorgane) in das informationsverarbeitende System lassen sich dann kognitive Strukturen (Ideen, Vorstellungen) in physische Strukturen (Artifakte) umwandeln. In der ontologischen Sprache Sir KARL POPPERs haben hierbei die Artifakte der sogenannten Dritten Welt eine entscheidende Rolle gespielt, indem sie auf die Programmentwicklung zurückwirken. Unsere Vorstellungen sind dabei laufend durch Elimination von nicht wirklichkeitskonformen Begriffen im POPPERschen Sinne verbessert worden (POPPER, 1978). In der Formulierung GERARD RADNITZKYs gleicht dieser Prozeß einer biologischen Entwicklung, in welcher einzelne Theorien oder Vorstellungen sterben müssen, während sich die menschliche Kenntnis weiterentwickelt (RADNITZKY, 1983).

Die Eigenart des Prozesses ist in vielen Arbeiten über die kulturelle Entwicklung des Menschen dargestellt worden. Ein imposantes Beispiel ist die Arbeit von JACOB BRONOWSKI (1973). Zur Effektivität der »Software«-Entwicklung gab der pakistanische Physiker und Nobelpreisträger ABDUS SALAM 1975 in Stockholm folgende schöne Darstellung: »Es ist gut, sich daran zu erinnern, daß vor drei Jahrhunderten, um das Jahr 1660, zwei der größten Momente der modernen Geschichte errichtet wurden, eines im Westen und eines im Osten, die St. Pauls Kathedrale in London und Taj Mahal in Agra. Die beiden symbolisieren vielleicht besser, als Worte es beschreiben können, das vergleichbare Niveau der Handwerkskunst und das vergleichbare Niveau von Überfluß und Verfeinerung, das die beiden Kulturen in dieser Epoche der Geschichte erreicht hatten. Aber etwa zur gleichen Zeit wurde - und diesmal nur im Westen - ein drittes Monument geschaffen, ein Monument, das in seiner letztlichen Bedeutung für die Menschheit noch größer war. Es waren NEWTONs 'Principia', veröffentlicht im Jahre 1687. NEWTONs Leistung hatte kein Gegenstück im Indien der Moguls.« (PIETSCHMANN, 1980). SALAM deutete darauf hin, wie kurz diese Ungleichheit erst besteht, die heute den Unterschied zwischen reichen Industrieländern und armen Entwicklungsländern bedingt.

Die Kehrseite der Medaille ist doch schon den Völkern der Antike bekannt gewesen, wenn man an die Allegorie über die Früchte des Baumes der Erkenntnis auf gut oder böse denkt. Die Geschichte der menschlichen Zivilisation trägt Zeugnis von den vielen Irrwegen und tragischen Wahnvorstellungen, welche uns bis auf den heutigen Tag begleiten. Der Beitrag RIEDLs enthält auch hier viele schöne Beispiele von Fehlleistungen des Gehirns, aber auch einige der Ursachen und Hintergründe. Ich möchte hier nur kurz einige weitere Punkte erwähnen:

1. Die begrenzte Fähigkeit des menschlichen Gehirns zur Extrapolation nicht-linearer Prozesse, beispielsweise die Abschätzung eines Kapitals mit Zinseszinsen nach 150 Jahren. Die spontanen Schätzungen sind meist nicht einmal in der Größenordnung korrekt. Das Gehirn kann addieren, benötigt aber bei der Multiplikation normalerweise schon auswendig gelernte Tabellen. Es sei doch daran erinnert, daß einzelne Gehirne verblüffend komplexe und umfassende Rechenoperationen ausführen können; doch ist es nicht völlig klargelegt, ob es sich um erlernte Algorithmen im Sinne der oben erwähnten virtuellen Maschinen handelt und in welchem Ausmaß besondere Gedächtnisleistungen dazu beitragen.
2. Das mangelnde Veständnis von Prozessen in stark vernetzten Systemen. Hierin liegt eine der Ursachen mangelnder Zuverlässigkeit ökonomischer Prognosen und die noch geringere Einsicht in ökologische Langzeiteffekte, welche man in der Politik häufig findet. Die Untersuchungen von DÖRNER und Mitarbeiter haben dieses überzeugend demonstriert (DÖRNER et al., 1983).
3. Das Gehirn ist phylogenetisch der Welt des Mesokosmos angepaßt (vgl. z. B. VOLLMER, 1982). RIEDLs Beispiel über EINSTEIN illustriert hier treffend die Fähigkeit einzelner Gehirne, sich von der Begrenzung des mesokosmischen Denkens zu befreien.

Die zwei Phänomene, welche abschließend erwähnt werden sollen, deuten eine mangelnde Integration kognitiver und emotionaler Prozesse an:

4. Die irrationale Machtgier des Menschen, welche weit über das hinausgeht, was sich aus den biologisch bedingten Bestrebungen zur Sicherung des persönlichen Lebensraumes und der damit zusammenhängenden Entwicklung sozialer Rangordnungen ableiten läßt. Es ist möglich, daß es sich hierbei um Begleiterscheinungen einer abstrakten Verallgemeinerung der oben erwähnten Bestrebungen handelt. Emotionale »Triebkräfte», die normalerweise den Verhaltensmustern innerhalb einer kleineren mesokosmischen Sphäre angepaßt sind, können nun den abstrakt erweiterten Vorstellungen über einen unbegrenzten Lebensraum (ein Ergebnis der Abstraktionsfähigkeit des menschlichen Vorderhirns) zugeordnet werden. Das kann dann zur ständigen Erweiterung der persönlichen Machtsphäre führen, was im primären biologischen Sinne nicht mehr »rational« ist, da die zugeordneten emotionalen »Triebkräfte« nur selten in sublimierter Form auf der abstrakten Ebene integriert werden.
5. Der ausgesprochene Hang zum Selbstbetrug. Der Selbstbetrug mag als ein Mechanismus zur emotionalen Stabilisierung des Weltbildes betrachtet werden. Die Gefahr entsteht dann bei mehr umfassender Verleugnung der Wirklichkeit. Hier sei nur an die Existenz der Filtermechanismen - populär Scheuklappen - erinnert, welche dazu führen, daß auch

begabte Menschen sich von erstaunlich primitiven Schlagworten beeinflussen lassen.

Ein besonderes Phänomen sind hier die quasiwissenschaftlichen Heilslehren (UFOlogie, Scientologie, moderne Varianten der Astrologie, verschiedene Psychotherapieformen, »kosmische« Rhythmen und Energieformen usw.), welche die westliche Welt seit Jahren überschwemmen und auch unkritische Geister an den Universitäten beeinflussen.

Es ist jedoch die Kombination beider Phänomene (4 und 5), welche verheerend wirkt. Man mag hier nur an jene Effekte von Religionen oder Ideologien denken, welche als Rechtfertigung von Machtansprüchen dienen, indem sie die Wahnvorstellung hervorrufen, daß der Träger einer bestimmten Weltanschauung anderen Menschen überlegen sei oder daß diese Weltanschauung gar die moralische Berechtigung mit sich führe, andere Menschen zu verfolgen. Ein Großteil der menschlichen Konflikte (Religionskriege, Kreuzzüge, Hexenverfolgungen, »Bekehrung von Ungläubigen«, »Befreiung« im Namen einer Ideologie usw.) gehören zu diesem Gebiet.

Es wäre eine wesentliche Aufgabe der Zukunft, die komplexen Mechanismen hinter diesen Phänomenen im Einzelnen aufzuklären, um Verfahren zu entwickeln, welche die meist schädlichen Verhaltensweisen des Menschen dämpfen könnten. Durch ihr weites und gleichzeitig konkret biologisch verankertes Weltbild könnte die Evolutionäre Erkenntnistheorie dazu beitragen, ernste Grundforschung auf diesen Gebieten anzuregen. Es wäre eine bedeutungsvolle und lebenswichtige Aufgabe.

Literatur

BRONOWSKI, J. (1973): The Ascent of Men. London: BBC (British Broadcasting Company).

DÖRNER, D., H. W. KREUZIG, F. REITHER & T. STÄUDEL (Hrsg.) (1983): Lohhausen. Vom Umgang mit Unbestimmtheit und Komplexität. Bern-Stuttgart-Wien: Hans Huber.

GUNN, J. E. (1972): The Listeners. New York: Charles Scribner's Sons.

HUBEL, D. H. (1979): The Brain. Scientific American, **241/3**: 45-53.

LORENZ, K. (1969): Innate Bases of Learning. In: PRIBRAM, K.H. (Ed.): On the Biology of Learning. New York: Harcourt, Brace & World, Inc.

LORENZ, K. (1973): Die Rückseite des Spiegels: Versuch einer Naturgeschichte menschlichen Erkennens. München-Zürich: Piper.

PIETSCHMANN, H. (1980): Das Ende des naturwissenschaftlichen Zeitalters. Wien: Paul Zsolnay.

POPPER, K. (1978): Conjectures and Refutations. 7th rev. Ed. London: Routledge & Kegan Paul.

RADNITZKY, G. (1983): The science of man: biological, mental, and cultural evolution. In: CAPPELLETTI, V., B. LUISELLI, G. RADNITZKY & E. URBANI (Hrsg.): Saggi di storia del pensiero scientifico dedicati a Velerio Tonini. Roma: Societa Editoriale Jouvence.

RIEDL, R. (1980): Biologie der Erkenntnis. Berlin-Hamburg: Paul Parey.

VOLLMER, G. (1982): Probleme der Anschaulichkeit. Philosophia Naturalis **19/3-4**: 277-314.

■ *Diskussion*

WAGNER: Ich möchte versuchen, in meiner Frage eine Beziehung zwischen dem Beitrag von ERHARD OESER und dem von RUPERT RIEDL herzustellen. Gestern haben wir von ERHARD OESER gehört, daß man die evolutionäre Erkenntnislehre einerseits als eine Satellitentheorie betrachten muß, und zum zweiten, daß man zwei Stufen der evolutionären Erkenntnislehre unterscheiden muß.

Nun, die erste Frage bezieht sich darauf, was RUPERT RIEDL jetzt in seinem Vortrag gemacht hat. RIEDL hat die evolutionäre Erkenntnislehre nicht als Satellitentheorie der synthetischen Theorie, wie wir sie in den fünfziger und sechziger Jahren kennengelernt haben, betrachtet, sondern als eine Satellitentheorie zur Systemtheorie der Evolution, die ja auch von ihm stammt und eine wesentliche Erweiterung der biologischen Evolutionstheorie darstellt. Meine Frage bezieht sich jetzt darauf, ob diese zweite Stufe der evolutionären Erkenntnislehre, wie sie ERHARD OESER uns vorgeführt hat, gewissermaßen als Satellitentheorie der Systemtheorie der Evolution betrachtet werden kann, oder ob so eine Gleichsetzung nicht möglich ist. Und zum zweiten scheint es mir so zu sein, daß mit dieser evolutionären Erkenntislehre, die als Satellitentheorie der Systemtheorie der Evolution betrachtet wird, sich philosophisch einiges geändert hat, z. B. eine gewisse Nähe zum Konstruktivismus entsteht, und dazu würde ich gerne von ERHARD OESER eine Stellungnahme haben.

OESER: Ich kann mich kurz fassen und zwar in dem Sinne, daß es zwar eine Rückwirkung einer zweiten Stufe der Evolutionären Erkenntnistheorie auf die Evolutionstheorie selbst geben kann. Diese Rückwirkung ist aber nicht so differenziert, daß sie unterscheiden könnte zwischen verschiedenen Konzeptionen, möglichen Konzeptionen der biologischen Evolutionstheorie. Die Entwicklung sozusagen einer zweite Stufe der Evolutionären Erkenntnistheorie, die über die angeborenen Mechanismen hinausgeht, ist meiner Ansicht nach nicht abhängig von einer ganz speziellen Darstellung der biologischen Evolutionstheorie selbst.

RIEDL: Was sich hier abspielt, ist, wie Sie bemerken, eine Familiengeschichte. Alte Freunde, die sonst im kleinen Gasthaus in Altenberg sich solche Fragen stellen und Schwierigkeiten machen, führen diese nun, honesterweise, einem Publikum von sechshundert Personen vor.

Folgendes ist zu sagen. Die Evolutionstheorie der heutigen Lehrbücher enthält Vereinfachungen der Verhältnisse und historische Irrtümer. Einer der Hauptirrtümer besteht darin, DARWIN für einen Darwinisten zu halten. Wenige wissen, daß DARWIN Lamarckist war, und daß aus DARWINs Lehre durch Weglassung seiner Pangenesis-Theorie durch den viel weniger gebildeten ALFRED RUSSEL WALLACE der Darwinismus wurde. Und nach dieser Reduktion DARWINs Lehre auf die Hälfte ereignete sich eine weitere Reduktion durch die Mutationstheorie, indem man meinte, daß die Zufälligkeit der Mutationen auch eine Zufälligkeit erfolgreicher Änderungen zur Folge haben würde. Auch dies hatte man vorher nicht angenommen.

Das ist ein typischer Weg in den Reduktionismus. Je einfacher unsere Theorien werden, desto größere Verbreitung finden sie, umso mehr entfernen sie sich von der Realität. Sie machen uns die Sache bequem, machen größere Auflagen, weil sie sich leicht mitvollziehen lassen, denn sie entsprechen genau unserem reduktionistischen Bemühen, die Kausalketten linear ablaufen zu lassen. Und wenn man bedeutenden Freunden, wie ERNST MAYR, versucht, diesen Gegenstand vor Augen zu führen, wird einem eher affektbetont geantwortet.

Man hat nicht einmal bemerkt, daß aufgrund der heutigen Evolutionstheorie noch gar nicht zu verstehen ist, wieso diese Natur als geordnet zu erkennen ist, daß es nämlich ein »Natürliches System« gibt; wieso wir erkennen können, daß es Vögel und Säuger und Kakteen und Palmen gibt. Denn das Wesentliche dessen, was wir an dieser Natur erkennen, das Konstante, die Baupläne und Homologien also, ist das, was der Anpassung und dem Adaptierungsdruck gerade widersteht. Es sind also ganz andere Bedingungen, als die der Milieuselektion, die dazu führen, daß wir eine Ordnung dieser Natur erkennen können.

Ich bin folglich in meiner Darstellung von einer Systemtheorie der Evolution ausgegangen, nicht von jener vereinfachten Form. Und daß derselbe Systemzusammenhang jetzt in der Evolutionären Erkenntnistheorie wiederkehrt, das betrachten wir als eine wechselseitige Stützung der beiden Theorien.

LÜTTERFELDS: Meine Frage bezieht sich auf eine kurze Bemerkung. Ich habe Sie so verstanden, daß Sie Sätze wie »Ich bin die Ursache eines Ereignisses, ich bin der Urheber einer Handlung, er, eine andere Person, ist der Urheber einer Handlung«, daß Sie sie so zu interpretieren neigen, daß Sie in diesen Sätzen die vorausgehenden Ursachenketten ausblenden, ausgeblendet wissen. Ich stelle mir eine alte Frage. Warum schreiben wir dann Personen Verantwortung zu, sich selber natürlich wie anderen Personen auch, und warum bestrafen wir sie, warum bestrafen wir nicht die Ursachen?

WUCHTERL: Ich habe mich gefreut, daß hier in diesem Zusammenhang erstmals explizit zur Logik Stellung genommen worden ist. Es ist ja normalerweise immer nur die Rede von den Anschauungsformen und den Kategorien, aber sonst ist ja schon seit ARISTOTELES und seit KANT selbstverständlich, daß damit auch die Logik mitgemeint wird, und es wurde bisher ja immer etwas unterschlagen. Bekanntlich hat auch HUME die Mathematik und Logik ausgeklammert, allerdings wohl eher unter der Voraussetzung, daß sie sowieso gilt, während hier jetzt mehr die Voraussetzung gemacht wird, daß sie sowieso eben entsprechend der Evolution auch bloß empirisch ist. Nun ist es eigenartig, daß die Entwicklung der Mathematik einerseits die Anschauungsformprobleme bei KANT in Frage gestellt hat und ihr »Kanterl« reserviert hat im Apriori, umgekehrt aber im Zusammenhang mit dem Psychologismusstreit die Mathematik gerade ein Argument für diese angegriffene Theorie eigentlich darstellt. Und deswegen möchte ich doch die Frage stellen. Ich verstehe eigentlich nicht ganz, was es heißt, daß man innerhalb der Logik Adaptationsmängel in irgendeiner Form denken kann. Ich denke hier z. B. an die Vorstellung von LEIBNIZ, daß die Logik die Lehre von den Wahrheiten in allen denkbaren Welten ist. Sie werden natürlich sofort sagen, ja gerade das ist der Fehler, aber ich verstehe einfach nicht, wieso man sowas nicht auch denken muß; wenn man von Anpassung an Realitäten spricht, wird doch, auch wenn Sie mit Optimierung oder mathematischen Apparaten arbeiten, doch immer irgendwo die Logik ausgenommen aus diesen ganzen empirischen Betrachtungen, und ich kann nicht anders als RUDOLF HALLER recht geben in diesem Punkt, daß eben hier doch übersehen wird, daß die Geltung der Mathematik eben als Apriori so nicht einfach erklärt ist. und das ist also meine konkrete Frage: Kann man überhaupt von Adaptionsmängeln innerhalb der Logik reden, wenn man überhaupt so denkt und immer wieder diese Denkkategorien auch anwendet?

KANITSCHEIDER: Meine Frage richtet sich auf die Erwähnung der Unterscheidung von Teleonomie und Teleologie. Ich empfand es immer als eine sehr günstige neu eingeführte Unterscheidung, die von PITTENDRIGH seinerzeit gemacht worden ist, und die das Teleologieproblem auch sehr stark entschärft hat, daß man unterscheiden konnte zwischen gerichteten Vorgängen und zielgerichteten Vorgängen, und inzwischen dadurch auch eine sehr homogenisierte Sprechweise in Biologie und Physik erreicht hat. Natürlich gibt es gerichtete Vorgänge in der Physik und in der Biologie, wenn man z. B. eine Leere-Raum-Zeit Mannigfaltigkeit hat, ohne irgendein Gravitationsfeld, sind die Richtungen alle gleichberechtigt, den Moment, wo ein gravitierender Körper dort eingeführt hat, erzeugt das gerichtete Vorgänge. Diese Vorgänge sind natürlich, erzeugen, zeigen Richtungen an, aber sind natürlich keineswegs zielgerichtet. Den Moment, wo man jetzt also einen Begriff hat, der diese Richtungsabhängigkeit beschreibt, und dazu sagen kann, daß die Prozesse in der Biologie und in der Physik gerichtet und ungerichtet sein können, hat man eine sehr homogene Sprechweise in diesen beiden Disziplinen erreicht. Sie haben danach

dann wieder ein klein bißchen die meiner Ansicht nach sehr fruchtbare Unterscheidung relativiert und gesagt, man könnte das auch in Ähnlichkeit wieder auf die teleologische Sprechweise »hinüberziehen«. Mich würde jetzt also interessieren, ob Sie Gründe haben, den Teleonomiebegriff, den ich für so fruchtbar, für so sinnvoll halte, und der eine so homogene Redeweise in Physik und Biologie erlaubt, wieder etwas zu relativieren.
HALLER: Nur eine Bemerkung und eine Frage. Ich habe bemerkt, daß RUPERT RIEDL statt von Erkenntnis von »Kenntnis« spricht, und ich möchte fragen, ob er dafür besondere Gründe hat. Mir scheint die Zurücknahme von Erkenntnis zu Kenntnis ein Erkenntnis-Fortschritt. Zweitens, Sie monieren, daß die Komplexität, die die Natur uns gibt, in den Theorien nicht hinreichend abgebildet wird. Ich glaube, das ist natürlich richtig. BOLTZMANN hat das z. B. auch gesehen, daß jeder Vorgang hier im Grunde genommen in Beziehung steht zu allen Vorgängen im Kosmos, aber wir vernachlässigen diese Vorgänge im Kosmos, weil sie zur Erklärung dieses Vorganges nichts Wesentliches beitragen. Und ich glaube in dieser Hinsicht folgen wir immer unserem Übersichtlichkeits- und Ordnungsbedürfnis, wir wollen nicht zu viel von Komplexitäten in die Erklärung hineinnehmen, weil wir verwirrt werden. Das mag stammesgeschichtlich begründet sein, das ist ja naheliegend. Aber für die Theorienbildung müssen wir sehen, daß die Einfachheit ein Prinzip ist, dem wir folgen, und zwar aus ganz verständlichen Gründen, nämlich aus dem verständlichsten Grund, daß wir sonst uns selbst nicht verstehen.
SPAEMANN: Ja, ich begrüße eigentlich die Auflösung dieses Gegensatzes, den man einige Zeit zwischen Teleologie und Telonomie gemacht hat, wobei die Teleonomie mir immer als eine Teleologie erschien, die man bloß aus Schamhaftigkeit in Anführungszeichen setzt, wobei man unter Teleologie sich ganz übertriebene, mystische Vorstellungen dachte, die man abweisen wollte. Es ist ja ein Unterschied zwischen einfachen gerichteten Vorgängen und solchen, die bei wechselnden Ausgangsbedingungen und auch auf ganz verschiedenen Wegen, also gerade nicht in einer Richtung bestimmte Endzustände reproduzieren; das heißt also, alle funktionalen Erklärungen sind ja von der Art, daß sie nicht einfach auf eindeutige Richtungen von Bewegungen zurückführen, sondern, wie Sie am Beispiel der Vögel und der Insekten gezeigt haben, handelt es sich um Aufgabenlösungen, die auf ganz verschiedene Weise erreicht werden können. Ich wollte nur eine ergänzende Bemerkung machen. Ich glaube, daß der Gedanke unendlicher Ursachenketten eigentlich nicht sinnvoll ist, und es ist ja nicht umsonst, daß die Naturwissenschaft im Grunde ja die Redeweise von Ursachen ja auch aufgegeben hat. Der berühmte Aufsatz von BERTRAND RUSSELL mit dem Vorschlag, die Ursachen überhaupt durch Funktionen abzulösen, scheint mir die Konsequenz daraus zu sein, daß man nicht finale Interpretationen wählt. Es fällt nämlich die Kausalität zugleich mit der Finalität weg, ich glaube VON WRIGHT hat sehr gut gezeigt, daß jede Art von Ursachenerklärung immer einen Anfang und ein Ende voraussetzt. Man hat ein bestimmtes Phänomen als einen Endzustand, den man erklären möchte. Zu diesem Endzustand, den man unter Umständen frei von außen gewählt hat, sucht man eine bestimmte Erklärung, und die geht auch nicht ins Unendliche zurück, sondern endet irgendwo. Wenn ich das nicht will, das, was die interventionistische Kausalitätsinterpretation macht, daß ich Ursache nach Analogie von Handlungen denke, dann sollte ich eigentlich gar nicht von Ursachen sprechen. Im Grunde ist es ein Anthropomorphismus, nur bin ich ebenso wie KARL POPPER nicht ein strikter Gegner von Anthropomorphismen, weil man sonst gar nicht reden kann, das heißt, solange man überhaupt von Ursachen redet, redet man von irgendetwas Handlungsanalogem, und wenn man aus bestimmten einsehbaren Gründen die Handlungsanalogie, die ja immer mit Anfängen und Enden arbeitet, fallen lassen möchte, läßt man eben auch zugleich die Rede von Ursachen fallen, vernünftigerweise, wie BERTRAND RUSSELL vorgeschlagen hat. Also das Fazit ist, die kausale Rede ist genau so lange sinnvoll und praktisch, wie man

sich in einem finalen Zusammenhang bewegt, und wenn man diesen fallen läßt, sollte man jenes auch fallen lassen.

MOHR: Ich wollte nur eine Bemerkung machen zu der Art und Weise, wie innerhalb der Biologie Teleonomie verwendet wird, damit wir hier nicht einfach eine Begrifflichkeit unterstellen, die nicht üblich ist. In der Biologie verwenden wir den Begriff Teleonomie, um einen programmgesteuerten, systemerhaltenden Prozeß zu kennzeichnen. Das hat mit Endzuständen gar nichts zu tun. Die meisten Entwicklungsprozesse in der Biologie haben gar keinen definierten Endzustand. Der braucht auch nicht stabilisiert zu sein, es genügt völlig diese Definition: »Programmgesteuert und systemerhaltend.« Einen Prozeß, der so abläuft, bezeichnen wir als teleonom, und in diesem Sinn halte ich diese Unterscheidung auch für dringend notwendig. Ich bin überzeugt, daß diese Unterscheidung von klassischer Teleologie, zwecktätiges Handeln etwa des Menschen und Teleonomie für die Entwicklung meiner Disziplin ganz unentbehrlich ist.

RIEDL: Sie können sich gewiß denken, daß sich das alles nicht sehr leicht beantworten läßt; dennoch will ich einiges versuchen.

WILHELM LÜTTERFELDS darf ich sagen, daß der Umstand, daß wir eine Person für ihre Handlung verantwortlich machen, darauf zurückzuführen ist, daß diese aufgerufen ist, unter den auf sie zulaufenden Ursachenketten zu entscheiden, an welche sie sich anschließen wird. Natürlich läuft eine Vielfalt an Ursachenketten auf eine Persönlichkeit zu, und sie muß selber darüber entscheiden, welche weitere Folge dieser Ursachen sie selbst verantworten kann. Daß die Kausalketten nicht bei der Entscheidung einer Person beginnen, wird jeder sehen, und auch, daß diese nicht bei der Exekution irgendeiner Handlung enden, sondern daß sich diese fortsetzen. Nur laufen sie - was war zu zeigen - aus dem Interesse der Person heraus und werden nicht zureichend reflektiert.

KURT WUCHTERL hat eine der wichtigsten Fragen gestellt, nämlich wie wir uns denn aufschwingen könnten, über Adaptierungsmängel in Hinsicht auf die Logik zu sprechen. Ich glaube, daß das menschliche Dilemma, welches die Reflexion über unseren Erkenntnisvorgang überhaupt überschattet, in dem Zustand zweier Wahrheiten liegt, deren Trennung mit dem Bewußtsein entstanden ist. Ich erlaube mir, diese beiden kurz rationale und empirische Wahrheit zu nennen. Nun zu glauben, daß in einer logischen, rationalen Wahrheit irgendeine Form von Gewißheit liegen könnte, die (verschämt oder nicht) nun als Logistik abgehoben von dieser Welt behaupten kann, sie bräuchte ja nur eine Stimmigkeit des Systems in sich, um dann aber doch wieder vorzuschreiben, daß diese Art von Logik die Voraussetzung wäre, um sich mit der empirischen Welt auseinanderzusetzen, das halte ich für einen Grundkonflikt.

Ich gebe natürlich zu, daß es ohne unsere Logik nicht geht, ich sage nur, diese Logik leistet für die Empirie nicht mehr, als sie tatsächlich leistet. Wir können die Leistung der Logik daran abschätzen, um wieviel weniger wir in dieser Welt zu prognostizieren in der Lage wären, wenn wir auf die Gesetze der traditionellen Logik verzichteten. Dasselbe für die Mathematik. Ich glaube, wenn die Mathematik beansprucht, mit dieser realen Welt zu tun zu haben, dann kann dieser Bezug wieder nur so weit reichen, als sie unseren prognostischen Erfolg verbessert. Die Suche nach einer Begründung der Logik oder der Mathematik in sich mag für das einzelne Fach interessant sein, aber für ihre Relativierung mit der realen Welt hat das nur sekundär zu tun.

Der nächste Beitrag kam von BERNULF KANITSCHEIDER mit der Frage, warum wir Teleologie und Teleonomie unterscheiden. Für mich ist die Frage sehr einfach, weil ich die Vielfalt dessen, was die Philosophie in zwei Jahrtausenden aus dem Teleologiebegriff gemacht hat, nicht einbeziehen möchte. Wir benötigen einen wohldefinierten Begriff. HANS MOHR hat ihn wiederholt. Genau das ist es, was wir in den Naturwissenschaften unter diesem Begriff verstehen. Wir bescheiden uns damit. (KARL POPPER hat uns zwar unlängst darauf aufmerksam gemacht, wir sollen nicht bescheiden sein, ich glaube auch nicht, daß wir auf die Dauer bescheiden sein sollen, aber um die Diskussion zu klären, ist die Abgrenzung zumindest in praktischer Hinsicht empfehlenswert.) Nun nochmals zu KANITSCHEIDERs Gedanken zur Regulation. Natürlich sind Regulative erforderlich. Man kann ein Hühnerei bis zu gewissen Grenzen schlecht behandeln und es wird trotzdem zu einem Kücken werden. Das sind schon solche Regulative. Diese Programme dahinter sind sehr erprobt. Sie können sich vorstellen, wie außerordentlich schwierig es ist, aus einer Sequenz von Desoxribonukleinsäuren trotz Störungen ein Kücken zu machen, aber tatsächlich entstehen aus den meisten Hühnereiern Kücken.

Zu RUDOLF HALLERs Bemerkung, daß er es als einen Erkenntnisgewinn betrachtet, wenn wir von Kenntnis und nicht von Erkenntnis reden: Ich wollte an eine Diskussion erinnern, die wir schon vor Jahren mit CARL FRIEDRICH VON WEIZSÄCKER führten, der bei einem ähnlichen Gegenstand, wie ich ihn hier vortrug, feststellte: Wenn Sie anstelle von Erkenntnisgewinn Informationsgewinn gesagt hätten, würde ich alles unterschreiben, was Sie gesagt haben. Nun sprachen wir darüber und fragten uns: Information welcher Art? Ist das nun SHANNON und WEAVERsche Information, ein Maß für Unkenntnis oder Überraschung? Dies wohl keineswegs. Es ist ein Maß für Kenntnis, die sich entwickelt, und nicht nur irgendeiner Kenntnis, sondern praktischer, erprobter, relevanter Kenntnis; wie sie z. B. in dem Hühnerei steckt, um ein Kücken zu werden. Und wünscht man seine eigene Intellektualität deutlich abzugrenzen gegen die Intelligenz dieser Natur, dann will ich gerne anerkennen, von Kenntnis zu sprechen und sich selbst den Begriff der Erkenntnis vorzubehalten.

RUDOLF HALLER hat noch eine zweite interessante Frage gestellt und gemeint, daß ferner liegende Ursachen nicht mehr relevant sind für einen bestimmten Bezug. Damit hat er ganz recht. Ich darf erinnern, daß z. B. die Gravitation auch eine der Voraussetzungen für die Existenz der Akropolis ist. Denn gäbe es keine Gravitation, die sie festhält an ihrem Platz (und auch die Griechen in ihren Betten), dann wäre dieses Bauwerk nicht entstanden. Wir sprechen aber dabei besser von Vorbedingungen, denn wir haben die Gewohnheit, nur jene Voraussetzungen Ursachen zu nennen, die wir als unmittelbar und veränderbar betrachten. Dennoch ist von keiner der Voraussetzungen abzusehen.

Ich darf noch ROBERT SPAEMANN antworten, etwas wortreicher, als ich gedacht habe. SPAEMANN hat drei wichtige Fragen berührt. Die eine hinsichtlich des Teleonomiebegriffes. Ich sagte bereits, warum ich nicht von »Teleologie« spreche, nämlich weil dieser Begriff zu viele und zum Teil unbestimmte Inhalte und Perspektiven enthält, die nicht in unseren Gebrauch definierter Begriffe passen.

Die zweite Frage hat mit der Reduktion des Ursachenkonzeptes zu tun. Tatsächlich zieht durch unsere ganze Kulturgeschichte die Bemühung, von den vier Ursachenformen des ARISTOTELES wegzukommen. Zunächst mit der Vorstellung, es müßte eine der Ursachen die Ursache aller Ursachen sein. Das hat bereits mit unseren vereinfachenden und begrenzten Anschauungsformen zu tun. Denn für zwei jener Ursachenformen (Material- und Formbedingungen) haben wir überhaupt keine geschlossene Weise der Anschauung, für zwei andere haben wir dieselbe nur ungefähr; für die Zwecke und Kräfte. Die Reduktion ist natürlich möglich, aber man braucht nur in das Umweltproblem unserer industrialisierten Welt zu sehen, um zu bemerken, in welche Sackgasse diese Vereinfachungen führen mußten, und in welche Spaltung unsere geistige Kultur geraten ist.

Und daß drittens der Zweckbegriff auf das Zweckerlebnis rekurriert, darin hat ROBERT SPAEMANN natürlich vollkommen recht. Das gilt aber selbstverständlich nicht minder für den Begriff der Kräfte. Dieser kommt ja vom Erlebnis meines Bizeps oder (noch eindringlicher) vom Bizeps meines wütenden Gegenübers. Und man zögerte keineswegs, eine solche Vorstellung von den Kräften bis in die Quantenkräfte zu verlängern, welche an den beiden Enden des uns noch nachweislich erscheinenden Weltenbaues, da die Quarks und dort die Galaxien-Haufen zusammenhalten. Ich halte ferner dafür, daß die Begriffe von Ursache und Wirkung weniger mit dem realen Beginn und Ende einer Vernetzung zusammenhängen, als viemehr mit den wiederum vereinfachenden Grenzen unserer Wahrnehmung, Aufmerksamkeit und Interessen. In einer Näherung spricht man ja auch besser von Wechselwirkungen. Es war mein Thema, auf die irreführenden Vereinfachungen der Welt, welche uns unsere angeborenen Anschauungsformen suggerieren, aufmerksam zu machen.

Erkenntnistheoretische Probleme im Lichte von Evolutionstheorie und Ökonomie: Die Entwicklung von Erkenntnisapparaten und epistemischen Ressourcen

GERARD RADNITZKY

Eine Spezies-übergreifende Erkenntnistheorie (die die Sehweise der Wirtschaftswissenschaft verwendet)

In der Erkenntnistheorie ist mit KARL POPPER eine Wende eingetreten: Eine Wende vom begründungsphilosophischen Ansatz zum kritischen Rationalismus bzw. zum »pankritischen Rationalismus« BARTLEYs (BARTLEY, 1976, 1982, 1987a). Gewiß gibt es Vorläufer, wie z. B. C. S. PEIRCE, aber erst POPPERs *Logik der Forschung* und das von W. W. BARTLEY III herausgegebene dreibändige *Postscript* dazu haben die kritizistische Position ausgearbeitet. »Wende« ist hier im geistesgeschichtlichen Sinn gemeint; soziologisch betrachtet dominiert nach wie vor die Begründungsphilosophie, zumindest in der Universitätsphilosophie. Die neue fallibilistisch-melioristische Erkenntnistheorie untersucht insbesondere das Wachsen des Wissens und damit gibt sie der Methodologie der wissenschaftlichen Forschung eine zentrale Stellung (MUNZ, 1985). Das ist zweckmäßig, denn in der Wissenschaft - oder genauer gesagt, in denjenigen Disziplinen, in denen Theoriebildung durch empirische Prüfung effektiv kontrolliert wird - sind die Resultate klarer formuliert und daher greifbarer als in anderen Bereichen. Das Ensemble des Wissens ändert sich, oft kann Fehlerhaftes eliminiert und Theorien durch bessere ersetzt werden. Rückschritte können zwar auch vorkommen, aber in seiner Gesamtheit wächst das Wissen und - im Gegensatz zu dem, was uns Relativisten weismachen wollen - geht einmal Erreichtes nicht wieder verloren. Das wissenschaftliche Wissen evoluiert und stellt eine spontane Ordnung dar, in dem Sinn wie F. v. HAYEK den Begriff gebraucht (insb. HAYEK, 1976a). Das heißt, der jeweilige Stand der Wissenschaft ist das unbeabsichtigte Resultat absichtsvoller Handlungen von unzähligen Individuen, die jeweils ihre eigenen Ziele (was immer diese sein mögen) verfolgen, aber weder als Individuen noch als Kollektiv das Zustandekommen dieses Resultats zum Ziel haben, geschweige denn es planen könnten.

Seit 1960 hat diese neue Erkenntnistheorie begonnen, ein Gebiet zu untersuchen, das bisher kaum behandelt worden war, und sie hat sich damit nicht nur zu einer Erkenntnistheorie entwickelt, sondern zu einer *vereinheitlichten und vereinheitlichenden Theorie des Erkennens überhaupt*: Ein vielzitierter POPPER-Slogan dramatisiert das: »*From the amoeba to Einstein.*« (POPPER, 1972). Es ist nicht übertrieben, wenn man sie als »the first unified theory of knowledge« bezeichnet (WÄCHTERSHÄUSER, 1987). DONALD T. CAMPBELL hat ihr den Titel *evolutionary epistemology* gegeben. Im Zentrum des Programms dieser Spezies-übergreifenden Erkenntnistheorie stehen *erstens, komparative* Untersuchungen der *objektiven Produkte* gewisser Evolutionsprozesse: Von endosomatischen Erkenntnisapparaten wie z. B. dem Sehsinn (»organs as routinized problem solvers«) über Fertigkeiten, über Traditionen und Organisationsformen (als epistemische Ressourcen), bis hin zu wissenschaftlichen Theorien, und *zweitens,* Untersuchungen der *Entwicklungsprozesse*, die zu den genannten Produkten und zu den *Fähigkeiten* (capacities to know) führen, die ihrer Produktion zugrundeliegen.

Die *Physiognomie der Evolutionären Erkenntnistheorie* läßt sich anhand ihrer grundlegenden Einsichten darstellen. Diese Thesen liegen, aufgrund ihrer Allgemeinheit, bereits auf der Ebene des Menschenbildes; sie sind zugleich Einsichten und Ausgangspunkte.

1. *Leben ist Problemlösen*, und alle praktischen Probleme enthalten *Erkenntnisprobleme* oder führen zu solchen Problemen.
2. Alles Problemlösen und Erkennen vollzieht sich nach *ein und demselben Grundmuster: Variation und Selektion*; der Selektion folgt Bewahren (durch Vererben, Imitieren, Tradieren usf.) von dem, was sich bewährt hat. Es besteht demnach eine *Kontinuität* zwischen der Erkenntnisleistung und der Entwicklung von Erkenntnisfähigkeiten bei *Tieren* (und sogar bei Organen) einerseits und *menschlichen* Erkenntnisleistungen und -fähigkeiten andererseits. Etwas zugespitzt kann man sagen: Die Tätigkeit der Organismen ist die treibende Kraft evolutionärer Modifikationen; *durch ihre Problemlösungstätigkeit entwikkeln die Organismen ihre Erkenntnisapparate weitgehend selbst.*
3. Selbstverständlich gibt es auch wesentliche *Differenzen* zwischen tierischer und menschlicher Erkenntnis: Der Mensch ist vor allem enorm effizienter im Problemlösen und in der Entwicklung epistemischer Ressourcen als alle anderen Spezies. Dies verdankt er folgendem Umstand:
4. Die besondere Erkenntnisfähigkeit, die den Menschen auszeichnet, evoluiert nach der *Emergenz der Sprache. Indem der Mensch sich in seiner geistigen Tätigkeit mit den Produkten dieser Tätigkeit befaßt, entwickelt er seine geistigen Fähigkeiten,* und gleichzeitig entwickelt er ihr materielles Substrat, sein Gehirn. *In diesem speziellen Sinn ist der Mensch Schöpfer seines Intellekts.* Die Produkte seiner geistigen Tätigkeit sind abstrakte Entitäten wie Theorien, Kriterien, Standpunkte, usf., aber auch Traditionen und die Institutionen, die sie verkörpern, sowie Organisationsformen usf. Diese Entitäten (POPPERs Welt-3) sind zwar Menschenwerk, aber sie haben, wie POPPER gezeigt hat, ein gewisses Eigenleben, eine gewisse Autonomie (POPPER, 1972). Die Sprache und die verschiedenen abstrakten Entitäten sind emergente Phänomene, d. h. auch ein vollständiges Wissen über die Situation vor ihrem Auftreten würde sie nicht implizieren, würde nicht ausreichen, um ihr Auftreten voraussagen zu können.
5. Auch Tiere können Persönlichkeit, Charakter, entwickeln, aber nur der Mensch entwickelt auch noch den *Ich-Begriff (full consciousness of the Self)*, der wiederum eine Voraussetzung für bewußtes Wählen, für ein verantwortliches Treffen von Entscheidungen ist: »Man is a chooser« - und er kann sich dem Wählen und Entscheiden nicht entziehen.
6. Die biologische Evolution ist essentiell ein Ausmerzen von weniger-gut-Angepaßtem (the non-survival of the non-fit). In der *kulturellen* Evolution werden diejenigen sozialen Praktiken, Traditionen, Regelsysteme usf. weggesiebt, die der Gruppe, die ihnen folgt, per Saldo mehr Kosten als Nutzen bringen und die sie daher weniger erfolgreich machen als die mit ihr konkurrierenden Gruppen, die besseren Regeln folgen. Das heißt, wir können Traditionen und die sie verkörpernden Institutionen auf eine Dimension plazieren, an deren einem Ende solche *Institutionen* (institutional arrangements) anzusiedeln sind, *die die Bildung von Wohlstand, von Gütern im weitesten Sinn, fördern* , und an deren anderem Extrem solche zu finden sind, die die Bildung von Wohlstand behindern (vgl. z. B. BRUNNER, 1985). »Wohlstand« wird hier verwendet als Sammelbezeichnung für sowohl *materiellen* Wohlstand als auch für *intellektuelle* Ressourcen und *Humankapital* sowie für Freiheitsgrade, für individuelle Freiheit im Sinne von alternativen Handlungsmöglichkeiten (a rich set of opportunity choices).
7. In der kulturellen Evolution sind - allerdings nur in seltenen Fällen - auch Ordnungen entstanden, die dem Ideal des freiheitlichen Rechtsstaates relativ nahe kommen. Nur diese Ordnungen konnten sich den Luxus eines freien *Wettbewerbs* der *Ideen* leisten. Die freiheitlich-rechtsstaatliche Ordnung und die kritizistische Tradition entwickelten sich in ihrem Zusammenspiel, durch ihre Rückkopplung. Im Rahmen der Institutionen, die diese Ordnung verkörpern, wird es dann möglich, in bestimmten, eng begrenzten Tätigkeitsbe-

reichen die »spontane« Auswahl, d. h. die Auswahl durch den *kulturellen Siebungsprozeß*, durch *bewußtes Selektieren* zu ersetzen. So wird z. B. in der Wissenschaft eine rationale Theorienpräferenz möglich, die sich am Schema der Kosten-Nutzen-Analyse orientiert (vgl. z. B. RADNITZKY, 1986b, 1987b).

Ein Schlüsselbegriff der neuen Erkenntnistheorie ist, wie der Name sagt, die Idee der Evolution. Die *wirtschaftswissenschaftliche Perspektive*, der *»economic approach«*, scheint mir allerdings noch wichtiger zu sein. Wirtschaftswissenschaftliche Begriffe wie Knappheit, Präferenzen, Opportunitäten, Kosten, Nutzen - wenn sie entsprechend weit gefaßt sind - sind nicht nur auf menschliches Handeln applizierbar, sondern *auf alles Lebendige*, denn alles Problemlösen involviert Haushalten mit knappen Ressourcen - Knappheit durchsetzt alle Lebensbereiche. Deshalb ist es möglich, Phänomene der biologischen Evolution, gesellschaftliche Entwicklungen, und sogar wissenschaftliche Entwicklungen, mit Hilfe dieser Begriffe und ökonomischer Prinzipien zu analysieren und dabei zu interessanten Erklärungen und prüfbaren Konsequenzen zu kommen (RADNITZKY & BERNHOLZ, 1987). Daraus erklärt sich »the imperialist expansion of economics« (HIRSHLEIFER, 1986). Der «economic approach«, *die Verwendung ökonomischer Denkweisen außerhalb der Wirtschaftswissenschaft, kann also auch den evolutionstheoretischen Ansatz miteinbeziehen.* Der ökonomische Ansatz ist somit noch umfassender als der evolutionstheoretische.

Dieser Essay versucht, die soeben angeführten Thesen plausibel zu machen. Die Numerierung der Abschnitte bezieht sich auf diejenige der Thesen.

Erkenntnistheoretische Probleme auf der Ebene der biologischen Evolution

Leben ist Problemlösen, und nur Organismen lösen Probleme für sich selbst - im Gegensatz z. B. zu einem Computer (POPPER, 1976). Diese beiden Sätze sind m. E. analytische Sätze. Eine adäquate Explikation des Begriffs »Leben« (d. h. eine solche, wo das Explicatum sich als fruchtbar erweist, indem es in erfolgreichen Theorien figuriert) muß nämlich das Explicatum, den verbesserten Begriff, so definieren, daß beide Sätze aus der Definition von »Leben« folgen. Lebendiges hat immer schon Probleme: Zumindest das Problem, sich am Leben zu erhalten. Im Unterschied z. B. zu einem Stein muß ein Lebewesen etwas tun, um sich als System auf dem selben Niveau der Komplexität zu erhalten, um sein Fließgleichgewicht zu erhalten. Dies ist bereits eine *erste Vorstufe* zum Wählen zwischen Handlungsmöglichkeiten und damit *zu Freiheit*. Außerdem streben Organismen danach, ihre Öko-Nische zu verbessern, was zusätzliche Entscheidungsprobleme bringt.

Allem Problemlösen und allen Erkenntnisprozessen liegt ein und dasselbe Schema zugrunde: Variation und Selektion, gefolgt von Vorgängen oder Maßnahmen zur Erhaltung des Erreichten. *Je komplexer* die betreffende Lebensform ist, *desto wichtiger ist die Rolle der Erkenntnis*. Variation reicht von Mutation als einem nicht-exakten Kopieren seitens des *n*. Replikators bei der Bildung des *n+1*. über ungenaues Imitieren bis hin zur schöpferischen Imagination; Selektion reicht von der natürlichen Auslese im Sinne des Ausmerzens von weniger-gut-Angepaßtem über den kulturellen Siebungsprozeß, in dem solche Regeln ausgemerzt werden, die der Gruppe, die sie praktiziert, mehr Kosten als Nutzen verursachen (und zwar durch Gruppenselektion), bis hin zur bewußten Selektion in wohldefinierten und eng-begrenzten Tätigkeitsbereichen wie in der Wissenschaft und in der Wirtschaft.

Poppers aktiver Darwinismus im Lichte des »economic approach«. Etwas pauschal ausgedrückt *geht es in der biologischen Evolution um das langfristige Problem, immer wirtschaftlichere Verfahrensweisen oder Apparate für die Lösung kurzfristiger Probleme zu entwickeln.* Dies geschieht vor allem dadurch, daß die Erkenntnisapparate der betreffenden Spezies und damit ihre Erkenntnisfähigkeit immer besser entwickelt werden.

Wahrnehmung ist ein elementarer Erkenntnisprozeß bzw. eine Erkenntnisleistung. Als Erkenntisprozeß weist sie die beiden Grundkomponenten auf: Variation und Selektion. Beide sind selbstverständlich aktive Momente. *Wahrnehmung als Prozeß ist im wesentlichen ein Suchvorgang, der mit Hilfe eines Erkenntnisapparates durchgeführt wird, der im Laufe der biologischen Evolution eben durch die Suchanstrengungen (einschließlich der Nahrungssuche) der betreffenden Organismen geschaffen wurde - in diesem Sinn also durch die Organismen selbst geschaffen wurde.*

Die Entwicklung des Sehsinnes kann illustrieren, wie Sinnesorgane - elementare Erkenntnisapparate - evolutiv entstehen können. Hier muß ich mich auf ein paar Andeutungen beschränken. GÜNTER WÄCHTERSHÄUSER gibt in einer faszinierenden Studie (WÄCHTERSHÄUSER, 1987) eine biochemische Erklärung der Entstehung des Sehsinns. In nuce sieht sie folgendermaßen aus: Auf der ältesten Stufe der Evolution sehen sich Bakterien aufgrund von Überbevölkerung mit einer Versorgungskrise konfrontiert. Sie lösen das Problem, indem sie die Photosynthese erfinden: Ein Verfahren, um Sonnenenergie in chemische Energie umzuwandeln.[1] Der Problemlösung liegt die »Theorie« zugrunde, daß es »eßbare« Strahlung gibt. Die Problemlösung führt zu einem Folgeproblem, einem Informations- bzw. Erkenntnisproblem: Wie findet man Zonen mit geeigneter Strahlung? Die Bakterien lösten dieses Problem, indem sie den Phototropismus erfanden. Ihm liegt die »Theorie« zugrunde, daß in verschiedenen Zonen die Strahlung verschieden ist, so daß es sich lohnt, sich zu bewegen. Für die Halobakterien heißt das, Wassertiefen aufzusuchen, wo UV-Strahlung nicht mehr schaden kann und möglichst viel »eßbare« Strahlung (»grün-orange«) vorhanden ist. Hier entwickelte sich also eine erste *Vorstufe des Farbensinns.* Die Lösung ist elegant, weil diejenige Strahlung, die durch phototropische Bewegung gesucht und gefunden wird, automatisch »eßbare« Strahlung ist.

Bereits auf dieses Beispiel aus der Erdurzeit, bevor es freien molekularen Sauerstoff gab (den es erst seit etwa vor 1,7 Milliarden Jahren gibt) paßt das POPPERsche Schema. Die aktive Bewegung kann als eine *Vorform der »blinden« Variation* betrachtet werden. Das Herausfinden, ob eine eben erreichte Position vom Standpunkt der Nahrungssuche eine Verbesserung oder eine Verschlechterung darstellt, das Vermeiden von schädlicher und das Auffinden von »eßbarer« Strahlung können als *Vorform des Selektierens* betrachtet werden. Erst die Kombination beider Momente ergibt einen *Erkenntnisprozeß*, der lebenswichtige Information über die Umwelt liefert.

Bakterielle Photorezeptoren (mit verschiedenen Pigmenten) ändern dann die gesamte Umwelt. Ihr Abfallprodukt, Sauerstoff, produziert schließlich den Ozonschirm, und damit wird das Land bewohnbar. Es bildet sich eine Art »Beute/Jäger«-Verhältnis heraus, dessen Resultat endosymbiotische Organismen sind, die sich eine Cyanobakterie einkorporiert haben, damit diese mittels Photosynthese Energie liefere und auch als Licht-Detektor fungiere. Aus diesen Organismen entwickeln sich teils Organismen, die sich auf das Energieproblem spezialisieren (Pflanzen), und teils solche, die sich auf das Erkenntnisproblem spezialisieren, algenjagende Protozoen. Für diese Tiere ist es *ökonomischer*, Carotin-enthaltende Bakterien und Pflanzen sich einzuverleiben, als das Carotin in aufwendiger Biosynthese selbst herzustellen. Sie gehen dabei von der »Theorie« aus, daß dort, wo viel Licht ist, es auch viele Algen gibt. Sie haben deshalb das Problem herauszufinden, wo es Licht gibt. Die Problemlösung ist eine *Vorstufe zum tierischen Sehen.* WÄCHTERS-

HÄUSER kann so zeigen, *daß der Seh-Sinn aus der Suche nach Nahrung entstanden ist und nicht aus der Suche nach Information.*

Warum ist die Bandbreite der sichtbaren Strahlung (ca. 400-700 nm) viel kleiner als die Bandbreite der für Photochemie verwendbaren Strahlung (100-1400 nm)? WÄCHTERSHÄUSER zeigt, daß die »Anpassungserklärung« (etwa: »Der Sehapparat hat sich an das Energiemaximum angepaßt.«) - die bisher die Standarderklärung war - unhaltbar ist. Erstens, weil die Annahme, Sehorgane wären eine Art Energiemesser, falsch ist. Beim Sehvorgang werden vielmehr Photonen photochemisch in Nervensignale umgewandelt, und die Kurve der Photonendichte ist ganz flach. Zweitens, obwohl die photische Umwelt von Tieren, die in verschiedenem Habitat leben, ganz verschieden ist, ändert sich die Bandbreite der sichtbaren Strahlung für sie nicht. WÄCHTERSHÄUSER argumentiert, daß sich die Bandbreite der Photosynthese daraus ergibt, daß Strahlung über 1100 nm nicht nährend und Strahlung kürzer als 350-400 nm schädlich ist. Die geringe Bandbreite der für tierisches Sehen verwendeten Strahlung kann evolutionsgeschichtlich erklärt werden. Aus energietechnischen Gründen können Photosynthese-betreibende Algen nur in der Zone von 400 bis 700 nm überleben, und deshalb können algenjagende Protozoen nur in dieser Zone Jagderfolg haben. Aus ihren Wahrnehmungsapparaten entwickelte sich der tierische Sehsinn.

Der Bereich der für Tiere sichtbaren Strahlung (400-700 nm) fällt bekanntlich in den breiteren Bereich, in dem eine *Koinzidenz* besteht von *Undurchdringlichkeit für Licht* und *Undurchdringlichkeit für mit Sehsinn ausgestattete Organismen.* Tiere können sich diese Koinzidenz nutzbar machen, denn aktives visuelles Explorieren der Umgebung ist ein viel *ökonomischeres* Verfahren als tatsächliches Explorieren mittels Bewegung und Fühlen (Tastsinn, Propriozeption). Es *reduziert* nicht nur *Kosten* an Zeit und Energie; vor allem *reduziert es Risiken*, indem es hilft, Kollisionen zu vermeiden, die gegebenenfalls dem Individuum sehr teuer zu stehen kommen könnten, ihm das Leben kosten könnten.

Mit Hilfe der visuellen Wahrnehmung[2] können Organismen ihre Tastwelt und »Kollisions-Erfahrungswelt« *transzendieren. Die biologische Evolution hat einen Erkenntnisapparat zustandegebracht, der es ermöglicht, kurzfristige Probleme auf eine wesentlich ökonomischere Weise zu lösen, als dies bisher möglich war.* Die erhöhte Wirtschaftlichkeit des Verfahrens beruht darauf, daß nicht nur ein Kollidieren mit Gegenständen, sondern überhaupt ein aufwendiges Explorieren durch Sich-bewegen ersetzt wird durch Explorieren mittels Wahrnehmung, d. h. sie beruht auf der *Stellvertreterfunktion.* Das Gedächtnis bringt zusätzliche *ökonomische* Vorteile. Es macht es den Organismen, die es besitzen, möglich, auch die im Moment jeweils vorliegende Wahrnehmungswelt zu transzendieren. Eine sprunghafte Zunahme an Wirtschaftlichkeit finden wir dann, wenn es - beim Menschen - möglich wird, beschreibende Sätze an die Stelle von Wahnehmung oder Gedächtnisbildern treten zu lassen (s. Kapitel »Zur Diskontinuität zwischen Tier und Mensch«).

Eine erfolgreiche Spezies hat sich durch ihre eigene Problemlösungstätigkeit einen Erkenntnisapparat und damit eine Erkenntnisfähigkeit geschaffen, die es ihr erlaubt, die sich ihr ständig stellenden kurzfristigen Probleme immer *effizienter* zu lösen. Aber nicht nur Erkenntnisapparate in Form von Sinnesorganen mit zugehörigem Nervensystem bzw. Gehirnfunktion sind das Resultat solcher problemlösender Tätigkeit, sondern auch bestimmte Arten von Erwartungen, die für die Spezies charakteristisch sind. Beim Menschen gehören zu diesen, *die-Ökonomie-erhöhenden-Apparaten* (economic devices) außer den angeborenen Haltungen und Erwartungen auch die sogenannten *Synthetischen Apriori*[3], d. h. Erwartungen und Reaktionsmuster, die ontogenetisch apriori sind (d. h. Lernen und Erfahrung sind für ihr Auftreten weder notwendig noch bestärkt es sie) und zu den Universalien im Verhalten der Spezies Mensch gehören. Als Universalien in diesem Sinn betrachtet die vergleichende Verhaltensforschung solche Verhaltensweisen, von denen aufgrund von Untersuchungen von Frühkindheit und verschiedenen Kulturen bzw. Zivilisationsstadien zu vermuten ist, daß sie bei allen Menschen vorkommen (EIBL-EIBESFELDT, 1985). So könnte zum Beispiel der angeborene Drang, nach Regelmäßigkeiten zu suchen, als ein apriorisches »Kausalprinzip« aufgefaßt werden. Das Kausalitätserlebnis scheint ein »Urerlebnis« zu sein.

Aus der Tatsache, daß ein synthetischer Satz *genetisch* apriori ist, folgt jedoch keinesfalls, daß er auch apriori *gültig* ist. Genauso wie aus dem Umstand, daß eine Spezies bisher überlebt hat, nicht folgt, daß sie es auch in Zukunft tun wird. Entgegen der Auffassung der Begründungsphilosophie paßt »gerechtfertigt« auf Sätze oder Theorien ebensowenig, wie es auf eine erfolgreiche Spezies paßt. Der Begriff Fortschritt kann auf die biologische Evolution erst dann angewandt werden, wenn vorher der Wertstandpunkt explizit angegeben wurde, von dem aus die Bewertung vorgenommen werden soll. Wir haben eine Zunahme der Effizienz bei der Lösung von immer wiederkehrenden, kurzfristigen Problemen festgestellt und daher auch eine zunehmende Komplexität derjenigen Apparate, die dieses effizientere Problemlösen möglich machen. Eine Spezies, die sich bisher als erfolgreich in diesem Sinne erwiesen hat, hat sich als überlebens- und entwicklungsfähig erwiesen. Das gleiche gilt von wissenschaftlichen Theorien. Eine Theorie, die bisher strengen Prüfungen standgehalten hat, hat sich insofern bewährt bzw. besser bewährt als ihre Konkurrentinnen. Von einer »Rechtfertigung« der Theorie zu sprechen, ist genauso inadäquat wie es ist, von einer »Rechtfertigung« einer Spezies zu sprechen (BARTLEY in RADNITZKY & BARTLEY, 1987). Der Unterschied besteht nur darin, daß wir bei der Betrachtung der biologischen Entwicklung nur bewerten können, wenn wir den Wertstandpunkt sozusagen von außen herangetragen haben. Bei wissenschaftlichen Theorien dagegen folgt zumindest der globale Bewertungsmaßstab aus dem Begriff der betreffenden Tätigkeit. Wissenschaftlicher Fortschritt ist sinnkonstitutiv für die Tätigkeit des Forschens: Sobald man forscht, kann man nicht leugnen, daß man nach Erkenntnisfortschritt strebt, u. a. nach Theorien mit immer größerer Voraussage- und Erklärungskraft (die wir, wenn wir Theorienrealisten sind, auf eine größere Wahrheitsnähe der Theorien zurückführen).

Das Individuum lernt durch Erfahrung: Es macht Entdeckungen, d. h. es bekommt neue Erwartungen, testet diese, wobei diejenigen, die sich in der Erfahrung nicht bewähren, eliminiert werden. Nachdem es etwas Neues gelernt hat, kann es durch Übung eine *Fertigkeit* (wie z. B. Gehen oder Klavierspielen) entwickeln, d. h. sehr komplizierte Bewegungsabläufe niedrigen Nervenzentren überlassen. Auch das ist eine Einrichtung, die *Kosten an Zeit und Energie reduziert* und einen Bewegungsabluaf von größerer Sicherheit bringt - also wiederum eine verbesserte *Ökonomie* ermöglicht.

Eine nächste Stufe stellen Sozialverhalten (social patterns) dar, Traditionen, sozial vermittelte Gewohnheiten usf., die sich aufgrund von Imitation verbreiten. Wir finden eine Vorform von Traditionen auch bei Tieren; das Verhalten der japanischen Primaten, bei denen eine Gruppe Kartoffeln wäscht, eine andere nicht, bietet ein gutes Beispiel (J. ITANI, S. KAWAMURA, M. KAWAI).

Zur Diskontinuität zwischen Tier und Mensch

Diese Diskontinuität beginnt mit der Emergenz der Sprache im vollen Sinn, d. h. sobald zur Ausdrucks- und Signalfunktion auch noch *Darstellungsfunktion und argumentative Funktion* hinzugetreten sind. POPPER nennt diese Emergenz »*the human step*« (POPPER, 1986, 1978). Jetzt wird es möglich, nicht-Gegenwärtiges oder noch-nicht-Realisiertes darzustellen, Szenarios zu entwerfen. Damit wird auch eine der Vorbedingungen für rationale Entscheidung erfüllt. *Die Zunahme an Ökonomie, die der Seh-Sinn gebracht hat* (»Wahrnehmen erspart Kollisionen«) *ergibt sich hier in noch höherer Potenz.* Gedachtes kann nun *objektiviert* werden; der Mensch kann es buchstäblich aus sich herausstellen und sich von ihm distanzieren. Erwartungen können nun artikuliert werden, und dank ihrer sprachlichen Formulierung werden sie *einer ganz neuen Art von kritischer Überprüfung* zugänglich. Theorien, d. h. sprachlich formulierte Erwartungen, können nunmehr kostengünstig und verhältnismäßig gefahrlos getestet werden. Dies bringt einen enormen *Zuwachs an Ökonomie beim Testen von Erwartungen:* Denn jetzt können *Theorien eliminiert* werden, *während ihre Träger*, d. h. die Individuen, die sie für richtig hielten und sich auf sie verließen, *am Leben bleiben können* - was auch für die Gruppe Kosten spart (POPPER, 1972; POPPER & ECCLES).[4] Die Objektivität der Wissenschaft beruht darauf, daß ihre Behauptungen im Prinzip von jedermann geprüft werden können, und Erfolg in der Forschung ist nur möglich, wenn tatsächlich überprüft wird.

Die Erkenntnisfähigkeit (des Menschen entwickelt sich durch die aktive Beschäftigung mit den Produkten dieser geistigen Tätigkeit)

POPPER und VON HAYEK betonen, daß keinesfalls eine plötzliche Zunahme des Gehirns die geistige Entwicklung ermöglicht hat, sondern daß umgekehrt der Intellekt und sein materielles Substrat, das Gehirn, sich in der Beschäftigung mit den Produkten der geistigen Tätigkeit, mit den abstrakten Entitäten, die der Mensch selbst geschaffen hat, entwikkelt. Solche abstrakte Entitäten sind der Inhalt von Theorien (wahren und falschen Theorien), Probleme, Kriterien, Themen, Leitmotive usf., aber auch Regeln und Traditionen, Bewertungen und Institutionen, die Traditionen oder Regelsysteme verkörpern. In Zeiten der Evolution durch Gruppenkämpfe waren es vermutlich primär Waffentechniken, Taktiken usf., die - neben der Gruppengröße - die Macht einer Gruppe bestimmten und damit auch ihre Erfolgs- und Überlebenschancen. Die Eigenschaften, die die Entwicklung dieser beiden Faktoren (Produktion von relevantem Wissen und von Regelsystemen, die das relative Wachstum der Gruppe) begünstigen, besitzen daher Selektionsvorteile.

Die Fähigkeit, Sprache zu entwickeln, gehört zu den Universalien der Spezies. Sie ist, mit der Sprache, evolutiv entstanden. Die Sprache stellt das beste Beispiel einer spontanen Ordnung (HAYEK, 1976a) dar: Sie ist das Produkt unzähliger Handlungen, aber keinesfalls das Produkt planender Vernunft, denn kein menschlicher Intellekt und kein Kollektiv wäre imstande gewesen, sie bewußt zu konstruieren. HAYEKs These vom *Primat der spontanen Ordnung* gegenüber konstruierten Ordnungen - einem Primat, das auf *epistemischen* Gründen beruht - kann durch das Verhältnis von natürlicher Sprache zu formalisierten Sprachensystemen eindrucksvoll exemplifiziert werden. Um eine formalisierte Sprache konstruieren zu können, muß man bereits eine natürliche Sprache besitzen, in der das Projekt ausdrückbar ist, und die letzte Metasprache jeder formalisierten Sprache ist notwendigerweise eine natürliche Sprache.[5]

Bewußtsein, Persönlichkeit und Ich-Begriff

Ob Bewußtsein eine emergente Eigenschaft gewisser Organismen oder eine Eigenschaft aller biologischen Systeme ist, ist eine offene Frage. Jedenfalls hat es denjenigen Spezies, die *Bewußtsein* besitzen, enorme Überlebensvorteile gebracht (LÖWENHARD, 1986). Die deskriptive und argumentative Funktion der Sprache ermöglichen es dem Individuum, seine Zeitvorstellung und damit auch die Gedächtnisfunktion zu verfeinern. In denjenigen

Spezies, wo ein längere Kindheitsperiode in Abhängigkeit von der Intimgruppe durchlebt wird, entwickeln Individuen, eben durch die sozialen Interaktionen, eine *Persönlichkeit*, einen bestimmten Charakter. Wir finden das auch z. B. bei Hunden und Primaten; meistens ist es verbunden mit dem Auftreten von Regeln für Sondereigentum. Mit »Persönlichkeit« meine ich hier ein Cluster von Dispositionen und Präferenzen. Aussagen über die Präferenzstruktur und die Dispositionen (zusammen mit Theorien) ermöglichen es, prüfbare Voraussagen darüber abzuleiten, wie sich ein bestimmtes Individuum in bestimmten Situationen verhalten wird.

Der Mensch entwickelt außer Persönlichkeit/Charakter noch einen *Ich-Begriff* (full consciousness of the self) (POPPER & ECCLES, 1977; PETERSEN, 1985). Das geschieht zuerst dadurch, daß er seinen Körper als seinen eigenen Leib erlebt und damit auch die Erfahrung seiner biologischen Einmaligkeit (die bestätigt wird z. B. durch die Immunreaktion); dann dadurch, daß er die Kontinuität seiner Leiberfahrung erlebt und die Kontinuität seiner Erfahrung überhaupt (obgleich seine bewußten Perioden unterbrochen sind, z. B. durch Schlaf). Er entwickelt Theorien über sich und über andere Egos. Die Menschen sind ihre Geschichten. Der Ich-Begriff ist somit ein Rückkopplungsprodukt des Entwickelns von Theorien (POPPERs Welt-3 Entitäten); er ist dasjenige Kontroll-System, das sich im Laufe der Evolution als letztes bzw. jüngstes herausgebildet hat. Die Affekte, die mit den »private rights« (HIRSHLEIFER, 1980) verbunden sind, sind am stärksten in bezug auf den eigenen Leib, dann in bezug auf die Allokation der Zeit und erst dann in bezug auf materielles Sondereigentum - das nicht zuletzt deswegen geschätzt wird, weil es Unabhängigkeit von anderen bringt. Das Ego ist das Zentrum des intentionalen Handelns des Individuums, das sich nun bewußt zwischen Alternativen entscheiden kann. Die Evolution des Ich-Begriffs sowie der Institution des Sondereigentums sind Voraussetzung für die Tauschwirtschaft, die schließlich zur marktwirtschaftlichen Ordnung führt. Diese ist, nach der Sprache, das deutlichste Beispiel einer spontanen Ordnung. Ihre Bedeutung für die kulturelle Evolution kann kaum überschätzt werden, denn sie ermöglicht die »extended order«: Eine erweiterte Interaktionsgruppe, in der friedliches Zusammenwirken möglich wird, *ohne* daß ein gemeinsames Ziel besteht, während ein gemeinsames Ziel notwendig war, um die Horde oder den Stamm zusammenzuhalten (HAYEK, 1973, 1976, 1979; eine Übersicht in RADNITZKY, 1986a).

Kulturelle Evolution (wohlstands-fördernde Institutionen)

Erst mit der Emergenz der Sprache kann man von einer kulturellen Evolution sprechen. In der biologischen Evolution erfolgt Variation vor allem durch imperfektes Kopieren (Kapitel»Variation und Selektion«). Neue soziale Praktiken, die neue Regeln verkörpern, benötigen dagegen kreative Erfindung, die nur der Mensch als bewußt wählendes, entscheidendes Subjekt erbringen kann. Gemeinsam mit der biologische Evolution ist der kulturellen Evolution das Selektionsprinzip. Ein Unterschied besteht darin, daß der kulturelle Siebungsprozeß durch *Gruppenselektion* wirkt (HAYEK, 1979).[6]

Auf die Frage, worin im einzelnen der in der kulturellen Evolution wirksame Selektionsmechanismus besteht, kann hier nicht näher eingegangen werden. Da sich das Verhalten von Gruppen im Prinzip mit dem Hinweis auf die Handlungen von Individuen erklären und voraussagen läßt, ist die HAYEKsche Theorie der Regelselektion mittels Gruppenselektion mit dem methodologischen Individualismus vereinbar. Im kulturellen Siebungsprozeß werden diejenigen Regelsystem ausgemerzt, die der Gruppe, die sie praktizieren, per Saldo mehr Kosten als Nutzen bringen. Die Gruppen, die Regelsystemen folgen, die sie erfolgreicher machen als ihre Konkurrenzten, verdrängen diese.

Was als *Kriterium für »erfolgreicher als«* in diesem Sinn angesehen werden soll, hängt von den jeweiligen Rahmenbedingungen ab. HAYEK schlägt als Kriterium vor, daß die Gruppe schneller wächst als die mit ihr konkurrierenden Gruppen, wobei die Zunahme an Größe nicht so sehr durch Nativität erfolgt als durch den Zustrom von bisher Außenstehenden (HAYEK, 1972, 1976). Für den Zeitraum von mindestens 1,5 Millionen Jahren, in denen der Mensch in Kleingruppen gelebt hat, ist dieses Kriterium brauchbar. Denn zumindest in der Regel wird bei einem sehr primitiven Stand der Technik ein Zunahme der Gruppengröße einen relativen Machtzuwachs bedeuten und daher bessere Chancen bei Gruppenselektion durch Gruppenkämpfe. Bei einer hochentwickelten Technik, wie wir sie seit 100, oder genauer seit etwa 60 Jahren besitzen (BRUNNER, 1984), scheint das HAYEKsche Kriterium jedoch nicht mehr verwendbar; denn Gruppengröße kann zum Nachteil und Bevölkerungsdichte zum Problem werden (vgl. z. B. RADNITZKY, 1986a). Die Machtverhältnisse sind nunmehr wesentlich eine Konsequenz von Wohlstand (im weitesten Sinn), und deshalb bietet sich im »technologischen Zeitalter« der relative Wohlstandszuwachs als Kriterium für »erfolgreicher als« an. Außenpolitisch ermöglicht eine effiziente Wirtschaft ein entsprechendes Rüstungspotential und damit eine Machtposition (BERNHOLZ, 1985); innenpolitisch attrahieren »reiche« Staaten Humankapital. (Der »brain drain« ist ein bekanntes Beispiel, ein anderes der Umstand, daß die sozialistischen Staaten gezwungen sind, den Abfluß ihres wertvollsten Humankapitals durch elaborierte Absperrmaßnahmen zu verhindern.)

Im Kapitel »Poppers aktiver Darwinismus« wurde ausgeführt, daß in der *biologischen Evolution* das langfristige Problem gelöst wurde, Erkenntnisapparate zu entwickeln, die es gewissen Spezies ermöglichen, kurzfristige Probleme immer ökonomischer zu lösen. Dazu gibt es ein *Analogon* in der *kulturellen Evolution*: In ihr wurde das *langfristige Problem* gelöst, *Institutionen zu entwickeln, die es denjenigen Nationen, die sie adoptieren, ermöglichen, wiederkehrende kurzfristige Probleme immer ökonomischer zu lösen*. Die wichtigsten dieser Institutionen sind als spontane Ordnungen entstanden, d. h. als Produkte eines langfristigen, dezentralisierten und nicht geplanten Prozesses. Die wiederkehrenden bzw. permanenten Probleme sind im Prinzip die Probleme, die sich daraus ergeben, daß das Individuum versucht, sein Los, seine Nische zu verbessern.[7] Seine Nische verbessern heißt Wohlergehensverbesserung bzw. Wertschöpfung. Damit wird hier, wie erwähnt, nicht nur und nicht einmal primär materieller und finanzieller Wohlstand gemeint, sondern vor allem epistemische Ressourcen, Wissen und Können sowie Humankapital und sogar individuelle Freiheit. Es wird als etwas Wertvolles, als ein Gut des betreffenden Individuums angesehen, wenn es seine Entscheidungen *selbst* treffen darf und sie ihm nicht von anderen aufoktroiert werden.[8] Wenn man individuelle Freiheit als den wichtigsten Wert des öffentlich-politischen Bereichs ansieht[9], dann wird man bei der Rangordnung von Staaten als wichtigstes Kriterium die Frage verwenden, in wieviele Lebensbereiche des Individuums der Staat eindringt. Denn dies beeinflußt entscheidend das Ensemble der dem Individuum zur Verfügung stehenden Alternativen (set of opportunity choices). Außerdem hat individuelle Freiheit instrumentellen Wert für die Erstellung von epistemischen Ressourcen und, indirekt und direkt, für die Erstellung von materiellen Ressourcen. Im technologischen Zeitalter ist das Humankapital, einschließlich Wissen und Können, die wichtigste Art von Ressourcen, während den Naturressourcen nur sehr untergeordnete Bedeutung zukommt (BRUNNER, 1983, 1985).

Auf welche Eigenschaften ist es zurückzuführen, daß ein bestimmter institutioneller Rahmen, eine bestimmte Gesellschaftsordnung, mehr Wohlstand (im weitesten Sinn) erzeugt als andere mit ihr konkurrierende Ordnungen? Institutionen begünstigen Wertschöpfung in dem Ausmaß, in dem sie folgendes leisten:

1. Sie müssen eine Situation schaffen, in der es für das Individuum rational[10] ist, sich anzustrengen, in der es sich lohnt, Zeit, Energie, Wissen usf. in produktive Tätigkeiten zu investieren. Entsprechende rationale Erwartungen zu ermöglichen, ist primär Aufgabe der Schutzfunktion des Staates, in einzelnen Bereichen sodann Aufgabe der betreffenden Organisationsformen.
2. Sie müssen in allen Bereichen Problemlösungstätigkeit facilitieren, d. h. insbesondere die Produktion von neuem Wissen und den Informationsfluß fördern, den freien *Wettbewerb der Ideen* sicherstellen und effektive Kontrollen und Selektionsmechanismen bereithalten. Die Analogien zwischen Wissenschaft und Wirtschaft sind hier beeindruckend: Dogmatisierung gegen Kritik ist das intellektuelle Gegenstück zu Protektionismus, zu allen Maßnahmen, die den Wettbewerb und damit die Auslese behindern, wie z. B. Kartellierung, staatliche Preisfixierung usf. Nicht zu vergessen sind dabei die versteckten Kosten, die durch Verzögerung von technologischem und wissenschaftlichem Fortschritt entstehen, wenn Selektionsmechanismen behindert werden.[11] Denn neue Ideen, Erfindungen werden nur dann zu Innovationen führen, wenn der institutionelle Rahmen so beschaffen ist, daß er dem Unternehmer genügend Anreize zur Implementierung der Erfindung bietet. Deshalb stellen gewisse institutionelle Rahmen selbst *epistemische Ressourcen* dar. Es ist dabei nicht notwendig, daß die Gesellschaft, die dadurch, daß sie bestimmte Institutionen besitzt bzw. den Regelsystemen folgt, die von diesen Institutionen verkörpert werden, erfolgreicher ist als ihre Konkurrentinnen, auch versteht, warum sie erfolgreicher ist (HAYEK, 1979).

Das klassische Beispiel einer Institution, die, obgleich sie nicht ganz verstanden wurde und bis heute von vielen nicht verstanden wird, nicht nur die Gruppen, die sie adoptierten, erfolgreicher machte als andere, sondern eine notwendige Bedingung für die Entwicklung unserer Zivilisation ist, ist die *marktwirtschaftliche Ordnung* . Das entscheidende Argument *für* diese Ordnung ist *erkenntnistheoretischer* Natur: Sie ist die einzige Ordnung, die eine effiziente Nutzung von Wissen ermöglicht, nämlich ein effizientes Zusammenbringen von Entscheidungsrechten und relevantem »lokalen« Wissen, das auf Millionen von Marktteilnehmern verstreut ist. Sie ist wesentlich ein Informations- und Entdeckungssystem (HAYEK z. B. 1973, 1976, 1979; eine Übersicht in RADNITZKY, 1986a). Sie setzt die Tradition/Institution des Privateigentums voraus und ist ihrerseits eine notwendige, aber nicht eine ausreichende Bedingung für die Entwicklung einer freiheitlichen Gesellschaftsordnung. Nach der Sprache und der Arbeitsteilung ist sie vermutlich das beste Beispiel einer spontanen Ordnung: Niemand hat sie erfunden und kein Intellekt oder Kollektiv hätte sie planend konstruieren können. Nur die kulturelle Evolution mit dem kulturellen Siebungsprozeß konnte sie zustandebringen. Ihre Bedeutung für die Entwicklung unserer Zivilisation liegt darin, daß sie (wie im Kapitel »Bewußtsein, Persönlichkeit und Ich-Begriff« angedeutet) eine friedliche Zusammenarbeit möglich macht, die über die Kleingruppe, die Horde oder Stammesgemeinschaft, die durch ein gemeinsames Ziel zusammengehalten wird, *hinausgeht*, sie transzendiert, weshalb HAYEK sie »*the extended order*« nennt. Sie profitiert sogar davon, daß Leute verschiedene Zielsetzungen und Präferenzen haben, indem sie es ermöglicht, daß Unbekannte für Unbekannte Nutzen machen. (Das haben bereits die schottischen Moralphilosophen des 18. Jahrhunderts klar erkannt, während marxistische Ökonomen und Befürworter der »Mischökonomie« es auch heute noch nicht verstehen.)

Sie krititsieren die marktwitschaftliche Ordnung (den Kapitalismus), weil sie glauben, diese Ordnung sei das Resultat bewußten Konstruierens. In Wirklichkeit ist es eine spontane Ordnung. Sie hat sich im kulturellen Siebungsprozeß durchgesetzt, weil sie diejenigen Gruppen, die sie praktizierten, erfolgreicher machte als die mit ihnen konkurrierenden Gruppen, die sie nicht verwendeten (RADNITZKY, 1987c).

Die Janusköpfigkeit jeder politischen Struktur

Die marktwirtschaftliche Ordnung ist effizienter als alle anderen mit ihr konkurrierenden Ordnungen. Sie setzt einen entsprechenden rechtlichen Rahmen und ein ausreichendes Durchsetzungsvermögen des Staates voraus. Nur so kann das »Gefangenen-Dilemma« (die Situation, in der aufgrund der Nichtdurchsetzbarkeit von Verträgen es für keinen der beiden Partner rational ist, diejenige Alternative zu wählen, die für beide die günstigste wäre) vermieden werden. Die Anarchie als ein Zustand, in dem es keine rationalen Erwartungen bezüglich des Verhaltens anderer gibt, weil es keine verbindlichen Regeln für soziales Verhalten gibt, ist deshalb nur ein Übergangszustand. Jede politische Struktur ist daher mehr wertschöpfend als die Anarchie. Aber *jede politische Ordnung ist notwendigerweise eine Mischung aus Positivsummen- und Negativsummenspiel,* aus Schutzfunktion und Umverteilungsfunktion des Staates (BRUNNER, z. B. 1983, 1985). Die Schutzfunktion ist wohlstandfördernd; die Umverteilungsfunktion erhöht den Wohlstand bestimmter Individuen oder Gruppen auf Kosten einer Minderung des Wohlstands im allgemeinen.

In jedem System hat das Individuum prinzipiell drei Optionen, knappe Ressourcen an Zeit, Anstrengung usf. zu investieren:

1. Es kann in wohlstandserhöhende Tätigkeiten investieren, wie Produktion und Handel;
2. es kann sich auf Kosten anderer bereichern und
3. es kann investieren in Anstrengungen, solche Bereicherungsversuche zu verhindern.

Im Zustand der Anarchie greifen (2) und (3) auf gewaltsame Verfahren zurück - Räuberei und Verteidigung gegen Räuberei; und aufgrund der Unsicherheit werden Investitionen in produktive Tätigkeit gering bleiben. Sobald eine politische Struktur entstanden ist, wird sie wohlstandserhöhend wirden in dem Ausmaß, in dem sie rationale Erwartungen bezüglich der Verbindung von Investition in produktive Tätigkeit und Rendite ermöglicht, d. h. in dem Ausmaß, in dem sie die Schutzfunktion des Staates betont. Das Negativsummenspiel ist unvermeidbar, weil es immer Personen gibt, für die Anreize bestehen, sich der politischen Strukturen, zu denen sie besseren Zugang haben als andere, zu bedienen, um Einkommen oder Vermögen von anderen zu sich selbst zu transferieren. Die Methoden der Transferoperationen (Option 2) sind nun nicht mehr gewaltsam; Transfers werden nicht mehr mittels Räuberei, sondern mittels politischer Prozesse durchgeführt. Die Option (3) besteht in Investitionen von Zeit und Energie in Maßnahmen, solche Transferoperationen zu erschweren oder zu verhindern (z. B. durch sogenannten Steuerwiderstand oder Abwandern in die Schattenwirtschaft). Je mehr eine politische Struktur die Umverteilungsfunktion betont (sei es durch direkte Maßnahmen, Restriktionen der Wahlfreiheit o. ä.), desto weniger wird sie wohlstandsfördernd sein. Diese prinzipiellen Überlegungen gelten offensichtlich für demokratische Staaten, die mehr oder weniger einem freiheitlichen Rechtsstaat ähneln. Die Zentralplanungswirtschaften sind nur in beschränktem Maße fähig, Wohlstand zu produzieren, so daß sie ohne Hilfe von außen und Technologietransfer nur auf einem sehr niedrigen Wohlstandsniveau überleben könnten. Aber abgesehen von der Niveaudifferenz gelten die angeführten Prinzipien selbstverständlich auch für diese Systeme. Das rationale Verhalten z. B. eines sowjetischen Managers, des Administrators eines Gulags (vgl. z. B. ANDERSON & TOLLISON, 1985) oder des Leiters eines jugoslawischen »Arbeitskollektivs« kann mit Hilfe des »economic approach« (property rights perspective) analysiert werden, und prüfbare Konsequenzen, Voraussagen können abgeleitet werden.

Im Laufe der kulturellen Evolution haben sich Staaten entwickelt, die dem Idealtypus des freiheitlichen Rechtsstaates, der auf marktwirtschaftlicher Ordnung basiert, einigermaßen nahe gekommen sind. Das ist eigentlich erstaunlich, denn solche Fälle sind sehr unwahrscheinlich. Diese Organisationsform ist daher selten und fragil. Wie alles im Leben bringt sie nicht nur Nutzen für die in ihr lebenden Individuen, sondern hat auch ihre Kosten. Ihre Stärke ist ihre Effizienz, ihr Vermögen, Wohlstand zu erhöhen, insbesondere epistemische Ressourcen, Humankapital und Wissen; sie ist kreativ und innovativ. Sie hat Schwächen. Innenpolitisch besteht die Gefahr, daß das Negativsummenspiel überhand nimmt, daß die tendentielle Zunahme der Staatsanteile die Effizienz und Innovativität langfristig ruiniert. Diesem Trend kann nur abgeholfen werden, wenn es gelingt, die Regierungsgewalt durch die Verfassung eng einzugrenzen, damit die Externalitäten, die die politischen Institutionen, insbesondere das demokratische System mit sich bringen, nicht die wohlstandsfördernden Institutionen zunehmend funktionsuntauglich machen. Im außenpolitischen Bereich bringt die hohe Innovativität und Effizienz der freien Wirtschaft die *Möglichkeit* eines entsprechenden Rüstungs- und damit Machtpotentials. Die totalitären Systeme haben jedoch hier beachtliche Vorteile dadurch, daß sie auf öffentliche Meinung keine Rücksicht zu nehmen brauchen, Geheimhaltung üben können, wo dies aus strategischen Gründen nützlich ist, Entscheidungen schneller treffen und eine größere Kontinuität aufbringen können, als dies in demokratischen Systemen möglich ist (BERNHOLZ, 1985).

Die Geschichte der biologischen wie der kulturellen Entwicklung ist die Beschreibung eines einmaligen Prozesses. In beiden Fällen gibt es keine Entwicklungsgesetze und daher auch keine Möglichkeit wissenschaftlicher Voraussagen. Man kann jedoch feststellen, daß bestimmte Trends wahrscheinlicher sind als andere, wenn bestimmte Randbedingungen als relativ konstant angenommen werden.

Das erkenntnistheoretische Fundament des freiheitlichen Rechtsstaates

Die These 4 besagt, daß sich der Intellekt durch die Beschäftigung mit den Produkten seiner Tätigkeit, den abstrakten Entitäten, entwickelt. Das Tempo dieser Entwicklung hängt davon ab, inwieweit die Institutionen der betreffenden Gesellschaft den freien Wettbewerb der Ideen fördern und eine uneingeschränkte Kritik ermöglichen. Die Tradition, die durch die Institutionen verkörpert wird, die den Wettbewerb der Ideen fördern, stellt eine spontane Ordnung dar. Diese »kritizistische« Tradition bzw. W. W. BARTLEYs »pankritischer Rationalismus« kann durch folgende Maxime zusammengefaßt werden: Halte alle Deine Positionen (Theorien, Standpunkte, Kriterien usf.) offen für relevante Kritik, d. h. dogmatisiere prinzipiell nichts - auch nicht diese Maxime! Es kann gezeigt werden, daß die Selbstanwendung der Maxime nicht zu semantischen Paradoxen führt (vgl. z. B. BARTLEYs Beiträge in RADNITZKY & BARTLEY, 1987; RADNITZKY, 1987a).

Die stammesgemeinschaftliche Horde wurde zusammengehalten durch ein gemeinsames Ziel, und totalitäre Regime versuchen sich Legitimation zu geben durch Hinweis auf eine nationale Mission. Deshalb können beide eine uneingeschränkte kritische Diskussion nicht zulassen. Nur die freiheitliche Ordnung - die ohne die marktwirtschaftliche Ordnung nicht möglich ist - kann sich den Luxus leisten, das Wissen durch Wettbewerb der Idee und uneingeschränkte Kritik wachsen zu lassen (MUNZ, 1985). Das ist eben deshalb möglich, weil diese Gesellschaftsordnung, die »ausgedehnte Ordnung« (extended order), *kein* gemeinsames Ziel hat - außer dem Ziel, die abstrakte Ordnung, die ihre Freiheit sichert, beizubehalten. Nachdem der pankritische Rationalismus gezeigt hat, daß das Dilemma der Begründungsphilosophie (Letztbegründung oder Skeptizismus, Dogmatismus oder Anarchie) nur innerhalb dieser Philosophie ein echtes Dilemma ist (z. B. RADNITZKY, 1987a), kann die Ethik der individuellen Freiheit betonen, daß es nicht »die Gesellschaft« ist, sondern das Individuum, das bewertet und sich Ziele setzt, und dies in Eigenverantwortung tut.

Wenn man individuelle Freiheit als den obersten Wert des öffentlich-politischen Bereichs ansieht und die Restriktionen berücksichtigt, die sich aus der menschlichen Motivation und der Janusköpfigkeit jeder politischen Struktur ergeben, dann gilt für die Verfassung des freiheitlichen Rechtsstaates das Prinzip, das kein Prinzip verabsolutiert werden darf - mit Ausnahme dieses Prinzips (des Prinzips also, daß kein Prinzip verabsolutiert werden darf; BERNHOLZ & FABER, 1986). Die Ausnahme bezieht sich hier auf ein Meta-Prinzip. Dies unterscheidet sie von der Absolutierung inhaltlicher Prinzipien von Religionen oder Pseudo-Religionen wie z. B. der Sekularreligion des Marxismus. In der Praxis bedeutet dieses konstitutionelle Prinzip, daß jeder Vorschlag einer Verfassungsreform zuerst daraufhin zu prüfen ist, ob er die Verabsolutierung eines *inhaltlichen* Prinzips impliziert.

Epilog

Die Erfahrungswelt einer Spezies ist wesentlich bestimmt durch ihre Erkenntnisapparate; sie ermöglichen es ihr, bestimmte Aspekte dieser Welt zu erfahren, aber eben nur diese. Die Erkenntnisapparate konnten sich entwickeln, weil sie sich bewährt haben, d. h. weil sie den Individuen der Spezies in einer Welt der natürlichen Knappheit Überlebensvorteile verschafft haben und zwar dadurch, daß sie ihnen relevante Information über die Umwelt genügend richtig übermittelt haben.

Die Erfahrungswelt des Menschen ist in jeder Hinsicht eine Welt der mittleren Dimensionen, ein »Mesokosmos« (VOLLMER, 1975). Der Mensch ist die einzige Spezies, die die ihr durch ihre Sinnesorgane auferlegte Beschränkung auf diesen Mesokosmos in einem wichtigen Sinn transzendieren kann.[12] Der entscheidende Schritt dazu wurde möglich durch die Emergenz der Sprache. In der kulturellen Evolution können dann im Zusammenhang mit der Entwicklung von Theorien auch die durch die natürliche Sprache gegebenen Begrenzungen transzendiert werden. Die Evolution der kritizistischen Tradition und der sie tragenden Organisationsformen ermöglichte dann das Wachsen des Wissens, die Entwicklung neuen Wissens und die ständige Verbesserung von wissenschaftlichen Theorien. Mit ihrer Hilfe können die jeweiligen Grenzen »unserer« Umgangssprache transzendiert werden. Mit Hilfe dieser Theorien können auch Hardware-Instrumente erstellt werden, die die Sinnesorgane ergänzen, indem sie Bereiche (z. B. Strahlung) erschließen, die von uns nicht wahr-genomen werden können. Die avancierten Theorien, insbesondere diejenigen über die Mikrowelt, stellen Aspekte der Wirklichkeit dar, die uns nicht direkt zugänglich sind. Aufgabe dieser Theorien ist es - obgleich dies paradoxal klingen mag -, solche Aspekte, die für uns nicht anschaulich sind, darzustellen. Daß sich das so verhält, ergibt sich daraus, daß auch solche Theorien mittels empirischer Prüfung kritisierbar sind und somit auch der komparative Begriff der Wahrheitsnähe auf sie anwendbar ist. Gerade der Fortschritt der durch die Verbindung von Quantenmechanik und der Physik des Gravitationsfeldes erreicht wurde, ist ein starkes Argument für *ontologischen und epistemologischen Realismus* (BARTLEY, 1987a; RADNITZKY, 1987a). Im Kontext einer idealistischen, oder überhaupt einer begründungsphilosophischen Philosophie[13], aber auch im Kontext einer instrumentalistischen Auffassung von Theorien wird die gesamte Wissenschaftsentwicklung zum Mysterium; es wird unerklärlich, warum eine bestimmte Theorie in Erklärung erfolgreicher ist, warum sie sich besser bewährt (was durch Prädiktionen geprüft wird) als ihre Konkurrentinnen (ANDERSSON, 1987).

Mit Hilfe wissenschaftlicher Theorien konnte der Mensch die Vorstellung, die er sich von seiner Spezies machte, ständig verbessern. Die *historische* Dimension ist jedoch erst in unserem Jahrhundert auf den gesamten Kosmos ausgedehnt worden. Der Urknall wird als Nullpunkt der Entwicklung vorgestellt. Was sich dann entwickelt, ist die Frage der

Evolution, wobei »Evolution« deskriptiv bleibt und keine Werturteile impliziert. *Der Mensch lernte, sich als ein Teil des Universums zu betrachten.* Zum Beispiel, wenn er bedenkt, daß die Stoffe, aus denen sein Körper besteht, und die Metalle, die er verarbeitet, vor Milliarden von Jahren im Inneren von Sternen entstanden sind, die es längst nicht mehr gibt; wenn er seine biologische Verwandtschaft mit den Primaten bedenkt, oder wenn er realisiert, daß das Moralsystem, das die jagende und sammelnde Horde - eine Lebensform, in der unsere Vorfahren mindestens eineinhalb Millionen Jahre gelebt haben - zusammenhielt, und das noch heute in unseren Emotionen verankert ist, demjenigen Regelsystem sehr ähnlich ist, das eine Schimpansenhorde zusammenhält (FRANS DE WAAL, 1982).

Besonders die Radioastronomie hat gezeigt, wie begrenzt der Bereich des für uns sichtbaren, des tierischen Seh-Sinnes, ist. Daß, je weiter wir in den Raum hinausschauen, wir desto weiter in die Vergangenheit blicken. Die Wirkung der sogenannten Kopernikanischen Revolution sollte verhältnismäßig bescheiden sein, verglichen mit der Wirkung der Entdeckung (1924), daß unser ganzes Milchstraßensystem, dem wir mit unserem Sonnensystem angehören, nur eines unter vielen gleichartigen Systemen ist. Es ist auch eine interessante Überlegung, daß die gesamte Masse aller Organismen, die auf der Erde während der letzten zwei, drei Jahrmilliarden gelebt haben, viel größer ist als die Masse der Kohlenstoff- und Stickstoffatome, die es auf der Erde gibt. Da, gemäß des Energieerhaltungsgesetzes Materie weder geschaffen noch vernichtet wird,müssen diese Kohlenstoff- und Stickstoffatome bei der Entstehung neuer Generationen von Pflanzen und Tieren immer wieder von neuem verwendet worden sein. Denn die Erde empfängt weder nennenswerte Mengen von Material von anderen Teilen des Universums noch verliert sie solche: Die Atome werden wieder und wieder verwendet. Der Zyklus braucht kein neues Material, sondern Energie; der Zyklus der Elemente ist geschlossen, während der Energiezyklus eher offen ist.

Der Aspekt des Menschenbildes, der sich mit dem Menschen als erkennendem Subjekt befaßt, wird umso wichtiger, je wichtiger das Wissen wird. Unsere steinzeitlichen Vorfahren besaßen dieselben Naturressourcen wie wir. Was den Unterschied zwischen ihnen und uns ausmacht, sind die epistemischen Ressourcen. Wir besitzen Wissen, mit dessen Hilfe wir die Naturressourcen in Artifakte verwandeln können, die das Leben komfortabler machen. Außerdem versucht der Mensch mit Hilfe des Wissens, das ihm die Forschung liefert, das Universum und seinen Platz in ihm besser zu verstehen. Das Wunder ist sozusagen, daß der Big Bang zu einer Situation geführt hat, in der Jahrmilliarden später ein winziger Teil des Universums sich über den Rest und über sich selbst Gedanken machen kann. In dieser Selbstreflexion erkennt der Mensch auch seine zeitliche Endlichkeit, nicht nur als Individuum, sondern auch als Spezies (ERBEN, 1981). Die evolutionäre Epistemologie reflektiert dabei diejenigen Aspekte, die für das Verständnis des Zustandekommens der Erkenntnis auf verschiedenen Ebenen und Entwicklungsstadien relevant sind. Ihre Bedeutung nimmt also zu mit der Bedeutung, die dem Wissen zukommt.

Anmerkungen

[1] Zu einer Zeit, als es noch keine Ozonschicht in der Lufthülle gab, entwickelten Halobakterien Photorezeptoren mit Bakteriorhodopsin und Halorhodopsin.

[2] Bei z. B. Fledermäusen mit Hilfe der auditorischen Wahrnehmung, bei gewissen Fischen mit der Wahrnehmung von elektrischen Feldern usf. Wir bilden uns unsere Wahrnehmungswelt aus dem, was sonst als »noise«erscheinen könnte, der aber ein strukturisierter »noise« ist. Ganz ähnlich wie ein Radioempfänger selektieren unsere Ohren bestimmte Geräusche, und ähnlich einem Fernsehempfänger sprechen unsere Augen auf bestimmte »Programme« an (PRIBRAM, 1986).

[3] Mit einer »Wahrheit synthetisch apriori« wird hier ein Satz gemeint, dessen Wahrheitswert von seinem Verhältnis zur Wirklichkeit abhängt, also nicht alleine von semantischen Regeln bestimmt wird (wie bei einem analytischen Satz). Dank der formellen Semantik sind wir hier viel weiter gekommen als KANT (KANTs Beispiele sind alle unhaltbar). Die Distinktion »Apriori/Aposteriori« ist dagegen noch immer recht unklar. Ein Satz ist *genetisch apriori* für ein bestimmtes Individuum, wenn dieses den Satz aufstellen kann und ihn für richtig halten kann, ohne daß seine Erfahrung dabei eine Rolle spielt. Hier ist also Psychologie mit im Spiel, nicht nur Semantik. »Ein Satz ist *aposteriori gültig*« - diese Formulierung betrachte ich als eine etwas irreführende Weise zu sagen: Der Satz ist zur Zeit besser korroboriert als alle seine Konkurrenten, deshalb im Moment weniger problematisch als diese (RADNITZKY, 1986b, 1987b). »*Apriori gültig* « bedeutet demnach, daß der betreffende Satz wahr ist und daß bei dem Feststellungsverfahren für seinen Wahrheitswert empirische Prüfung und somit auch die Erfahrung keine Rolle spielen.

[4] POPPER, 1972: »... das objektive Wissen kann sich ändern und es kann wachsen dadurch, daß sprachlich formulierte Vermutungen eliminiert (getötet) werden: Der »Träger« dieser Vermutungen aber kann überleben - und, falls er Selbstkritik hat, dann kann er auch seine Vermutung revidieren.« (dt. Übers. GR) ».. objective knowledge can change and grow by the elimination (killing) of the linguistically formulated conjecture: the »carrier« can survive - he can, if he is a self-critical person, even eliminate his own conjecture.«

[5] Eine formalisierte Sprache kann nur wenige, wohl-definierte Funktionen haben: In der Hauptsache die Funktion, wahrheitsbewahrende Ableitungen zu ermöglichen und damit das Überprüfen der Validitätsansprüche von Argumenten. Im Gegensatz zur natürlichen Sprache muß daher Sinn und Bedeutung der Ausdrucksgestalten einer formalisierten Sprache vom Kontext unabhängig sein, durch die semantischen Regeln ein für alle mal fixiert sein (weshalb formalisierte Sprachen für Kommunikation nicht verwendbar sind).

[6] Gruppenbildung setzt genügend verläßliche Erwartungen bezüglich des Verhaltens anderer voraus, d. h. daß der Anteil des regelgeleiteten Verhaltens innerhalb der Gruppe genügend groß ist. Zwischen dem Regelsystem, das eine Schimpansenhorde zusammenhält, und dem der jagenden und sammelnden Menschenhorde besteht eine deutliche Kontinuität (vgl. z. B. RADNITZKY, 1986a, für Literaturhinweise).

[7] Das Menschenbild, das dieser Annahme zugrundeliegt, ist das sog. REMM: »resourceful, *e*valuating, *m*aximizing *m*an« (vgl. z. B. BRUNNER, 1983) - das Individuum als einfallsreiches, zielstrebiges Wesen, das versucht, möglichst viele seiner (oft miteinander konkurrierenden) Wünsche zu realisieren, unter Berücksichtigung der Knappheit seiner Ressourcen an Zeit, der Unvollständigkeit und Fehlbarkeit seines Wissen usf.

[8] Das ist eine der Pointen des REMM-Modells: In seinem Eigeninteresse (selfinterest) handeln bedeutet (von der schottischen Moralphilosophie bis zu HAYEK) vor allem Selbstentscheiden, und hat also mit der Distinktion zwischen egoistischem und altruistischem Verhalten nichts zu tun. Ein Umstand, der immer wieder mißverstanden wird.

[9] Wenn der Freiheit ein Eigenwert zugebilligt wird, dann kann diese Bewertung nur durch moralische Argumente unterstützt werden; Effizienzargumente sind dann irrelevant.

[10] Das REMM-Modell des Menschen wird hier durchgehend vorausgesetzt.

[11] In der wirtschaftswissenschaftlichen Literatur spricht man von »alternden Volkswirtschaften«, wofür das Phänomen der sogenannten »Eurosklerose« ein Beispiel ist (OLSON, 1982).

[12] Das ermöglicht es ihm auch - als einzige Spezies -, neue Öko-Nischen zu erobern *ohne* Speciation, wobei die Ausbreitung ein Vorgang ist, der allen anderen Arten abträglich ist (COLVINAUX, 1978).

[13] Im Kontext von »presentationalism« im Gegensatz zu »*re*presentationalism« - etwa der metaphysischen Position, die meint, »what exists is what is presented to me«, wobei gewisse Arten von Entitäten als Wahrheitsansprüche-begründende Instanzen ausgezeichnet werden - entstehen viele Scheinprobleme (BARTLEY, 1987a).

Literatur

ALBERT, H. (1978): Traktat über rationale Praxis. Tübingen: J. C. B. Mohr.

ALI, M. A. (1984): Photoreception and vision in invertebrates. New York, NY: Plenum.

ALI, M. A., & M. A. KLYNE. (1985): Vision in vertebrates. New York, NY: Plenum.

ANDERSON, G., & R. TOLLISON (1985): Life in the Gulag: A property rights perspective. The Cato Journal **5**: 295-304 (Spring/Summer 1985).

ANDERSSON, G. (1987): Wissenschaftsgeschichte und Kritik. Tübingen: Mohr (im Erscheinen).

ANDERSON, G. (ed.) (1984): Rationality in science and politics. (Boston Studies in the Philosophy of Science Vol. 79). Dordrecht: Reidel.

ANDERSON, M. (Ed.) (1986): The unfinished agenda: Essays in the political economy of government policy in honour of Arthur Seldon. London: Institute of Economic Affairs.

BARTLEY, W. W. III. (1976): The philosophy of Karl Popper: Part I: Biology and evolutionary epistemology. Philosophia (Israel) **6**: 463-494.

BARTLEY, W. W. III. (1982): The philosophy of Karl Popper: Part III: Rationality, criticism and logic. Philosophia (Israel) **11**: 121-221.

BARTLEY, W. W. III. (1987a): Philosophy of biology vs philosophy of physics. In: RADNITZKY, G., & W. W. BARTLEY III. (1987).

BARTLEY, W. W. III. (1987b): Theories of rationality. In: RADNITZKY, G., & W. W. BARTLEY III. (1987).

BERNHOLZ, P. (1985): The international game of power. Berlin/New York, NY: Mouton Publishers.

BERNHOLZ, P., & M. FABER (1986): Überlegungen zu einer normativen ökonomischen Theorie der Rechtsvereinheitlichung. Rabels Zeitschrift für Ausländisches und Internationales Privatrecht. Hamburg: Im Erscheinen.

BRUNNER, K. (1983): The perception of man and justice and the conception of political institutions. In: MACHLUP, et al. (1983): 327-355.

BRUNNER, K. (1984): Technological change: Challenge and consequences. (Working Paper Series, No. GPB-84-4). Rochester, NY: Center for Research in Government Policy and Business.

BRUNNER, K. (1985): The poverty of nations. The Cato Journal **5**: 37-50.

CAMPBELL, D. T. (1960): Blind variation and selective retention in creative thought as in other knowledge processes. Psychological Review **67**: 380-400.

CAMPBELL, D. T. (1974): Evolutionary epistemology. In: SCHILPP, P. A. (1974): 413-463.

CAMPBELL, D. T. (1987): Evolutionary epistemology. In: RADNITZKY, G., & W. W. BARTLEY (1987).

COLINVAUX, P. (1978): Why big fierce animals are rare. An ecologist's perspective. Princeton, NJ: Princeton University Press.

EIBL-EIBESFELDT, I. (1985): Biologie des menschlichen Verhaltens. München-Zürich: Piper.

ERBEN, H. (1981): Leben heißt Sterben. Der Tod des Einzelnen und das Aussterben der Arten. Hamburg: Hoffmann und Campe.

HAYEK, F. v. (1952): The sensory order. Chicago, IL: University of Chicago Press.

HAYEK, F. v. (1967): Studies in philosophy, politics, and economics. New York, NY: Simon and Schuster.
HAYEK, F. v. (1973, 1976, 1979): Law, Legislation and liberty. 3 vols. London: Routledge and Kegan Paul.
HIRSHLEIFER, J. (1980): Privacy: Its origin, function, and future. The Journal of Legal Studies **9**: 649-664.
HIRSHLEIFER, J. (1986): The expanding domain of economics. Paper commissioned for the forthcoming 100th anniversary of The American Economic Review, in MS in Vol. **75**, No. 6: Im Druck.
KREUZER, F. (Hrsg.) (1982): Offene Gesellschaft - Offenes Universum: Franz Kreuzer im Gespräch mit Karl R. Popper. Wien: Deuticke.
LÖWENHARD, P. (1987): Mind and brain - reduction or correlation? In: RADNITZKY, G. (Ed.) (1987d).
LORENZ, K. (1962): Kants doctrine of the a priori in the light of contemporary biology. In: BERTALANFFY, L.V., & A. RAPPORT (eds.) (1962): General systems. Yearbook of the Society for General Systems Research: 112-114.
LORENZ, K., & F. M. WUKETITS (Hrsg.) (1983): Die Evolution des Denkens. München-Zürich: Piper.
MACHLUP, F. et al. (Eds.) (1983): Reflections on a troubled world economy. Essays in honor of Herbert Giersch. New York, NY: St. Martins Press.
MUNZ, P. (1985): Our knowledge of the growth of knowledge. London: Routledge and Kegan Paul.
OLSON, M. (1982): The rise and decline of nations. New Haven, CT: Yale University Press.
PÄHLER, K. (1986): Qualitätsmerkmale wissenschaftlicher Theorien. Tübingen: Mohr.
PETERSEN, A. (1985): Towards a rational theory of the mind: Lifelines in Poppers deductive approach to psychology. etc. **42**: 228-253.
POPPER, K. (1979): Objective knowledge. An evolutionary approach. 5th rev. ed. London: Oxford University Press.
POPPER, K. (1976): Unended quest. An intellectual autobiography. London: Fontana.
POPPER, K. (1982a): Realism and the aim of science. New Jersey, NJ: Rowman and Littlefield, Vol 1 of the Postscript to the logic of scientific discovery, as edited by W. W. BARTLEY III.
POPPER, K. (1982b): The open universe. New Jersey, NJ: Rowman and Littlefield, Vol. II of the Postscript to the logic of scientific discovery, as edited by W. W. BARTLEY III.
POPPER, K. (1982c): Quantum theory and the schism in physics. New Jersey, NJ: Rowman and Littlefield, Vol. III of the Postscript to the logic of scientific discovery, as edited by W. W. BARTLEY III.
POPPER, K. (1984): Auf der Suche nach einer besseren Welt. München-Zürich: Piper.
POPPER, K. (1987): Campbell on the evolutionary theory of knowledge. In: RADNITZKY, G., & W. W. BARTLEY III (1987).
POPPER, K., & J. ECCLES (1977): The self and its brain. An argument for interactionism. Berlin: Springer.
POPPER, K., & K. LORENZ (1985): Die Zukunft ist offen: Das Altenberger Gespräch mit den Texten des Wiener Popper-Symposiums. München-Zürich: Piper.
PRIBRAM, K. (1986): The holographic hypothesis of brain function: A meeting of minds. The World and I: A Chronicle of Our Changing Era (Washington, DC) **1**: 591-598.
RADNITZKY, G. (1986a): The evolution of the extended order. The World and I: A Chronicle of Our Changing Era (Washington, DC) **1**: 677-700.

RADNITZKY, G. (1986b): Towards an »economic« theory of methodology. Methodology and Science 19: 124-147.
RADNITZKY, G. (1986c): L'epistemologia di Popper e la ricerca scientifica. (Edizione italiana a cura di Angelo M. Petroni). Roma: Edizioni Borla.
RADNITZKY, G. (1987a): In defense of self-applicable critical rationalism. In: RADNITZKY, G., & W. W. BARTLEY III (1987).
RADNITZKY, G. (1987b): Cost-benefit thinking in the methodology of research: The »economic approach« applied to key problems of the philosophy of science. In: RADNITZKY, G., & P. BERNHOLZ (1987).
RADNITZKY, G. (1987c): An economic theory of the rise of sibilisation: Hayek´s account generalized. Ordo 38: Im Druck.
RADNITZKY, G. (Ed.) (1987d): The search for unity in the sciences. New York, NY: Paragon House.
RADNITZKY, G., & W. W. BARTLEY III.(Eds.) (1987): Evolutionary Epistemology, rationality, and the sociology of knowledge. LaSalle, IL: Open Court.
RADNITZKY, G., & P. BERNHOLZ (eds.) (1987): Economic imperialism: The economic approach applied outside the field of economics. New York, NY: Paragon House.- Deutsche Ausgabe1987. München: Philosophia Verlag.
RIEDL, R. (1975): Die Ordnung des Lebendigen. Berlin-Hamburg: Paul Parey.
RIEDL, R. (1976): Die Strategie der Genesis. München-Zürich: Piper.
RIEDL, R. (1981): Biologie der Erkenntnis: Die stammesgeschichtlichen Grundlagen der Vernunft. 3. Aufl. Unter Mitarbeit von Robert Kapsar. Berlin-Hamburg: Paul Parey.
RIEDL, R. (1982): Evolution und Erkenntnis. München-Zürich: Piper.
SCHILPP, P. A. (ed.) (1974): The philosophy of Karl Popper. LaSalle, IL: Open Court.
VOLLMER, G. (1975): Evolutionäre Erkenntnistheorie. Stuttgart: Hirzel.
WAAL, F. DE (1982): Chimpanzee politics. London: J. Cape.
WÄCHTERSHÄUSER, G. (1987): Light and life: On the nutritional origins of sensory perception. In: RADNITZKY, G., & W. W. BARTLEY III. (1987).
WUKETITS, F. M. (1983): Biologische Erkenntnis: Grundlagen und Probleme. Stuttgart: Gustav Fischer.
WUKETITS, F. M. (1984): Concepts and approaches in evolutionary epistemology. Dordrecht: Reidel.
WUKETITS, F. M. (1985): Zustand und Bewußtsein. Hamburg: Hoffmann und Campe.
WUKETITS, F. M. (1987): Comments on Löwenhard. In: RADNITZKY, G. (1987d).

Kommentar zu »Erkenntnistheoretische Probleme im Lichte von Evolutionstheorie und Ökonomie«

FRANZ VON KUTSCHERA

GERARD RADNITZKY hat in seinem Vortrag eine ganze Reihe von Themen der Evolutionären Erkenntnistheorie (im folgenden kurz EE) angesprochen. Ich will mich hier auf jenen Punkt beschränken, der im Mittelpunkt stand: Das Verhältnis zwischen der EE und dem POPPERschen Kritizismus. RADNITZKY hat die Analogien betont, ich möchte demgegenüber auf einige grundsätzliche Unterschiede hinweisen. Dieses Vorhaben ist zwar insofern etwas heikel, als KARL POPPER in seinem Vortrag ebenfalls nur das Verbindende hervorgehoben hat, aber er wollte auch keine Gesamtdarstellung seiner Wissenschafts-

und Erkenntnistheorie geben.

Es gibt zweifellos Parallelen zwischen der POPPERschen Methodologie der Wissenschaften und der EE, wie auch Entsprechungen zwischen dieser und Gedanken POPPERs, die über den Rahmen der Methodologie hinausgehen. So ist z. B. seine Wissenschaftstheorie - im Gegensatz zur statisch konzipierten Methodologie in der Tradition von CARNAP und HEMPEL - dynamisch, ihr Thema ist der wissenschaftliche Fortschritt, nach ihr vollzieht sich der nach der trial-and-error-Methode ebenso wie nach der Evolutionstheorie die Entwicklung der Arten, und auch er betont den großen Einfluß genetisch-apriorischer Erkenntnisstrukturen und Erwartungen auf unsere Erfahrungen. Neben diesen und anderen Analogien gibt es aber auch deutliche Unterschiede, auf denen ich deshalb insistieren möchte, weil man gelegentlich den Eindruck hat, daß sie systematisch übergangen werden, um eine Gleichartigkeit biologischer und wissenschaftlicher Evolution behaupten zu können. Das wäre dann eine Anwendung des Prinzips der Nichtunterscheidung des Verschiedenen, dessen Fruchtbarkeit schon FREGE gerühmt hat. Die folgenden Gedanken sind meist nicht neu, verdienen es aber, noch einmal betont zu werden.[1]

Evolutionäre Erkenntnistheorie als naturwissenschaftliche Theorie

1. Die Wissenschaftstheorie hat es mit Hypothesen, Theorien und Beobachtungsergebnissen, also mit Erkenntnis*produkten* zu tun, die EE hingegen mit Erkenntnis*apparaten* und ihren Leistungen.[2] Theorien sind etwas anderes als Erkenntnisapparate; sie gehören in der POPPERschen Redeweise zur Welt 3, Erkenntnisapparate hingegen zur Welt 1, zumindest im Sinne einer EE, die sich als Biologie der Erkenntnis versteht. Theorien kann man widerlegen, Erkenntnisapparate oder -leistungen nicht. Die Falsifisierung einer Theorie durch einen Test ist etwas anderes als die schlechte Anpassung einer Spezies an ihre Umgebung oder ihr Untergang. Mutationen sind zufällig, Entwürfe neuer Hypothesen nicht - insbesondere nach den Aussagen POPPERs. Die biologische Evolution, die sich in Jahrmillionen vollzieht, kann es sich gewissermaßen »leisten«, auf den günstigen Zufall zu warten, die wissenschaftliche Evolution, die es eiliger hat, ist dagegen auf ein intelligentes Vorgehen angewiesen.

2. Die EE ist eine naturwissenschaftliche, empirische Theorie. Ich möchte sie hier als Teil der biologischen Evolutionstheorie, als »Biologie der Erkenntnis« im Sinne RIEDLs verstehen. Wenn man das, wie etwa VOLLMER, nicht tut, sondern sie als Verbindung biologischer (und psychologischer) Theorien mit einer philosophischen Erkenntnistheorie ansieht, so ist die gängige Rede von der »kopernikalischen Wende« in der Erkenntnistheorie, die sie bewirkt habe, nicht mehr haltbar: Die EE *ersetzt* dann eben die philosophische Erkenntnistheorie nicht, sondern *ergänzt* sie nur. Nun haben wir zwar nach meinem Eindruck ohnehin mehr »kopernikalische Wenden« als Kopernikusse, so daß man eine von ihnen ruhig opfern könnte, man müßte aber doch den empirischen, biologischen Teil dieser Verbindung von ihrem philosopischen Teil deutlich abheben, da es der EE ja gerade darum geht, zu zeigen, daß sich manche philosophischen Fragen aufgrund biologischer Einsichten beantworten lassen; dazu müssen aber biologische und philosophische Argumente getrennt werden. Ich glaube also zwar, daß VOLLMERs Ansicht, eine Erkenntnistheorie, die alle bisher unter diesem Titel diskutierten Probleme behandeln kann, müsse sowohl biologische wie philosophische Elemente enthalten, zumindest gegenwärtig realistischer ist als das Prgramm einer umfassenden Biologie der Erkenntnis, daß es aber terminologisch günstiger ist, den Titel »Evolutionäre Erkenntnistheorie« nur für den biologischen Teil zu verwenden, nicht für das Ganze. Nur dann ist die EE ein Teil der Evolutionstheorie und nur dann kann man, wie RADNITZKY, von einer durch sie ermöglichten Vereinheitlichung der Theorie des Erkennens von der Amöbe bis Einstein

sprechen. Die EE ist also in diesem Verständnis eine naturwissenschaftliche Theorie, eine Wissenschaftstheorie ist hingegen keine naturwissenschaftliche Theorie, sondern liefert Kriterien zur Bewertung solcher Theorien. Insbesondere ist die POPPERsche Methodologie nicht evolutionstheoretisch begründbar, sondern besagt unter anderem, daß die Evolutionstheorie nur dann als wissenschaftliche Theorie anzusehen ist, wenn sie falsifisierbar ist - und POPPER hatte das zunächst bestritten.[3] Die Annahme, wissenschaftstheoretische Kriterien ließen sich mit einer empirischen Theorie begründen, würde zu einer wissenschaftstheoretischen Selbstrechtfertigung dieser Theorie führen, und im übrigen kann man - wie auch VOLLMER betont hat [4] - aus faktischen-deskriptiven naturwissenschaftlichen Aussagen keine normativen Aussagen ableiten, wie sie in der Wissenschaftstheorie vorkommen.

3. Da es die Biologie nur mit materiellen Systemen zu tun hat, läßt sich evolutionstheoretisch auch nur die Entstehung materieller Systeme, ihrer Eigenschaften und Leistungen erklären. Wenn die EE also den menschlichen Erkenntnisapparat und seine Fähigkeiten diskutieren will, so muß sie die Identitätsthese, d. h. den Physikalismus voraussetzen, nach dem seelische und geistige Phänomene - also insbesondere das Erkennen - nichts anderes sind als physikalische Phänomene, die an bestimmten materiellen Systemen (hochkomplexen zentralen Nervensystemen) auftreten. Diese These ist unverträglich mit der POPPERschen 3-Weltenlehre und dem psycho-physischen Dualismus, zu dem er sich (1977) bekennt.[5] Viele Vertreter der EE sind aber POPPERianer, und das führt dann zu einem merkwürdigen Hin- und Herwechseln zwischen unverträglichen Positionen. So haben wir im Vortrag gehört, das Bewußtsein sei eine »emergente Eigenschaft gewisser biologischer Systeme«, kurz darauf war aber von einer »Diskontinuität der biologischen Evolution« beim Menschen die Rede und kurz vorher vom Gehirn als »materiellem Substrat des Intellekts«. Es gilt also: Entweder man ist in diesem Punkt POPPERianer oder man ist Evolutionärer Erkenntnistheoretiker; beides zusammen geht nicht.

4. Der Kritische Rationalismus läßt nur kritisierbare, insbesondere falsifizierbare Theorien als wissenschaftliche gelten. Nur hinreichend präzise formulierte Theorien sind aber falsifizierbar. Wenn die EE sich also POPPERs Methodologie zu eigen machen will, so muß sie versuchen, ihren teilweise noch recht vagen Sprachgebrauch zu verdeutlichen. Wörter wie »Erkenntnis« und »Problemlösung« z. B. haben in der normalen Sprache eine hinreichend klare Bedeutung. In der EE werden sie jedoch in einem erheblich ausgeweiteten Sinn verwendet, ohne daß ihre neuen Anwendungsgrenzen hinreichend genau fixiert würden. Nun hat zwar KARL POPPER in seinem Vortrag - wie auch in früheren Veröffentlichungen - betont, es komme nicht auf Begriffe an, sondern nur auf Theorien. Damit entfernt er sich aber von seinem eigenen kritischen Rationalismus und propagiert im Effekt, wenn auch sicherlich unbeabsichtigt, eine Haltung, die man nur als Obskurantismus bezeichnen kann. Es gibt keine präzisen und informativen Theorien ohne präzise Begriffe. Das ist für jeden Wissenschaftler eine Trivialität, und auch in der Philosophie gibt es keine relevanten Aussagen ohne hinreichend scharfe Begriffe. Daß es so etwas wie *absolute* Präzision nicht gibt, ist jedermann geläufig, und ebenso, daß es in Philosophie und Wissenschaft nicht *nur* um Begriffserklärungen geht, sondern vor allem um Theorien. Aber daraus folgt nicht, daß begriffliche Unterscheidungen unwichtig wären.

a) Von der Problematik der vom normalen Sprachgebrauch stark abweichenden Verwendung des Wortes »Erkenntnis« in der EE war auf dieser Tagung schon wiederholt die Rede. Sie würde eine eingehende Diskussion verdienen, ich will mich hier aber auf zwei kurze Bemerkungen beschränken. Es ist erstens unökonomisch und irreführend, ein Wort, das einen wichtigen Begriff bezeichnet, für einen anderen zu verwenden, also etwa »Erkenntnis« für »Anpassung«, denn dann hat man zwei Termini für einen Begriff und

muß einen neuen für jenen Begriff einführen, den der zweckentfremdete Ausdruck ursprünglich bezeichnete. Die EE will ja nicht nur eine Anpassungstheorie liefern, sondern auch eine Theorie der Erkenntnis im ursprünglichen Sinn dieses Wortes, insbesondere eine Theorie der Formen und Leistungen menschlichen Erkennens. Die Verwendung desselben Worts für zwei zunächst einmal verschiedene Phänomenbereiche, deren Beziehungen erst aufgeklärt werden müssen, führt leicht dazu, daß man sie als identisch voraussetzt und sich so von dieser Aufklärung dispensiert. Zweitens ist zu beachten, daß das Wort »erkennen« in der Normalform der Aussagen über Erkenntnisse »Das Subjekt X erkennt, daß der Sachverhalt p besteht«, einer anderen Logik und Grammatik folgt als das Wort »angepaßt sein«. Es gehört z. B. nicht der extensionalen Sprache an, wie sie sonst in den Naturwissenschaften verwendet wird, und während ein Organismus seiner Umgebung mehr oder weniger gut angepaßt ist, kann man nicht mehr oder weniger gut erkennen, daß 2+2 = 4 ist. Es gibt eine epistemische Logik, die sich mit den Begriffen des Erkennens und Wissens befaßt, und die nicht nur für die philosophische Erkenntnistheorie nützlich ist, sondern auch für die Biologie, wenn sie sich mit Erkenntnis im normalen Sinn befassen will. Die epistemische Logik sagt nicht mehr, als wie in formal vernünftiger Weise über Erkennen zu reden ist, aber das ist angesichts dessen, was auch von philosophischer Seite über Erkenntnis geschrieben worde ist, nicht zu unterschätzen.
b) Eine »Problemlösung«, so hörten wir im Vortrag, liegt schon dann vor, wenn sich ein Ding in seiner Existenz erhält. Das »tun« aber auch Steine und Atome, so daß das »Problemlösen« kein Spezifikum des Lebendigen ist. Auch das Wort »tun« hat hier ja einen ganz allgemeinen Sinn: Es setzt keinen Agenten voraus, der die Tat auch unterlassen könnte, kein Subjekt, das erkennt und wählt. Man kann also auch sagen: »Der Stein tut kohärieren« und damit löst er dann ein Problem. Der Satz »Alles Leben ist ein Problemlösen« ist also im normalen, engeren Sinn des Ausdrucks »ein Problem lösen« falsch, in dem erweiterten Sinn, den RADNITZKY offenbar anzielt, aber analytisch wahr und damit uninformativ.

Die EE ist noch eine recht junge Theorie, von der man billigerweise noch keine in allen Teilen wohlbestimmte Begrifflichkeit erwarten kann. Insbesondere ist es für sie als eine fachüberschreitende Disziplin schwierig, philosophischen Ansprüchen gerecht zu werden - ebenso wie es für Philosophen schwierig ist, in ihren Aussagen über menschliches Erkennen den Einsichten der Biologie und Psychologie Rechnung zu tragen. Diese Tagung hat ja auch den Zweck, durch gegenseitige Kritik das gemeinsame Ziel zu fördern. In diesem Sinn bitte ich meine Bemerkungen zu verstehen, die insbesondere darauf abzielen, deutlich zu machen, daß der EE in manchen Punkten noch manches fehlt, um auf dem wissenschaftlichen »Markt« konkurrenzfähig zu sein. Das Wort »Markt« bringt mich zu einer abschließenden Bemerkung zum Vortrag: Der wissenschaftliche Erfolg einer Theorie bemißt sich nicht, wie GERARD RADNITZKY in seinem ökonomischen Modell annimmt, nach der Zahl ihrer Vertreter oder Proselyten, sondern im Sinne POPPERs nach ihrem Erklärungswert oder der Zahl der strengen Tests, die sie bestanden hat. Es kommt auf ihren Wahrheitsgehalt an, nicht auf ihren propagandistischen Erfolg, andernfalls sollten wir die Wissenschaft den Werbefachleuten überlassen.

Anmerkungen

[1] Zu meinem Bedauern überschneiden sich meine Bemerkungen zudem mit den sehr viel ausführlicheren, die GERHARD VOLLMER in seinem nachfolgenden Vortrag gemacht hat (s. VOLLMER, in diesem Band).

[2] Vgl. dazu STEGMÜLLER (1984). Das Wort »Erkenntnis« verwende ich hier, wie auch

POPPER und die Vertreter der EE, in einem weiteren Sinn als dem normalen. Im letzteren sind Sätze, die Erkenntnisse ausdrücken, immer wahr: Man kann nicht erkennen, daß Wien am Ganges liegt.

[3] Vgl. POPPER (1972): S. 69 f.

[4] Vgl. VOLLMER (1984): S. 6.

[5] Vgl. dazu VOLLMER (1983): S. 84; und (1984): S. 16.

Literatur

POPPER, K. (1979): Objektive Knowledge. 2. Ed. Oxford: Clarendon Press.

POPPER, K., & J. C. ECCLES (1977): The Self and Its Brain. Berlin-Heidelberg-New York: Springer.

STEGMÜLLER, W. (1984): Evolutionäre Erkenntnistheorie, Realismus und Wissenschaftstheorie. In: SPAEMANN, R., P. KOSLOWSKI & R. LÖW (Hrsg.): Evolutionstheorie und menschliches Selbstverständnis. Weinheim: Verlag Chemie.

VOLLMER, G. (1984): Evolutionäre Erkenntnistheorie. Information Philosophie **5**: 4-23.

VOLLMER, G. (1983): Mesokosmos und objektive Erkenntnis. In: LORENZ, K., & F. M. WUKETITS: Die Evolution des Denkens. München-Zürich: Piper.

■ *Diskussion*

LEINFELLNER: Ich möchte auf ein allgemeines Problem hinweisen, den Einfluß POPPERs auf die evolutionären Erkenntnistheoretiker. Das ist sehr klar herausgekommen, auch beim Lesen von RADNITZKYs anderen Artikeln. Sie haben erstens einmal schon die Dualität, so daß wir das Gehirn als einen Computer betrachten, software, hardware, nicht wahr, das ist der Dualismus, den müssen Sie nehmen, wenn Sie POPPER nehmen. Dann, zweitens, haben Sie in der HAYEK-Ökonomie und auch der POPPERschen Ökonomie den Wettbewerb, die harte competition, und die sichert uns Freiheit, und so soll es auch in der Wissenschaft gehen. Aber wir haben die Kategorie der Kooperation in der Spieltheorie, die Wissenschaft ist hauptsächlich auf Zusammenarbeit der Wissenschaftler aufgebaut. Also das ist ganz vergessen worden. Und ich glaube, man muß da schon vorsichtiger sein, denn sonst hören wir uns miteinander ad infinitum beten von KANT und POPPER und den anderen.

RIEDL: Eine Frage an FRANZ VON KUTSCHERA. Hielten Sie die Lösung im Sinne eines kognitiven Dualismus für möglich? In dem Sinne, daß wir wohl so ausgestattet sind, daß uns Leib und Seele, Geist und Materie, Funktion und Struktur, selbst in der Mikrophysik die Quanten einmal als Korpuskel (als Information), einmal als Wellen (als Kraft) erscheinen, dies in Wahrheit aber nur zwei Seiten desselben Dinges wären. Kurz gesagt, halten Sie die Lösung für passabel, daß diese Welt eine Einheit ist, wir sie aber in zwei Formen gespiegelt sehen?

MOHR: Vielleicht entsteht ein erheblicher Teil der Schwierigkeit daraus, daß sowohl in dem Referat als auch von Ihnen, da Sie sich noch auf das Referat bezogen haben, die beiden Stufen der Evolutionären Erkenntnistheorie, die ERHARD OESER gestern sauber auseinandergenommen hat, vermischt wurden. Die Evolutionäre Erkenntnistheorie, die eine Satellitentheorie der Evolutionstheorie sein könnte, und aus meiner Sicht sein sollte, ist nicht identisch mit dem, was KARL POPPER als Evolutionäre Erkenntnistheorie bezeichnet. Und wenn wir uns auf die eine beziehen, wie es RADNITZKY getan hat, dann machen wir, wenn wir dann die andere in einem gleichen Atemzug damit kritisieren, vermutlich einen prinzipiellen Fehler, den ich Ihnen nicht unterstelle, ich bin sehr dankbar gewesen für die Klarheit, mit der Sie die Dinge ausgesprochen haben, aber ich glaube, wir sollten es trennen, nicht? Es gibt in der Evolutionären Erkenntnistheorie nur wenige, die ich kenne, die man irgendwie als »Popperianer« bezeichnen könnte.

WAGNER: Ich bin sehr froh über FRANZ VON KUTSCHERAs Aufruf, die Begriffe klar zu machen, auch finde ich es in Ordnung, den Erkenntnisbegriff nur auf die spezifisch menschlichen Erkenntnisleistungen anzuwenden, um die Unterschiede klar zu machen, aber wenn Sie dann den Erkentnisbegriff noch so einschränken, daß Sie nur sicheres Tatsachenwissen als Erkenntnis bezeichnen wollen, dann gehen Sie zu weit. Wer hat die Tatsachen gesehen, um diesen Anspruch überhaupt einlösen zu können? Wenn Sie da jetzt sichere Tatsachenwissen ausspielen wollen gegenüber Vermutungswissen, so müssen Sie auch klar sagen, wie dieser Anspruch eingelöst werden soll.

VOLLMER: Ich möchte gerne etwas zum Verhältnis von Philosophie und empirischer Wissenschaft bemerken. Man kann sagen, ich beschränke mich, solange es geht, auf die empirische Seite und nenne schon das, was man dort tut, Evolutionäre Erkenntnistheorie oder Lehre von der Erkenntisfähigkeit, und dann würden auch viele Probleme verschwinden, wie Sie ja betont haben. Auf der anderen Seite hat man immer noch zwei Möglichkeiten: Man könnte behaupten, dadurch wird die Philosophie überflüssig, oder es bleiben im Grunde alle philosophischen Probleme bei der Philosophie und im Grunde genauso ungelöst wie vorher. Das würde ich beides nicht sagen, sondern ich sehe eine unlösbare Verbindung zwischen empirischer Wissenschaft und Philosophie. Die Philosophie ganz ohne empirische Wissenschaft kann fast überhaupt keine Probleme lösen, sie löst allerdings Probleme, die sich in der empirischen Wissenschaft gar nicht stellen. Und ich will nur ein Beispiel nehmen aus der Evolutionären Erkenntnistheorie, die auch philosophische Ansprüche stellt, z. B. die Frage: Kann Anschaulichkeit ein Wahrheitskriterium sein? Schon die Frage nach Wahrheitskriterien ist nicht etwas, was man in die Physik oder in die Biologie oder in eine empirische Wissenschaft ansiedeln würde. Deshalb scheint mir das eine typische erkenntnistheoretische Frage zu sein. Nun könnte man fragen, und wie kriege ich das heraus? Das wird der Philosoph sicher nicht durch reines Nachdenken herausfinden, sondern er kann gucken, was denn mit den Theorien ist, die wir akzeptieren, die wir für wahr halten: Sind sie anschaulich oder nicht? Da heißt die Antwort nein, Anschaulichkeit ist kein Wahrheitskriterium. Wenn ich jetzt aber frage: Warum kann Anschaulichkeit kein Wahrheitskriterium sein? Dann scheint mir die Disziplin, die diese Frage beantwortet, die in meinen Augen erkenntnistheoretisch ist, auf der anderen Seite aber von der Evolutionären Erkenntnistheorie beantwortet wird, ein typisches Beispiel für die unauflösbare Verbindung, warum es sinnvoll ist, die Evolution einzubeziehen, denn dort kann man dann sagen: Anschaulichkeit ist kein Wahrheitskriterium, weil Anschaulichkeit sich zum Teil evolutionär entwickelt, und wir auf mikrokosmische oder megakosmische Strukturen oder komplizierte Theorien nicht geprägt sind, und deshalb etwas wahr sein kann, was nicht anschaulich ist und umgekehrt etwas anschaulich sein kann, aber doch falsch ist.

GÖTSCHL: Ich wollte eigentlich einen schweren Angriff auf die Evolutionäre Erkenntnistheorie machen, aber nach FRANZ VON KUTSCHERAs überpräziser Analyse - sozusagen unter Betonung der Unterschiede - möchte ich beinahe so etwas wie eine Verteidigungsfrage der Evolutionären Erkenntnistheorie stellen. Sie haben den wichtigen Unterschied hervorgehoben, um Verwechslungen zu vermeiden, der in folgendem bestand. Die Wissenschaftstheorie, um sie nicht zu verwechseln mit der Evolutionären Erkenntnistheorie - und das Dilemma geistert ja in der Tat durch die ganze Konferenz -, die Wissenschaftstheorie bezieht sich auf Theorien, während die Evolutionäre Erkenntnistheorie sich auf Erkenntnisapparate bezieht, und Sie haben Paraphrasen oft erwähnt, natürlich, wissenschaftliche Theorien könne man falsifizieren, wie man das in der Wissenschaftstheorie ausdrückt, Erkenntnisapparate nicht. Nun klingt das einmal polemisch, vielleicht sprachlich schwierig, aber abgesehen von einer sprachanalytischen Untersuchung der Behauptung, Erkenntnisapparate könne man nicht falsifizieren, habe ich jedenfalls beim Studium der Evolutionären Erkenntnistheorie nie gehört, daß dort die Rede von der Falsifizierungsmöglichkeit der Erkenntnisapparate eben etwas ausgesagt würde. Ist es nicht so, daß einer der zentralen Sätze der Evolutionären Erkenntnistheorie darin besteht, zu sagen: Es gibt die Erkenntnisapparate, also wenn p, das ist der Erkenntnisapparat, dann q, dann ist dies und dies sagbar? Wenn dies die Materialimplikation darstellt, dann ist dies eigentlich falsifizierbar, als ein Satz, der die logische Struktur der materialen Implikation hat. Dann besteht also doch Falsifizierbarkeit, zwar nicht des Erkenntnisapparates, aber das, was sich auf den Erkenntnisapparat stützt. Dann wäre Ihr Einwand eigentlich nicht richtig.

HALLER: Offenkundig sind wir am Übergang in die versöhnliche Phase, und das ist ja auch ganz gut. Ich glaube, daß GERARD RADNITZKY im wesentlichen das getan hat, was er immer tut, nämlich den POPPERschen Standpunkt zu explizieren, und es freut mich, daß mehr und mehr Einhelligkeit darüber besteht, daß die Evolutionäre Erkenntnistheorie, oder was so genannt wird, nicht diese Einheit ist, die man ihr vielleicht aufgrund ihres Namensschildes zuspricht. HANS MOHR hat gerade darauf hingewiesen, daß er natürlich die empirische Theorie darunter versteht, die als Satellitentheorie der Evolutionstheorie gemeint ist. Aus den zwei letzten Wortmeldungen ist zudem ersichtlich, daß etwas notwendig ist, oder jedenfalls angenehm wäre: Wenn die Zusammenarbeit, die dieses Symposium zeigt, fortgesetzt wird, nämlich, daß die Kritiken der Philosophen auch von den Empirikern, von denen, die eine empirische Theorie vortragen, so ernst genommen werden, wie sie tatsächlich gemeint sind. Immer hat die Kritik der Philosophen einen Erkenntnisgewinn auch für den empirischen Wissenschaftler bedeutet, und man sollte das nicht auseinanderbröseln und sagen, das sind die klassischen Philosophen, die haben ihre Begriffsprobleme, wir machen empirische Theorie. So ist es nicht. Die klassischen Philosophen sind eine vielleicht vergangene Gruppe, aber diese haben ja auch ihre Fortsetzung, in welchen philosophischen Schulen auch immer, und man sollte diese Kritiken ruhig einbeziehen. Dann, glaube ich, kann ein Erkenntnisgewinn auf beiden Seiten erfolgen, und jede Philosophie, die den Fortschritt der empirischen Wissenschaft verkennt, ist von vornherein zum Scheitern verurteilt, weil es lächerlich ist, das, was sich anbietet, nicht sehen zu wollen.

OESER: Zunächst einmal kurz der historische Hinweis: Die Verbindung zu POPPER wurde durch LORENZ selbst gezogen. Das ist einerseits ein direkter Hinweis, andererseits natürlich ein Problem. Ich habe es vermieden, als ich von zwei Stufen der Evolutionären Erkenntnistheorie sprach, die zweite Stufe direkt schon Wissenschaftstheorie zu nennen, denn das hätte einen weiteren Konflikt hervorgerufen, der aber schon ausdiskutiert wurde, vor allem durch STEGMÜLLERs Unterscheidung von explikativer und explanatorischer Wissenschaftstheorie. Es gibt aber tatsächlich eine Verbindung der POPPERschen Methodologie zur Evolutionären Erkenntnistheorie, sowohl erster als auch zweiter Stufe, und zwar in dem Sinn, daß man sagen kann, auf der ersten, rein biologischen Stufe beschäftigt man sich mit den Erkenntisapparaten, aber schon damit untrennbar verbunden beschäftigt man sich sozusagen im Übergang zur zweiten Stufe mit der Erkenntnisfähigkeit des Menschen, und damit auch mit der Methode, und weil gerade POPPERs Wissenschaftstheorie primär Methodologie ist, besteht hier ein gewisser Zusammenhang zur Evolutionären Erkenntnistheorie. Allerdings ist es so, daß die beiden Formen der Evolutionären Erkenntnistheorie vorschnell identifiziert wurden, nämlich von den Popperianern, wie etwa RADNITZKY. Auf der anderen Seite besteht eben diese eindeutige Verbindung POPPERs zur Evolutionären Erkenntnistheorie der Biologen trotz der Differenzen im Bezug auf das Induktionsproblem.

KUTSCHERA: Was WERNER LEINFELLNER gesagt hat, kann ich so unterschreiben: Wenn vom Dualismus die Rede war, hatte ich nicht den Unterschied zwischen hardware und software oder sowas gemeint, sondern diesen psycho-physischen Dualismus. Und mit RUPERT RIEDL war ich mir wie immer sowieso einig, und zu HANS MOHR brauche ich auch nur sagen, die Zahl der evolutionären Erkenntnistheoretiker, die Popperianer sind, habe ich nicht abgezählt. Ich ziehe alles zurück, ich habe keine empirischen Unterlagen hier, obwohl sie unentbehrlich sind. Ich will vielleicht auf GÜNTER WAGNER, weil das doch etwas mehr Zeit erfordert, später eingehen, mit GERHARD VOLLMER bin ich auch vollkommen einverstanden: Ich möchte nicht irgendwelche Abschottungstendenzen der Philosophie insbesondere gegenüber der Biologie vertreten, ebenso wie es ungünstig für die Biologie wäre, sich nun abzuschotten gegenüber irgendwelchen anderen Disziplinen. Die Philosophie ist sehr auf andere Wissenschaften angewiesen, weil sie ja selbst keinen eigenen Zugang hat zu den Tatsachen. Das, was Sie gesagt haben, kann ich in allen Punkten unterstreichen.

Dann zu JOHANN GÖTSCHL: Ich habe nicht behauptet, daß jemand von den evolutionären Erkenntnistheoretikern gesagt hätte, daß sich Erkenntnisapparate falsifizieren lassen, sondern ich habe gesagt, der Unterschied besteht zwischen den Aussagen über Erkenntnisapparate und Erkenntnisleistungen, also Aussagen, Behauptungen, Theorien usw. Er besteht unter anderem darin, daß sich die einen falsifizieren lassen, nicht die anderen; wenn Sie dann sagen, Apparate lassen sich doch falsifizieren, so geht das rein sprachlich nicht, ich meine genauso nicht wie ich nicht diesen Stuhl falsifizieren kann. Nehmen wir an, ich setze mich drauf und er bricht zusammen, all das ist keine Falsifikation. Man kann nicht Objekte falsifizieren, sondern man kann nur Aussagen falsifizieren, und man kann natürlich Aussagen über Erkenntnisapparate falsifizieren, aber das ist wieder eine andere Sache.

Bei RUDOLF HALLER gibt es auch keine Probleme, und bei ERHARD OESER sehe ich auch keine, sondern ich meine, Sie haben ja betont, daß eben beim Übergang von der ersten Stufe als reiner empirischer Theorie, als Teil der Evolutionstheorie, zu dem, was Sie die zweite Stufe genannt haben, dann eben auch schon methodologische Überlegungen eingehen.

Nun zu GÜNTER WAGNER: Wie der Wissensbegriff zu explizieren ist, ist unklar, jedenfalls stecken zwei Bedingungen im Wissensbegriff, nämlich erstens, daß man nur Richtiges wissen kann, und zweitens, daß, wenn man etwas weiß, man auch im starken Sinn davon überzeugt sein muß - also das, was man durch subjektive Wahrscheinlichkeit »eins« ausdrücken würde. Das sind notwendige Bedingungen mindestens für den Wissensbegriff, ob dann noch weiteres hinzu muß, und wenn ja, was, ist umstritten, etwa ob da noch eine Begründbarkeit drinnen sein muß usw. Aber jedenfalls gilt es, daß es zwei Formen der Sicherheit gibt. Eine Erkenntnis ist also sicher, wenn sie richtig ist, und in dem Sinn sind Erkenntnisse im normalen Sinn immer richtig; dann gibt es eine subjektive Sicherheit, das ist die Überzeugung, also etwas besseres als subjektive Wahrscheinlichkeit eins oder Überzeugung gibt es auch nicht, trotzdem heißt das natürlich nicht, was bewußt wird, kann nicht falsch sein, kann sich auch in Zukunft nicht als falsch erweisen, aber wenn ich glaube, etwas zu wissen, kann es sich als falsch erweisen. Es erweist sich nämlich immer dann als falsch, wenn das, was ich zu wissen glaube, tatsächlich nicht so ist. Also das hat nicht mit notwendiger oder perfekter Erkenntis, mit diesen Idealen, die man in der Philosophie vertreten hat, zu tun. So etwas paßt durchaus zu diesem Fallibilitätsgrundsatz usw. Aber um das genauer auszuführen, müßte man ein bißchen länger sprechen, wozu jetzt keine Zeit ist.

Was Evolutionäre Erkenntnistheorie nicht ist

GERHARD VOLLMER

Konvergenz zwischen Konrad Lorenz und Karl Popper?

»Leben ist ein erkenntnisgewinnender Prozeß«, sagt KONRAD LORENZ, einer der Begründer der Evolutionären Erkenntnistheorie. Und »von der Amöbe bis Einstein ist der Erkenntnisfortschritt immer derselbe«, behauptet KARL POPPER, ein anderer Vertreter der Evolutionären Erkenntnistheorie. Nach diesen und vielen ähnlichen Bemerkungen scheinen LORENZ und POPPER von derselben Sache zu sprechen. Tatsächlich haben sie bei vielen Gelegenheiten die *Konvergenz* ihrer Ansichten über die Evolution der Erkenntnis betont (vgl. POPPER & LORENZ, 1985). Sprechen sie wirklich über denselben Vorgang?

Ich werde versuchen zu zeigen, daß sie das nicht tun. Während nämlich LORENZ über die *Evolution kognitiver Systeme* im allgemeinen und unserer kognitiven Fähigkeiten im besonderen spricht, ist POPPER an der *Evolution wissenschaftlicher Erkenntnis* interessiert. Während die Evolution kognitiver Systeme ein Problem der Biologie und der Erkenntnistheorie ist, ist die Evolution der Erkenntnis ein Problem der Wissenschaftsgeschichte und der Wissenschaftstheorie. Im ersten Falle ist der Evolutionsbegriff ganz spezifisch (nämlich im wesentlichen darwinistisch) und ausgesprochen biologisch, im zweiten Falle ist er recht allgemein und teilweise metaphorisch. Daß der Ausdruck »Evolutionäre Erkenntnistheorie« für beide Ansätze benützt wird, ist eher irreführend als hilfreich.

Bevor wir das im Detail behandeln, sollten wir einen naheliegenden Einwand ausräumen. Was immer auch die Unterschiede zwischen LORENZ' und POPPERs Ideen sein mögen (so lautet der Einwand), ist es nicht sehr schön, wenn man ähnliche Ergebnisse findet, zu *übereinstimmenden* Ansichten kommt, *gemeinsame* Strukturen oder *gemeinsame* Gesetze entdeckt? Ist nicht die Entdeckung von Strukturgleichheit ein wesentliches Element wissenschaftlichen Fortschritts? Ist es nicht erhellend festzustellen, daß ein schwingendes Pendel und ein elektrischer Schwingkreis demselben Gesetz gehorchen? Leben Zwischendisziplinen wie Kybernetik, Bionik oder Synergetik nicht gerade davon, daß sie die *gemeinsamen* Strukturen in Organismen und Maschinen oder in verschiedenen komplizierten Systemen untersuchen? Und wenn Verstehen darin besteht, daß man Isomorphien findet, haben dann nicht LORENZ und POPPER wesentlich zu unserem Verständnis verschiedener evolutiver Prozesse beigetragen? Warum sollte man einer Zwischendisziplin, die zwischen biologischer und kultureller Evolution vermittelt, nicht einen gemeinsamen Namen geben? Warum sollte man sie nicht Evolutionäre Erkenntnistheorie nennen?

Benennungen sind natürlich willkürlich. Wenn es also tatsächlich eine solche Zwischendisziplin *gäbe*, die gemeinsame evolutionäre Merkmale kognitiver Fähigkeiten und wissenschaftlicher Erkenntnis studiert, dann wäre es durchaus angemessen, sie »Evolutionäre Erkenntnistheorie« zu nennen. Das Problem ist nur, daß es eine solche Zwischendisziplin einfach nicht gibt. Sie hätte mit TOULMINs Arbeiten über die evolutionäre Entwicklung der Naturwissenschaft beginnen können (vgl. TOULMIN, 1968; weiterentwickelt in TOULMIN, 1978). Sie hätte auch durch CAMPBELLs richtungweisenden Beitrag zu SCHILPPs POPPER-Band ins Leben gerufen werden können, in dem CAMPBELL (1974) gerade versucht, Beziehungen zwischen biologischer Evolution und der Evolution der Wissenschaft herauszuarbeiten (vgl. auch CAMPBELL, 1970). Es ergab sich, daß LORENZ und POPPER nicht nur beide ihre völlige Zustimmung zu CAMPBELLs Ansichten zum Ausdruck brachten, sondern daß sie auch beide den Ausdruck »Evolutionäre Erkenntnistheorie« für das, was sie seit Jahren getan hatten, als angemessene Benennung akzeptierten und selbst benützten. So schreibt LORENZ in der »Rückseite des Spiegels«:

»In seiner Abhandlung 'Evolutionary Epistemology' sagt DONALD T. CAMPBELL »... das Beispiel des durch Selektion bewirkten Wissenszuwachses kann auf andere Erkenntnisleistungen, wie Lernen, Denken und Wissenschaft, verallgemeinert werden.« (»... the natural selection paradigm of such knowledge increments can be generalized to other epistemic activities, such as learning, thought and science.«) Ich stimme dieser Aussage nicht nur zu, sondern betrachte es als eine der Hauptaufgaben dieses Buches, den von CAMPBELL vorgeschlagenen verallgemeinernden Vergleich zwischen den verschiedenen Mechanismen zu ziehen, mittels deren verschiedene lebende Systeme die für sie relevante Information erwerben und speichern (vgl. LORENZ, 1973).

Und POPPER (1974) betont in seiner Antwort auf CAMPBELLs Artikel »die fast vollständige, bis in kleinste Details gehende Übereinstimmung zwischen CAMPBELLs Ansichten und meinen eigenen« und schreibt:

»Wenn wir von einem kritischen Alltagsrealismus ausgehen ..., dann werden wir den Menschen als ein Tier unter vielen ansehen und menschliches Wissen als im wesentlichen fast ebenso fehlbar wie tierisches Wissen ... Die wichtigste Aufgabe der Theorie menschlichen Erkennens ist es, die Kontinuität dieses Wissens mit tierischem Wissen zu verstehen, und ebenso seine Diskontinuität - falls sie existiert. Hierüber besteht, wie ich glaube, vollständige Übereinstimmung zwischen CAMPBELL und mir.«

Evolutionäre Erkenntnistheorie und Evolutionäre Wissenschaftstheorie: Gemeinsame Merkmale

Daß LORENZ und POPPER dem Ansatz von CAMPBELL beide zustimmen, könnte den Eindruck erwecken, daß es ihnen, wenn sie über Evolutionäre Erkenntnistheorie sprechen, um dieselbe Sache ginge. Das ist jedoch nicht der Fall. Als Biologe, der sich gelegentlich der Erkenntnistheorie zuwendet, befaßt sich LORENZ mit dem weiten Spektrum kognitiver Systeme, mit Alltagserkenntnis, mit mesokosmischem Wissen, mit Wahrnehmung und Erfahrung, mit unserem Erkenntnisapparat und seiner Evolution, mit Erkenntnis*prozessen*. POPPER andererseits studiert als Philosoph, der sich gelegentlich auf Biologie beruft, wissenschaftliche Erkenntnis, abstrakte Theorien, die *Ergebnisse* kognitiver Prozesse und die Evolution der Wissenschaft. Um diese Unterscheidung terminologisch festzuhalten, verwenden wir den Ausdruck »Evolutionäre Erkenntnistheorie« für den ersten, den LORENZschen Ansatz, der vor allem kognitive Prozesse betrifft, und den Ausdruck »Evolutionäre Wissenschaftstheorie« für den zweiten, den POPPERschen Ansatz, der sich vor allem mit Wissenschaft befaßt.

Zwar betonen beide Parteien die Analogien zwischen der biologischen Evolution und der Evolution der Wissenschaft. Das Problem ist nur, daß diese Analogien, obwohl sie zweifellos bestehen, nicht so substantiell und weitreichend sind, wie POPPER, TOULMIN, CAMPBELL u. a. zu erwarten scheinen. Es könnte sogar sein, daß jene Denker sich dieser Tatsache durchaus bewußt sind. Dann allerdings sind sie weithin mißverstanden worden. Man liest, zitiert und kritisiert sie als Verfechter der Behauptung, das Wachstum wissenschaftlicher Erkenntnis sei im wesentlichen darwinistisch.

Das soll nicht heißen, daß es nicht legitim wäre, nach solchen Analogien zu suchen. Tatsächlich ist es ja eines der ehrenhaftesten Ziele der Wissenschaft, in verschiedenen Systemen gemeinsame Strukturen zu entdecken. Ferner ist es gerade das kognitive Ziel der

Wissenschaft, Redundanzen in der Beschreibung der realen Welt zu beseitigen. Und gerade die Entdeckung gemeinsamer Strukturen ist ein wichtiger Bestandteil einer solchen Reduktion, also der Wissenschaft.

Auch behaupten wir nicht, zwischen biologischer Evolution und der Evolution der Wissenschaft bestünden überhaupt keine Analogien. Im Gegenteil, solche gibt es durchaus und sie sind äußerst erhellend. In einem gewissen Sinne war die Suche nach solchen Analogien sogar recht erfolgreich. Tatsächlich gibt es eine beachtliche Überschneidung zwischen den beiden Arten von Evolutionärer Erkenntnistheorie, wie sie von LORENZ und von POPPER betrieben werden. Solche gemeinsamen Merkmale sind in *Tab. 1* aufgeführt.

Tab. 1: Gemeinsame Züge in LORENZ' Evolutionärer Erkenntnis- und POPPERS Evolutionärer Wissenschaftstheorie

Beide Theorien
- sind Theorien der Erkenntnis,
- befassen sich mit dem *Wachstum unseres Wissens*,
- stellen einen allgemeinen zeitlichen Informations*zuwachs* fest (den sie begrüßen),
- finden eine weitgehende *Kontinuität* zwischen tierischer und menschlicher Erkenntnis,
- betonen den *evolutionären* Charakter des Wissensfortschritts
- versuchen, aus dieser Kontinuität *erkenntnistheoretische Konsequenzen* zu ziehen,
- sehen im *Finden und Lösen von Problemen* ein wesentliches Element für den Erkenntnisfortschritt,
- halten das Verfahren von *Versuch und Irrtumsbeseitigung* für einen Weg zur Erkenntnis,
- lassen sich unter CAMPBELLS Auffassung von »*Variation und selektive Bewahrung*« einordnen (hinsichtlich der *Blindheit* gibt es dann freilich Unterschiede),
- machen deutlich, daß auch diese evolutionären Prozesse einer *Evolution* unterliegen,
- betonen den *vorläufigen* (hypothetischen) Charakter allen Wissens,
- machen aber doch Gebrauch von der Vorstellung einer Annäherung oder *Konvergenz* an die Wahrheit,
- enthalten *indeterministische* Elemente,
- legen Wert auf die Rolle der *Kreativität*,
- betonen die *Unvoraussagbarkeit* (»Offenheit«) der Zukunft einschließlich der Zukunft der Wissenschaft,
- haben *methodologische* Konsequenzen und
- machen sogar *Vorschläge*, wie man die Erkenntnis fördern könnte.

Angesichts einer solch eindrucksvollen Liste gemeinsamer Merkmale sind wir durchaus berechtigt, die heuristische Frage zu stellen, ob die beiden Theorien nicht letztlich identisch sind. Dieser Frage werden wir nun unsere Aufmerksamkeit widmen.

Ähnlichkeiten und Unterschiede (ihre Bedeutung für die Wissenschaft)
In verschiedenen Systemen gemeinsame Strukturen zu finden, ist eine wichtige Aufgabe der Wissenschaft. Aber es ist nicht ihre einzige. Die Welt ist kompliziert, und eine angemessene Beschreibung einer komplizierten Welt kann nicht beliebig einfach sein. Sie muß der inneren Komplexität der realen Dinge gerecht werden. Was uns an Theorien interessiert, ist nicht nur ihre Einfachheit, sondern auch ihre Wahrheit. Für kognitive Zwecke ist Wahrheit sogar noch wichtiger als Einfachheit. Das heißt, daß wir bereit sind, Einfachheit für Wahrheit zu opfern, nicht jedoch Wahrheit für Einfachheit. Die Beseitigung von Redundanz muß, obwohl sie das Ziel der Wissenschaft ist, dort enden, wo die Redundanz endet. Und Redundanz endet mit einer *Minimal*beschreibung, einer Beschreibung, die nicht mehr verkürzt oder ökonomischer gemacht werden kann, ohne daß relevante Information verlorengeht. In einer Minimalbeschreibung gibt es nach Definition keine Redundanz mehr.

Die Einsicht, daß eine Beschreibung minimal ist, daß ein Gegenstand keine einfachere Beschreibung erlaubt, bedeutet häufig eine wissenschaftliche Entdeckung (vgl. CHAITIN, 1975). Somit kann wissenschaftlicher Fortschritt auf (mindestens) zwei entgegengesetzte Arten erreicht werden: Durch die Entdeckung, daß zwei Objekte (oder Strukturen), die bisher als verschieden galten, tatsächlich *identisch* sind, und durch die Entdeckung, daß zwei vermeintlich gleiche Dinge (oder Strukturen) in Wahrheit *verschieden* sind.

Beispiele für die erste Art von Fortschritt (Identifizierung) sind in *Tab. 2* aufgeführt.

Aber es gibt auch viele Beispiele für die zweite Art von Fortschritt (Unterscheidung). Ist nicht eigentlich »Du sollst unterscheiden...« eines der heiligsten Gebote wissenschaftlicher Methodologie? Sind nicht Definitionen, Explikationen, Präzisierungen und Unterscheidungen wichtige Werkzeuge für jeden Wissenschaftler, jeden wissenschaftlichen

Tab. 2: Die Entdeckung unerwarteter Identitäten als wichtiges Element wissenschaftlichen Fortschritts

---

Identifizierungen in der Wissenschaft
- der Morgenstern ist identisch mit dem Abendstern (dem Planeten Venus),
- Sterne sind riesige Kugeln aus glühender Materie,
- Wasser ist eine chemische Verbindung aus Wasserstoff und Sauerstoff (H_2O)
- Licht ist identisch mit einem bestimmten Ausschnitt des elektromagnetischen Spektrums (MAXWELL),
- Diamant, Graphit und Ruß sind nur verschiedene Konfigurationen derselben Substanz, nämlich Kohlenstoff,
- Verbrennung ist ein Oxydationsprozeß (LAVOISIER),
- Wärme ist eine Energieform (MAYER),
- Wärme in Gasen ist die mittlere kinetische Energie der Moleküle (BACON, BOLTZMANN),
- Masse ist eine Energieform ($E = mc^2$; EINSTEIN),
- schwere Masse ist identisch mit träger Masse (NEWTON, EINSTEIN),
- mentale Zustände und Prozesse sind identisch mit bestimmten Gehirnzuständen und -prozessen (Identitätstheorie als Antwort auf das Leib-Seele-Problem; nicht allgemein akzeptiert).

Autor und jeden, der Wissenschaft lehrt? Werden wissenschaftliche Instrumente nicht *gebaut und benützt*, um mehr und bessere Unterscheidungen zu ermöglichen?

Ein besseres Unterscheidungsvermögen ist ganz allgemein ein Kriterium für höhere *Qualität*. Das gilt für jedes Instrument, sei es *begrifflich* wie eine Terminologie, eine Theorie oder ein Forschungsprogramm, sei es *materiell* wie ein Teleskop, ein Mikroskop oder irgendein anderes Beobachtungsinstrument. Es gilt auch für organismische Merkmale wie Sinnesorgane, Wahrnehmungsfähigkeiten und andere kognitive Strukturen. Man kann sogar das *evolutionäre Niveau* eines Organismus näherungsweise ermitteln aus seiner Fähigkeit, zwischen verschiedenen Reizen zu unterscheiden. In beiden Fällen werden Verbesserungen im Auflösungsvermögen als *Fortschritte* angesehen.

Gleichsetzung und Unterscheidung sind somit komplementäre Aspekte des Fortschritts, sowohl in der Wissenschaft als auch in der Evolution. Es wäre sehr einseitig, wollte man den Begriff des Fortschritts auf eines von ihnen beschränken.[1] Heuristisch ist es eine viel bessere Strategie, die Situation symmetrisch zu halten. Wurden im Hinblick auf eine besondere Fragestellung die Unterschiede lange genug betont, so kann es sinnvoll sein, statt dessen nach gemeinsamen Merkmalen zu suchen. Und wenn für ein Paar von Objekten die Analogien und gemeinsamen Züge ausgiebig diskutiert worden sind, so mag es sich lohnen, die Unterschiede ins Auge zu fassen.

Im Hinblick auf die Evolutionäre Erkenntnistheorie sind die gemeinsamen Merkmale der biologischen Evolution und der Evolution der Erkenntnis von vielen Autoren betont worden. Es ist deshalb wohl an der Zeit, die Unterschiede zwischen ihnen zu betrachten und einige Mißverständnisse auszuräumen, die gerade auf einer *unkritischen* Identifizierung beruhen.

Unterschiede zwischen Evolutionärer Erkenntnistheorie und Evolutionärer Wissenschaftstheorie

Wir könnten uns lange damit aufhalten, die beiden Arten von Evolutionärer Erkenntnistheorie zu charakterisieren. Das würde auf eine vergleichende Darstellung beider Theorien hinauslaufen und einen eigenen Band ausmachen. Wir wollen eine ökonomischere Alternative wählen: Wir begnügen uns mit wichtigen *Unterschieden*. Sie sind in *Tab. 3* zusammengestellt.[2]

Diese Unterschiede zeigen, daß es eigentlich *zwei Disziplinen* mit dem Namen »Evolutionäre Erkenntnistheorie« gibt und nicht nur eine. Trotz einiger Gemeinsamkeiten sind sie ziemlich unabhängig voneinander. Die Evolutionäre Erkenntnistheorie (im LORENZschen Sinne) könnte gedeihen, selbst wenn es überhaupt keine Wissenschaftstheorie gäbe (während sie auf die Evolutionstheorie nicht verzichten könnte). Und eine Evolutionäre Wissenschaftstheorie könnte existieren, ohne eine biologisch orientierte Evolutionäre Erkenntnistheorie überhaupt nur zu erwähnen.

Daß wir hier gerade die Differenzen so stark betonen, soll nicht bedeuten, daß die beiden Arten von Evolutionärer Erkenntnistheorie nichts miteinander gemein hätten. Das aber wurde bereits deutlich gesagt und braucht hier nicht noch einmal ausgeführt zu werden. Unser Hauptanliegen ist der Nachweis, daß es derart entscheidende Unterschiede gibt und daß die Verwendung des Ausdrucks »Evolutionäre Erkenntnistheorie« für *beide* Ansätze diese Tatsache verschleiern könnte. Tatsächlich hat die Zweideutigkeit dieses Begriffs zu schweren Mißverständnissen geführt und demzufolge auch zu unnötigen Angriffen gegen die Evolutionäre Erkenntnistheorie im Ganzen. Die folgenden Abschnitte sollen deshalb dazu dienen, solche Einwände auszuräumen, indem sie die tatsächlichen Ansprüche der Evolutionären Erkenntnistheorie herausarbeiten.

Tab. 3: Unterschiede zwischen Evolutionärer Erkenntnistheorie und Evolutionärer Wissenschaftstheorie

	Evolutionäre Erkenntnistheorie	Evolutionäre Wissenschaftstheorie
Vertreter	LORENZ, VOLLMER, RIEDL	POPPER, TOULMIN, CAMPBELL
behandelt	Evolution kognitiver Systeme und kognitiver Fähigkeiten, Erkenntnis als Prozeß	Evolution des Wissens (vor allem wissenschaftlicher Erkenntnis), Erkenntnis als Ergebnis
„Evolution" ist dabei ein Teil der	biologischen Evolution	kulturellen Evolution
Evolutionsbegriff	ganz spezifisch	recht allgemein
Beziehung zur biologischen Evolution	stark (im wesentlichen identisch)	schwach, metaphorisch, versuchsweise, heuristisch
Zeitskala	Jahrmillionen	Jahrzehnte
zugehörige wissenschaftliche Disziplinen	Biologie (Genetik, Evolutionstheorie, Verhaltensforschung, Neurowissenschaft), Psychologie, Linguistik	Geschichte der Wissenschaft und der Technologie
philisophische Disziplin (insbesondere)	Erkenntnistheorie („Kognitologie")	Wissenschaftstheorie („Theoriendynamik")
Umfang (Erkenntnisstufen)	Wahrnehmung und Erfahrung (mesokosmische Erkenntnis)	theoretische (oder wissenschaftliche) Erkenntnis
Bezug (Gegenstände der „Selektion")	alle kognitiven Systeme (von der Amöbe bis zum Menschen, Marswesen, möglicherweise sogar Maschinen)	Hypothesen, Theorien („laßt Theorien sterben anstelle ihrer Anhänger")
regulative Idee oder Eigenschaft	Fitness	Wahrheit
näherungsweise erreicht durch	Anpassung	„Konvergenz" (BAVINK) „Wahrheitsähnlichkeit" (POPPER) „partielle Wahrheit" (BUNGE)
Beziehung	weder Fitness noch Anpassung garantieren Wahrheit	Wahrheit (wahre Erkenntnis) erhöht Fitness
idealer (fiktiver) Endzustand	*viele* optimierte, einander ausschließende, aber koexistierende Arten	*eine* einzige, widerspruchsfreie, umfassende (wahre) Supertheorie
. . . nicht oder schwer zu erreichen wegen	fortwährend wechselnder Umweltbedingungen	Komplexität der Welt (verwickelte Hierarchien, schwache Kausalität, Zufallsereignisse, Nichtlinearität), Erkenntnisgrenzen

Fortsetzung Tab. 3

	Evolutionäre Erkenntnistheorie	Evolutionäre Wissenschaftstheorie
evolutives Verhalten im wesentlichen	darwinistisch (tolerant, viele ökologische Nischen)	nicht-darwinistisch (alles-oder-nichts-Entscheidungen)
verlorene Information	(ausgestorbene Arten) unwiderruflich verloren	(vergessene Theorie) kann neu formuliert werden
Vorgänge	unbewußt, opportunistisch	bewußt, kritisch
Variationen	ziellos, *blind* spielerisch	gezielt, nicht blind systematisch
hervorgerufen durch	Kopierfehler	Probleme
Informationsübertragung	durch genetische Vererbung an die eigenen *Nachkommen*	durch Bekanntgabe gegenüber *allen* interessierten Wissenschaftlern
Fortschritt	ist ein unvermeidliches, aber unbeabsichtigtes *Nebenprodukt* evolutiver Prozesse	*ist beabsichtigt,* jedenfalls erhofft, kann aber verfehlt und nicht bewiesen werden
Neuerungen	quasi-kontinuierlich („graduell"), konservativ (Sprünge sind zu riskant)	meist sprunghaft, manchmal radikal
Wandel	„evolutionär"	„revolutionär"
Einschränkungen für Versuche	zahlreich (wenige evolutive „Lizenzen")	wenige („die Gedanken sind frei")
Natur der Beschränkungen	hauptsächlich historisch (z.B. keine sechsfüßigen Säugetiere), Evolution bedeutet „Umbau ohne Schließung des Betriebs" (OSCHE)	vor allem logische (z.B. Widerspruchsfreiheit), aber auch erkenntnistheoretische: Formulierbarkeit in einer endlichen, rekursiven, intersubjektiven, argumentativen Sprache; Projizierbarkeit auf unsere physische Peripherie
Lernstrategie	„Die Natur" (Evolution, Phylogenese) lernt nicht aus ihren Fehlern, sondern nur aus ihren Erfolgen („poststabilisierte Harmonie")	(einige) Wissenschaftler lernen aus ihren Fehlern und denen anderer, können sie zu vermeiden suchen und dabei Erfolg haben
Leib-Seele-Problem	eine monistische Position (Identitätstheorie) liegt der Evolutionären Erkenntnistheorie zugrunde; der Dualismus oder POPPERs Drei-Welten-Lehre sind nicht mit der Evolutionären Erkenntnistheorie vereinbar.	wenig Relevanz für eine evolutionäre Wissenschaftstheorie

Verläuft die Evolution der Wissenschaft darwinistisch?

Wir könnten sogar versucht sein, eine noch grundlegendere Frage zu stellen: Verläuft das Wachstum der Wissenschaft überhaupt evolutionär? Diese Frage enthüllt eine grundlegende Schwierigkeit, mit der Historiker wohlvertraut sind. Daß es in der Wissenschaft (und in der Geschichte) *Veränderungen* gibt, scheint evident. Was aber ist mit »Evolution« gemeint? Ist Evolution mehr als Veränderung, und welcher Art müssen die Veränderungen dabei sein? Wie unterscheiden sich evolutionäre Veränderungen von revolutionären? Läßt sich Evolution charakterisieren durch ihre (langsame) Gangart, durch die Allmählichkeit der Übergänge, durch ihre Kontinuität? Schließen sich die Begriffe »Evolution« und »Revolution« gegenseitig aus oder überlappen sie? Ist vielleicht *Revolution* nichts weiter als *schnelle Evolution*, also letztlich auch *Evolution*?

Gibt es Revolutionen in der Wissenschaft? Und was ist in der Wissenschaft *normal*: Stillstand oder Evolution oder gar Revolution? Ist KUHNs Abgrenzung normaler Wissenschaft (in der ein Paradigma herrscht) gegenüber revolutionärer Wissenschaft (in der ein Paradigmenwechsel stattfindet) wirklich sinnvoll?

Wir werden nicht versuchen, diese Fragen hier zu beantworten. Der Grund dafür ist, daß Evolutionäre Erkenntnistheorie und Evolutionäre Wissenschaftstheorie sich in dieser Frage nicht unterscheiden. Was immer sie trennt, beide deuten das Wachstum der Wissenschaft als *evolutionär* (was auch schon in *Tab. 1* eingegangen ist). Der hier verwendete Evolutionsbegriff ist jedoch sehr allgemein. Er ist im Grunde sogar universell: *Alle realen Systeme unterliegen der Evolution.* Sie gehorchen jedoch nicht denselben *Evolutions*gesetzen (vgl. VOLLMER, 1987). Insbesondere brauchen sie nicht gerade DARWINschen Prinzipien zu genügen. Und das führt uns zu unserer Hauptfrage zurück: Verläuft die Evolution der Wissenschaft darwinistisch?

Wieder stehen wir einem verzwickten terminologischen Problem gegenüber: Wann ist ein evolutionärer Prozeß überhaupt *darwinistisch*, und wann ist eine Theorie, die diesen Prozeß beschreibt, eine *darwinistische* Theorie? Sind DARWINs persönliche Überzeugungen dafür relevant? Sind sie entscheidend? Aber ausgerechnet DARWIN glaubte (worin er LAMARCK folgte), daß erworbene Eigenschaften vererbt werden könnten! War also nicht einmal DARWIN ein Darwinist? Welche Prinzipien sind eigentlich konstitutiv für eine darwinistische Theorie der Evolution und welche sind peripher? Ist das Prinzip der natürlichen Auslese ausreichend, um den Darwinismus zu charakterisieren, oder ist es nur einer von vielen notwendigen Bausteinen? Wie weit dürfen wir DARWINs Theorie *ergänzen*, ohne sie zu entstellen, und - noch brisanter - wieviel dürfen wir von ihr *opfern, ohne sie zu zerstören*?

Wieder werden wir nicht versuchen, alle diese Fragen zu beantworten (s. aber VOLLMER, 1987). Vor allem werden wir keine vollständige Charakterisierung der DARWINschen Theorie geben. Wir werden uns vielmehr damit begnügen, einige der wichtigsten Merkmale der biologischen Evolution hervorzuheben, nämlich Replikation, Vererbung genetischer Information, Variation durch Mutation und Genrekombination und schließlich (und vor allem) differentielle Reproduktion aufgrund unterschiedlicher Tauglichkeit (üblicherweise »natürliche Selektion« genannt). Diese Merkmale sind wesentliche und unverzichtbare Bestandteile der DARWINschen Theorie: Unterschlägt man eines von ihnen, so gibt es überhaupt keine Evolution mehr.

Da nun die Evolutionäre Erkenntnistheorie die Evolution kognitiver Systeme als echten Bestandteil der biologischen Evolution deutet, stützt sie sich fraglos auf die Evolutionstheorie. Die zuvor genannten Prinzipien sind deshalb unauflöslich in das beschreibende und erklärende, explikative und argumentative Gewebe der Evolutionären Erkenntnistheorie eingearbeitet. Diese evolutiven Merkmale finden sich jedoch *nicht* in der Evolution wissenschaftlicher Erkenntnis. Die Evolution der Wissenschaft ist trotz aller

Ähnlichkeiten, Analogien und Parallelen *nicht darwinistisch.*

Natürlich könnten wir diese Merkmale zu weniger speziellen Prinzipien *verallgemeinern*, zum Beispiel zu Informationsübertragung mit Variation und selektiver Bewahrung oder zu reiner Selektion. Diese Begriffe können versuchsweise und sogar erfolgreich benützt werden, um die Evolution wissenschaftlicher Theorien zu beschreiben. Sind sie aber noch darwinistisch? Da sie *Verallgemeinerungen* DARWINscher Prinzipien sind, können sie letzteren nicht *widersprechen.* Da sie aber so allgemein sind, sind sie gleichzeitig auch viel *zu schwach*, um die biologische Evolution angemessen zu erfassen. Das ist bereits mehrfach von Autoren gezeigt worden, die darwinistische Modelle der Wissenschaftsentwicklung kritisieren.[4]

Es stellt sich heraus, daß die Gemeinsamkeiten zwischen einer darwinistischen Theorie über die Evolution kognitiver Systeme (Evolutionäre Erkenntnistheorie im LORENZschen Sinne) und einer evolutionären, aber nicht-darwinistischen Wissenschaftstheorie (im POPPERschen Sinne) äußerst beschränkt sind. Mit anderen Worten, der größte gemeinsame Teiler des LORENZschen und des POPPERschen Ansatzes ist enttäuschend klein.

Somit ist der Ausdruck »Evolutionäre Erkenntnistheorie«, wie er jetzt gebraucht wird, unklar und sogar zweideutig, da er für zwei verschiedene Unternehmungen steht. Wir könnten es dabei bewenden lassen und die Zweideutigkeit unseres Begriffs im Gedächtnis behalten. Wir könnten seine Bedeutung auch einschränken auf jenen schmalen Überlappungsbereich, der durch einige recht allgemeine Begriffe wie »Informationsübertragung«, »Variation« und »Selektion« charakterisiert ist. Diese Lösung würde jedoch weder LORENZ noch POPPER gerecht werden. Schließlich könnten wir uns auch um der Klarheit willen entscheiden, unseren Ausdruck nur für einen der beiden Ansätze (und nicht für den anderen) zu verwenden.

Meine eigene Entscheidung in dieser Frage habe ich schon 1973 getroffen, und sie ist bereits in *Tab. 3* eingegangen: Ich schlage vor, den LORENZschen Ansatz »Evolutionäre Erkenntnistheorie« zu nennen und den POPPERschen anders.[5] Aber das ist natürlich eine terminologische Entscheidung, also zum Teil eine Geschmacksfrage. Viel wichtiger ist die *Tatsache*, daß die beiden Ansätze wesentlich verschieden sind und zwar viel unterschiedlicher, als ihre Anhänger und ihre Kritiker zu bemerken scheinen. Wir sollten deshalb immer deutlich sagen, wovon wir reden.

In den folgenden Abschnitten bedeutet jedenfalls der Ausdruck »Evolutionäre Erkenntnistheorie« den Versuch, kognitive Systeme mit einem evolutionären und sogar darwinistischen Ansatz zu erfassen. Die Evolutionäre Erkenntnistheorie in diesem Sinne geht davon aus, daß unser Zentralnervensystem und unser Gehirn Ergebnisse der biologischen Evolution, also von Anpassungs- und Selektionsprozessen sind, und versucht, aus dieser These erkenntnistheoretische und anthropologische Folgerungen zu ziehen.

Deutet die Evolutionäre Erkenntnistheorie evolutiven Erfolg als Wahrheitskriterium?

Gefragt wird *nicht*, ob unser Wahrheitsbegriff der Evolution unterliegt (das tut er!) oder ob unsere Zuschreibungen von Wahrheit und Falschheit sich in der Zeit ändern (sie tun es!). Wir stehen vielmehr vor dem Problem, wie man Wahrheit definieren und erkennen soll. Im Prinzip wäre es natürlich *möglich*, einen pragmatistischen Wahrheitsbegriff zu benützen, insbesondere evolutiven Erfolg mit Wahrheit gleichzusetzen oder als notwendiges und hinreichendes Wahrheitskriterium zu verwenden. Das aber wäre ein zweifelhafter Schritt, und meines Wissens hat kein Vertreter der Evolutionären Erkenntnistheorie bewußt diesen Weg eingeschlagen. Die Evolutionäre Erkenntnistheorie arbeitet vielmehr mit der Korrespondenztheorie der Wahrheit.

Eine solche Auffassung kann nicht mit evolutionären Gründen gerechtfertigt werden. Das eigentliche Kriterium für evolutiven Erfolg ist Fitness, nicht Wahrheit, und im Hinblick auf eine spezielle ökologische Nische *kann* Fitness durchaus auf beschränkten oder sogar verfälschenden kognitiven Mitteln beruhen. Ob die »angeborenen Ideen« eines Lebewesens, ob seine genetisch bedingten kognitiven Strukturen korrekt sind, ob sie angemessen sind, nicht nur mit der Realität *einig zu werden*, sondern eine (partiell isomorphe) interne *Rekonstruktion* der Welt zu liefern, kann nicht nach seinem Überleben allein beurteilt werden.

Es gibt ein viel besseres Kriterium für die Adäquatheit mesokosmischer Erkenntnis, nämlich wissenschaftliche Erkenntnis. Letztere hängt *nicht* entscheidend von unserem biologischen Erbe ab. Natürlich ist auch unsere wissenschaftliche Erkenntnis niemals endgültig, perfekt oder absolut. In dieser Hinsicht kann auch unsere Beurteilung biologisch bedingten Wissens niemals endgültig sein. Wenn es jedoch überhaupt Sinn hat, in der *Wissenschaft* von Wahrheit zu reden, wenigstens im Sinne einer regulativen Idee, dann sind wir gleichermaßen berechtigt, von der Wahrheit *mesokosmischer Erkenntnis* zu sprechen.

Das zeigt, daß der Ausdruck »Evolutionäre Erkenntnistheorie« nicht bedeutet, daß alle erkenntnistheoretischen Probleme durch Rückgang auf die biologische Evolution gelöst wären oder gelöst werden könnten. Weder wird das von den Vertretern der Evolutionären Erkenntnistheorie behauptet noch sollte es von ihren Kritikern gefordert werden. Löst etwa die Transzendentalphilosophie *alle* erkenntnistheoretischen Probleme über eine transzendentale Argumentation? Beantworten Phänomenologie oder Hermeneutik *alle* Fragen phänomenologisch oder hermeneutisch? Bestimmt nicht.

Was die Evolutionäre Erkenntnistheorie auszeichnet, ist ihr Bezug auf die Tatsachen und die Gesetze der biologischen Evolution, und dieser ungewöhnliche Zug rechtfertigt das Beiwort »evolutionär« völlig, selbst wenn viele Probleme nicht-evolutionären Betrachtungen überlassen bleiben müssen.

Die interne Rekonstruktion eines äußeren Objekts oder einer äußeren Struktur kann richtig oder unzutreffend sein. Es ist klar, daß ihre Richtigkeit die Fitness eines Lebewesens erhöht. Unter den Bedingungen der inner- oder zwischenartlichen Konkurrenz liefert besseres Wissen über die äußere Welt einen höheren Überlebenswert. Das gilt jedenfalls, solange die Kosten für besseres Wissen nicht zu hoch sind. Allerdings dürfen unter Konkurrenz (also im »Kampf ums Dasein«) Kosten-Nutzen-Relationen nicht übersehen werden. Verschiedene ökologische Nischen führen zu verschiedenen kognitiven Bedürfnissen und Vorteilen und deshalb zu *verschiedenen* kognitiven Systemen.

Somit erklärt die Evolutionäre Erkenntnistheorie erstens die *Existenz* kognitiver Systeme (durch den Überlebenswert von Erkenntnis), zweitens die *Vielfalt* kognitiver Systeme (durch Bezug auf die Vielfalt ökologischer Nischen), drittens die *partielle Korrektheit* oder Adäquatheit kognitiver Strukturen (über ihren Fitness-erhöhenden Effekt) und viertens ihr gelegentliches *Versagen* (über Kosten-Nutzen-Betrachtungen).

Wenn wir tatsächlich berechtigt sind, die Existenz korrekter Weltbilder über ihren Überlebenswert zu erklären, können wir dann nicht das Überleben kognitiver Systeme als einen *Hinweis* auf die Korrektheit ihrer internen Rekonstruktionen deuten? Natürlich würde niemand dieses Argument als einen gültigen deduktiven Schluß ansehen. Um es zu wiederholen: Die Evolutionäre Erkenntnistheorie benützt das Überleben oder den evolutiven Erfolg nicht als Wahrheitskriterium. Tatsächlich sind diese dafür weder notwendig noch hinreichend. Aber zwischen einem deduktiv zwingenden Schluß und einem bloßen logischen Fehlschluß gibt es ein ganzes Typenspektrum von Argumenten. Und zu diesem Spektrum gehört auch die Tatsache, daß die Wahrheit einer Konklusion unter bestimmten Bedingungen die Wahrheit der Prämissen *stützen* kann. Von genau dieser Art »stützenden« Argumentierens machen wir Gebrauch in der Wissenschaft, wenn wir einer Theorie Vertrauen schenken, die ernsthaft getestet wurde und den Test unbeschadet überstanden hat. Und von genau demselben Argument macht die Evolutionäre Erkenntnistheorie Gebrauch, wenn sie *evolutiven Erfolg unter Konkurrenz als Indiz für Wahrheit* benützt.

Arbeitet die Evolutionäre Erkenntnistheorie mit einem vitiösen Zirkel?

Gelegentlich wird der Evolutionären Erkenntnistheorie vorgeworfen, sie argumentiere zirkulär. Solche Einwände nehmen ganz verschiedene Formen an. Wir können sie hier nicht alle studieren.[6] Ein spezieller Vorwurf jedoch taucht regelmäßig dann auf, wenn Anhänger oder Kritiker die Evolutionäre Erkenntnistheorie mit einer Evolutionären Wissenschaftstheorie verwechseln, und deshalb sollte dieser Vorwurf in diesem Rahmen behandelt werden. Wir wollen versuchen, ihn zu formulieren und zu widerlegen.

Die Evolutionäre Erkenntnistheorie stützt sich auf *Wissenschaft*, also auf Theorien über die physikalische Struktur der Welt im allgemeinen, auf die Theorie der biologischen Evolution im besonderen. Andererseits erhebt die Evolutionäre Erkenntnistheorie den Anspruch, *erkenntnistheoretisch* relevant zu sein. Sie gibt uns Hinweise auf die Zuverlässigkeit unseres Erkenntnisapparates; sie zeigt, warum Intuition oder Anschaulichkeit nicht als Wahrheitskriterien benützt werden können; sie erklärt die Passung zwischen unseren kognitiven Strukturen und der äußeren Welt; sie spricht über die Möglichkeit und die Nichterweisbarkeit objektiver Erkenntnis usw. Wie ist das möglich? Ist nicht die Theorie des Wissens dem Wissen, ist nicht *die Erkenntnistheorie der Erkenntnis vorgeordnet*? Wäre es nicht ein vitiöser Zirkel, wissenschaftliches Wissen zu benützen, wenn wir die Wissenschaft selbst zu untermauern oder in Frage zu stellen versuchen?

Tatsächlich gibt es eine gewisse Zirkularität in der argumentativen Struktur der Erkenntnistheorie. Hier liegt jdoch kein vitiöser, sondern ein *virtuoser* Zirkel vor. Was wir finden, ist genauer eine selbstkorrigierende Rückkopplungsstruktur zwischen unserer Erkenntnis und unserer Erkenntnistheorie. Wir beginnen mit Alltagswissen, formulieren und beantworten dann die ersten naiven Fragen über Erkenntnis, wobei wir sie korrigieren und verbessern, machen dann eine Kehrtwendung, um über unser verbessertes Wissen nachzudenken, wodurch wir die Erkenntnistheorie eröffnen, und in einer weiteren Kehrtwendung kritisieren und verbessern wir Wissenschaft und wissenschaftliche Erkenntnis, und so weiter. In diesem virtuosen Zirkel beeinflußt jede Seite die andere und zieht zugleich Nutzen aus ihr.

Diese Charakterisierung der Beziehung zwischen Erkenntnis und Erkenntnistheorie gilt sowohl in historischer als auch in systematischer Hinsicht: Erkenntnistheoretische Bemühungen haben sich in einem virtuosen Zirkel mit der Wissenschaft *entwickelt*, und erkenntnistheoretische Argumente können ganz analog *rekonstruiert* werden. Wie schon EINSTEIN bemerkt: »Erkenntnistheorie ohne Kontakt mit Science wird zum leeren Schema. Science ohne Erkenntnistheorie ist - soweit überhaupt denkbar - primitiv und verworren.« (SCHILPP, 1979)

Die Evolutionäre Erkenntnistheorie paßt genau in eine solche Beschreibung. Sie nimmt die Existenz von Erkenntnis als empirische Tatsache und versucht, einige Probleme in bezug auf menschliche Erkenntnis zu lösen. Dabei macht sie ausgiebig Gebrauch von der Evolutionstheorie, die hier auf kognitive Systeme angewandt wird. Ihr hauptsächliches Anwendungsgebiet ist jedoch mesokosmische Erkenntnis, also Wahrnehmung, Anschauung und vorwissenschaftliche Erfahrung, Alltagsverständigung und naive

Schlußweisen. Wissenschaftliche Erkenntnis dagegen ist für die Evolutionäre Erkenntnistheorie zwar relevant, aber nicht ihr eigentlicher Gegenstand. Deshalb kann die Evolutionäre Erkenntnistheorie wissenschaftliche Theorien weder stützen noch widerlegen, schon gar nicht die Evolutionstheorie (die vorausgesetzt und benützt wird). Nimmt man diese Einschränkung ernst, so läßt sich ein weiterer häufig gehörter Einwand beantworten.

Ist die Evolutionäre Erkenntnistheorie für die Wissenschaftstheorie überhaupt relevant?

Die Evolutionäre Erkenntnistheorie erhebt den Anspruch, die biologischen, genetischen, evolutionären Wurzeln menschlicher Erkenntnis auszugraben. Wenn sie diese Aufgaben erfüllen will, müßte sie dann nicht die biologischen Wurzeln wissenschaftlicher Theorien wie der Gruppentheorie, der Relativitätstheorie, der Quantenchromodynamik, der Kosmologie, der Molekularbiologie, der Evolutionstheorie oder sogar der Evolutionären Erkenntnistheorie angeben können?

Die Antwort auf diese Frage ist ein klares *Nein*. Die Evolutionäre Erkenntnistheorie ist nicht in der Lage und hat auch niemals versprochen, die biologischen Wurzeln *spezieller* wissenschaftlicher Theorien auszugraben. Natürlich hätte niemand etwas dagegen, solche Wurzeln zu finden, wenn es sie gäbe! Aber gibt es sie denn? Die Evolutionäre Erkenntnistheorie ist in erster Linie relevant und anwendbar für mesokosmische, nicht für wissenschaftliche Erkenntnis. Sie erklärt die biologischen Wurzeln unserer topologischen, metrischen, zeitlichen, informationellen, logischen, statistischen, kausalen intuitiven Vorstellungen, nicht dagegen Theorien der Physik, die jenen Intuitionen explizit *widersprechen*. Und dies ist auch gar nicht zu erwarten. Wenn nämlich unsere mesokosmischen Auffassungen tatsächlich biologisch bedingt sind, wie sollten solche Bedingungen zugleich Wurzeln sein können für Theorien, die in offenkundigem Widerspruch zu ihnen stehen? Und wenn solche Wurzeln nicht existieren, wie sollte die Evolutionäre Erkenntnistheorie sie dann ausgraben können?

Ganz ohne Zweifel entsteht diese verfehlte Forderung an die Evolutionäre Erkenntnistheorie durch den mehrdeutigen und deshalb irreführenden Gebrauch des Ausdrucks »Evolutionäre Erkenntnistheorie«. Wenn man Fragen, die Ursprung und Struktur, Zuverlässigkeit und Grenzen unseres Erkenntnisapparates betreffen, vermischt mit Fragen über die Evolution *wissenschaftlicher* Erkenntnis, dann sind solche Mißverständnisse geradezu unvermeidlich. Sie können aber durchaus vermieden werden, wenn man den Ausdruck »Evolutionäre Erkenntnistheorie« auf die erste Klasse von Problemen beschränkt.

Daß es keine biologischen Wurzeln für *spezielle* wissenschaftliche Theorien gibt, bedeutet nicht, daß es solche auch für die *Wissenschaft im allgemeinen* nicht gäbe. Gedächtnis und Lernvermögen, Neugier, Abstraktion und Generalisation, Schaffung und Gebrauch von Begriffen, Bildung von Hypothesen, kommunikative Bedürfnisse, Gebrauch einer deskriptiven und argumentativen Sprache, eine kritische Haltung und das Bedürfnis nach intersubjektiver Zustimmung - all das sind in der Tat typisch menschliche Züge, die biologisch verwurzelt und zugleich für die Wissenschaft konstitutiv sind. Hier liegt ein weites Feld, das von einer Evolutionären Neurowissenschaft, einer Evolutionären Psychologie und der Evolutionären Erkenntnistheorie erforscht werden kann und erforscht werden sollte.

In noch einer weiteren Hinsicht trägt die Evolutionäre Erkenntnistheorie effektiv zur Wissenschaftstheorie bei. Obwohl sie die biologischen Wurzeln der jüngsten wissenschaftlichen Theorien nicht vorweisen kann (weil sie vermutlich gar nicht existieren), kann sie doch einige interessante negative Erscheinungen der Wissenschaftsgeschichte erklären. Viele wissenschaftliche Disziplinen haben mit Hypothesen und Theorien begonnen, die heute als *falsch* angesehen werden, die jedoch von ihren Schöpfern und deren Zeitgenossen als durchaus *überzeugend* angesehen wurden. Diese frühen Auffassungen wurden akzeptiert, weil sie ungeachtet ihrer Falschheit durchaus *geeignet* waren, einer in charakteristischer Weise eingeschränkten Klasse von Beobachtungen gerecht zu werden. ARISTOTELES' Bewegungslehre zum Beispiel, aber auch die geozentrische Astronomie, die Impetustheorie der vor-NEWTONschen Ära oder die Theorien der vier (oder mehr) Elemente sind der Welt der mittleren Dimensionen durchaus angemessen.

Wie sich in psychologischen Experimenten herausgestellt hat, entsprechen solche frühen Auffassungen viel mehr unserem *intuitiven* Erfassen von Objekten, Ereignissen, Prozessen, Bezugssystemen, Wahrscheinlichkeiten usw., als unsere jüngeren wissenschaftlichen Theorien das jemals erhoffen oder beanspruchen könnten (s. hierzu TVERSKY & KAHNEMANN, 1981; KAHNEMANN & TVERSKY, 1982; CLEMENT, 1982; MCCLOSKEY, 1983; VOLLMER, 1985). Jene Vorstellungen sind in der Regel nicht bloße Erfindungen, nicht Ausgeburten einer wilden, frei schwebenden Phantasie, willkürlich entworfen und dann dogmatisch beibehalten. Vielmehr sind sie hervorragend anwendbar auf die Welt der mittleren Dimensionen, sind sie wahrhaft *mesokosmisch*. Das erklärt, warum sie entworfen, akzeptiert und schließlich sogar gegenüber widersprechenden Fakten beibehalten wurden.

So erklärt die Evolutionäre Erkenntnistheorie zwar nicht die *Erfolge* der Wissenschaft, aber wenigstens ihre *Mißerfolge*. Das ist Grund genug, ihre Relevanz für die Geschichte und die Philosophie der Wissenschaft zu betonen.

Anmerkungen

[1] Wenn also RIEDL und KASPAR alle Organismen mit einem ratiomorphen kognitiven Prinzip ausstatten, das sie »die Hypothese vom Ver-Gleichbaren« nennen und charakterisieren als »die Erwartung, daß das Ungleiche in der Wahrnehmung der Dinge ausgeglichen werden dürfe und daß sich ähnliche Sachen, obwohl sie offenbar nicht dasselbe sind, auch in manchen noch nicht wahrgenommenen Eigenschaften als vergleichbar erweisen würden.« (vgl. RIEDL, R. (1980): S. 93. Auch in: LORENZ, K., & F. M. WUKETITS (Hrsg.) (1983): S. 135 f. (KASPAR) und S. 157 (RIEDL), dann muß diese Hypothese ergänzt werden durch eine entsprechende »Hypothese vom Unterscheidbaren«, charakterisiert als die Erwartung, daß Gegenstände, die als verschieden erkannt wurden, sich auch in manchen noch nicht wahrgenommenen Eigenschaften als unterschiedlich erweisen werden.

[2] Man könnte die Tabelle natürlich ergänzen durch eine Spalte für PIAGETs Genetische Erkenntnistheorie, die *ontogenetische* statt phylogenetischer und historischer Prozesse untersucht. Das wäre möglich und heuristisch fruchtbar, und ich habe solche Übersichten in anderen Zusammenhängen gegeben, in denen es zum Beispiel darum geht, welche Aussichten wir haben, unsere Erkenntnis zu verbessern oder ganz zu verlieren. Hier jedoch befassen wir uns hauptsächlich mit der Unterscheidung zwischen den beiden Arten von Evolutionärer Erkenntnistheorie, die - unglücklicherweise - dieselbe Bezeichnung tragen und dadurch viel Verwirrung stiften, wenn sie nicht sorgfältig unterschieden und auseinandergehalten werden.

Allerdings kann PIAGETs zweideutiger Ausdruck »Genetische Erkenntnistheorie« zu einem *ähnlichen* Mißverständnis führen. Denn »genetisch« könnte abgeleitet sein entweder von »Genese« oder von »Gen«. Die Genetische Erkenntnistheorie wäre dann eine Disziplin, die entweder untersucht, wie Erkenntnis und Wissen *entstehen*, oder, wie sie durch die *Gene*, also genetisch im biologischen Sinne, beeinflußt oder sogar determiniert werden. Und die Entstehung des Wissens hat ihrerseits phylogenetische, historische und ontogenetische Aspekte. Welcher dieser Aspekte also ist in der »Genetischen Erkenntnistheorie« angesprochen?

Es ist bekannt, daß JEAN PIAGET persönlich an allen dreien dieser verschiedenen Perspektiven *interessiert* war. Das läßt sich an der thematischen Breite und am Inhalt seiner wissenschaflichen Arbeiten leicht belegen, zum Beispiel an seinem Buch: »Biologie und Erkenntnis« (1974). Es wird auch deutlich in der folgenden Bemerkung:

»Unser Problem läßt sich folgendermaßen formulieren: Vermittels welcher Leistungen geht der menschliche Geist von einem Stand weniger befriedigender Erkenntnis zu einem Stand höherer Erkenntnis über?... Das fruchtbarste und sich am ehesten anbietende Feld der Untersuchung wäre natürlich die Rekonstruktion der menschlichen Geschichte - der Geschichte des menschlichen Denkens vom vorgeschichtlichen Menschen an. Doch leider wissen wir über die Psychologie des Neandertalers oder diejenige des *Homo siniensis* von TEILHARD DE CHARDIN nicht sehr viel. Da uns diese Dimension der Biogenese nicht zugäng-lich ist, werden wir uns wie die Biologen der Ontogenese zuwenden müssen.« (PIAGET, J. [1973]: S. 20 f.; engl. 1970).

Daran wird deutlich, daß PIAGET eine evolutionäre Betrachtung der menschlichen Erkenntnis, wie sie von der Evolutionären Erkenntnistheorie angestrebt wird, begrüßt hätte. Aber es ist auch klar und - nebenbei - wohlbekannt, daß PIAGETs Werk ontogenetisch orientiert ist und daß seine »Genetische« Erkenntnistheorie sich auf die *Genesis* der Erkenntnis im Individuum bezieht. Das gilt in einem Maße, daß HANS G. FURTH, einer seiner Schüler und Interpreten, im Vorwort zu seinem Buch über PIAGET die folgende vielsagende Bemerkung macht:

»Ich vermag nicht zu sehen, wie man sein [PIAGETs] Modell der Intelligenz akzeptieren kann, wenn man Intelligenz nicht als eine Verlängerung der organischen Entwicklung auffaßt. Ohne eine biologische Basis wird PIAGETs formallogisches Modell das, als was es vielen fälschlich erscheint: Ein kaltes, artifizielles Schlußsystem ohne Bedeutung für das wirkliche sinnliche Leben.« (FURTH, H. G., 1972).

Obwohl also die Genetische und die Evolutionäre Erkenntnistheorie viel miteinander gemeinsam haben (was Gegenstand einer weiteren Untersuchung sein könnte), sind sie doch voneinander deutlich verschieden und laufen nicht Gefahr, miteinander verwechselt zu werden. Schließlich tragen sie ja auch verschiedene Namen.

[3] Für die Unterscheidung zwischen normaler Wissenschaft und wissenschaftlichen Revolutionen vgl.: KUHN, T. S. (1967): Die Struktur wissenschaftlicher Revolutionen. Frankfurt/M.: Suhrkamp.

Für eine verneinende Antwort auf unsere Frage vgl.: TOULMIN, S. E. (1974).

[4] Deutliche Kritik an einer Evolutionären *Wissenschaftstheorie* übt P. THAGARD (1980). THAGARD zeigt überzeugend, »daß die Ähnlichkeiten zwischen biologischer und wissenschaftlicher Entwicklung oberflächlich sind und daß eine genauere Untersuchung der Wissenschaftsgeschichte die Notwendigkeit eines nicht-darwinistischen Ansatzes für eine historische Erkenntnistheorie belegt« (S. 187). Und in einer Fußnote zu dieser Bemerkung fügt er hinzu (S. 193): »Meine Kritik der Evolutionären Erkenntnistheorie bezieht sich nicht auf die Behauptung, die Humanbiologie könne für die Erkenntnistheorie in einer unmittelbaren Weise relevant sein, zum Beispiel bei Diskussionen über angeborene Ideen... Auch geht es mir dabei nicht um die >Genetische Erkenntnistheorie< von PIAGET...«

Eine weitere Kritik findet sich in: COHEN, L. J. (1973), worin der Autor zum Ergebnis kommt, TOULMINs »evolutionäres Modell für die Geschichte intellektueller Disziplinen« könne »nicht mit dem Nimbus DARWINscher Respektabilität vertreten werden« (S. 41). Auch hier ist es nicht die *evolutionäre* Entwicklungsweise, die der Wissenschaft abgesprochen wird (wie der Titel nahezulegen scheint), sondern der spezifisch DARWINsche Charakter ihrer Evolution. Und es ist auch überhaupt nicht die Evolutionäre Erkenntnistheorie im LORENZschen Sinne, die von COHEN kritisiert wird. - Vgl. auch: LOSEE, J. (1977) und: GUTHRIE, G. (1978).

[5] Gemäß dieser terminologischen Entscheidung behandeln gar nicht alle Arbeiten die »eigentliche« Evolutionäre Erkenntnistheorie, die sie im Titel führen.

[6] Eine umfassende Zusammenstellung und Widerlegung der häufigsten Zirkelvorwürfe gegen die Evolutionäre Erkenntnistheorie gibt VOLLMER (1985).

Literatur

CAMPBELL, D.T. (1970): Natural Selection as an Epistemological Model. In: NAROLLA, R., & R. COHEN (Eds.): A Handbook of Method in Cultural Anthropology. Garden City: Natural History Press.

CAMPBELL, D. T. (1974): Evolutionary Epistemology. In: SCHILPP, P. A. (Ed.): The Philosophy of Karl Popper I. La Salle: Open Court.

CHAITIN, G. (1975): Randomness and Mathematical Proof. Scient. Amer. **232** (5): 47-52.

CLEMENT, J. (1982): Students Preconceptions in Introductory Mechanics. Am. J. Physics **50**: 66-71.

COHEN, L. J. (1973): Is the Progress of Science Evolutionary? Brit. J. Phil. Sci. **24**: 41-61.

FURTH, H. G. (1972): Intelligenz und Erkennen. Die Grundlagen der genetischen Erkenntnistheorie Piagets. Frankfurt/M.: Suhrkamp.

GUTHRIE, G. (1978): Poppers Evolutionary Epistemology: A Critique. Synthese **37**: 413-431.

KAHNEMANN, D., & A. TVERSKY (1982): Risiko nach Maß - Psychologie der Erkenntnispräferenzen. Spektrum d. Wiss. (Jan.): 89-98.

KASPAR, R. (1983): Die biologischen Grundlagen der evolutionären Erkenntnistheorie. In: LORENZ, K., & F. M. WUKETITS (Hrsg.): Die Evolution des Denkens. München-Zürich: Piper.

KUHN, T. S. (1967): Die Struktur wissenschaftlicher Revolutionen. Frankfurt/M.: Suhrkamp.

LORENZ, K. (1973): Die Rückseite des Spiegels. München-Zürich: Piper.

LORENZ, K., & F. KREUZER (1981): Leben ist Lernen. München-Zürich: Piper.

LOSEE, J. (1977): Limitations of an Evolutionist Philosophy of Science. Stud. Hist. Phil. Sci. **8**: 349-352.

MCCLOSKEY, M. (1983): Irrwege der Intuition in der Physik. Spektrum d. Wiss. (Juni): 88-99.

PIAGET, J. (1973): Einführung in die genetische Erkenntnistheorie. Frankfurt/M.: Suhrkamp.

PIAGET, J. (1974): Biologie und Erkenntnis. Frankfurt/M.: S. Fischer.

POPPER, K. R. (1974): Replies to My Critics. In: SCHILPP, P. A. (Ed.): The Philosophy of Karl Popper II. La Salle: Open Court.

POPPER, K. R., & K. LORENZ (1981): Die Zukunft ist offen. München-Zürich: Piper.

RIEDL, R. (1980): Biologie der Erkenntnis. Berlin-Hamburg: Paul Parey.

SCHILPP, P. A. (Hrsg.) (1979): Albert Einstein als Philosoph und Naturforscher. Stuttgart: Kohlhammer.

THAGARD, P. (1980): Against Evolutionary Epistemology. In: ASQUITH, P. D., & R. M. GIERE (Eds.): Philosophy of Science Association (PSA) 1.

TOULMIN, S. E. (1968): Voraussicht und Verstehen. Ein Versuch über die Ziele der Wissenschaft. Frankfurt/M.: Suhrkamp.
TOULMIN, S. E. (1974): Die evolutionäre Entwicklung der Naturwissenschaft. In: DIEDERICH, W. (Hrsg.): Theorien der Wissenschaftsgeschichte. Frankfurt/M.: Suhrkamp.
TOULMIN, S. E. (1978): Menschliches Erkennen I: Kritik der kollektiven Vernunft. Frankfurt/M.: Suhrkamp.
TVERSKY, A., & D. KAHNEMANN (1981): The Framing of Decisions and the Psychology of Choice. Science **211**: 453-458.
VOLLMER, G. (1985): Was können wir wissen? Band 1: Die Natur der Erkenntnis. Stuttgart: Hirzel.
VOLLMER, G. (1987): The Concept of Evolution as a Tool in Science - Its Strength and Limits. In: KOCH, W. A. (Hrsg.): Die Natur der Kultur (im Druck).

Kommentar zu »Was Evolutionäre Erkenntnistheorie nicht ist«

WILHELM LÜTTERFELDS

»Alle unsere Erkenntnis beginnt mit der stammesgeschichtlichen Erfahrung, aber nicht alle entspringt aus ihr.« Besteht der Wahrheitsanspruch dieser evolutionstheoretischen Modifikation der alten These KANTs zu Recht? Welche apriorische Erkenntnis entspringt dann nicht aus unserer stammesgeschichtlichen Erfahrung und warum nicht? Oder sind dies heute lediglich Fragen von philosophiehistorischem Interesse?

Erkenntnis als interne Rekonstruktion?

GERHARD VOLLMER schlägt vor, Erkenntnis als eine »(partiell-isomorphe) interne Rekonstruktion der Welt« aufzufassen; wobei diese Rekonstruktion aufgrund der evolutionären Anpassung der subjektiven Erkenntnisstrukturen an die Welt überhaupt möglich ist, mehr oder weniger adäquat sein kann und dann die Fitness erhöht sowie auf einem Informationsmaterial beruht, das die externe Welt auf unsere Sinne projiziert.

Dieses hypothetisch-realistische Konzept von Erkenntnis, mit dem VOLLMERs Evolutionäre Erkenntnistheorie operiert, läßt m. E. folgende Fragen offen:

1. Woher wissen wir um unsere eigenen, intern-leiblichen, psychischen und geistigen Zustände bzw. um unsere »internen Rekonstruktionen«? Müssen wir etwa auch nervöse Magenschmerzen bzw. unser Wissen um uns selber, also etwa daß wir Hunger oder Durst ha-ben oder Wahrnehmungserlebnisse, wie daß ich Sie vor mir sitzen sehe, intern rekonstruieren?
2. Daß wir versuchen, äußere Dinge, Ereignisse und Strukturen intern zu rekonstruieren, dies setzt unser Wissen um unsere Differenz zur Welt, zu fremden Körpern und Personen voraus. Wo entspringt dieses Wissen, und kann man es als eine interne Rekonstruktion auffassen? Zudem hat es apriorischen Status, denn wir verwechseln uns ja nicht mit der Außenwelt.
3. Kann es sinnvoll sein, von einer »Erkenntnis« der externen Projektionsursachen unserer Sinnesinformation zu sprechen, etwa von Schallwellen und Lichtsignalen? Ohne sie gibt es in der Tat keine hypothetisch-realistische Erkenntnistheorie. Aber da natürlich auch die externen Informationsursachen bloß intern rekonstruierbar sind, können wir

entweder diese angeblichen, unserer Rekonstruktion vorausliegenden Ursachen nicht angeben, was eine Wiederaufnahme des KANTschen Dinges an sich darstellt. Oder wir verfügen auch über ein nicht intern-rekonstruiertes Ursachen-Wissen um unsere Sinnesinformationen.

4. Dem entspricht, daß bekanntlich offen bleibt, wie wir eine Adäquation bzw. Korrespondenz von interner Rekonstruktion und der Welt-Tatsache feststellen sollen, deren Rekonstruktion versucht wird, wenn alle erforderlichen Kriterien nur subjekt-intern zur Verfügung stehen, also gemessen an ihrer Aufgabe nichts taugen. Wird dann nicht das tatsächliche Überleben mit Hilfe der bisherigen Welt-Rekonstruktionen, die als Wahrheitsbedingungen zukünftiger Erkenntnis fungieren, zum ausschließlichen Wahrheitskriterium, also nicht nur zum bloßen »Indiz der Wahrheit« (VOLLMER)? Andernfalls müßte man die »Richtigkeit« einer Tatsachen-Rekonstruktion unabhängig von ihrer fitnessbestimmenden Funktion feststellen können. Aber mit den Mitteln einer bloß »internen Rekonstruktion« scheint dies nicht gelingen zu können.

5. Woher stammt überhaupt die Idee der Wahrheit als Übereinstimmung? Ferner die Vorstellung einer - und sei es partiellen - Isomorphie kognitiver und externer Weltphänomene? Entspringt die Wahrheit als Adäquation beobachteten und dann internalisierten Übereinstimmungen von Dingen und Ereignissen? Aber eine derartige Beobachtung müßte ja bereits wahr sein. Daß Erkenntnis sich auf eine Welt-Tatsache bezieht und zudem den Anspruch einer Übereinstimmung mit dieser Tatsache erhebt, ist doch unverständlich, wenn Erkenntnis ausschließlich eine subjekt-interne Rekonstruktion darstellt. Und wenn wir die Adäquation bzw. Korrespondenz einer Wahrnehmung mit einer Welt-Tatsache feststellen, kann diese Feststellung dann bloß eine subjekt-interne Rekonstruktion sein, wenn jede derartige Rekonstruktion als wahre selber einem externen Faktum korrespondieren soll - also in diesem Falle dem Faktum der Adäquation von Erkenntnis und Tatsache?

So sehr VOLLMERs Erkenntnisbegriff der »internen Rekonstruktion« dann gerechtfertigt zu sein scheint, wenn wir uns der Erkenntnisrelation von einer objektivierenden Einstellung her nähern, auf der Erkenntnis als ein empirisch konstatierbarer Prozeß eines kognitiven Systems in einem Lebewesen beschreibbar ist, so sehr scheint er gerade als Basisbegriff der Evolutionären Erkenntnistheorie durch Erkenntnistypen ergänzt werden zu müssen, in denen Erkenntnis nicht nur intern, nicht nur rekonstruktiv und projektiv interpretiert wird: Das Wissen um uns selber und um unsere psycho-physischen sowie kognitiven Zustände, das Wissen um unseren realen, apriorischen Unterschied zu Dingen der Außenwelt, das Wissen um extern-wirkliche Ursachen unserer Sinnesinformationen, um mehr oder weniger große Korrespondenz von Erfahrungen und Welt-Tatsachen - all' dieses Wissen ist absolut überlebens-notwendig, es erhöht im extremen Sinne die Fitness. Aber VOLLMERs Erkenntnisbegriff der »internen Rekonstruktion« scheint ungeeignet zu sein, um dieses Wissen im Sinne einer Erkenntnis auffassen zu dürfen. Nötigen diese Wissens-Phänomene nicht dazu, unter »Erkenntnis« auch eine subjekt-transzendierende, die Welt-Tatsache selber und in ihrer realen Differenz zu subjekt-internen Rekonstruktionen erfassende Relation zu verstehen - sowie für die subjektive Selbsterkenntnis ein nicht rekonstruktives, sondern ein unmittelbares Wissen anzunehmen? Allerdings scheint auf diesen erweiterten Begriff von »Erkenntnis« das Theorem der evolutionären »Anpassung« an externe Weltstrukturen nicht angewandt werden zu können.

Apriori und Anpassung

Darüber hinaus ist die Verträglichkeit von VOLLMERs eigenem Erkenntnisbegriff mit der

Theorie der evolutionären Anpassung fraglich. Wir rekonstruieren die Strukturen der Außenwelt, der Eigenschaften von Dingen, Personen und Ereignissen aufgrund unseres kognitiven Apriori. Weil dieses zur Struktur der Außenwelt des Mesokosmos partiell isomorph ist, gelingen normalerweise unsere internen Rekonstruktionen. Und diese Isomorphie ist wiederum durch evolutionäre, phylogenetische Anpassung an die externen Strukturen zustande gekommen.

Aber woran haben wir uns angepaßt, wenn die externen Strukturen der mesokosmischen Welt - etwa des dreidimensionalen Raumes, seiner extensiven Größe, der zeitlich konstanten substantiellen Dinge oder der Ursache-Wirkungsgefüge der Ereignisse - einerseits real existieren und uns vorgegeben sein müssen sowie jedem sich anpassenden erkennenden Lebewesen, soll der Anpassungsprozeß überhaupt in Gang kommen und Erfolg haben können, aber auch Mißerfolg. Andererseits jedoch können die externen Strukturen der Welt - das stammesgeschichtlich internalisierte kognitive Apriori - von uns nur intern rekonstruiert werden, und das noch mit ihrer Hilfe. Kann man etwa durch Anpassung unser Wissen um die kausale Verknüpfung zwischen unseren Sinnesorganen und Tatsachen der Außenwelt erklären, wenn Anpassungsvorgänge mit der Voraussetzung einer solchen Verknüpfung bereits operieren müssen? Ähnliches gilt für die Vorstellung eines räumlichen Außer-Uns der Dinge. Wie kann diese aller Erfahrung zugrunde liegende räumliche Distanz-Information durch Anpassungsvorgänge erklärt werden?

Es scheint schwierig zu sein, den Begriff der Erkenntnis als einer »internen Rekonstruktion« auf der Basis eines kognitiven Apriori mit dem Konzept evolutionärer, realer Anpassungsvorgänge zu vereinbaren. Gelingt dies nicht, würden wir nach wie vor über einen KANTschen Satz von apriorischen Erkenntnissen der realen Weltstruktur verfügen, der gerade jene Welt beschreibt, auf die die Anpassungsvorgänge erkennender Organismen und Lebewesen bezogen werden und der durch das Theorem phylogenetischer Anpassung nicht erklärbar ist, weil er diesem Theorem erklärungslogisch vorausliegen muß.

Will man diese Konsequenz vermeiden, dann scheint man freilich nur folgende Möglichkeit zu haben. Nämlich aus dem Überlebensfaktum unseres kognitiven Apriori-Apparates rekonstruktiv zu schließen, daß er an die reale Welt-Struktur mehr oder weniger angepaßt sein muß. Aber dann ist dieser phylogenetische Anpassungsvorgang niemals auch ein mögliches empirisches Phänomen, d. h. beobachtbar, beschreibbar und als Erklärung verwendbar. Es sei denn, diese Erklärung ist tautologisch, eben weil unsere angepaßten Erkenntnisstrukturen genau und nur jene objektiven Strukturen der mesokosmischen Welt erfahren und beschreiben lassen, an die sie sich »angepaßt« haben. Und dann wundert es nicht, daß wir keine anderen realen Strukturen der mesokosmischen Welt erfahren, d. h. anschauen und denken, als unser kognitives Apriori zuläßt. Auch wäre die Tatsache unseres kognitiv begründeten Überlebens das einzige Kriterium der Wahrheit unseres Erkenntnis-Apriori. Da wir freilich die tautologische Form dieser »rekonstruierenden Erkenntnis« der objektiven Welt-Struktur durchschauen, müssen wir mit KANT zugleich eine prinzipielle Unerkennbarkeit der Welt an sich akzeptieren. Darüber hinaus schließt dies nicht aus, daß wir innerhalb unserer Weltbeschreibung, deren durch das Apriori ermöglichte objektive Geltung nur defizitär begründbar ist, eine ganze Hierarchie einfacherer »Weltbilder« bei erkennenden Organismen und Lebewesen durch das Anpassungstheorem erklären sowie auch Fitness mindernde, falsche »Weltbilder« angeben können sowie um die mesokosmische Objektivitätsgrenze unseres Apriori wissen.

Der Zirkel-Vorwurf

Entscheidet man sich gegen diese offenbar tautologische Anpassungserklärung und für eine modifizierte KANTsche Lösung eines auch stammesgeschichtlich apriorischen Wissens um unsere Erfahrungswelt, dann muß man freilich folgende Gegenrechnung machen. Wenn unser Wissen um das objektiv gültige, reale Apriori der Welt, woran sich alle erkennenden Lebewesen anpassen müssen, aus »reiner, übergeschichtlicher Vernunft« stammt, also erst recht keineswegs bloß aus anthropomorpher Selbsterfahrung (SPAEMANN-LÖW), warum gelingt es dann nicht, ein solches Apriori-Inventar mit KANT ein für allemal und gültig zu deduzieren? Oder haben wir lediglich eine bunte Fülle anthropomorpher Kategorien-Paradigmen, die alle zum Überleben mehr oder weniger hinreichend sind?

So ist nicht nur die Kategorien-Tafel KANTs kontingent, was die Kategorien-Inflation im 19. Jahrhundert. bzw. die Theorien des Neu-Kantianismus ebenso zeigen wie die moderne Erfahrungswissenschaft. Vielmehr hat bereits KANT auf angeborene Erkenntnis-Dispositionen, auf genetische Bedingungen der Raum-Zeit-Vorstellungen und unserer kategorialen Begriffe aufmerksam gemacht; wobei es keineswegs in unserem Belieben steht, die genetisch-determinierten Apriori-Vorstellungen auch auszubilden. Und was entscheidend ist: Die genetisch bedingten Apriori-Vorstellungen sind für KANT identisch mit den objektiv gültigen. Denn sie sichern die transzendentale Wahrheit bzw. den objektiven Geltungsanspruch unserer Erfahrung. Damit unterliegen jedoch auch diese Bedingungen nicht nur einer »physiologischen Deduktion» im KANTschen Sinne, sondern zugleich einer evolutionären Erklärung. Sie könnte verständlich machen, warum gerade diese bestimmten genetischen Apriori-Bedingungen unseren kognitiven Apparat ausmachen.

Dieses Vorhaben einer evolutionären Apriori-Erklärung sei in mannigfacher Weise zirkulär. Daraus, genauer aus dem Ausblenden dieser Zirkularität, leiten manche nicht zu Unrecht den hohen Bestätigungseffekt und die starke Plausibilität der Evolutionären Erkenntnistheorie ab. VOLLMERs Versuch einer Rehabilitierung zirkulärer Verfahren läßt sich nun aus der Logik KANTscher Theorie heraus noch verstärken, ja radikalisieren. Wenn wir unsere »angeborenen« Dispositionen zur Ausbildung unseres kognitiven Apriori deshalb nicht weiter - etwa auch evolutionär durch Anpassung - erklären können, weil wir dies nur zirkulär mit Hilfe dieses Apriori zustande bringen; und wenn wir unser kognitives Apriori infolgedessen einfach als nicht-hintergehbares »Faktum der Vernunft« akzeptieren, argumentieren wir natürlich (und zwar gegen ein zirkuläres Erklärungsverfahren). Wir argumentieren, d. h. wir urteilen. Aber dies tun wir nicht von einem »Gottesgesichtspunkt« eines kategorienfreien reinen Denkens aus, sondern selber mit Hilfe unseres angeborenen begrifflichen Apriori. Kantisch gesprochen: Mit Hilfe jener kategorialen Verstandesfunktionen, die jeder Form des Urteils - auch des widerlegenden Urteils - zugrundeliegen. Ist dann nicht unsere Entwertung der zirkulären, evolutionären Apriori-Erklärung selber zirkulär, weil wir auch dann kategoriale Urteilsfunktionen und Begriffe benützen, wenn wir diesen Zirkel einsehen und kritisieren; und erst recht dann, wenn wir alternative, nichtempirische Herkunftserklärungen liefern oder unseren Verzicht darauf begründen? Haben wir dann nur die Wahl zwischen zwei gleich schlechten oder guten, jedenfalls zirkulären Apriori-Theorien - der evolutionären oder der transzendentalen?

Man kann daraus auch einen quasi versöhnlichen Schluß ziehen. Nämlich, daß gegen eine evolutionäre Erklärung unseres faktischen Apriori ebensoviel spricht wie gegen die Kritik dieses - zugegeben zirkulären oder nur in »Rückkopplung« (VOLLMER) vorgenommenen - Versuches. Aus dem nicht hintergehbaren Apriori-Zirkel scheint ebenso das Recht der evolutionären Erklärung zu folgen wie das ihrer reflexiven Kritik. Dann wäre der Versuch eines Nachweises, daß auch unser kognitives Apriori stammesgeschichtlicher Erfahrung entspringt, durch die empirischen Daten der Evolutionsgeschichte bereits hinreichend legitimiert. Denn auch KANT mußte die bestimmten Kategorien als begriffliche Fakten einer kontingenten Urteilstafel entnehmen. Und die Dreidimensionalität unseres Anschauungsraumes ist für ihn z. B. gleichfalls ein deskriptiv gewonnenes Faktum leiblicher Konstruktionen, die wir im Raum vornehmen. Und wenn es für diese faktischen Apriori-Vorstellungen genetische, evolutionär interpretierbare Bedingungen gibt, so stellt dies lediglich eine stammesgeschichtliche Ausweitung jenes Fakten-Horizontes dar, innerhalb dessen wir unser kognitives Apriori ermitteln müssen.

Ein halbwegs zureichender Begriff von menschlicher Erkenntnis könnte zwar ohne Rückgriff auf die Evolution des kognitiven Apriori nicht verständlich machen, warum wir gerade über diese bestimmten Erkenntnistrukturen verfügen. Der nichtempirische, bloß reflexive Begriff eines kognitiven Apriori bliebe in der Tat leer. Aber eine solche Erklärung würde wegen ihres Zirkels zugleich ihre reflexive Kritik hervorrufen, derzufolge die These einer stammesgeschichtlichen Erfahrungsherkunft unseres kognitiven Apriori zirkulär-unhaltbar sei.

Ein widerspruchsfreies Konzept menschlicher Erkenntnis wäre dieser Dualismus von Reflexion und Empirie allerdings nicht. Wird er deswegen als unbefriedigend empfunden und normalerweise zugunsten der einseitigen Alternativ-Konzepte verworfen?[1]

Anmerkung

[1] Vgl. dazu die Einleitung des Verfassers (»Zur idealistischen Rechtfertigung einer evolutionären Erklärung des Apriori«) in dem Sammelband: Transzendentale oder evolutionäre Erkenntnistheorie?, hrsg. vom Verfasser, Wissenschaftliche Buchgesellschaft Darmstadt, im Erscheinen.

Literatur

BAUMGARTNER, H. M. (1981): Über die Widerspenstigkeit der Vernunft, sich aus Geschichte erklären zu lassen. Zur Kritik des Selbstverständnisses der evolutionären Erkenntnistheorie. In: POSER, H. (Hrsg.): Wandel des Vernunftbegriffs. Freiburg-München: Alber.

BAUMGARTNER, H. M. (1984): Die innere Unmöglichkeit einer evolutionären Erklärung der menschlichen Vernunft. In: SPAEMANN, R., P. KOSLOWSKI & R. LÖW (Hrsg.): Evolutionstheorie und menschliches Selbstverständnis. Weinheim: Acta humaniora.

CONRADT, R. (1970): Grundzüge einer naturwissenschaftlichen Erkenntnistheorie. Philosophia Naturalis **12**: 3-46.

CRAEMER-RUEGENBERG, I. (1985): Was leistet die Evolutionäre Erkenntnistheorie? Allgemeine Zeitschrift für Philosophie **10**: 61-71.

ENGELS, E.-M. (1985): Die Evolutionäre Erkenntnistheorie in der Diskussion. Information Philosophie 1/2.

ENGELS, E.-M. (1985): Was leistet die Evolutionäre Erkenntnistheorie? Eine Kritik und Würdigung. Zeitschrift für allgemeine Wissenschaftstheorie **XVI**: 113-146.

GERHARDT, G. (1983): Wider die unbelehrbaren Empiriker. Würzburg.

HÖVELMANN, G. H. (1984): Sprachkritische Bemerkungen zur Evolutionären Erkenntnistheorie. Zeitschrift für allgemeine Wissenschaftstheorie **XV**: 92-121.

HOLZHEY, H. (1983): Genese und Geltung. Studia Philosophica **42**: 104-123.

HOLZHEY, H. (1985): Kritik der Evolutionären Erkenntnistheorie. Information Philosophie **4**: 46-51.

KAMBARTEL, F. (1984): Zur grammatischen Unmöglichkeit einer evolutionstheoretischen Erklärung der humanen Welt. In: SPAEMANN, R., P. KOSLOWSKI & R. LÖW

(Hrsg.): Evolutionstheorie und menschliches Selbstverständnis. Weinheim: Acta humaniora.
KÖCHLER, H. (1983): Erkenntnistheorie als biologische Anthropologie? In: PFLIGERSDORFFER, G. (Hrsg.): Blickpunkte philosophischer Anthropologie. Salzburg.
KOSLOWSKI, P., PH. KREUZER & R. LÖW (Hrsg.) (1984): Evolution und Freiheit. Zum Spannungsfeld von Naturgeschichte und Mensch. Stuttgart: Hirzel.
KRINGS, H. (1984): Sokrates überlebt. Zum Verhältnis von Evolution und Geschichte. In: KOSLOWSKI, P. PH. KREUZER & R. LÖW (Hrsg.): Evolution und Freiheit. Zum Spannungsfeld von Naturgeschichte und Mensch. Stuttgart: Hirzel.
LÖW, R. (1983): Evolution und Erkenntnis - Tragweite und Grenzen der evolutionären Erkenntinstheorie in philosophischer Absicht. In : LORENZ, K., & F. M. WUKETITS (Hrsg.): Die Evolution des Denkens. München-Zürich: Piper.
LÜTTERFELDS, W. (1982): Kants Kausalkategorie - ein stammesgeschichtliches Aposteriori? Philosophia Naturalis **19**: 104-124.
LÜTTERFELDS, W. (1986): Begriffliche Aporien in Poppers Evolutionärer Erkenntnistheorie. In: MÜLLER, K., F. STADLER & F. WALLNER (Hrsg.): Versuche und Widerlegungen - Offene Probleme im Werk Karl Poppers. Wien: Geyer.
LÜTTERFELDS, W. (Hrsg.): Transzendentale oder evolutionäre Erkenntnistheorie? Darmstadt: Wissenschaftliche Buchgesellschaft. Im Erscheinen.
ROTH, G. (1984): Stellungnahme zum Aufsatz »Evolution der Erkenntnisfähigkeit - Ansätze zu einer evolutionären Erkenntnistheorie«. In: Dialektik **8**: 224-229.
SPAEMANN, R. (1984): Sein und Gewordensein. Was erklärt die Evolutionstheorie? In: SPAEMANN, R., P. KOSLOWSKI & R. LÖW (Hrsg.): Evolutionstheorie und menschliches Selbstverständnis. Weinheim: Acta humaniora.
SPAEMANN, R., & R. LÖW (1981): Die Frage Wozu? Geschichte und Wiederentdeckung des theologischen Denkens. München-Zürich: Piper.
SPAEMANN, R., P. KOSLOWSKI & R. LÖW (Hrsg.) (1984): Evolutionstheorie und menschliches Selbstverständnis. Weinheim: Acta humaniora.
STEGMÜLLER, W. (1984): Evolutionäre Erkenntnistheorie, Realismus und Wissenschaftstheorie. In: SPAEMANN, R., P. KOSLOWSKI & R. LÖW (Hrsg.): Evolutionstheorie und menschliches Selbstverständnis. Weinheim: Acta humaniora.
STEGMÜLLER, W. (1985): Thesen zur »Evolutionären Erkenntnistheorie«. In: Information Philosophie **3**: 26-32.
TITZE, H. (1983): Evolutionäre und/oder transzendentale Erkenntnistheorie. In: WEINGARTNER, P., & J. CZERMAK (Hrsg.): Erkenntnis und Wissenschfatstheorie. (Akten des 7. Internationalen Wittgenstein-Symposiums). Wien: Hölder-Pichler-Tempsky.
WEINBERGER, CH. (1983): Evolution und Ethologie. Wien-New York: Springer.
WERNER, H. J. (1978): Besprechung von Vollmers »Evolutionärer Erkenntnistheorie«. Philosophisches Jahrbuch **85**: 201-204.

■ *Diskussion*

MEDICUS: Ich habe zur zweiten Tabelle der Unterschiede der Evolutionären Erkenntnistheorie und der evolutionären Wissenschaftstheorie Fragen. Einmal machen Sie den Unterschied, daß die Phylogenie blind sei und die Wissenschaft nicht blind sei. Könnte man in Klammern das eventuell abschwächen, daß die Phylogenie »fast« blind ist, weil doch das Suchfeld eingeengt wird durch die Geschichte, und die Wissenschaft meist nicht blind ist, denn sehr viel Erkenntnis verdankt man auch dem sogenannten Zufall, daß auch Experimente schief gehen, ich denke etwa an das Buch von WATSON und CRICK, die die

Geschichte ihrer DNA-Entdeckung beschreiben. Eine andere Frage ist: Daß die Wissenschaft, die Wissenschaftsgeschichte nicht darwinistisch sei, ist unter den in der Tabelle aufgeführten Bedingungen sicher richtig, man könnte eventuell angesichts der POPPER-OESER-RIEDLschen Erwartungsspirale auch die Wissenschaft als darwinistisch sehen, wenn man neue Theorien als neue Mutanten sieht, die dann, an der Realität im Experiment selektiert, überprüft werden.

OESER: Die graphische Gegenüberstellung von POPPER und LORENZ erweckt so auf mich den Eindruck wie zwei Fische, die sich gegenseitig verschlucken wollen. Trotzdem gibt es einen gemeinsamen Schnittpunkt, und ich glaube eben, wie ich schon betont habe, die Frage der Methodologie. Es ist die wissenschaftliche Methode, die von beiden Seiten her angesprochen wird. Ich gebe Ihnen recht und glaube auch im Sinn von POPPER zu sprechen, daß das, was er als Theorienevolution bezeichnet, sicherlich im metaphorischen Sinn gemeint ist. Und Metaphern haben manchmal einen heuristischen Wert, können aber auch schlimmsten Falls völlig in die Irre führen.

ENGELS: Sie sagen, daß die linke Seite - bei Ihnen die grüne Seite - die mesokosmische Erkenntnis, Erfahrungs- und Wahrnehmungserkenntnis enthält, und das könnte man jetzt einmal philosophisch so übersetzen, daß da im Grunde genommen das ist, was uns in der Lebenswelt interessiert und angeht, also die alltägliche Erfahrung. Und es scheint mir eine etwas unzulässige Reduktion zu sein, diese Seite nur unter die regulative Idee der Fitness zu stellen. Auch in der Lebenswelt geht es schon um Fragen von Wahrheit und Falschheit. Das war die erste Frage, und die zweite: Wir verbinden mit dem Begriff der Evolution eine ganz spezifische Bedeutung, nämlich Evolution im Rahmen der darwinistischen Theorie. Und wenn Sie jetzt sagen, die Wissenschaftsgeschichte verläuft nicht darwinistisch, ist es dann überhaupt noch sinnvoll, von einer evolutionären Wissenschaftstheorie zu sprechen? Sollte man dann nicht lieber was ganz anderes sagen? Die dritte Frage, evolutionärer Erfolg ist zwar kein Wahrheitskriterium, aber ein Indiz für die Wahrheit. Wie sieht das im Einzelfall aus? Wenn ich jetzt mit einer Aussage z. B. zu Ihnen komme und sage, entscheiden Sie mal bitte darüber, ob das jetzt eine wahre oder eine falsche Aussage ist, wie wollen Sie, von wessen Überlebenserfolg wollen Sie denn auf die Wahrheit dieser Aussage schließen?

RUSE: Wie Sie wissen, GERHARD VOLLMER, habe ich sehr viel für die Unterscheidung, die Sie machen, übrig, und genau darauf habe ich gestern versucht, Sir KARL aufmerksam zu machen. Meine Frage bezieht sich auf den Begriff des Fortschritts. Ich möchte Sie hinsichtlich dieser Frage weniger kritisieren, sondern vielmehr versuchen, Sie dazu zu bringen, mir Ihre Ideen klarer darzulegen. Ich finde, der große Unterschied zwischen dem Wachsen der Erkenntnis und dem Wachsen oder der Weiterentwicklung von Organismen, zumindest für den Darwinisten, besteht darin, daß das Wachsen von Erkenntnis wenigstens in gewisser Hinsicht progressiv zu sein scheint. In den letzten Jahren war ich damit beschäftigt, gegen die Kreationisten anzukämpfen. Wenn irgendetwas in diesem Leben sicher ist, dann ist Kreationismus eine unzulängliche Erklärung für die Ursprünge des Lebens. Darwinismus, durch den wir echte Fortschritte gemacht haben, ist hingegen schon wesentlich besser. Und doch, wenn ich als Darwinist die organische Welt betrachte, denke ich an die Worte meines Lehrmeisters DARWIN, der sagt, daß man niemals von höher oder niedriger oder von besser oder schlechter sprechen sollte. Daß Evolution, wie ich gerne sage, eher langsam nirgendwo hinstrebt, und daß es keinerlei Fortschritt in der biologischen Evolution gibt. Deshalb ist der Popperismus oder das POPPERsche Programm von Anfang an so sicher fundiert gewesen, und aus diesem Grund finde ich, ist es gänzlich irreführend, von einer POPPERschen Art von Philosophie zu sprechen, für die ich sehr viel übrig habe, als von irgendeiner Art von Evolution zu sprechen; ich glaube, der ganze Begriff des Fortschritts ist die Lösung, und ich hätte gerne, daß Sie das etwas weiter ausführen.

KASPAR: Ich habe nur eine Verständnisfrage. Sie sagten, die Natur macht immer im Zusammenhang mit der Wissenschaftsentwicklung dieselben Fehler. Von der Wissenschaft erhofft man, daß sie Fehler bekennt oder Fehler korrigiert, dieselben Fehler nicht mehr macht. Wie verstehen Sie diesen Terminus, die Natur macht immer denselben Fehler. Es gibt ja doch eine Entwicklung, ich nenne nur den Begriff des epigenetischen Systems, und was meinen Sie, wenn Sie sagen, die Natur macht immer dieselben Fehler? Ich habe nicht verstanden, was Sie damit meinten.

LEINFELLNER: Ich habe auch ein Problem mit der Unterscheidung. Ich lasse einfach in der zweiten Spalte »evolutionäre« weg. Ich möchte sagen, vielleicht »dynamische Wissenschaftstheorie«, denn die Wissenschaftstheorie von POPPER ist reiner Progreß, und ich stimme mit MICHAEL RUSE hier vollkommen überein. Was Sie normalerweise als Wissenschaftsfortschritt ansehen, die Verdoppelung des Wissenschaftsvolumens in sieben Jahren, ist auch ein wissenschaftlicher Progreß, aber ich zweifle, daß es eine evolutionäre Entwicklung ist. Und dazu will ich wirklich einen fundamentalen Unterschied betonen, den Sie auch, glaube ich, sehr klar herausgestellt haben: Fitness und Wahrheit. Meines Erachtens kann man unmöglich in der evolutionären Theorie von Wahrheit sprechen, denn Wahrheit ist nur anwendbar auf Sätze, nicht? Und dann, ich stimme auch mit Ihrer Definition nicht überein, daß Sie Wahrheit auf irgendetwas anwenden wollen, was nicht Sprache ist. Hier besteht also ein Unterschied, aber es gibt da noch andere Unterschiede. Das sind die Hypothesen, Theorien, und andererseits gibt es natürlich lebendige Systeme, die sich entwickeln. Also noch einmal, wenn Sie jetzt eine evolutionäre Wissenschaftstheorie einführen, dann begrüße ich das sehr. Dann haben Sie eine neue Definition eingeführt, und ich glaube auch, daß Sie dann verschiedene Dinge ändern müssen. Beispielsweise ist das Vitamin A von jemandem erfunden, der gefälscht hat. Das alles ist im Wissenschaftsbetrieb möglich, und deswegen bin ich sehr vorsichtig. Ich begrüße es sehr, wenn Sie ein Programm einer evolutionären Wissenschaftstheorie aufstellen und da einige Normen oder normative Regeln dazu geben. Und das halte ich für möglich.

RIEDL: Meine Frage ist nun etwas außer der Reihe, aber es täte mir leid, den Beitrag von WILHELM LÜTTERFELDS aus Zeitmangel übergangen zu sehen. Ich will daher nur zwei Bemerkungen zu WILHELM LÜTTERFELDS machen und mich dann gleich weiter an GERHARD VOLLMER wenden.

Anpassung woran? An unsere bestätigten Prognosen, sage ich. Als Empirist erwarte ich, daß überall dort, wo sich etwas bestätigt, ein Bezug zu etwas hergestellt wird, was uns zumindestens interessiert. Und zum anderen: Um einen Satz BERTRAND RUSSELLs abzuwandeln, weil sich Ihr Zirkularitätsproblem als ein Wechselbezugsphänomen lösen kann: Zirkularität der Selbsterkenntnis zum Beispiel. Sicher kann man sagen: Nichts spricht gegen die Annahme, daß Selbsterkenntnis nur ein Traum wäre, es gibt aber auch gar nichts, was dafür spricht.

Zu GERHARD VOLLMER. Es ist natürlich eine Frage der Gewichtung, ob man das Verbindende oder das Trennende stärker betont. Mir scheint das, was Sie in der ersten Tabelle gebracht haben, von einigem Gewicht zu sein. Und was den Gegenlauf betrifft, einen Mechanismus, den Sie darwinistisch nennen, so nehme ich an, daß Sie der heutigen Lehrbuchmeinung des Darwinismus folgen, die mit einer gewissen Populationsdynamik, daneben aber nur mit Selektion durch das Milieu operiert. Dieses Selektionsprinzip soll aus zufälligen Änderungen das Neue produzieren. Wenn Sie das aber etwas erweitern, wenn Sie Systembedingungen mithineinnehmen, sieht das schon ganz anders aus.

Ich glaube daher, daß der Mechanismus derselbe ist, nämlich ein schöpferischer Mechanismus, der in beiden Phänomenen steckt; und daß derselbe interessanter ist als das

Ausleseprinzip, das hier herrscht. Daher will ich auf einen nützlichen Begriff der Biologen aufmerksam machen. Sie sprachen von Analogien, und uns Biologen interessiert natürlich zuforderst, inwieweit es sich um Analogien oder aber um Homologien handelt. Wenn nämlich der Mechanismus durchreicht, dann sind es Homologien. Und wenn sie durch die gleichen Umweltbedingungen gefördert werden, sind es Analogien auf homologer Basis. Diese sind besonders interessant, und um sie kann es sich handeln. Wir nennen das Homoiologien, wenn unter gleichen Außenbedingungen, auf gleicher Grundlage wieder dasselbe entsteht; wenn etwa der Flügel aus der Hand der Tetrapoden dreimal unabhängig entstehen kann.

Natürlich gibt es Unterschiede. Diese sind freilich nicht zu übersehen; denn in der Wissenschaftsauseinandersetzung geht es um intraspezifische Selektion. Während wir, wenn wir an Selektion in der Biologie denken, ganz überwiegend die interspezifische Selektion vor Augen haben, also die Auseinandersetzung zwischen Arten und nicht zwischen Individuen einer Art. Wobei nun bei den Auseinandersetzungen innerhalb einer Art, wie uns die Pavianhorde belehrt, die Übereinstimmungen wieder auffallend groß sind. So wissen wir heute, daß der höhere Rang eines Alpha-Männchens über Koalitionen mit anderen Männern erreicht wird, was eine auffallende Parallele hat zu den Durchsetzungsbedingungen in unserer wissenschaftlichen Welt.

Um aber abzuschließen: Mir scheint ein Unterschied gegeben zwischen den beiden Positionen Ihrer Darstellung, indem die eine Seite sich empiristisch verhält, die andere aber ein rationalistisches Element zu beinhalten scheint. Nun ist das Trennende gewiß interessant. Was aber uns Biologen beschäftigt, das ist die Frage, wie weit können wir mit dem, was wir im biologischen Rahmen entwickeln und experimentell feststellen, behilflich sein, um in der nächsten Schicht erklärend zur Hand zu sein.

KUTSCHERA: Ich werde versuchen, mich kurz zu fassen. Es ist eine Informationsfrage. Man kann ganz grob sagen, daß ein Organismus angepaßt ist, wenn er sich in den in seiner Umwelt vorkommenden wechselnden Situationen jeweils richtig verhält. Und man könnte dieses Verhalten darstellen als eine Funktion, sagen wir g, die Sinnesreize in Verhaltensweisen abbildet. Und bei Organismen, bei denen man jetzt in einem etwas engeren Sinn von Erkenntnis sprechen kann, wird diese Funktion g gewissermaßen zusammengesetzt aus zwei Funktionen. Die erste, sagen wir etwa eins, bildet also diese Sinnesreize ab, in das, was Sie interne Repräsentation nennen. Und eine Funktion zwei würde diese interne Repräsentation abbilden in das Verhalten wiederum.

Und jetzt meine Frage: Wieso ist es nützlich, daß die Repräsentation richtig ist, und in welchem Sinne soll sie richtig sein? Wichtig ist ja nur, daß Unterschiede, die für das Verhalten oder Überleben relevant sind, durch die hintereinander geschalteten Funktionen richtig abgebildet werden. Wie das in der Mitte aussieht, solange keine wichtigen Informationen verlorengehen - denn das wäre ganz egal -, das kann man beliebig mathematisch abbilden. Wenn Sie also an ein konkretes Bild denken: Das kann auf dem Kopf stehen und beliebig verzerrt sein, und so weiter; nur ist wichtig, daß keine Informationen verlorengehen, die dann für das Verhalten relevant sind. Meinen Sie mit »richtig« bei Interpretationen einfach solche, die nicht verhaltensrelevante Informationen verschenken, oder meinen Sie etwas mehr, und läßt sich dazu sagen, wieso das irgendwie ein Vorteil im Kampf ums Dasein ist, wenn man richtig repräsentiert?

VOLLMER: Ich bewundere immer Redner, die auf eine solche Liste von Fragen und Einwänden dann so antworten, daß jeder Frager befriedigt ist. Mir wird es nicht gelingen, schon weil ich so genau gar nicht alles beantworten kann, wie ich das möchte, aber auch aus Zeitgründen, und ebenso, weil ich bei einigen Fragen nicht in der Lage bin, das zu tun. Ich werde etwas allgemeines sagen und dann versuchen, noch zu einzelnen Punkten Stellung zu nehmen - und zwar zu dem Begriff evolutionäre Wissenschaftstheorie, was mehrfach angesprochen wurde.

Ich hatte deutlich gemacht, daß Evolution ein sehr weiter Begriff ist, und daß man sagen muß, welche Gesetze man jeweils in Anspruch nimmt, und das bedeutet, wenn ich von Gesetzen des Darwinismus und dann von darwinistischer Evolution spreche, daß das andere sind, als wenn ich woanders von Evolution spreche, z. B. von der Evolution von Sternen oder von der Evolution von Theorien. Ich sehe also keinen Hinderungsgrund, von evolutionärer Wissenschaftstheorie zu sprechen, weil auch Wissenschaft sich entwickelt, eine Evolution mitmacht - und dabei bin ich keineswegs schon auf ein darwinistisches Entwicklungsmodell festgelegt. Im Gegenteil, ich sage, »es gibt eine Evolution der Wissenschaft«; das scheint mir eine sehr schwache Behauptung zu sein, jemand anderer würde sagen: Nein, es gibt vielleicht nur Theorienwandel. Sie würden sogar Theorienfortschritt akzeptieren, aber wenn es Theorienwandel gibt, und das scheint mir unbestreitbar, steht auch nichts im Wege, das Evolution von Wissenschaft zu nennen. Wenn ich von evolutionärer Wissenschaftstheorie spreche, dann ist gemeint, daß Wissenschaft dynamisch ist, deshalb von mir aus auch dynamische Wissenschaftstheorie. Während für die Evolutionäre Erkenntnistheorie im engeren Sinne durchaus darwinistische Prinzipien in Anspruch genommen werden. Wenn man also von Evolutionärer Erkenntnistheorie spricht, dann ist damit nicht automatisch gesagt, daß sie darwinistisch sein muß. Wenn man anschließend sagt, wir meinen damit die biologische Evolution kognitiver Systeme, dann ist gemeint, daß wir dabei mindestens den Darwinismus benützen. Und ich bin eigentlich überrascht, RUPERT RIEDL, daß Sie mir jetzt unterstellen, bei DARWIN nur das Selektionsprinzip zu meinen. Vielleicht ist meine Vorstellung von Darwinismus zu weit oder zu allgemein. Vielleicht - aber ich hatte ausdrücklich betont, daß man, um den Darwinismus oder die DARWINsche Theorie oder die Evolutionstheorie zu charakterisieren, viel mehr braucht als nur das Selektionsprinzip, und daß daher gerade dann Fehler kommen, wenn man nur von Mutation und Selektion spricht. Vage Analogien zur Evolution von Wissenschaft bestehen durchaus, während, wenn man die Evolutionstheorie präziser formuliert, mehr Gesetze, die dort behauptet werden, mithineinnimmt, dann verschwinden immer mehr oder das relative Gewicht der Analogien zur Evolution der Wissenschaft wird dann eben sehr klein. Ob ich jetzt die Systembedingungen der Evolution angemessen berücksichtigt habe und ob dann die Analogien wieder größer werden - das ist ja Ihre These -, das müßte man natürlich genauer untersuchen. Also nur vom Selektionsprinzip wollte ich, wenn ich von Darwinismus rede, gerade nicht sprechen.

GERHARD MEDICUS hatte den Begriff der Blindheit angesprochen. Ich hatte den Begriff der Blindheit von CAMPBELL übernommen. Er hatte drei Kriterien angegeben und diese drei Kriterien sind in der Wissenschaft nicht erfüllt. CAMPBELL selbst hatte ja das Wort »random« durch »blind« ersetzt, um damit deutlich zu machen, daß die biologische Evolution nicht »random« ist, sondern es da viele »constraints« gibt, also Einschränkungen, aber im Rahmen dessen, was überhaupt möglich ist, werden blind Versuche gemacht. Und in diesem engen Sinn von blind, wie das CAMPBELL versteht, sage ich dann gleichwohl ist die Evolution von Wissenschaft nicht blind. Daß ab und zu sich jemand verhält, als ob er blind wäre, das ist etwas anderes. Man muß da, glaube ich, globale oder kooperative Prinzipien von dem Individuellen unterscheiden, so wie man niemandem unterstellen kann, daß er wünscht, seine Theorie würde widerlegt und der Kollege vielleicht wünscht, daß sie widerlegt wird, aber sie beide dasselbe tun. Sie setzen die Theorie dem härtestmöglichen Test aus, der eine vielleicht in der Hoffnung, daß sie am Test scheitert, der andere in der Hoffnung, daß sie ihn besteht. Sie tun aber zum Glück beide dasselbe, so daß die Motivation keine Rolle spielt, und wenn die Theorie den Test besteht, freut sich der eine und ärgert sich der andere. Blind ist scharf genug definierbar, so daß man sagen kann: Die biologische Evolution ist blind und die wissenschaftliche nicht;

daß man auch sagen kann nicht ganz blind, das ist zuzugeben; oder daß die Wissenschaftler manchmal auch blind sind, bestätige ich und gebe ich gerne zu.

Wichtig ist aber auch Ihre zweite oder dritte Frage, dazu müßte man aber nochmal fragen, wann ist eine Evolution darwinistisch? Ich hatte nur einige Mindestkriterien genannt, die mir persönlich noch gar nicht genügen, die aber schon genügen, um zu sagen, wissenschaftliche Evolution ist nicht darwinistisch. Aber die Theorie der Evolution muß man eben viel genauer explizieren, und solange man gar nichts sagt, kann man natürlich behaupten, alles sei darwinistisch, wenn man nur meint, irgendetwas tut sich.

Aber wenn wir Darwinismus enger verstehen, und das sollte man in meinen Augen, dann geht es gar nicht anders. Aber das ist die entscheidende Frage: Was verstehen Sie unter darwinistisch? Und wenn man das klar gesagt hat, kann man sagen, ob irgendein Prozeß darwinistisch ist odr nicht. Ich bin der Meinung, daß sehr viele Prozesse sich als nicht darwinistisch herausstellen, die unter der groben Analogie von Variation und anschließender Selektion darwinistisch genannt werden.

ERHARD OESER hatte den Durchschnittsbereich zwischen LORENZ und POPPER die Methodologie genannt. Das ist natürlich für die beiden Personen richtig, nur kognitive Systeme haben, wenn wir von den Primaten sicherheitshalber absehen, keine Methodologie. Man kann nur das, was in der Evolution passiert, sehr gut vergleichen und dann eben Ähnlichkeiten und Verschiedenheiten feststellen. Daß Schimpansen schon so etwas haben könnten wie Rezepte (wie gehe ich vor?), die sie nochmal reflektieren, will ich nicht ausschließen. Menschen haben es sicher. Also, wenn zwischen LORENZ und POPPER da so etwas Gemeinsames ist, dann steht das ja in meiner Tabelle auch am Schluß. Beide Theorien machen methodologische Vorschläge oder sogar Ratschläge. Ich möchte sagen, sie, die Organismen, von denen im Allgemeinen die Rede ist, haben keine Methodologie, aber die »höchsten« dann schon. Ja, Sie leiden hoffentlich so wie ich.

Ich möchte vor allem auf die Fragen von EVE-MARIE ENGELS gerne eingehen. Vielleicht wähle ich jetzt den Indizcharakter aus, das scheint mir eine sehr wichtige Frage zu sein. Ich hatte das nur angedeutet, aber für philosophische, erkenntnistheoretische Probleme ist das sicher ein wichtiges Element. Kann man den evolutiven Erfolg als Indiz für Wahrheit nehmen oder nicht? Wenn ja, in welchem Sinne? Ich argumentiere aus zwei Gründen oder ich glaube, zwei Argumente zu haben. Das eine ist der Vergleich mit der Wissenschaft, die nichts beweist, sondern nur dem strengen Test etwas aussetzen kann und dann die Theorie erklärt, die diesen strengen Tests standgehalten hat, mit allen Revidierbarkeitsklauseln, die wir immer haben.

Wenn wir in der Wissenschaft erlauben, etwas sei als wahr akzeptierbar, wenn es einem solchen Test standgehalten hat, dann sehe ich nicht, warum wir es auf der biologischen Seite verbieten sollten. Zwei Bedingungen müssen erfüllt sein: Eine ist nämlich, daß die Evolution immer unter Konkurrenz erfolgt, das scheint mir gegeben zu sein; die zweite sind die Einschränkungen. Ich hatte gesagt, Wahrheit erhöht im allgemeinen die Fitness. Man muß natürlich immer Kosten-Nutzen-Relationen berücksichtigen. Oder es kann sein, daß ein genaueres Erkennen der Welt so viel kostet, daß es sich nicht mehr lohnt. Eine Zecke z. B., die auch die Vierbeinigkeit ihrer Opfer ermitteln könnte, würde natürlich mit noch größerer Treffsicherheit nur auf Säugetiere treffen, aber das Können würde bei ihr so viel kognitiven Aufwand erfordern, daß sie gegenüber denen, die es nicht tun und dann ab und zu eben nur auf einen warmen und mit einem Fell eingeriebenen Stein fallen, einen Nachteil hätten.

Die eine Bedingung, also Vorliegen von Konkurrenz, die zweite, die bessere Erkenntnis von Welt. Das behaupte ich, wenn es auch nicht immer der Fall ist. Unter diesen beiden Bedingungen sage ich, daß man von Organismen behaupten kann: Unter Konkurrenz setzt sich das bessere Weltbild durch, und die, die heute noch existieren, haben in gewisser Hinsicht, die der Wissenschaftler herausfindet, ein besseres Weltbild als andere, die es nicht geschafft haben. Der Wissenschaftler würde aber auf überlegener Erkenntnisstufe sagen, was davon richtig ist und was falsch ist und dann entsteht das Problem: Was heißt da richtige Erkenntnis?

Eine Bemerkung darf ich vielleicht noch machen. Ich hatte implizit angedeutet, daß die Evolutionäre Erkenntnistheorie in diesem biologisch eingeschränkten Sinn nicht den Anspruch erhebt - weil sie das nicht kann -, alle erkenntnistheoretischen Probleme zu lösen; so wenig, wie eine phänomenologische oder eine transzendentale Erkenntnistheorie alles über transzendentale oder phänomenologische Betrachtungen beantwortet. Sie würde sich dann aber sozusagen nur um den Projektionsschirm, auf den die Außenweltstrukturen projiziert werden, kümmern. Aber diese eine Idee projektiver Erkenntnis- und Wissenschaftstheorie hatte ich nicht vorgestellt, und es ist wahrscheinlich von uns allen jetzt zuviel verlangt, das noch auszuführen, obwohl ich natürlich dankbar bin für die Kritik von WILHELM LÜTTERFELDS, die ich gerne berücksichtige, wenn ein Buch »Objektivität und Invarianz« geschrieben wird, das eine projektive Erkenntnistheorie dann ausarbeiten soll.

Materialismus, Idealismus und Evolutionäre Erkenntnistheorie

ROBERT KASPAR

Einleitung und Aufgabenstellung

Bei dem hier zu behandelnden Thema, nämlich der Frage, welchen Beitrag die Evolutionäre Erkenntnistheorie zu einer Lösung der verschiedenen Widersprüche zwischen materialistischen und idealistischen Weltanschauungen leisten kann, stellen sich begriffliche Schwierigkeiten insbesondere in Form dreier Aspekte dar. Erstens wäre es infolge der philosophiegeschichtlichen und sachlichen Heterogenität naiv, in irgendeiner Weise über »den« Materialismus und »den« Idealismus zu sprechen, und es wäre noch naiver, »die« Kontroverse zwischen beiden (mit welchen Mitteln auch immer) lösen zu wollen. Zweitens ist die Evolutionäre Erkenntnistheorie derzeit noch zu jung, als daß es möglich wäre, sie mit einer einheitlichen, von allen ihren Vertretern akzeptierten Definition präzise zu charakterisieren. Selbst die Frage, ob es sich überhaupt um eine *Erkenntis*theorie handelt, wird unterschiedlich beantwortet. Zwar fehlt es nicht an Be- und Umschreibungen dessen, was der jeweilige Autor unter dieser Disziplin versteht, eine *gemeinsame* Begriffsbestimmung ließe sich gegenwärtig jedoch nur durch Rückgriff auf jenen nicht sehr vielsagenden Minimalkonsens durchführen: Die Evolutionäre Erkenntnistheorie diskutiert die Evolution kognitiver Leistungen. Drittens schließlich ist im bisherigen Schrifttum ein fundamentales methodologisches (und sachliches!) Problem in Hinblick auf die Evolutionäre Erkenntnistheorie noch nicht geklärt, nämlich die Frage, bis in welche Komplexitätsbereiche ihre Konsequenzen reichen, d. h. eine nicht-triviale und nicht-irrelevante Antwort auf Sachprobleme außerhalb der Biologie geben können. Diese Frage betrifft, wie ersichtlich, das dem Reduktionismus spiegelbildlich gegenüberstehende Phänomen der Extrapolation.

Um nun auf dem Wege einer begrifflichen Präzisierung jenen Bereich herauszuheben, in dem es nach meiner Meinung tatsächlich einen Berührungspunkt zwischen dem Problem (Materialismus versus Idealismus) und dem Instrumentarium zu seiner Lösung (Evolutionäre Erkenntnistheorie) gibt, empfiehlt es sich, folgendermaßen vorzugehen:

1. Ich werde zunächst versuchen, die Begriffe Materialismus und Idealismus so weit inhaltlich zu definieren, daß sichtbar wird, in welcher Hinsicht es sinnvoll ist, sie im Rahmen einer Biologie der menschlichen Erkentisfähigkeit zu beurteilen - ohne sich auf weitere Spekulationen über ihre naturphilosophischen und sonstigen Konsequenzen einzulassen.
2. Danach werde ich (in der Kürze des hier Möglichen) meine Sichtweise der Evolutionären Erkenntnistheorie darzustellen haben, diesmal vor allem um zu zeigen, was sie als empirische Theorie zu leisten aufgefordert ist, und auch, was sie nicht leisten kann. Hier wird u. a. das Problem der Extrapolation zu skizzieren sein.
3. Anschließend an diese Begriffserklärungen werde ich empirische Argumente für meine Hypothese vorbringen, daß materialistische und idealistische Erklärungskonzepte vermutlich *unter anderem* die Folge einer in der Funktionsweise unseres Gehirnes disponierten Dichotomie, Antagonistik und Synergetik zwischen einem analytisch operierenden und einem synthetisch operierenden Algorithmus der Informationsverarbeitung darstellen.

Ich werde dabei zu dem Schluß kommen, daß die Evolutionäre Erkenntnistheorie die Chance zu einer in der Wissenschaftsgeschichte noch nicht dagewesenen *Pilotfunktion* zur empirischen Erforschung der Funktion des menschlichen Gehirnes besitzt, wenn sie ihre Absicht, eine Naturwissenschaft vom Denken und Erkennen zu erarbeiten, der Verlockung vorzieht, allzu schnell in allen Bereichen der 2000-jährigen Tradition der philosophischen Spekulationen mit einer neuen Spekulation aufzuwarten.

Materialismus und Idealismus

Hier stellen sich zwei ebenso alte wie universelle, im einzelnen aber oft außerordentlich heterogene philosophische Strömungen dar, deren Einflüsse von der Metaphysik über die Naturphilosophie und Ethik bis zur Ontologie und Erkenntnistheorie reichen. Es gibt kaum eine philosophische Position, aus welchem der Teilgebiete auch immer, die nicht auch als eine Stellungnahme in dem Spannungsfeld zwischen der materialistischen Anschauung, daß alle Phänomene letztlich materielle und physikalisch-energetische Ursachen hätten, und der idealistischen Anschauung, daß diese Welt nicht nur aus Materie und Energie erklärbar sei, sondern auch über Eigenschaften und Prinzipien verfüge, die dem Zugriff der empirisch-naturalistischen Analyse grundsätzlich nicht zugänglich sind, verstanden werden kann. Freilich kann dieses Spannungsfeld durch eine so allgemeine Bezeichnung seiner beiden Pole nicht hinreichend charakterisiert werden; es genügt aber bereits, sich einige wenige der 'klassischen' (weil immer wiederkehrenden) philosophischen Kontroversen zu vergegenwärtigen, um dem Inhalt dieser Dichotomie Konturen zu verleihen. So stoßen materialistische und idealistische Weltbilder beispielsweise bei folgenden Problemen aufeinander:

»Materie versus Geist« (Das sog. Leib-Seele-Problem)
Ist das subjektive Erleben ebenso wie z. B. die Vorgänge der Reizleitung oder der Synapsenverschaltung als eine Konsequenz (vielleicht Epiphänomen) der Organisation des Nervensystems aufzufassen, oder handelt es sich bei dem, was wir summarisch Geist nennen, um eine Entität jenseits der materiellen Ausstattung unseres Gehirnes?

»Reduktionismus versus Holismus«
Ist es berechtigt und dem Aufbau der realen Welt angemessen, ein Phänomen aus den Eigenschaften und Gesetzmäßigkeiten der es konstituierenden Elemente zu erklären? Welchen Einfluß hat die dem Phänomen übergeordnete Ganzheit auf seine Entstehung und auf unser Verständnis dieses Phänomens?

»Empirismus versus Rationalismus«
Ist alles, was wir wissen, ein vom Gehirn verarbeitetes Produkt unserer Sinneserfahrungen, oder gibt es Strukturen und Funktionen im materiell nicht erfaßbaren Subjekt, die unser Bild der Welt wenn schon nicht konstituieren, so doch wesentlich beeinflussen?

»Mechanizismus versus Vitalismus«
Kann das Lebendige aus den an ihm beobachtbaren und meßbaren physikalisch-chemischen Eigenschaften und Wirkmechanismen restlos und hinreichend erklärt werden, oder gibt es einen materiell nicht eruierbaren Faktor (z. B. eine vis vitalis), der erst den Unterschied zwischen tot und lebendig erzeugt?

»Realität versus Idee« (Der sog. Universalienstreit)
Ist das Allgemeine, das uns kognitiv als Begriff erscheint, in dem gleichen Maße real wie das sinnlich wahrnehmbare Einzelding? Gibt es in dieser Welt letztlich nur das individuelle Dreieck, die individuelle Rose oder den David des Michelangelo, oder 'gibt' es realiter auch die Idee des Dreiecks, die Idee der Rose und den 'Geist' der Rennaissance-

kunst? In welcher Weise wäre die Realität des Allgemeinen zu erfassen, oder ist nur sein 'Name' dessen einzige Realität?

»Determinismus versus Indeterminismus«
Sind alle Phänomene der realen Welt einschließlich unseres Erkennens, Denkens, Fühlens und Handelns im naturalistischen Sinne wenigstens prinzipiell kausal determiniert, auch wenn wir da und dort aus technischen Gründen oder bedingt durch theoretische Konzepte (noch) nicht in der Lage sind, die Kausalität lückenlos zu erurieren, oder besitzt diese Welt grundsätzlich einen akausalen Rest, so daß wir mit Ereignissen rechnen müssen, deren Zustandekommen in keinem naturwissenschaftlichen Weltbild erklärt werden kann?

»Naturwissenschaft versus Geisteswissenschaft«
Können die methodologischen Differenzen zwischen den beiden Wissenschaftsgruppen auf ontologische Unterschiede zwischen den von ihnen behandelten Gegenständen zurückgeführt werden, oder handelt es sich um eine künstliche Spaltung, weil jedliches Phänomen analytisch als auch synthetisch zu behandeln ist?

Zwar nicht als bloß philosophische Kontroverse, aber mit großer Bedeutung für die Biologie, soll ergänzend noch folgendes Problem erwähnt werden:

»Kausale versus idealistische Morphologie«
Sind die Phänomene Gestalt, Homologie und Typus insoferne als Realitäten aufzufassen, als sie Ausdruck einer erforschbaren genetischen Organisation (auch über dem Artniveau) sind? Ist das sog. Natürliche System der Organismen tatsächlich etwas Natürliches, oder ist es die Folge eines ganzheitsbildenden Faktors, dessen analytische Erforschung ebenso vergeblich wie unnötig ist?

Diese mit Absicht wahllos herausgegriffenen Beispiele mögen einen ersten Eindruck von dem Umstand vermitteln, daß es zwischen materialistischen und idealistischen Positionen ebensoviele Berührungspunkte gibt, wie es unmöglich ist, zwischen ihnen eine klare und einheitliche Trennlinie zu ziehen. Da die Schnittlinie zwischen beiden Weltanschauungen, die auf die vorsokratische, ionische Naturphilosophie zurückgehen, nicht im nachhinein mit dem Skalpell gezogen werden kann, haben wir es mit einer verwirrenden Vielfalt einzelner Theorien und Hypothesen zu tun, die ebenso historisch gewachsen sind und sich in vielfältiger Weise diversifizieren, wie es auch beispielsweise bei jeder biologischen Großgruppe der Fall ist. Daher gibt es aus den gleichen Gründe, aus denen es nicht »das« Wirbeltier oder »den« Vogel gibt, auch nicht »den« Materialismus und »den« Idealismus. Ich möchte daher als nächsten Schritt diejenige Darstellung des Problemes skizzieren, die im bisherigen Schrifttum der Evolutionären Erkenntnistheorie zu finden ist, um sie im Sinne einer Präzisierung mit jener Begriffsdifferenzierung zu vergleichen, die im Bereich der Philosophie bislang vorliegt.

Der Ausdruck »Das Materialismus-Idealismus-Problem« im Sinne eines Begriffes mit explanativem Charakter geht in der Literatur zur Evolutionären Erkenntnistheorie auf mehrere Beiträge von R. RIEDL zurück (1976, 1978/79, 1980, 1985 u. a.). In diesen Beiträgen wird das Problem in zwei Argumentationsschritten folgendermaßen dargestellt: Zunächst übernimmt RIEDL die seit der Scholastik übliche Interpretation des aristotelischen Kausalkonzeptes, d. h. die Aufteilung des Begriffes *Ursache* in causa efficiens, causa materialis, causa formalis und causa finalis. Die Wirkrichtungen dieser vier Ursachenformen weisen dabei eine paarweise symmetrische Gegenläufigkeit auf, und zwar in dem Sinne, daß Kräfte und Materialien in Richtung zum Komplexeren hin wirken, während umgekehrt Formbedingungen und Zwecke vom Komplexeren her auf seine Elemente Einfluß nehmen. In einem zweiten Schritt wurde dieses Konzept mit dem Modell des kategorialen, hierarchischen Schichtenbaues der realen Welt verbunden, wie es insbesondere N. HARTMANN (1964) entwickelt hatte. Durch diese Synthese des Kausalbegriffes mit einer »Ontologie der Natur« (RIEDL nennt es die »Naturgeschichte der realen Welt«) kann jene symmetrische Wirkungsweise der vier Ursachenformen im Detail an jedem beliebigen Objekt konkret untersucht werden. Damit wird es im Prinzip möglich, beispielsweise die Frage einer empirischen Prüfung zu unterziehen, ob etwa die causa finalis in allen Fällen ein zur Erklärung eines Lebensprozesses notwendiges Element darstellt, oder etwa in welcher Weise die causa efficiens zur Entstehung und Erklärung eines Baustiles beitragen kann.

Aber selbst wenn jene empirische Prüfung bereits weit vorangeschritten wäre, wiese dieses Modell noch keinen Bezug zu einer Evolutionären Erkenntnistheorie auf. Es enthält jedoch ein weiteres, wesentliches Charakteristikum, das diesen Zusammenhang darstellen soll: Einmal die Darstellung der evolutiven *Entstehung* des hierarchischen Schichtenbaues aus Energie-, Material-, Form- und Zweckbedingungen und zum anderen die Evolution der damit verknüpften *Erkenntnis* desselben (vgl. besonders R. RIEDL, 1985). Dabei erweist sich das Werden der Natur als ein Vorgang der steten Differenzierung *zwischen* dem Teil und dem Ganzen (bezogen auf die jeweils betrachtete Komplexitätsschicht), wobei die Evolution keineswegs, wie man in allen Schichtenmodellen bisher dachte, schrittweise eine Hierarchiestufe auf die andere türmt. Es ist im Gegenteil so, daß vor jedem Differenzierungsprozeß der jeweilige »Teil« und das jeweilige »Ganze« *bereits vorhanden sind.* So entsteht bereits das Atom aus der Wechselwirkung zwischen der Disponibilität seiner Elemente und deren Auswahl durch die Erhaltungsbedingungen des Gesamtsystems; das gleiche gilt für die Möglichkeiten eines Moleküls, eines Organes, eines Individuums, einer Species, einer Gruppe, einer Kultur, wie auch für die Möglichkeiten eines Ökosystemes oder beispielsweise unseres Sonnensystems. Den Nachweis und die Erläuterung des Umstandes, daß diese Welt nicht kumulativ von den Quanten bis zu den Produkten menschlicher Kultur entstanden ist, sondern als Konsequenz eines weit komplexeren Kausalgefüges, in dem der Teil und das Ganze stets *gemeinsam* die Ursachen jeglichen Entwicklungsschrittes darstellten, halte ich bezüglich der daraus zu ziehenden Folgerungen für einen der bedeutendsten Beiträge R. RIEDLs zu unserem Verständnis der gesamten Naturgeschichte. Zu diesen Folgerungen zählt nun die Tatsache, daß unsere Möglichkeiten, die kausale Komplexität der realen Welt zu erkennen, zwar in ihren Grundzügen ein Anpassungsprodukt an eben diese reale Welt darstellen, daß sie aber auf einen Zweck hin selegiert wurden, der nicht die ontologische Erfassung der Realität erreichen sollte, sondern nicht weniger, aber auch nicht mehr als das *Überleben* in einer derartig strukturierten Welt. Das heißt, daß die ökonomisch erfolgreichste, energetisch mit dem geringsten Aufwand verbundene und informationstheoretisch einfachste Lösung zum Umgang mit dem Kausalgefüge der außersubjektiven Realität selektiv den größten Erfolg haben mußte.

Wenn es sich aber nun so verhält, daß unsere angeborene Anschauung der Ursachen nur eine äußerst vereinfachte, zum Überleben gerade ausreichende Interpretation der tatsächlichen kausalen Komplexität der realen Welt darstellt, dann wird es verständlich, daß unsere Disposition, Ursachen nur in jeweils einzelnen, linearen Dimensionen wahrzunehmen, besonders dann jener realen Welt nicht mehr gerecht werden kann, wenn diese sich wie im Falle unseres eigenen Milieus bedingt durch Kultur, Technik und Zivilisation blitzartig zu einem nachgerade unüberschaubar komplizierten Gefüge wandelte. Die Studien von D. DÖRNER (1975), J. FORRESTER (1971) und F. V. HAYEK (1979) machen sowohl empirisch als auch theoretisch in besonders anschaulicher Weise klar, daß dasjenige, was wir uns ererbterweise unter Ursachen vorzustellen pflegen, längst nicht mehr jener Realität entspricht, die wir uns selbst bauten. Und, so setzt R. RIEDL (1985) diesen Gedanken fort, es entspricht ihr in einem Ausmaße nicht, daß der Mensch vor komplexen Problemen zu monokausalen Erklärungsketten Zuflucht nimmt und, gemäß seiner Veranlagung, Kräfte und Zwecke als zwei einander entgegengesetzte Dinge aufzufassen, nach dem 'Entweder-Oder-Prinzip' alle Phänomene einmal alleine aus ihren Wirk- und Materialursachen erklärt, das andere Mal alleine aus ihren Form- und Finalursachen. Somit wird das 'Materialismus-Idealismus-Problem' in der Weise verstanden, daß

- der *Materialismus* jene simplifizierte Weltanschauung darstellt, in der behauptet wird, daß sich alle Dinge dieser Welt »letztlich aus den Gesetzen der Materie erklären lassen müßten« (R. RIEDL, 1976; p. 305);
- der *Idealismus* jene simplifizierte Weltanschauung darstellt, in der behauptet wird, daß sich alle Dinge dieser Welt »letztlich aus den Gesetzen eines höchsten Geistigen erklären lassen müßten« (R. RIEDL, 1976; p. 305);
- der *Widerspruch* zwischen beiden aus unserer stammesgeschichtlichen Disposition zu verstehen ist, die Ursachen eines Systemes *entweder* in seinen Obersystemen *oder* in seinen Subsystemen zu sehen.

Dieses Modell einer Erklärung der »Spaltung des Weltbildes« (R. RIEDL, 1985) kann tatsächlich sowohl hinsichtlich der Illustration des Werdens der Welt als auch hinsichtlich jener des Werdens ihrer Erkennbarkeit »mit Argumenten der reinen Plausibilität« (R. RIEDL, 1985) zunächst dargestellt werden, ähnlich wie auch beispielsweise ein medizinisches Phänomen, bevor eine durch klinische Forschung empirisch untermauerte Theorie vorliegt, im Sinne einer Kasuistik durch einzelne Fallbeispiele erläutert wird. Da aber weder die Plausibilität noch die unmittelbare Anschaulichkeit einer Theorie ein Kriterium ihrer *Wahrheit* darstellt, wie dies jüngst auch G. VOLLMER (1985a) sehr ausführlich erläuterte, möchte ich versuchen, einige begriffliche Unklarheiten in RIEDLs Ausführungen zurechtzurücken, Unklarheiten, die nichts anderes als der Preis für jene Plausibilität sind, die aber ausgeräumt werden müssen.

Von Interesse ist in diesem Zusammenhang, daß zwar die *Erklärung* der Materialismus-Idealismus-Kontroverse durch den Rückgriff auf die Dispositionen unseres Ursachenverständnisses eine erkenntnistheoretische Dimension erhält, daß aber RIEDL sich im weiteren nicht mit einer Aufklärung der Biologie jener Erkenntnisgrundlagen befaßt, sondern mit den wissenschaftsmethodischen, wissenschaftspolitischen, naturphilosophischen und ideologischen Konsequenzen dieser Kontroverse. Es kann darüber diskutiert werden, ob eine Fortführung dieser Problematik in jene angedeutete Richtung den Ansprüchen an eine *Biologie unseres Erkennens* von ihrem Ansatz her gerecht werden kann.

Unabhängig davon muß die Begriffserklärung von dem Umstand ausgehen, daß RIEDLs Darstellung der Materialismus-Idealismus-Kontroverse sich in ihrem Schwerpunkt auf den *metaphysischen* Aspekt der beiden Begriffe bezieht. Dies mag gewiß von einem Biologen a priori nicht erwartet werden und bedarf daher der Erläuterung. Definiert man den Materialismus als jene philosophische Position (genauer müßte man sagen: naturphilosophischer Position), »welche den Grund aller Erscheinungen allein als auf...die causa efficiens zurückführbar betrachtet« (R. RIEDL, 1985) bzw. auf die Eigenschaften der Materie, dann spricht man deswegen nicht von einer erkenntnistheoretischen, sondern von einer naturphilosophischen Konzeption, weil die Frage nach der Struktur der Welt bzw. die Antwort auf diese Frage kein Gegenstand der Erkenntnistheorie ist, und zwar in dem Sinne, daß diesbezüglich auch sehr verschiedenartige erkenntnistheoretische Positionen prinzipiell zu gleichen Vorstellungen kommen können. Die Zurückführung aller Dinge und Prozesse auf die causa efficiens und causa materialis und damit auf »die Materie« (was immer das zunächst sein mag) wurde deshalb als *metaphysischer Materialismus* bezeichnet (A. DIEMER, 1967), weil dieser sich ebenso wie andere Formen der Metaphysik auf einen nicht näher definierten (und auch strenggenommen gar nicht definierbaren) »Urgrund« beruft, der in diesem Falle nicht Gott, Weltgeist, Teleologie etc., sondern eben Materie genannt wird. Dies sich vor Augen zu halten ist besonders deshalb von großer Bedeutung, weil gerade die Vertreter des Materialismus sich üblicherweise für die strengsten *Gegner* jeglicher Art von Metaphysik halten.

Dieser - naturphilosophischen - Sichtweise steht nun sinngemäß nach der üblichen Terminologie ein *metaphysischer Idealismus* als Opposition entgegen, dessen Programm im sogenannten Deutschen Idealismus zu Ende geführt wurde und dessen wesentliches Charakteristikum darin liegt, der causa formalis uns insbesondere der causa finalis (in ihren verschiedenen Benennungen, die z. B. F. M. WUKETITS, 1985, anhand von 36 Autoren in einer Tabelle gesammelt hat) den Rang einer subjekt-unabhängigen Realität und den Vorrang unter allen Ursachen zuzuschreiben. Dieses Konzept mündete schließlich in den Theorien der sogenannten metaphysischen Naturphilosophie (G. KÖNIG, 1967), zu welcher in unseren Tagen auch die »Wiederentdeckung des teleologischen Denkens« gehört, wie sie von R. SPAEMANN und R. LÖW (1981) dargestellt wurde. Diejenige Definition aber, die R. RIEDL (1985) vom metaphysischen Idealismus gibt, daß nämlich in ihm »die reale Welt als Produkt des Geistes« angesehen würde, stimmt mit der bisherigen Terminologie nicht überein, besonders in jenem entscheidenden Punkt, daß die Vorrangstellung der causa finalis eben nicht als Konsequenz der subjektiven Erkenntnismöglichkeiten angesehen wird, sondern als eine, wie gesagt, vom Subjekt unabhängige *Realität.*

Im Gegensatz zu diesen beiden naturphilosophischen, ontologischen oder metaphysischen Positionen beginnt die *Erkenntnistheorie*, zumindest in dem Sinne, wie ich sie (mit vielen anderen) verstehe, dort, wo unabhängig davon, wie man sich die Strukturgesetze der Welt denkt, die Frage entsteht, ob diese Welt vom Erkenntnis-Subjekt *konstituiert* wird oder ob wir gerade aufgrund der Untersuchung unseres Erkennens Grund zu der Annahme haben, daß Erkennen die Auseinandersetzung mit Objekten bedeutet, deren Eigenschaften nicht von unserem 'perceiving apparatus' (K. POPPER, 1974) erzeugt wurden. Damit wird jene Dichotomie angesprochen, die es uns ermöglichen wird, die erkenntnistheoretische Dimension der Materialismus-Idealismus-Kontroverse deutlicher, weil in einem anderen Lichte, zu sehen.

Die Auffassung nämlich, daß die reale Welt ein Produkt des Geistes sei, wird nicht als metaphysischer, sondern als *erkenntnistheoretischer Idealismus* bezeichnet, als jene Position also, die keine subjekt-unabhängige Realität anerkennt, sondern die Wahrheitskriterien der Erkenntnis in das Subjekt selbst verlegt, so daß Erkenntnistheorie nur noch darin bestehen kann, über dieses (immaterielle) Subjekt Vermutungen anzustellen und (um es wegen der Kürze extrem auszudrücken) die Vermutung X an der Vermutung Y zu »testen«. Macht man sich in diesem Idealismus auch die Mühe dieser Vermutungen nicht, dann entsteht der - freilich in konsequenter Form kaum vertretene - *Solipsismus*, dessen Vertreter die Welt ausschließlich als Traum seines eigenen Denkes interpretiert. Dies kann man im Sinne jeglicher Diskussion über Erkenntnis mit HANS ALBERT einen »Abbruch der Verhandlungen« nennen, weil es interessanterweise weder ein logisch noch empirisch stichhaltiges Argument gegen diese, sei sich noch so absurde, Vorstellung gibt. - Vom Begriff des erkenntnistheoretischen Idealismus ist bekanntlich der des *transzendentalen Idealismus*, insbesondere im Sinne von I. KANT, zu unterscheiden, in dem (ohne diesen komplexen Gegenstand hier erläutern zu können) ähnlich wie im metaphysischen Idealismus mit dem sogenannten »Ding an sich« eine außersubjektive Wirklichkeit angenommen wird.

Gemäß dem allgemein akzeptierten Begriffssystem steht dieser einzigen *erkenntis-theoretisch* relevanten Form des Idealismus kein Materialismus, sondern bekanntlich der *erkenntnistheoretische Realismus* gegenüber. Der Materialismus berührt nämlich nur an einem Punkt erkenntnistheoretische Probleme, nämlich dort, wo die Auffassung, daß Menschen Maschinen seien, zu der Schlußfolgerung führt, daß Wahrnehmen, Denken, Fühlen, Erkennen usw. Phänomene seien, die letztendlich aus der Physik des Nervensystems verstanden wereden müßten. Aber selbst diese extreme Form des Materialismus bedeutet keine *Alternative* zum erkenntnistheoretischen Idealismus, schlicht deshalb, *weil er sich mit einem anderen Problem beschäftigt*: Er untersucht nämlich nicht den Ursprung und das Fundament dessen, was wir Wirklichkeit nennen, sondern befaßt sich mit der dem Phänomen Erkennen zugrundeliegenden *Mechanik*. Denn selbst dann, wenn alle Erkenntnisleistungen aus der Physik und Biochemie des Gehirnes erklärt werden könnten, besäßen wir noch kein zwingendes Argument gegen die Behauptung, daß alle Wirklichkeit tatsächlich im Subjekt kreiert wird; wir wüßten lediglich viel exakter, *wie* dies geschieht.

Angesichts dieser mehrfachen Differenzierung der Themen und Probleme (von welcher Differenzierung hier kaum mehr als eine grobe Skizze gegeben werden konnte), von Problemen also, die in den unterschiedlichsten Bedeutungen den Sammelbegriffen Materialismus und Idealismus zugeordnet wurden, fällt es nicht ganz leicht, aus diesem Gefüge jene Dimensionen herauszuschälen, die einer biologischen Behandlung *überhaupt zugänglich sind*. Ist man bereit, meinem Dilettantismus zugute zu halten, daß ich nicht Philosoph, sondern Biologe bin, dann möchte ich die Hypothese zur Diskussion stellen, daß beiden philosophischen Strömungen, in welchem Gewande sie auch auftreten, ein für das Verständnis menschlichen Erkennens sehr entscheidendes Phänomen zugrundeliegt, nämlich unsere (offenbar angeborene) Disposition, die *Erklärung* einer Sache in Form einer *Reduktion* des zu Erklärenden durchzuführen (zur methodologischen Erläuterung dieses Sachverhaltes vgl. R. KASPAR, 1980, 1985). Was immer unter Materialismus verstanden wird - wobei ich hier nicht mehr von irgendwelchen naturphilosophischen, metaphysischen, ontologischen oder sonstigen Konsequenzen spreche -, ist die Folge einer Vereinfachung und eines »*Reduktionismus nach unten*«, indem die Eigenschaften eines Systems in seinen Subsystemen gesucht und, wie man zugeben muß, sehr oft auch gefunden werden. Was immer unter Idealismus verstanden wird, ist die Folge einer Vereinfachung und einer »*Reduktion nach oben*«, indem die Eigenschaften eines Systems in seinen Obersystemen gesucht und, wie man zugeben muß, ebenfalls oft gefunden werden. Ich verwendete im zweiten Fall mit Absicht nicht den Ausdruck »Reduktionismus«, weil unser wissenschaftlicher Sprachgebrauch ihn ausschließlich auf die *Analyse* beschränkt, um ihm die Erkenntnisweise der *Synthese* entgegenzustellen. Daß dies sachlich, methodologisch und auch gehirnphysiologisch *völlig falsch* ist, werde ich gleich erläutern.

Zunächst mag festgehalten werden, daß materialistische und idealistische Vorstellungswelten als *anthropologische Phänomene* dort ihre biologische Relevanz erhalten, wo man die Frage stellt, *wieso es überhaupt möglich ist* , daß Menschen die Eigenschaften der Phänomene der sie umgebenden Welt *entweder* in deren Elementen *oder* in deren ihnen übergeordneten 'Ganzheiten' suchen. Soll diese Frage aber von einer Evolutionären Erkenntnistheorie gelöst werden, empfiehlt es sich, zuerst diese selbst und deren Möglichkeiten sich kurz vor Augen zu führen.

Die Evolutionäre Erkenntnistheorie

Wie eingangs erwähnt, findet man nicht nur bei den Kritikern und Kommentatoren, sondern auch bei den Vertretern der Evolutionären Erkenntnistheorie verschiedene Auffassungen über den Ursprung, den inhaltlichen Kern und die Anwendungsmöglichkeiten dieser Disziplin (zusammengefaßt bei G. VOLLMER, 1985). Solche Unterschiedlichkeiten sind charakteristisch für jede junge Forschungsrichtung, nicht nur, weil die theoretische Verarbeitung des empirischen Hintergrundes noch nicht abgeschlossen ist, sondern auch deshalb, weil die verschiedenen *persönlichen Meinungen* der einzelnen Autoren das Gesamtbild in einem nicht unerheblichen Ausmaß mitprägen, was vergleichsweise in der Thermodynamik kaum mehr möglich ist. Dies kann sogar dazu führen, daß aufgrund unterschiedlicher Darstellungen einzelner Phänomene und einander widersprechender Begriffsbestimmungen aufgrund noch zu wenig durchdachter Argumentationen u. dgl. man sich wie G. VOLLMER (1985) »zwischen den Fronten« sieht und es sich herausstellt, daß man die Evolutionäre Erkenntnistheorie nicht nur gegen ihre Kritiker, sondern gelegentlich auch *gegen ihre Anhänger* verteidigen muß.

Betrachtet man die bisherige Entwicklung der Evolutionären Erkenntnistheorie unter wissenschaftstheoretischen Gesichtspunkten, so fällt unter anderem auf, daß ihre Anwendungen weit über das Gebiet der Biologie hinausreichen, in dem ihr Strukturkern liegt. Obwohl sie nämlich von vielen Autoren als das Produkt einer konvergenten Entwicklung aus mehreren Disziplinen beschrieben wird und sofort nach diesem Schnittpunkt in einer divergenten Entwicklung in diese Disziplinen zurückwirken soll, darf nicht vergessen werden, daß ihr empirisches Fundament in der Biologie liegen muß, soll sie nicht zu einer Allerweltslehre verkümmern, welche die 'Probleme' nach den Mustern ihrer »Lösungen« definiert. Während in der ersten expliziten Arbeit zur Evolutionären Erkenntnistheorie (K. LORENZ, 1941) der Versuch, philosophisch-erkenntnistheoretische Probleme zu *lösen*, noch am Rande vorkommt, sollte die Ausweitung der Theorie in Richtung verschiedenartiger Konsequenzen sehr bald zum Ziel und Programm werden. (Vergessen wurde merkwürdigerweise der Umstand, daß LORENZ selbst bereits 1943 in einer bedauerlicherweise kaum zitierten - und daher vermutlich auch nicht gelesenen - Arbeit eine ganz andere Entwicklungsrichtung andeutete, nämlich die empirische Untermauerung des biologischen Strukturkernes.)

Die etwas vorschnelle Konzentration auf mögliche Schlußfolgerungen einer sehr jungen Disziplin stellt eine nicht immer ganz glückliche Entwicklung dar, weil sie von zweierlei Gefahren begleitet wird: Erstens entsteht die Tendenz, die Grundlegung der *naturwissenschaftlichen Basis* zu vernachlässigen, und zweitens werden (als Folge davon) bei der Behandlung bislang philosophischer Fragestellungen Begriffe verwendet, deren mangelnde Präzision weder geeignet ist, die Evolutionäre Erkenntnistheorie zu fördern, noch eine sinnvolle interdisziplinäre Diskussion. Gerade ein so differenzierter Problembereich wie die »Materialismus-Idealismus-Kontroverse« zeigt dies, wie ich anzudeuten versuchte, sehr klar.

Was nun die Aufgabe und die Möglichkeiten der Evolutionären Erkenntnistheorie betrifft, so möchte ich, wie schon früher (R. KASPAR, 1983), betonen, daß sie nach meiner Auffassung eine *biologische Disziplin* ist, deren Aufgabe es ist, mit empirisch-naturwissenschaftlichen Methoden die Frage zu untersuchen, nach welchen Prinzipien Organismen (einschließlich des Menschen) Information gewinnen und verarbeiten, wie diese Prinzipien stammesgeschichtlich zu verstehen sind und welche materiellen Trägersysteme ihnen zugrundeliegen. Dies mag vielen evolutionären Erkenntnistheoretikern als eine sehr enge Definition erscheinen, vor allem, weil ich die empirische Arbeit an dem eben angedeuteten Problem der Frage vorziehen möchte, welchen Disziplinen man die Lösung von Problemen anbieten sollte. Wenn die Evolutionäre Erkenntnistheorie eine empirisch prüfbare Naturwissenschaft sein will, dann muß sie zuerst die Substanz dessen schaffen, woraus sie später falsifizierbare Konsequenzen ableiten kann. »Es wird das Objektivitätspostulat nicht verlassen, es ist die Quantifizierung möglich und die Hypothesen können an ihrer Prognose scheitern«, schreibt R. RIEDL (1985), sowie »unser Gegenstand ist wissenschaftliche Methode und nicht spekulative Philosophie.«

In diesem Sinne möchte ich mir bezüglich der Diskussion zwischen Materialismus und Idealismus als Biologe kein Urteil über die naturphilosophischen und weltanschaulichen Konsequenzen beider Haltungen erlauben, sondern statt dessen im Zusammenhang mit einer *biologisch-orientierten* Evolutionären Erkenntnistheorie die Frage stellen, ob wir den Sinn der Dichotomie zwischen einem analytisch-reduktionistischen und einem synthetisch-reduktionistischen Algorithmus biologisch-funktionell verstehen können?

Sollte dieses Problem einer nicht-trivialen empirischen Lösung wenigstens prinzipiell zugänglich sein, dann wäre eine partielle Extrapolation dieser Ergebnisse in die komplexeren Bereiche spezifisch menschlicher Welterklärungssysteme nicht nur erlaubt, sondern angesichts deren ideologischer Perversion eine therapeutische Verpflichtung. Grundsätzlich gilt aber auch dann, wie bei jeder Extrapolation in Obersysteme, daß die in darunterliegenden Schichten gefundenen Gesetzlichkeiten für jene Obersysteme *prinzipiell* nur partielle Gültigkeit haben können, was empirisch wie logisch aus der nicht vollständigen Reduzierbarkeit eines Phänomens aus seinen Elementen folgt. (Ich muß aus Platzgründen diesen Aspekt des Reduktions- und Extrapolationsproblemes hier abschließen, was umso leichter fällt, als dieser Gegenstand bereits vielfach behandelt wurde, am klarsten und profundesten von K. POPPER, 1974.)

Wenn nun Materialismus und Idealismus trotz ihrer vielfältigen Ausprägungen beim Problem der Reduktion »nach unten« und der Reduktion »nach oben« einen gemeinsamen Bezug zum Phänomen menschlichen Erkennens haben, und wenn die Evolutionäre Erkenntnistheorie als empirisch-biologische Disziplin die Algorithmen dieses Erkennens untersuchen soll, dann mag ein kurzer Ausblick modellhaft eine Möglichkeit zeigen, wie sich solche aus philosophischen Traditionen entwickelte Probleme naturwissenschaftlich betrachten lassen, ohne daraus den Anspruch abzuleiten, die alleinige und letztgültige Lösung gefunden zu haben.

Die Hemisphärentrennung und die Algorithmen des Erkennens

Jener Umstand, daß sich (zumindest menschliches) Erkennen aus einem synergetischen Wechselbezug zwischen zwei antagonistisch wirkenden Algorithmen konstituiert, hat besonders in der neueren funktionellen Gehirnforschung massive empirische Unterstützung erfahren (vgl. W. DEGLIN, 1976; J. ECCLES, 1975; M. GAZZANIGA, 1970; J. LEVI-AGRESTI & R. SPERRY, 1968; R. SPERRY, 1970; K. WALSH, 1978, sowie die jüngste Darstellung in K. POPPER & J. ECCLES, 1982). Diese beiden Algorithmen können zusammenfassend als *analytische* und als *synthetische* Informationsverarbeitung bezeichnet werden, welche bemerkenswerterweise eine Entsprechung in der Funktionsteilung der beiden Hirnhemisphären aufweisen. Da die Detailkomponenten einer Gesamtfunktion im gesunden Organismus meist nicht erkennbar sind, bedurfte es auch hier, wie in vielen Fällen der biologischen und medizinischen Forschung einer Reihe von Zufallsentdeckungen anläßlich von Störungen des Gesamtsystems.

Zunächst war die Tatsache, daß die linke und die rechte Gehirnhälft funktionell nicht identisch sind, aus anatomischen Untersuchungen und verschiedenen verstreuten Erfahrungen bei schweren Läsionen lange bekannt (J.-P. CHANGEUX, 1984). Dies führte zu der etwas prosaischen, aber nicht unrichtigen Bezeichnung der linken Hemisphäre als »die Laute« und der rechten als »die Stumme«, weil sich nämlich herausstellte, daß die meisten links ablaufenden Prozesse vom wachen Bewußtsein direkt mitvollziehbar sind (z. B. analytisches Denken, Sprache, sequenzlogische Informationsverarbeitung usw.), während die Funktionen der rechten Hemisphäre (z. B. synthetisches Denken, Begriffsbildung, integrative Informationsverarbeitung in Bildern usw.) in ihrer 'Mechanik' dem Bewußtsein entzogen sind, daher rational nicht nachvollzogen werden können und nur als fertiges Ergebnis der reflektierenden Vernunft zugänglich werden. Diese Ergebnisse erscheinen daher dem denkenden Subjekt so, als fielen sie ihm 'von außen' zu.

Dieses Bild einer Dichotomie zwischen analytischen und synthetischen Erkenntnisfähigkeiten konnte in den letzten Jahren durch *gezielte Forschung* besonders an sogenannten »Split-brain-Patienten«, also Personen, denen meist infolge gravierender und therapieresistenter Epilepsie nur noch durch einen chirurgisch invasiven Eingriff mit Corpus-callosum-Durchtrennung geholfen werden konnte, weitgehend empirisch präzisiert werden. Was da und dort gelegentlich noch als »Gehirnmystik« belächelt wurde, erwies sich sehr rasch als empirisch erforschbare Neurophysiologie menschlichen Erkennens. Dieser Gegenstand ist, wiewohl er noch in den Kinderschuhen steckt, inzwischen so umfangreich geworden, daß es ein vergebliches Bemühen wäre, ihn in unserem knapp bemessenen Rahmen auch nur andeutungsweise zu schildern (ich habe eine Zusammenfassung und einen Ausblick veröffentlicht: R. KASPAR, 1983a; möchte aber auf die profunde Darstellung von J. ECCLES in K. POPPER & J. ECCLES, 1982, verweisen).

Wenn nun aber menschliches Erkennen einen oszillierenden Prozeß zwischen analytischer Zerlegung des Wahrgenommenen (mit Prüfung auf formale Widerspruchsfreiheit) und synthetischer Integration (als Vergleich mit dem bisherigen Hintergrundwissen) bedeutet, was allerdings nur dann zutagetritt, wenn eine entweder traumatische oder therapeutische *Zerstörung* des Gesamtgefüges vorliegt, *dann könnte es sein,* daß die Tendenz zur Hypertrophie eines der beiden Algorithmen, wie wir sie im Falle materialistischer und idealistischer Konzepte fanden, auf einem *kulturgeschichtlichen Bruch deren synergetischer Wirkungsweise* beruht. Dieser Bruch in eine Spaltung der Welterklärung entweder aus ihren Kräften und Materialien *oder* aus ihren Formbedingungen und Zwekken ist jedoch nicht die *Folge* unserer Disposition, zwei Algorithmen des Erkennens zu besitzen, sondern wird durch kulturelle, wissenschaftsgeschichtliche, erkenntnistheoretische, ethische, ideologische oder auch nur wissenschaftspolitische Tendenzen *erzeugt.* Daher hätte die evolutionäre Erkenntnistheorie als biologisch empirische Disziplin die Aufgabe, gerade jene neurophysiologische Forschung soweit voranzutreiben, bis sie uns sagen kann, *warum* wir dazu neigen bzw. so leicht darauf hereinfallen, die uns umgebenden Phänomene entweder auf ihre Elemente oder auf ihre Obersysteme zu reduzieren.

Die empirischen Untersuchungen auf diesem Gebiet stecken, wie gesagt, noch in den Kinderschuhen; dennoch aber zeigt gerade die Materialismus-Idealismus-Kontroverse, erkennt man in ihr die *anthropologische Wurzel*, daß eine konsequent betriebene *Biologie* des menschlichen Erkennens nicht dazu aufgerufen ist, philosophische Probleme zu *lösen*, sondern diese soweit zu analysieren, daß sie imstande ist, an das Gehirn die richtigen Fragen zu stellen - und diese Fragen auch naturwissenschaftlich zu untersuchen. Die Erforschung des menschlichen Gehirns hat J. MONOD (1971) als die letzte Bastion der Naturwissenschaft bezeichnet, »und sollte uns dann aber jede andere Annahme als diese unter den Händen zerronnen sein, dann keine Gnade mehr mit denen, die nicht geforscht haben und doch reden«, läßt BRECHT seinen GALILEI sagen.

Literatur

CHANGEUX, J.-P. (1984): Der neuronale Mensch. Reinbek: Rowohlt.

DEGLIN, W. (1976): Unsere zwei Gehirne. Unesco-Kurier **17** (1): 4-32.

DIEMER, A. (1967): Stichwort Materialismus. In: Das Fischer Lexikon: Philosophie. Frankfurt/M.: S. Fischer.

DÖRNER, D. (1975): Wie Menschen eine Welt verbessern wollten und sie dabei zerstörten. Bild der Wissenschaft **2**: 48-53.
ECCLES, D. (1975): Das Gehirn des Menschen. München-Zürich: Piper.
FORRESTER, J. (1971): Behaviour of social systems. In: WEISS, P. (Ed.): Hierarchically organized systems in theory and practice. New York: Hafner.
GAZZANIGA, M. (1970): The bisected brain. New York: Appleton-Century-Crofts.
HARTMANN, N. (1964): Der Aufbau der realen Welt. Berlin: de Gruyter.
HAYEK, F. V. (1979): Mißbrauch und Verfall der Vernunft. Salzburg: Neugebauer.
KASPAR, R. (1980): Naturgesetz, Kausalität und Induktion. Ein Beitrag zur theoretischen Biologie. Acta Biotheoretica **29**: 129-149.
KASPAR, R. (1983): Die biologischen Grundlagen der Evolutionären Erkenntnistheorie. In: LORENZ, K., & F. M. WUKETITS (Hrsg.): Die Evolution des Denkens. München-Zürich: Piper.
KASPAR, R. (1983a): Von der Kunst des Sehens. Gestaltwahrnehmung, Ästhetik und Ethik. In: KALTENBRUNNER, G. K. (Hrsg.): »Was aber schön ist...«. Herder-Initiative, Bd. 55. Freiburg: Herder.
KASPAR, R. (1985): Methodologische Überlegungen zum Problem der »Natur« des Menschen. In: EHALT, H. (Hrsg.): Zwischen Natur und Kultur. Zur Kritik biologistischer Ansätze. Wien: Böhlau.
KÖNIG, G. (1967): Stichwort Naturphilosophie. In: DIEMER, A. (1967).
LEVY-AGRESTI, J., & R. SPERRY (1968): Differential perceptual capacities in major and minor hemispheres. Washington: Proceedings of the National Academy of Sciences **61**.
LORENZ, K. (1941): Kants Lehre vom Apriorischen im Lichte gegenwärtiger Biologie. Blätter für Deutsche Philosophie **15**: 94-125.
LORENZ, K. (1943): Die angeborenen Formen möglicher Erfahrung. Z. Tierpsychol. **5**: 235-409.
MONOD, J. (1971): Zufall und Notwendigkeit. München-Zürich: Piper.
POPPER, K. (1974): Objektive Erkenntis. Ein evolutionärer Entwurf. 2. Aufl. Hamburg: Hoffmann und Campe.
POPPER, K., & J. ECCLES (1982): Das Ich und sein Gehirn. München-Zürich: Piper.
RIEDL, R. (1976): Die Strategie der Genesis. Naturgeschichte der realen Welt. München-Zürich: Piper.
RIEDL, R. (1978/79): Über die Biologie des Ursachendenkens; ein evolutionistischer, systemtheoretischer Versuch. In: Mannheimer Forum: 9-70. Mannheim: Boehringer.
RIEDL, R. (1980): Biologie der Erkenntnis. Die stammesgeschichtlichen Grundlagen der Vernunft. Unter Mitarbeit von R. KASPAR. Berlin-Hamburg: Paul Parey.
RIEDL, R. (1985): Die Spaltung des Weltbildes. Biologische Grundlagen des Erklärens und Verstehens. Berlin-Hamburg: Paul Parey.
SPAEMANN, R., & R. LÖW (1981): Die Frage Wozu? Geschichte und Wiederentdekkung des teleologischen Denkens. München-Zürich: Piper.
SPERRY, R. (1970): Perception in the absence of the neocortical commissures. In: Perception and its disorders. Res. Publ. A.R.N.M.D. (The Association for Research in Nervous and Mental Disease) **48**: 123-138.
VOLLMER, G. (1985): Zwischen den Fronten - Warum sich die Evolutionäre Erkenntnistheorie gegen ihre Anhänger und gegen ihre Kritiker wehren muß. Conceptus **19** (47): 67-73.
VOLLMER, G. (1985a): Was können wir wissen? 2 Bände. Stuttgart: Hirzel.
WALSH, K. (1978): Neuropsychology. Edinburgh-New-York: Livingstone.
WUKETITS, F. M. (1985): Zustand und Bewußtsein. Leben als biophilosophische Synthese. Hamburg: Hoffmann und Campe.

Kommentar zu »Materialismus, Idealismus und Evolutionäre Erkenntnistheorie«

ROBERT SPAEMANN

Eine materialistische Erklärung des Gegensatzes von Idealismus und Materialismus

Wir haben sozusagen eine materialistische Erklärung des Gegensatzes von Idealismus und Materialsmus erhalten, die derjenigen von RUPERT RIEDL in seiner Arbeit über die Spaltung des Weltbildes sehr verwandt ist. Vorab eine kurze Bemerkung zu der These von ROBERT KASPAR, daß im Gespräch zwischen Philosophie und Wissenschaften die Philosophie nicht die letzte Instanz sein könne. Ob sie das kann, ist hier nicht zu entscheiden. Sie kann jedoch nicht darauf verzichten, es zu wollen. Das Gespräch zwischen Philosophie und Wissenschaften ist nämlich selbst Philosophie. Es ist sozusagen trivial, daß die Philosophie versucht, letzte Instanz zu sein. Denn wenn wir bestimmte Forschungsunternehmen in Gang gebracht haben, und wenn diese sich im Laufe der Geschichte aus der Philosophie emanzipiert haben, dann bleibt es doch immer noch möglich, nachträglich noch einmal über das nachzudenken, was wir da getan haben und was wir tun, wenn wir Wissenschaft treiben. Dieses Nachdenken heißt dann wiederum Philosophie. Und so ist es in gewisser Hinsicht etwas Triviales, zu sagen, daß die Philosophie der Versuch sei, letzte Instanz zu sein. Wenn sie dieser Versuch nicht ist, dann ist sie gar nichts. Man mag sagen, das würde nichts schaden. Aber das würde bedeuten, daß wir es uns verbieten, über das, was wir in den Wissenschaften tun, noch einmal nachzudenken. Es würde bedeuten, daß wir uns sozusagen definitiv an die Methoden ausgeliefert hätten, die wir einmal entwickelt haben, und daß wir es uns verbieten, über unsere wissenschaftlichen Modelle auf eine nicht schon vorher programmierte Weise zu reflektieren. Es liefe sozusagen auf die Forderung heraus, unsere Hände nicht mehr zu benutzen, weil wir Maschinen haben, und unsere Füße nicht mehr, weil wir Fahrzeuge besitzen. Es hieße, unsere Organe durch Prothesen ersetzen.

Nun zu der Dichotomie »Idealismus - Materialismus«. Hier möchte ich anknüpfen an das, was ROBERT KASPAR sagte über die zwei Arten von Reduktionismus. Ich muß gestehen, daß ich kein Beispiel kenne für eine Reduktion auf causa formalis und causa finalis. Es gibt die berühmte Stelle im »Phaidon«, wo SOKRATES erklärt, warum er nicht aus dem Gefängnis flieht. PLATON gibt hier ein Beispiel für Materialismus. Er bestünde darin, zu sagen: »SOKRATES geht nicht aus dem Gefängnis, weil seine Beine sich nicht aus dem Gefängnis bewegen.« Die so sprechen, sagen zwar etwas Richtiges, aber sie sagen nichts Interessantes sondern etwas Triviales. Unsere Warum-Frage wird erst beantwortet, wenn wir hören: SOKRATES geht nicht aus dem Gefängnis, weil er den Gesetzen Athens treu bleiben möchte. Aber der platonische SOKRATES meint doch nicht, man könne aus dem Gefängnis entfliehen, ohne seine Beine zu bewegen. Die finale Erklärung war und ist niemals gemeint als Ersatz für eine kausale Erklärung. Es ist nur gemeint, die kausale Erklärung reiche nicht aus; sie befriedige unser Frageinteresse nicht. Teleologie ist also niemals reduktionistisch. Falls sie gegen ein wissenschaftliches Prinzip verstößt, dann höchstens gegen OCCAMs *razor*.

Ich möchte indessen das Anliegen von RUPERT RIEDL und ROBERT KASPAR aufgreifen und ihm eine andere Wendung geben. Wir haben es in unserer Diskussion, wie mir scheint, immer zu tun mit dem Problem des Verhältnisses von Genesis und Geltung. Die Frage ist ja schon mehrfach in der Diskussion aufgetaucht: Was leistet es für das Verständnis der Logik, wenn wir erzählt bekommen, wie Menschen instand gesetzt werden, logisch zu denken? Hier gibt es nun in der Tat zwei extreme Versuche, die man vielleicht reduktionistisch nennen könnte. Es gibt den Versuch, das, was wir unter Geltung verstehen, tatsächlich zu reduzieren auf eine Geschichte des »Sich-geltend-Machens«. Wir glauben dann, wir hätten verstanden, was Logik ist, wenn wir wissen, wie wir sie gelernt haben. Und es gibt den umgekehrten Versuch, den man »idealistisch« nennen mag, eine Geschichte abzuleiten aus ihrem Resultat. Nicht sprechende Menschen, nicht Lehrer sind es dann, die Sprache und Logik vermitteln, sondern die Logik produziert sozusagen ihr eigenes Gelerntwerden. Im deutschen Idealismus gibt es Versuche, die Naturgeschichte zu interpretieren von jener endgültigen Gestalt her, welche die Natur gewinnt, wenn sie sich als Geist selber perzipiert. Die Frage ist dann: Wie müssen wir die Geschichte der Natur denken, damit sie als Vorgeschichte unseres Verstehens verstehbar ist? Es scheint mir nun in der Tat so zu sein, daß alle »idealistischen« Versuche, Genesis auf Geltung zurückzuführen und aus ihr abzuleiten, ebenso mißlingen wie die materialistischen Versuche, das, was wir unter Geltung verstehen, aus der Geschichte ihrer Entstehung abzuleiten. Für dieses Mißlingen kann man nun wieder eine materialistische und eine idealistische Begründung geben. ROBERT KASPAR hat eine materialistische Begründung gegeben. Man könnte auch eine idealistische geben. Man kann also auch den Dualismus wieder materialistisch oder idealistisch erklären. Aber das heißt, man kommt auf diese Weise aus dem Dualismus nicht heraus. WOLFGANG STEGMÜLLER hat die Sache auf die Formel gebracht, daß der Versuch, mit einer genetischen Theorie etwas Explikativ-Normatives zu leisten, zum Scheitern verurteilt sei. Er hat die Evolutionäre Erkenntnistheorie insoweit kritisiert, als sie etwas dieser Art beanspruche. Sie sei, wie er sagt, eine naturwissenschaftlich erklärende, nicht eine die zu erklärende Sache selbst explizierende Theorie. Sie sagt uns etwas über die Entstehung erkennender Wesen, nichts über das, was Erkenntnis ist und wie die Welt gedacht werden muß, damit in ihr Erkenntis möglich ist.

Es gibt tatsächlich - das möchte ich am Rande sagen - nur eine Version, den Dualismus zu überwinden, das ist die theologische. In dieser wird die Geschichte, insofern sie zu einem bestimmten sinnvollen Ergebnis führt oder ein sinnvolles Ganzes bildet, weder als ein »Sich-selbst-Machen« dieses Ergebnisses noch als kausales Zufallsprodukt verstanden, sondern als Resultat des Handelns eines Schöpfers, der die Geschichte als ein auf Sinn hin entworfenes Geschehen ins Sein bringt. Das ist weder eine materialistische noch eine idealistische Erklärung. Aber sie ist natürlich nicht wissenschaftlich im neuzeitlichen Sinne, sie ist nicht wissenschaftlichen Wahrheitskriterien unterworfen, obwohl auch sie entweder wahr oder falsch ist. Man muß sich jedoch klar machen, daß jeder andere Versuch, den Dualismus aufzuheben, zum Scheitern verurteilt, d. h. »reduktionistisch« ist.

Kritik an der Selektion

Statt diesen Gedanken zu vertiefen, hier nur noch einige Fragen an die Biologen und evolutionären Erkenntnistheoretiker. Was für sie offenbar im Vordergrund des Interesses steht, sind die Selektionsmechanismen der Evolution. Im Grunde sind diese sogar das Einzige, wofür man sich interessiert. Die Frage der Mutation ist, wenn ich recht sehe, eine Frage, die nur die Biochemiker interessiert. (Darum kommt ja bezeichnenederweise der massivste Angriff gegen die Evolutionstheorie insgesamt von einem Biochemiker, von BRUNO VOLLMERT.) In dem hier diskutierten Zusammenhang wird sie ganz vernachlässigt. Mutationen sind zunächst einfach Fehler im Programm. Diese werden zum größten Teil eliminiert. Einige bleiben als überlebensdienliche Modifikationen des Programms übrig. Mir scheint nun aber, daß die Mutationen philosophisch gesehen das eigentlich Interessante sind. Es geht hier ja um das Problem, was es eigentlich heißt, daß neue Qualitäten »entstehen«. Daß aus einfacheren Strukturen komplexere entstehen, das kann man nachvollziehen. Aber das Entspringen einer einfachen neuen Qualität ist eben das Entstehen von schlechthin Neuem, das durch Worte wie »Fulguration« usw. nur paraphrasiert, nicht erklärt wird. Wahrgenommene Farben sind solche einfachen Qualitäten. Die ganze Dimension »Farbigkeit« ist nicht aus irgendetwas anderem herleitbar. Die Dimension, die das, was wir Geist nennen, definiert, ist nun in einem solchen fundamentalen Sinne etwas qualitativ Neues und daher Irreduzibles. Ich möchte diese Dimension generell mit dem Begriff der »Negativität« charakterisieren und drei Beispiele für Negativität nennen, wovon das eine sich bereits überall dort findet, wo wir es mit Zentralnervensystemen zu tun haben. Meine Beispiele sind erstens der Schmerz, zweitens die Intentionalität und drittens der Gedanke des Unbedingten. Es ist nun durchaus möglich, die »positive« Funktion dieser Phänomene plausibel zu machen, ihre Überlebensdienlichkeit. Für den Schmerz ist das offenkundig, aber auch für intentionale Beziehungen, ja sogar für den Gedanken des Unbedingten sind funktionale Theorien möglich. D. h. man kann die Selektion solcher Phänomene sich irgendwie verständlich machen. Was man in keiner Weise genetisch rekonstruieren kann, ist die zugrundeliegende »Mutation«, das Auftreten dieser Phänomene. Aus der Multiplikation negativer Zahlen ergibt sich eine positive, niemals jedoch umgekehrt. Der Schmerz ist nicht einfach eine positive Hinlenkung des Organismus zum Überlebensdienlichen, sondern er ist ein Zustand, der das »Nicht-sein-Sollen« unmittelbar an sich hat. Intentionalität ist Selbstbeziehung auf etwas, was ich gerade nicht selbst bin. WITTGENSTEIN hat in seiner von KRIPKE rekonstruierten Argumentation gegen die Möglichkeit einer Privatsprache gezeigt, daß das »Meinen« von Bedeutungen uns prinzipiell entgleitet, wenn wir es als Zuständlichkeit eines meinenden Subjektes zu fassen suchen. Und schließlich was das Absolute, das Unbedingte betrifft, so wird in ihm ja ganz ausdrücklich von jeder lebensdienlichen Funktion abstrahiert. Es wird als ein möglicher Sinnbezug unseres Handelns gedacht, nicht selbst jedoch auf einen ihm vorausgehenden biologischen Zweck bezogen. Der funktionale Rückbezug dieses Gedankens auf biologische Zweckmäßigkeit ist, wie gesagt, denkbar, aber der Inhalt dieses Gedankens, sein Auftreten ist dadurch in keiner Weise erklärt. Und wenn man ihn auf diese Weise erklären würde, hieße es, ihn wegerklären. Eine funktionale Interpretation der Gottesidee ist mit dem Festhalten an ihr unverträglich. Das gleiche gilt aber für die Intentionalität. Ein Beispiel für deren materialistische Rekonstruktion mag ein Zitat von ARMSTRONG sein. ARMSTRONG schreibt: »I suggest that consciousness is no more than awareness of inner mental states by the person whose states they are. If this is so then awareness implies a further mental state, a state directed towards the first inner state.« Das ist die Erklärung des Schlafes durch die *vis dormitiva!*

Es ist hier von »Passung« geredet worden. Aber das Bewußtsein von Passung ist nicht Passung. Man spricht auch von Erkenntnis als »Bild«. Aber ein Bild ist nur ein Bild, indem es von jemandem als Bild von etwas anderem aufgefaßt wird. Dieses Auffassen eines Bildes als Bild ist nicht selbst wieder ein Bild. Das heißt, daß auch die Metapher des Bildes ganz ungeeignet ist, um so etwas wie Erkenntnis oder Bewußtsein zu interpretieren. Sich eines Bildes als Bild bewußt werden ist etwas anderes, als ein Bild haben. FICHTE hat sehr schön gesagt, daß es auf das »als« ankommt. Andernfalls wäre in einem Fotoapparat so etwas wie Erkenntnis.

Das Vorurteil des Materialismus ist von WHITEHEAD einmal charakterisiert worden als das Vorurteil der *simple location*, d. h. das Vorurteil, ein Ding könne nur an einer bestimmten Stelle sich befinden. Auf ein anderes, nämlich erkennendes »Ding« könne es nur auf eine solche Weise einwirken, daß es die inneren Zustände dieses anderen Dinges, das sich an einem anderen Ort befindet, verändert. Wenn man mit diesem Vorurteil anfängt, wird man nie zu einem adäquaten Begriff von Erkenntnis gelangen. Wir, die wir hier in diesem Raume sind, sehen uns dann nicht gegenseitig und hören uns nicht, sondern wir haben jeweils innere Zustände, die von den jeweils anderen hier Anwesenden verursacht sind. Das Rätsel bleibt nur, was das Wort »andere hier anwesende Personen, die meine Zustände verursachen« bedeuten soll. Denn diese Bedeutung könnte ja nach dem materialistischen Vorurteil wiederum nur ein innerer Zustand sein und also grade nicht etwas von diesem Zustand Unterschiedenes »bedeuten«.

Es ist ganz konsequent, wenn man von hier aus gegen die Korrespondenztheorie der Wahrheit für eine reine Kohärenztheorie plädiert. Kohärenz kann bestehen zwischen den inneren Zuständen eines Subjektes. Korrespondenz läßt sich hingegen in Termini innerer Zustände gar nicht beschreiben. Die Kritiker der Korrespondenztheorie der Wahrheit sagen ganz richtig, daß es keine »Kriterien« der Korrespondenz geben kann. Die inneren Zustände der Traumerfahrung sind von denen der realen Erfahrung überhaupt nicht verschieden. Ich glaube auch, daß es nicht richtig ist, daß wir, wie KARL POPPER meinte, irgendwelche Versuche machen können, um herauszufinden, ob wir träumen oder nicht. Ich träume seit etwa dreißig Jahren, daß ein Freund von mir, der im Krieg vermißt war, wiederkehrt. Ich träume es in Abständen von etwa einem Jahr, und jedes Mal erinnere ich mich, daß ich das früher geträumt habe. Dann sage ich zu dem Freund: »Ich habe schon so oft geträumt, daß du hier warst, und wenn ich nicht sähe, daß du nun wirklich da bist, würde ich es wieder für geträumt halten; aber nun bist du ja offensichtlich wirklich gekommen.« Und dann werde ich wach, und es war wieder geträumt. Die innere Kohärenz in diesem Traum ist also vollkommen identisch mit der Kohärenz des Wachbewußtseins. Nur die Korrespondenz fehlt. Die Korrespondenz läßt sich aber gar nicht beschreiben in Termini von inneren Zuständen. Sie hängt ganz einfach davon ab, ob der Freund, dem ich im Traum begegne, seinerseits auch mir im Traum begegnet. D. h. es hängt davon ab, ob nicht nur er für mich ein Objekt ist, sondern ich auch für ihn. Ich weiß vielleicht nicht, ob er »wirklich« da ist, aber er weiß es, falls er da ist.

Die Leistungsgrenzen der Evolutionären Erkenntnistheorie

Und damit bin ich bei meiner letzen Bemerkung. Diese wirkliche Übereinstimmung hängt damit zusammen, daß wir nicht nur Objekte haben, auf die wir uns beziehen können. Sich auf Objekte beziehen kann jedes System, insofern es eine Umwelt hat. Die Umwelt wirkt auf es ein und verändert das System. Binnenkomplexität wird vermehrt, um Außenkomplexität zu reduzieren, um es mit LUHMANN zu sagen. Aber das alles bleibt noch auf der Ebene des Habens von Objekten. Die andere Frage, ob Objekte von der Art sind, daß ich für sie vorkomme, d. h. ob sie selbst den Status von Subjekten haben, entzieht sich definitiven Kriterien, und doch ist es das, was wir mit Wahrheit meinen. Es wird hier häufig eingewandt, wir könnten nicht den Gottesstandpunkt einnehmen bei der Frage nach dem Richter über Wahrheit und Falschheit. Wir müssen gar nicht den Gottesstandpunkt einnehmen. Der Richter über die Wahrheit meiner Rede kann identisch sein mit dem Objekt dieser Rede.

Nehmen wir den Fall eines Kranken, der im Zustande scheinbarer Bewußtlosigkeit und von Aphasie befallen daliegt. Ärzte stehen um ihn herum und erörtern, ob er sie hören kann oder nicht. Sie sind sich alle darüber einig, daß er nichts hört. Nach allen Kriterien der medizinischen Wissenschaft kann er nichts hören. Er hört aber diese Unterhaltung und er weiß auch, daß die Ärzte sich irren, gerade weil er sie hört. Daraufhin stirbt er. Er kann also auch nicht mehr mitteilen, daß er gehört hat, was geredet wurde. Gleichwohl wußte er, daß sich alle Umstehenden geirrt haben. Es mag sein, daß sie ganz kohärent geredet haben, daß sie im Einklang waren mit den Prinzipien ihrer Wissenschaft und auch mit einer künftigen scientific community. Dennoch irrten sie, und der, über den sie redeten, wußte, daß sie irrten.

Die Evolutionäre Erkenntnistheorie bezieht ihre Plausibilität aus einer irrigen Interpretation von Erkenntnis in der neuzeitlichen Erkenntnistheorie. Diese hat immer über Subjekte gesprochen und über Objekte, die von diesen Subjekten gehabt werden. Sie hat vom Standpunkt der Subjekte aus gesprochen. Die Tatsache, daß wir uns auf etwas Wirkliches beziehen, das selbst den Status eines Subjektes hat, kommt in der neuzeitlichen Erkenntnistheorie allenfalls als ein Grenzfall vor, der Grenzfall der Erkenntnis von sogenanntem »Fremdpsychischem«. Dieses erscheint als etwas ganz besonders Rätselhaftes, während es doch das am wenigsten Rätselhafte ist, sondern das Paradigma für Erkenntnis schlechthin. Denn die unmittelbarste und gewisseste Wahrnehmung ist diejenige, in der wir uns gegenseitig als Subjekte wahrnehmen. Wenn die Evolutionäre Erkenntnistheorie versucht, Erkenntnis als »kognitive Zustände« zu rekonstruieren, dann deshalb, weil ihr eine Erkenntnistheorie vorausging, die glaubte, Erkenntnis in dieser Weise interpretieren zu können. Die vorneuzeitliche Erkenntnisphilosophie hat Erkenntnis nicht so verstanden, und seit WITTGENSTEIN ist es eigentlich klar, daß man sie so nicht verstehen kann.

Wir sollten vielleicht die Leistungsfähigkeit der Evolutionären Erkenntnistheorie genauer limitieren. Sie kann uns möglicherweise erklären, wie es zur Selektion kognitiver Zustände kommt. Zum Verständnis der Entstehung solcher Zustände kann sie nichts beitragen. Schon deshalb nicht, weil der Begriff »Zustand« hier ganz unpassend ist. Es ist diesen Zuständen wesentlich, sich zu beziehen auf etwas, was sie selbst grade nicht sind.

Das »nicht« ist in diesem Zusammenhang zur Erklärung unverzichtbar. Das gleiche gilt aber bereits für Schmerz, und das gleiche gilt erst recht für den Gedanken des Absoluten. Die allgemeine Formel gegen den Reduktionismus lautet: Negativität ist aus Positivität und Faktizität nicht herleitbar.

QUINE hat dies deutlich gesehen. Er hat bemerkt, daß Dispositionsbegriffe nicht definierbar sind ohne Bezug auf dasjenige, wofür die Disposition eine Disposition ist. Sein Programm war es daher, diese Begriffe loszuwerden. Sein Ziel, Dispositionen eines Tages beschreiben zu können als bloße faktische, physikalische Zustände eines Systems, Klavierspielen können also ohne Bezugnahme auf so etwas wie Klaviere. Dann erst hätte man eine materialistische Erklärung für Dispositionen. Man kann nun zeigen, und WITTGENSTEIN hat es gezeigt, daß dies mit Bezug auf jene Disposition, die wir »Wissen« nennen, mit Sicherheit unmöglich ist. Wir können uns, was Intentionalität ist, nicht verständlich machen vom Prozeß ihrer Genese her. Was wir uns verständlich machen können, sind die in der Erkenntnis auftretenden Fehler. Nicht von ungefähr hat daher RIEDL gerade über Erkenntnisfehler gesprochen. Um den Satz »zwei mal zwei ist vier« zu verstehen, ist für uns die Erklärung der Entstehung eines denkenden Wesens, das fähig ist, einen solchen Satz zu bilden, vollkommen überflüssig. Wenn jemand allerdings hartnäckig sagt, »zwei mal zwei ist fünf«, dann fangen wir an, uns für die Genese dieses Urteils zu interessieren und schicken ihn vielleicht zu einem hierfür zuständigen Fachmann.

(Die Bemerkungen beziehen sich nicht auf den hier vorliegenden Beitrag von ROBERT KASPAR, sondern auf seine mündlichen Ausführungen während des Kongresses.)

Literatur

KOSLOWSKI, P., PH. KREUZER & R. LÖW (Hrsg.) (1984): Evolution und Freiheit. Stuttgart: Hirzel.

SPAEMANN, R., P. KOSLOWSKI & R. LÖW (Hrsg.) (1984): Evolutionstheorie und menschliches Selbstverständnis. Weinheim: Acta humaniora.

SPAEMANN, R., & R. LÖW (1985): Die Frage Wozu? 2. Aufl. München-Zürich: Piper.
STEGMÜLLER, W. (1986): Kripkes Deutung der Spätphilosophie Wittgensteins. Stuttgart: Kröner.

Zusammenfassender Kommentar

GÜNTER TEMBROCK

Standortbestimmung

Das Konzept der »Evolutionären Erkenntnistheorie« ist unlöslich mit den Rahmenbedingungen verknüpft, die wissenschaftstheoretisch das Wesen der Evolution bestimmen. Wissenschaftshistorisch besteht ein enger Zusammenhang zur Verhaltensbiologie, der es rechtfertigt, das Problem der »Lösungen« von diesem Standort her anzugehen. Der Grund liegt fraglos darin, daß die wegbestimmenden Faktoren der Human-Evolution im Kontext verhaltensbiologischer und psychologischer Ursachengefüge zu suchen sind. Damit ist ein Bedigungsgefüge angesprochen, das durch den Organismus-Umwelt-Zusammenhang von Interaktionen bestimmt wird. Wir definieren Verhalten als Interaktion mit der Umwelt auf der Grundlage eines Informationswechsels zur Optimierung der individuellen, ökologischen oder biosozialen (inklusiven) Fitness, wobei letztgenannte über die Anzahl der sich wieder fortpflanzenden Nachkommen erfaßt wird. Diese Anpassungsebenen bilden eine Enkapsis, und mit ihnen verbinden sich unterschiedliche informationelle Beziehungen zur Umwelt, also Kenntnisse und Erkenntnisse, wobei letztgenannte als Strukturen einer Kenntnisgesamtheit aufgefaßt werden.

Umweltansprüche der Lebewesen

Die Umweltansprüche der Organismen lassen zunächst drei Organisationsebenen unterscheiden, die sich aus den Eigenschaften der Lebewesen ableiten:

1. Elementaransprüche, die für alle Lebensvorgänge erforderlich sind und den Stoff- und Energiewechsel sichern. Die prinzipiellen Klassen dieser Ansprüche decken sich mit den etwa fünf großen organismischen Unterreichen. Das bedeutet für den Menschen, daß auch er »animalische Ansprüche« wahrnehmen muß.
2. Spezifische Umweltansprüche, die sich mit dem speziellen Körperbau und seinen Funktionen verbinden, denen also ein bestimmter »Genpool« einer Population (Reproduktionseinheit) zugrunde liegt. Für den Menschen wäre dieses der artspezifische Genbestand, der diese Umweltansprüche determiniert. (Der Begriff »Determination« ist gemeint im Sinne eines dialektischen Zusammenhanges von Zufall und Notwendigkeit.)
3. Individuelle Umweltansprüche, die eine individualspezifische Ausformung der vorgenannten Anspruchsebenen darstellen. In der Human-Evolution kamen (nach unserer Hypothese) zwei weitere Ebenen hinzu:
4. Tradierte Umweltansprüche, die eine parabiologische Evolution ermöglichen und auf Lehr-Lernstrukturen beruhen, beim Menschen durch die Kultur (im weitesten Sinne) repräsentiert und damit in elementare nicht-anonyme Sozialeinheiten eingebunden.
5. Gesellschaftlich determinierte Umweltansprüche, die durch anonyme gesellschaftliche Funktionale gegeben sind.

Wir gehen dabei von der Hypothese aus, daß über diese enkaptischen Strukurebenen auch die speziellen Bewußtseinseigenschaften ausgeformt wurden, wobei die Evolution von Denken, Sprache und Sprechen in eigengesetzlicher Ausgestaltung ab der vierten Stufe eine Schlüsselstellung einnimmt.

Damit sollte ein erstes Interaktionsgefüge mit der Umwelt angedeutet sein, das spezielle Kenntnisse und Erkenntnisse voraussetzt und damit große qualitative Evolutionsschritte im Erkenntnisgewinn mit der Ausgestaltung spezieller »Erkenntnisapparate« ermöglichte. Diese lassen auf allen Ebenen - jedoch mit zunehmender Differenzierung - etwa sechs Grund-Modalitäten unterscheiden: Raumansprüche, Zeitansprüche, Informationsansprüche, Stoffwechselansprüche, Schutzansprüche und Partneransprüche. Das leiten wir aus folgenden Prämissen ab:

- Organismen sind raum-zeitlich organisiert, räumlich aufgrund ihrer konstitutionellen Eigenschaften, zeitlich aufgrund der Dauer und zeitlichen Ordnung ihrer individuellen Existenz und raum-zeitlich im Sinne zeitabhängiger Strukturänderungen in der Ontogenese und Generationenfolge.
- Organismen tauschen Informationen mit der Umwelt aus, um die raum-zeitliche Ordnung zu gewährleisten, was bei Tieren in Verbindung mit der Fähigkeit zum Ortswechsel eine neue Qualität erfahren hat (Trend zur »Raum-Zeitbeherrschung«).
- Organismen tauschen Stoffe mit der Umwelt aus, um den Betriebs- und Baustoffwechsel zu sichern.
- Organismen müssen ihre raum-zeitliche Existenz vor Störeinwirkungen sichern; das gilt auch bei der Wahrnehmung ihrer Umweltansprüche.
- Organismen existieren in Populationen, die Fortpflanzungseinheiten bilden als Voraussetzung für die Evolution, Erhaltung und Veränderung in der Zeit gewährleistend.

Bedingungen des Informationswechsels

Für die Evolution der Erkenntnis ist damit ein weiteres Parameterfeld vorgestellt, innerhalb dessen eine Differenzierung in spezielle Qualitäten vorgenommen werden muß, so daß die sechs Modalitäten der Umweltansprüche sich zunächst in jeweils drei Qualitäten unterteilen lassen, die durch die Optimierungsfelder (individuelle Fitness, ökologische Fitness und biosoziale Fitness) vorgegeben sind. Anders gesagt: Die Umweltansprüche sind jeweils (1) Körper-bezogen, (2) Ökosystem-bezogen und (3) Populations-bezogen. In der Human-Evolution kämen nach dem hier vorgestellten Konzept hinzu: (4) Kulturbezogen und (5) Gesellschafts-bezogen.

Für den Erkenntnis-Aspekt sind damit bereits komplexe, aber doch überschaubare Determinanten erfaßt. Der konkrete Zusammenhang erfordert jetzt aber einen prinzipiellen Hinweis auf die (von uns postulierte) Grundvoraussetzung auf Seiten des Organismus, die wir als »Drei-Vektoren-Modell« beschreiben:

a) Eingangsvektor: Informationsaufnahme und -vorverarbeitung (Wahrnehmung im engeren Sinne, Selektieren, Identifizieren usw.).
b) Zustandsvektor: Informationsverarbeitung aufgrund genetischer und individuell erworbener Vorgaben in Abhängigkeit vom Status (Motivation, Emotion, Aktivierungsniveau), also mit Bewertung und Gewichtung. Erst hier werden Kenntnisse aus dem Eingangsvektor in Erkenntnisse strukturiert.
c) Ausgangsvektor: Efferenzstrukturen, die in die Umwelt hineinwirken.

Zwischen Eingangs- und Ausgangsvektor gibt es noch zwei spezielle externe Verknüpfungen: Motorik im Dienst der Optimierung der Sensorik und Sensorik zur Optimierung (Justierung) der Motorik.

Erkenntnistheoretisch wesentlich ist eine Folgerung aus der hier vorgestellten Interaktionsstruktur des Verhaltens bedeutsam: Für den Erkenntnisgewinn bzw. für die Anforderung verfügbarer Erkenntnisse sind nun drei Umweltgefüge differenzierbar:

- Umweltstrukturen ohne Eigenverhalten (»leblose Objekte«);

- Umweltstrukturen mit Eigenverhalten, das qualitativ und graduell vom eigenen differiert;
- Umweltstrukturen mit Eigenverhalten, das prinzipiell mit dem eigenen Verhalten übereinstimmt (»Artgenossen«).

Beim Menschen kommen hinzu:
- Umweltstrukturen ohne Eigenverhalten, aber vom Menschen in ihren spezifischen Eigenschaften determiniert;
- Umweltstrukturen mit Eigenverhalten, ebenfalls vom Menschen determiniert.

Diese Umweltstrukturen sind wohl ursprünglich als »Prothesen« für die beiden Verhaltensvektoren entstanden, die den Menschen mit der Umwelt in informationelle Beziehung setzen: Geräte, die sensorische Leistungen erweitern (Eingangsvektor), Geräte, die motorische Leistungen erweitern (Ausgangsvektor; diese sind evolutiv älter). Hier wird deutlich: Es gibt auch einen motorischen Erkenntnisgewinn. In jüngster Zeit hat auch der Zustandsvektor »Prothesen« erhalten (speziell Prozessoren = »Computer«), diese Revolution in unserer Evolution ist noch voll im Gange.

Motive des Verhaltens und ihre Umsetzung

Umweltansprüche verwirklichen sich über motiviertes Verhalten. Dieses setzt »Vorwissen« über die Umwelt voraus. Dabei wird »Umwelt« hier definiert als das Faktorengefüge, zu dem der Organismus bei der Umsetzung seiner Motivation informationelle und/oder stofflich-energetische Beziehungen herstellt. Diese Umwelt kann daher nur vom jeweiligen Organismus her gesehen definiert werden. Zugleich befindet sich ein Organismus aber auch in einer realen Umgebung, die der menschliche Beobachter mit seinen Mitteln beschreiben kann. Wir wollen alle Umweltbedingungen, mit denen der Organismus informationell gesteuerte Beziehungen aufnimmt, »Ereignisfelder« seines Verhaltens nennen. Ihre Spezifik hängt von den schon genannten Umweltanspruchsebenen und damit auch den Eigenschaften des betreffenden Organismus ab, aber zugleich von der jeweiligen Motivation dieses Organismus (z. B. Nahrungserwerb). Eine Motivation definieren wir als einen Antrieb, eine bestimmte Endhandlung (= beendendes Verhalten) auszuführen. Formal wäre im Beispiel dieser Sachverhalt wie folgt zu beschreiben: Das Tier sucht Nahrung, um zu fressen (nicht um »satt zu werden«, denn es besteht keine Einsicht in die Funktion). Evolutiv möchten wir dabei folgende Stufen unterscheiden:

1. Stufe: Ungerichtetes Suchen; erhöhte Bewegung pro Zeiteinheit erhöht die Begegnungswahrscheinlichkeit mit dem Funktionsobjekt. Das Verhalten wird beendet, wenn auslösende Reize (»Erkenntnisse«) über die Anwesenheit des Funktionsobjektes vorliegen, der Kontakt mit ihm hergestellt ist. Es gibt daher nur ein Kontaktfeld des Verhaltens.
2. Stufe: Telerezeptoren (Fernsinnesorgane) erlauben die Wahrnehmung des Funktionsobjektes über eine gewisse Distanz hinweg. Sobald diese Wahrnehmung erfolgt, ist ein Nahfeld des Verhaltens gegeben, innerhalb dessen Alternativen aufgrund besonderer Unterscheidungen möglich werden, ehe der Kontakt hergestellt wird.
3. Stufe: Der Organismus verfügt über eine Suchstrategie, die es ihm ermöglicht, auf eine nichtzufällige Weise ein Nahfeld aufzubauen. Nun ist ein Distanzfeld gegeben.

Informationell lassen sich die drei Felder wie folgt umschreiben:

Kontaktfeld = geringe Ungewißheit;
Nahfeld = begrenzte Ungewißheit und
Distanzfeld = hohe Ungewißheit.

Im Kontaktfeld überwiegt prozessuales Lernen, im Nahfeld dominiert diskriminatorisches Lernen, während das Distanzfeld konzeptionelles Lernen erfordert. Hier ist die Evolution der Sprache gefordert: Übermittlung von Sachverhalten, die räumlich und zeitlich außerhalb der aktuellen Wahrnehmung liegen. Das legt nahe, auch erkenntnistheoretisch eine prinzipielle Zäsur zu legen zwischen den aktuellen Wahrnehmungsbereich und den potentiellen oder latenten Erfahrungsbereich. Dieser fordert konzeptionelle Kreativität: Das Nahfeld erlaubt Sinnestäuschungen, das Distanzfeld Phantasie (konstruktive wie destruktive), Hypothesen, Möglichkeitsfelder des Handelns und Denkens.

Funktionskreise

Während Tiere weitgehend in die Ereignisfelder des Verhaltens eingebunden sind, also nur mit dem Wissen agieren, das die Umsetzung ihrer Motivationen zu sichern hat, begann sich der Mensch auch die allgemeinen Umgebungsraum- und Zeitklassen zu erschließen. Das Kind vollzieht dies im Kontaktraum durch vielfältiges Manipulieren, was sich wahrscheinlich sogar auf den Erwerb der Muttersprache auswirkt. Nach diesem Ansatz ergibt sich die Spezifik der menschlichen Evolution vorrangig aus der Erschließung dieser Raum- und Zeitdimensionen, die außerhalb des elementaren motivational gesteuerten Funktionsbezuges liegen. Wie dieser jedoch in diesen Prozeß ontogenetisch (und phylogenetisch) eingebettet ist, darüber wissen wir noch viel zu wenig.

Eine Voraussetzung dazu leitet sich aus folgendem Zusammenhang ab: Bei einer motivational gesteuerten Umweltbeziehung wird ein »Funktionskreis« aufgebaut, der in bezug auf die Umweltparameter folgende Differenzierung erforderlich macht:

- Funktionsobjekt (z. B. Nahrung, Sexualpartner, »Feind«: Dabei erzeugen die beiden erstgenannten Objekte einen affinen Status, der auf Distanzverminderung angelegt ist, während das letztgenannte Objekt einen diffugen Status hervorruft, der auf Distanzvergrößerung orientiert ist, auch dann, wenn das Objekt angegriffen wird, also physischer Kontakt hergestellt wird.).
- Funktionelle Randbedingungen: Nahfeldparameter, die für den Organismus in nichtzufälliger Weise mit dem Funktionsobjekt raumzeitlich verknüpft sind (das Prinzip der bedingten Reaktionen oder »Reflexe« gehört als Lernmechanismus hierher).
- Unspezifische Randbedingungen (»Milieu«): Faktoren, die mittelbar das Interaktionsgefüge mit der Umwelt beeinflussen. Über sie wird letztlich die raum-zeitliche Umgebung erschlossen, bei Menschen in einer neuen (Bewußtseins-)Qualität.

Kommunikation und Erkenntnisgewinn

In diesem Zusammenhang gewinnt die Biokommunikation im Vorfeld der menschlichen Sprache einen eigenen Stellenwert: Sie vermittelt das Distanzfeld (oder den Distanzraum bzw. Distanzzeit), denn es werden Sachverhalte »mitgeteilt«, die nicht im Wahrnehmungsbereich des Empfängers liegen. Auf der Ebene der Biokommunikation sind diese Signale Mittel des Verhaltens, bauen also motivationsspezifische kommunikative Ereignisfelder auf; beim Menschen haben sie einen neuen Aufgabenbereich gewonnen, etwa als Möglichkeit, das eigene »Wissen« zu prüfen.

Wir sehen in der Evolution der Erkenntnis folgende wichtige Schritte:

1. Erkenntnisse über Eigenschaften und Vorgänge in der »realen Welt«;
2. Erkenntnisse über Beziehungsgefüge zwischen Ereignissen und Gegebenheiten bei Neuordnung ihrer räumlichen und zeitlichen Beziehungen;
3. Erkenntnisse über das Ursachengefüge der raumzeitlichen Umgebungsphänomene und ihrer Veränderungen in der Zeit.

Das läßt sich in Zusammenfassung bereits vorgestellter Hypothesen auch in dieser Weise ausdrücken: Zunächst wird ein physischer Kontaktraum durch Erkenntnisse repräsentiert, dann ein sensorisches Nahfeld (in Raum und Zeit), zu dem unmittelbare sinnliche Koinzidenz besteht, und schließlich füllt sich über die Distanzfelder (motivationsspezifisch) der Erkenntnisraum über sinnlich nicht gegenwärtige Raum- und Zeitbedingungen auf. Dieser wird zu den physisch und sinnlich erfahrenen Raumfeldern in Beziehung gesetzt; erst beim Menschen wird der »Mesokosmos« durchbrochen, so daß sich Erkenntnisstrukturen bilden können, die prinzipiell »unanschaulich« sind. Für diesen Vorgang dürften wohl drei Bewertungsebenen für den Menschen von besonderer Bedeutung sein, was sich auch in seiner Ontogenese manifestiert:

1. Bewertung der Handlung und ihrer Ausführung (Ebene: Können),
2. Bewertung der Funktion, des Handlungserfolges (Ebene: Entscheiden),
3. Bewertung der Einstellungen, Weltbilder, Ideen, sozialen Haltungen sowie der Konzepte, Strategien und des Wissens (Ebene: Wissen).

Evolution der Kognition

In der Evolution lassen sich aus unserem Modellansatz wieder fünf Stufen kognitiver Systeme ableiten, deren erste drei biologisch determiniert sind:

1. Erkenntnissystem, bezogen auf Eigenschaften (Struktur, Funktion) des eigenen Körpers (Präkognition I);
2. Erkenntnissysteme, bezogen auf Eigenschaften der Biogeozönose (des Ökosystems = Präkognition II);
3. Erkenntnissysteme, bezogen auf Eigenschaften der Population und damit auch im biokommunikativen Kontext (Präkognition III);
4. Erkennungssysteme, bezogen auf tradierte Eigenschaften, die eigenen Normen und Bewertungen unterliegen, verstandesmäßiges Handeln im Rahmen einer Kultur, getragen von einem nicht-anonymen Kontext (kulturelle Ratio);
5. Erkennungssysteme, die kognitive Leistungen in den gesellschaftlichen Rahmen integrieren und alle anderen Formen humanspezifischen Erkenntnisgewinns unter den Kautelen einer »humanen Praxis« in einem anonymen (institutionalisierten und jurifizierten) Kontext einschließen (gesellschaftliche Ratio).

Das ist eine Enkapsis, die insgesamt neben anderen Bedingungen das konstitutiert, was wir als »biopsychosoziale Einheit Mensch« bezeichnen.

Ableitungen dieser Art sollten aber zugleich verdeutlichen: Immer sind die drei Vektoren des Verhaltens »im Spiel«, wenn auch mit unterschiedlicher Akzentuierung. Die Erkenntnisprozesse verlagern sich im Schwerpunkt im Verlauf der Evolution von dem motorischen Erfahrungsbereich auf den sensorischen, und schließlich auf den internen Vektor, der die kognitiven Prozesse von der raum-zeitlichen externen Zuordnung ablöst (Situation des Distanzfeldes). Zugleich ist der Organismus zunächst vor allem motivational in die Umwelt eingebunden (Ereignisfelder); langsam löst er sich partiell ab

(Humanevolution) und baut Umgebungsräume und -zeiten in seine Erkenntnissysteme ein. Die alten Motivationen schimmern als »Interessen« noch durch diese neuen Erkenntnisstrukturen hindurch. Damit werden aber auch Operationen im Raum der internen Repräsentationen möglich, die keinen Bezug zur Realität mehr haben. Das erlaubt für das »Drei-Vektoren-Modell« folgende Ebenen seiner Aktivitäten zu differenzieren:

1. Verhaltensebene (rein biologisch determiniert),
2. Tätigkeitsebene (Handlungen, kulturell überformt),
3. Denkebene (»inneres Tun«) und
4. Sprach- und Sprechebene; wieder ist eine Enkapsis beschrieben.

Wir kehren zum Ausgangspunkt zurück: Erkenntnisse sind Voraussetzung für die Umsetzung motivierten Verhaltens; man kann nur suchen, wovon man schon »weiß«. Mit dem Ausbau des Appetenzverhaltens entwickeln sich aus Erkenntnissen über Eigenschaften der Umwelt Strategien für das Suchen und Entscheiden. Mit der zunehmenden Interorientierung dieser Prozesse wurde aus dem äußeren Verhalten internes Denken, eine Voraussetzung, die biologisches Verhalten beim Menschen in Handlungsmuster überführte. Das bedeutet, daß auch für die Evolution der Erkenntnis handlungstheoretische Ansätze zur Einsicht in das Ursachengefüge gefordert sind. Freilich sollten wir die Grenzen unseres (gegenwärtigen) Wissens nicht übersehen, denn Wissen um das Nichtwissen ist förderlich, Ignoranz des Wissens jedoch gefährlich.

Literatur

GEISSLER, E., & W. SCHELER (Hrsg.) (1987): X. Kühlungsborner Kolloquium. Berlin: Akademie Verlag.

TEMBROCK, G. (1983): Ethologie und Anthropogenese. Das Altertum **29**: 208-215.

TEMBROCK, G. (1985): Biosoziale Elemente der Anthropogenese. In: HERRMANN, J., & H. ULLRICH (Hrsg.) (1985): Menschwerdung - biotischer und gesellschaftlicher Entwicklungsprozeß. Schriften zur Ur- und Frühgeschichte **41**. Berlin: Akademie Verlag.

TEMBROCK, G. (1987): Biologische Grundlagen menschlichen Verhaltens. Biologisches Zentralblatt **106**, 1: Im Druck.

Zusammenfassender Kommentar

KARL-FRIEDRICH WESSEL

Die Evolutionäre Erkenntnistheorie kann sicher begründen, warum es ausgeschlossen ist, in einem kurzen Kommentar gegen Ende einer so bedeutsamen Tagung einer so großen Zahl von Anregungen, Herausforderungen und Andeutungen zu folgen. Auch ein Kommentar, der nur einer Anregung folgend, dem Verursacher das Gefühl geben würde, hinreichend verstanden worden zu sein, würde den zeitlichen Rahmen, der zur Verfügung steht, weit überschreiten. Ganz verzichten möchte ich auf prinzipielle Einwände, die ich einer Anzahl von Prämissen gegenüber hätte, denn es ergibt sich wohl von selbst, daß unterschiedliche philosophische Standpunkte und Traditionen unterschiedliche Sichtweisen beinhalten. Ich möchte vielmehr, prinzipielle Einwände übergehend, mich der Gefahr der Inkonsequenz aussetzen und eigene Intentionen einbringen, wohl wissend, daß die Evolutionäre Erkenntnistheorie ein sehr umstrittenes Gebiet ist und ihre Vertreter verschiedenen Angriffen ausgesetzt sind, die auf sich zu ziehen nun einmal jeder Gefahr läuft, der sich der Herausforderung stellt. Denn meine Sympathie für viele Anregungen und ihre Verursacher aus dem Kreis der Evolutionären Erkenntnistheoretiker vermag ich nicht zu verbergen, obgleich man seine Motive nicht preisgeben sollte. Diese Sympathie, das soll ergänzend hinzugefügt werden, schließt Gegensätzlichkeit, zum Teil extreme, ein.

Leben, Entwicklung, Lernen

Die bisherige Entwicklung der Wissenschaft ist auch darstellbar als ein großartiger Gedankengang, der immer wieder in seiner Einheit beschworen, sich häufig aufzulösen drohte in unzähligen Zerfaserungen, jetzt zu einem relativen Ende kommt, indem ein Prinzip sich endgültig für alle Wissenschaften als grundlegend durchsetzt, das Prinzip der Evolution; Evolution verstanden als die Einheit von Komplexität und Zeit. Die Struktur des Verhältnisses von philosophischer Entwicklungstheorie und einzelwissenschaftlichen Entwicklungskonzeptionen erscheint immer klarer vor unseren Augen. Wir nähern uns dem Ende der Negation der Mechanisierung des Weltbildes, sind aber auch all den Widersprüchen ausgesetzt, die diese neue Sichtweite auslöst. Die Widersprüche ergeben sich aus der Tatsache, daß nicht einfach das Prinzip der Evolution oder Entwicklung zu den bisherigen Betrachtungsweisen hinzugefügt werden kann. Es bewirkt einen Umbruch, der in vielen Wissenschaften zu neuen Sichtweisen und neuen Ergebnissen führt.

Entwicklung als fundamentales Prinzip wirklich zu begreifen, heißt die Komplexität des Geschehens zu unterstellen, das Werden und Vergehen der Objekte vorauszusetzen, und zwar hinsichtlich aller Systembedingungen. Wobei umgekehrt auch gilt, daß die Komplexität, die das Wesen der Erscheinungen erkennen hilft, nur unter der Voraussetzung von Werden und Vergehen, der Evolution erkennbar ist. Wenn Leben immer Entwicklung heißt, Leben Entwicklung ist und sich auch die Aussage als richtig erweist, daß Leben Lernen ist, dann ist Lernen auch Entwicklung. Evolution ist das übergeordnete Prinzip, welches hinsichtlich des Lebens durch das Prinzip des Lernens spezifiziert wird.

Das Universum menschlichen Denkens, menschlichen Erkennens kann nicht anders als das Universum selbst, nämlich als sich entwickelndes System gedacht und verstanden werden. Es ist daher nur konsequent, wenn eine Theorie der Systembedingungen zu einer Evolutionären Erkenntnistheorie weitergedacht wurde, die wiederum auch eine Theorie der Systembedingungen der Evolution ist. Alles was existiert, ist wert, daß es vergeht, diese historisch gewordene Überzeugung ist wichtiger Bestandteil dialektischen Denkens.

Nichts ist vollkommen, alles und immer gebunden an den Bedingungen des Entstehens und damit an der Evolution dieser Bedingungen.

Niemand muß davon überzeugt werden, daß die Quellen des Denkens sehr verschieden sein können, die man für eine Theorie der Entwicklung heranzieht und auch nicht davon, wie unterschiedlich die Folgen einer solchen Theorie interpretiert werden können. Es ist ein Ausdruck schon erwähnter Widersprüche, daß sehr unterschiedliche Ebenen und Zusammenhänge angesprochen werden, wenn Evolutionäre Erkenntnistheorie zur Diskussion steht.

Ich möchte einige der Herausforderungen, über die bisherigen Bemerkungen hinausgehend, nennen, die die Evolutionäre Erkenntnistheorie ausgelöst, verstärkt oder unterstützt hat.

Evolutionäre Erkenntnistheorie und biologische Evolutionstheorie

Es gilt das Verhältnis von Evolutionärer Erkenntnistheorie und biologischer Evolutionstheorie zu beachten. Es läßt sich nicht übersehen, daß die Evolutionäre Erkenntnistheorie eine unmittelbare Nähe zur Biologie aufweist. Eine Tatsache, die jede Kritik an ihr beachten sollte. Die Evolutionäre Erkenntnistheorie verdankt diesem Entstehungszusammenhang letztlich auch ihr Durchsetzungsvermögen. Als Theorie der Systembedingungen der Evolution, die auf die Evolution menschlichen Erkennens und Denkens ausgedehnt wurde, berührt sie die Frage nach Vollständigkeit biologischer Erkenntnistheorien, insbesondere der synthetischen Theorie der Evolution. Die natürliche Entstehung des Menschen muß niemand mehr erklären wollen, aber zu erklären bleibt, wie menschliches Denken, in seiner Begrenztheit wie Unbegrenztheit, entstehen konnte. Die biologische Erklärung geht bis an die Grenze der Psychologie, geht zum Teil in sie über und die Psychologie wird zunehmend eine Evolutionstheorie. Nicht die Entwicklungspsychologie ist gemeint, nein, vielmehr, Psychologie überhaupt wird eine Evolutionstheorie, die unter sich alle traditionellen psychologischen Disziplinen subsumiert, was neue Orientierungen einschließt. Die Evolutionäre Erkenntnistheorie ist somit auch ein Produkt der immer konsequenteren Anwendung entwicklungstheoretischer Orientierung auf die Biologie selbst. Welche neuen Dimensionen der biologischen Evolutionstheorie sie im Verein mit anderen Ansätzen (F. GUTMANN, Interne Selektion) eröffnet, wird primär eine Angelegenheit der Biologen sein, die Interpretation der Folgen aber den Blick für immer neue Forschungsgegenstände eröffnen.

Evolutionäre Erkenntnistheorie als heuristisches Prinzip

Daraus ergibt sich, daß Evolutionäre Erkenntnistheorie als heuristisches Prinzip verstanden werden kann. Die Evolutionäre Erkenntnistheorie kann einen erheblichen Einfluß auf die Entwicklung anderer Wissenschaften ausüben, wenn sie ernst genommen wird, d.h. die evolutionistischen Herausforderungen auf sich entwickelnde biotische und soziale Systeme angewandt werden. Dies setzt nicht die generelle Zustimmung zu allen Ansprüchen der evolutionären Erkenntnistheoretiker voraus, aber die Anerkennung des Versuchs, evolutionstheoretisch die Zusammenhänge von biologischer, sozialer und kultureller Evolution zu erklären. Denn wie auch immer die Grenzen zwischen Naturwissenschaft und den Gesellschaftswissenschaften oder Geisteswissenschaften gezogen werden, sie können erfolgreich nur durch einen evolutionistischen Ansatz überwunden bzw. relativiert werden. Sicher wird dieser Weg noch viel Mühsal mit sich bringen, zahlreiche weltanschauliche Barrieren gilt es hinwegzuräumen.

Evolutionäre Erkenntnistheorie ist selbst das Produkt interdisziplinären Denkens (was nicht ausschließt, daß jede betroffene Disziplin dies zurückweist), aber viel wichtiger ist doch wohl, daß sie auf das Zusammenwirken der Disziplinen zurückwirkt. Die Biologie selbst hat die Grenzen der Disziplinarität überdeutlich gezeigt. Schlagworte, die den aufklärerischen Optimismus anzeigen, wie Hirnmanipulation, ewiges Leben, Gentechnologie u.a. sind in ihrem Inhaltsumfang längst keine nur biologischen mehr (RIEDL, 1982).

Die Evolution umfassender Systeme und Objekte wird nicht durch die einzelnen Möglichkeiten, die die Wissenschaft beschreibt, charakterisiert, sondern durch umfassende Theorien, die die Kenntnis der einzelnen Möglichkeiten einschließt. Ich rede nicht einer allgemeinen Theorie das Wort, die disziplinäre Forschung ersetzen könnte, sondern einer solchen, die disziplinäre Forschung zu synthetisieren, die motivierend und orientierend, die menschliche, humane Ansprüche umfassend zu berücksichtigen vermag.

Damit ist nicht nur die Interdisziplinarität, sondern das Verhältnis von Einzelwissenschaft und Philosophie angesprochen. Auf dieses Verhältnis zielt aber auch die Evolutionäre Erkenntnistheorie, bzw. zielen ihre Vertreter mit zum Teil recht unterschiedlichen Intensionen.

Die heuristische Funktion der Evolutionären Erkenntnistheorie geht auch in die Details. Ein Beispiel dafür sind die Bemerkungen von R. RIEDL zur Zeit. Leben ist auch Reaktion auf und in der Zeit. Ist es nicht verwunderlich, daß wir der Zeit, den Phasen, den Stadien, dem Ablauf bis in die jüngste Vergangenheit so wenig Aufmerksamkeit geschenkt haben. Zwar hat sich in den letzten Jahren viel geändert, ein Stichwort dafür ist die Theorie der Selbstorganisation. Die Evolutionäre Erkenntnistheorie führt weiter, indem sie bereits zwischen einzelwissenschaftlichen Erfordernissen und allgemeinen Konzeptionen vermittelt. Sie vermag einen hervorragenden Beitrag zur Herausbildung einer allgemeinen Theorie der Zeit zu leisten, indem sie insbesondere die vielfältigen Beziehungen zwischen Komplexität und Zeit erschließen hilft.

Evolutionäre Erkenntnistheorie und Humanontogenese

Die Evolutionäre Erkenntnistheorie ist sowohl theoretische Voraussetzung als auch Quelle für eine umfassende Theorie der Ontogenese des Menschen. In Abgrenzung von dem in der Biologie üblichen Begriff der Ontogenese möchte ich von der Humanontogenese sprechen, um damit anzudeuten, daß es um eine Theorie geht, die die Entwicklung des Menschen von der Befruchtung der Eizelle über die ganze pränatale und postnatale Entwicklung über das Alter bis zum Tode zu ihrem Gegenstand hat. Eine solche Sichtweise, die die zeitliche Dimension in ihrer Ganzheit unterstellt, hat eine fundamentale Voraussetzung, nämlich die Bachtung der Komplexität. Um diese Voraussetzung hervorzuheben, sprechen wir von der biopsychosozialen Einheit Mensch. Dieser Begriff soll darauf aufmerksam machen, daß die zeitliche Dimension der Humanontogenese nicht durch ein bloßes summarisches Zusammenfügen der Erkenntnisse tradierter Wissenschaften erschlossen werden kann. Insofern enthält der Begriff »Biopsychosoziale Einheit Mensch« selbst den Widerspruch, einerseits einen neuen Begriff für eine reale Komplexität zu finden, die als Gegenstand wissenschaftliche Erkenntnis in den Blickpunkt gerückt werden soll, andererseits aber Begriffe zu unterstellen, die verschiedene Aspekte zum Gegenstand haben. Dieser Widerspruch kann aber nicht umgangen werden, auf ihn gilt es immer wieder aufmerksam zu machen. Wir versuchen durch ein umfassendes interdisziplinäres Projekt »Biopsychosoziale Einheit Mensch - Struktur und Prozeß der Humanontogenese« einen Beitrag zu leisten. Die Evolutionäre Erkenntnistheorie sollte zunehmend auch auf die Humanontogenese angewandt werden - eben konsequent als Theorie der Systembedingungen, als Theorie des Werdens und Vergehens von Bedingungen menschlicher Existenz in der ganzen Humanontogenese.

Evolutionäre Erkenntnistheorie und Philosophie

Die Herausforderung bezieht sich auf das Verhältnis der Evolutionären Erkenntnistheorie zu den tradierten philosophischen Theorien über die Erkenntnis.

Diese Herausforderung hat - wie die anderen auch- eine Vielzahl von Dimensionen. Zunächst aber möchte ich festhalten, daß ich sie bewußt nicht an die erste Stelle gesetzt habe. Die Diskussion führte an den wirklichen Ansprüchen vorbei, wenn sie sich primär auf diese Herausforderung beschränken würde. Viele Kontroversen werden sich überdies durch die Wirkung der bereits genannten Herausforderungen erledigen. Es wird sich zeigen, worauf sich Evolutionäre Erkenntnistheorie wirklich bezieht. G. VOLLMER hat hier bereits gezeigt, welche großen Differenzen es in den Auffassungen von POPPER einerseits und den evolutionären Erkenntnistheoretikern (RIEDL, OESER, LORENZ, WUKETITS, VOLLMER) andererseits gibt. Mir scheint ohnehin, daß diese gelegentlich beschworene Verbindung, etwa zwischen K. POPPER und K. LORENZ, die Kritiker vom Wesen der Evolutionären Erkenntnistheorie ablenkt. Der Gegenstand der Evolutionären Erkenntnistheorie verbindet gelegentlich philosophische Fragestellungen mit solchen, die durch die Sicht auf völlig neue Gegenstände entstanden sind. Sie ist mehr eine Verbindung von Philosophie, Biologie, Psychologie und Kulturtheorien, gerichtet auf einen Gegenstand, der nicht tradiert ist, wenn auch Orientierungen auf diesen Gegenstand nicht nur von den evolutionären Erkenntnistheoretikern kommen. Es ließen sich eine nicht unbedeutende Anzahl von ähnlichen Ansätzen nennen, darunter viele von marxistisch orientierten Denkern.

Die evolutionären Erkenntnistheoretiker haben natürlich bewußt wie unbewußt provoziert, da es *die* Wissenschaft über den Gegenstand des Werdens und Vergehens von Systembedingungen des menschlichen Erkennens (und Handelns), gleichermaßen auf Phylogenese und Ontogenese beziehbar, nicht gibt, werden tradierte Wissenschaften herausgefordert. Die Stellungnahme zu dieser Herausforderung liegt aber doch wohl mehr in der Diskussion der bereits genannten Herausforderungen. Die Zukunft wird zeigen, wie sich die Evolutionäre Erkenntnistheorie in das Ensemble der Wissenschaften einordnet.

Evolutionäre Erkenntnistheorie und menschliche Existenz

Die Evolutionäre Erkenntnistheorie ist als Herausforderung zur Bewältigung der grundlegenden Menschheitsprobleme zu verstehen.

Wie auch immer die Position zu ihren einzelnen Theoremen, zu ihren Voraussetzungen und zu den Ansprüchen ihrer Vertreter sein mag, der weltanschauliche Anspruch ist auf die Möglichkeit menschlicher Existenz gerichtet. Der Mensch muß sich zunehmend selbst erkennen, was heißt, er muß nicht nur die Systembedingung seines Erkenntnisapparates, sondern auch alle anderen Bedingungen seiner Existenz, neben den biotischen die kulturellen und sozialen erkennen und verändern lernen. Existenz des Menschen heißt Entwicklung der Existenzbedingungen der Menschen und damit des Menschen selbst. Darüber, wie diese Entwicklung der menschlichen Existenzbedingungen, eingeschlossen auch der sozialen vor sich gehen wird und sollte, welche Forderungen für das Handeln der Menschen sich daraus ergeben, gibt es zwischen Marxisten und den evolutionären Erkenntnistheoretikern verschiedene Auffassungen. Nicht aber darüber, daß Evolution und Humanismus sich zunehmend wechselseitig bedingende Begriffe werden.

K. LORENZ geht auf den ersten Seiten seines Buches »Der Abbau des Menschlichen« von der wohl allgemein akzeptierten Erkenntnis aus, daß der Mensch im höchsten Maße bedroht ist, um am Ende die Hoffnung auszudrücken, daß dem Abbau des Menschlichen Einhalt geboten werden könne. Ich schließe mich einer solchen Aussage nicht nur an, sondern hoffe auf gemeinsames Handeln. Recht häufig werden anschauliche Bilder entworfen, die die Länge der biologischen Vergangenheit mit über drei Milliarden Jahren einem Kalenderjahr gleichsetzen. Die Entwicklung des Menschen macht nur wenige Stunden aus und die kulturelle wohl nur Minuten. Bleiben wir in diesem Bild, dann ist das Jahr nicht das Ende biologischer Evolution. Aber die letzten Sekunden des Jahres sollten der Besinnung und der guten Vorsätze für das nächste gelten. Vorsätze allein werden uns nicht helfen, aber sie vermögen motivierend und orientierend zu wirken. In diesem Sinne sollten die »Wiener« evolutionären Erkenntnistheoretiker dem Buch von K. LORENZ »Der Abbau des Menschlichen« den zweiten Band »Der Aufbau des Menschlichen« folgen lassen.

Diese Herausforderungen, auf die wir kurz, allzu kurz, eingegangen sind, konnten zeigen, daß die Evolutionäre Erkenntnistheorie nicht eine unter vielen Theorien gegenwärtiger Wissenschaftsentwicklung ist, sondern selbst eine komplexe Herausforderung an die Wissenschaftlergemeinschaft der Gegenwart ist. Sie ist dies, weil sie sich unschwer mit vielen Theorien verbinden läßt, die unabhängig und außerhalb der Denktradition der Evolutionären Erkenntnistheorie entstanden sind. Ihre Stärke ist in ihrer Quelle zu sehen, d. h. in der einzelwissenschaftlich begründeten Entwicklungskonzeption, ihre Schwäche ergibt sich gleichsam aus der Vielzahl der Folgerungen, die so mancher gern einzuschränken versucht. Ihr Anspruch ergibt sich nicht aus den persönlichen Ansprüchen ihrer Vertreter, diese werden, so notwendig sie für die Entwicklung einer Theorie auch sind, ohnehin in der Geschichte zurücktreten, sondern vielmehr aus den Erfordernissen gegenwärtiger Wissenschaftsentwicklung und der Notwendigkeit ihrer Bewältigung in der heutigen Gesellschaft. Ihr Schicksal aber hängt nicht unwesentlich davon ab, wie sie sich mit den weltanschaulichen Ansprüchen auseinanderzusetzen vermag, die sie selbst formuliert und provoziert hat.

Literatur

GUTMANN, W. F., & K. BONIK (1981): Kritische Evolutionstheorie. Hildesheim: Gerstenberg.

HÖRZ, H., & K.- F. WESSEL (1983): Philosophische Entwicklungstheorie. Berlin.: VEB Deutscher Verlag der Wissenschaften.

LORENZ, K. (1983): Der Abbau des Menschlichen. München-Zürich: Piper.

RIEDL, R. (1982): Evolution und Erkenntnis. München-Zürich: Piper.

3. Teil: Perspektiven

Evolutionäre Erkenntnistheorie und Spieltheorie

WERNER LEINFELLNER

Einige philosophische Grundlagenprobleme (der Evolutionären Erkenntnistheorie)

In den ersten Kapiteln soll die Frage diskutiert werden, ob die Entstehung des Universums tatsächlich eine kosmische und globale Evolution ist, die mit den gleichen, spieltheoretischen Methoden, Modellen und Begriffen theoretisch erfaßt werden kann, wie die biologische Evolution. In den nächsten Kapiteln soll das vielleicht wichtigste und umstrittenste Problem der Evolutionären Erkenntnistheorie behandelt werden, die Frage, die WUKETITS (1983), VOLLMER (1975), RIEDL (1981), MOHR (1977) und LORENZ (1973), um nur einige evolutionäre Erkenntnistheoretiker zu nennen, als das Kernstück der Evolutionären Erkenntnistheorie ansehen, nämlich: *Kann man die menschlichen Erkenntnisleistungen, Denken und Bewußsein wirklich als Produkte der Evolution ausweisen?*

Diese These wird heute oft auch als das »anthropische Prinzip der kosmischen Evolution« genannt. Sie hat eine heuristische Bedeutung für die zukünftige Wissenschaftsdynamik, die man kurz folgendermaßen formulieren kann: Erkenntnistheorie kann sich nur dann »evolutionär« nennen, wenn die Erkenntnis selbst evolutionär ist. Das wiederum involviert, daß die Evolutionäre Erkenntnistheorie zumindest in langer Hinsicht wie in der biologischen Evolution die Optimierung der Überlebenschancen von Kulturen in ihren Ökosystemen anstrebt. Dies ist im wesentlichen die Lektion, die wir aus der biologischen Evolution lernen können, und diese Lektion weiter fortzusetzen ist das ethische Programm der Evolutionären Erkenntnistheorie, wie aus dem Wiener Symposium (1986) klar hervorging.

Hat man diese Grundmaxime, die Überlebensoptimierung, angenommen, dann ist die Evolutionäre Erkenntnistheorie nicht mehr wertfrei, sondern sollte ein regulierter, normativer Wissenschafts- und Erkenntnisprozeß werden. Es sollte daher kein Zweifel bestehen, welche Größe nun optimiert wird. Es ist richtig, daß ein beträchtlicher Teil der Erkenntnis und des Wissens aller Kulturen ein kontinuierlicher Lernprozeß ist, wie WUKETITS (1985), RIEDL (1981), LORENZ (1973) und VOLLMER (1975) dies ausdrückten, aber nur, wenn die Erfahrungssammlung und die Ausnützung der historischen Erfahrung in langer Hinsicht unter der Maxime und dem Leitstern der Überlebensoptimierung stehen.

Leider kann man dies heute nicht von unserem ganzen Wissen und unserer Technologie behaupten. Wir werden daher Wissen von Intelligenz unterscheiden und nur das zur Intelligenz zählen, was das Überleben der Gesellschaft trotz störender Umwelteinflüsse optimiert. Daher müßte die Evolutionäre Erkenntnistheorie sozusagen normativ das fortsetzen, was sich in der biologischen Evolution und der Evolution der Intelligenz schon immer ergeben hat. Das ist vielleicht der größte Unterschied zwischen traditioneller und Evolutionärer Erkenntnistheorie. Die Frage aber ist; kann sie wirklich das auf ethisch-normativem Wege erreichen, was eigentlich kollektiv-demokratisch entschieden werden sollte?

Spieltheoretische Interpretation der physikalisch-chemischen Evolution

In diesem Beitrag soll auf neuere Arbeiten eingegangen werden, die die Entstehung des Universums als kosmische (physikalisch-chemische) Evolution betrachten (EIGEN & SCHUSTER, 1979)· Es ist besonders die Theorie der dynamischen differentiellen Spiele, die eigentlich die Theorie der evolutionären Prozesse heißen sollte, weil sie die Begriffe, Methoden und Modelle schuf, um evolutionäre Prozesse, sei es in der Physik, Chemie, Biologie oder in den Gesellschaftswissenschaften, zu verstehen und auch zu berechnen.Sie half uns zu verstehen, warum die biologische und die Evolution der Intelligenz ein und derselbe evolutionäre Prozeß sind und warum die physikalisch-chemische Geschichte des Universums ebenfalls ein evolutionärer Prozeß ist, dem wir sogar verdanken, daß wir hier sind.

Paradigmatisch sind Spiele Entscheidungs- und Trennunsgverfahren, bei denen aus einer gewissen, durch Regeln beschränkten (zugelassenen) Anzahl von Alternativen ausgewählt wird. Alternativen können Handlungen, Situationen, Dinge, Verhalten und Strategien (Folgen von Handlungen, analog zu den Zügen in einem Spiel) sein. Gegensätzliche Alternativen sind Konflikte, und die Spieltheorie zeigt, wie man solche Konflikte beendet oder löst. Genauer gesagt:

Sie ist eine Nachkonstruktion von automatisch vor sich gehenden Konfliktlösungen. Das Beenden eines Konflikts wird durch Bewerten der Alternativen eingeleitet, mit nachfolgender Wahl der bestmöglichen Alternative. Ganz allgemein gilt in der Spieltheorie, daß eine Konfliktlösung eine Stabilisierung gesellschaftlichen Verhaltens ist, die nur innerhalb eines Spielrahmens, der sozusagen als Umgebung dient, die Lösung von Konflikten oder Problemen finden kann.

Die nächste Frage ist nun, ob man diese Theorie auf die physikalische und chemische Entwicklung des Kosmos anwenden und damit erweisen kann, daß die Entstehung des Kosmos, oder wenigstens unserer kosmischen Insel, auf der wir wohnen, durch Evolution entstanden ist (*siehe Tab. 1*).

Konfliktlösungen können nun als Anwendung eines allgemeinen Prinzips, des Stabilitäts- oder Invarianzprinzips, angesehen werden, das die Berechnung evolutionär stabiler Zustände oder der Evolutionspfade erlaubt. Es besagt, daß optimale Lösungen eine gewisse Stabilität für alle Beteiligten haben. So zeichnen sich überlebende Lebensformen, z. B. Arten, aber auch relativ beständige physikalische Systeme (Atome, Moleküle), durch eine relative Stabilität ihrer Struktur, immer relativ zu ihrem Umgebungssystem, aus.

Philosophen haben diese invarianten Strukturen seit ARISTOTELES »Substanzen« genannt. Der Invarianz kommt in der Spieltheorie empirisch und theoretisch dieselbe Rolle zu. In der statischen Spieltheorie ist es die Berechnung von Gleichgewichten, Sattelpunkten, in der dynamischen, die evolutionäre Prozesse behandelt, ist es die Fixpunktanalyse, die zur Berechnung der Evolutionspfade, d. h. der Gleichgewichte einer Reihe von Spielen dient. Es ist wichtig festzuhalten, daß nur Reihen in bestimmter Weise zusammenhängender Spiele evolutionäre Prozesse sind. Die Invarianz ist pseudostabil, ihre stabilen Zustände sind nur relativ invariant: Große Störungen aus der Umgebung, Zufallseinwirkungen brechen Invarianzen oder Symmetrien, wie sie in der Kosmologie heißen, auf.

Wie eben in einer Serie von Spielen durch Regeländerungen etc. auf ein Spiel das nächste folgt, so organisieren sich unter geänderten Umweltbedingungen neue »evolutionär stabile« Zustände und Systeme höherer Ordnung und Komplexität. Stabil heißt z. B., dem Zerfall zu entgehen, ist In-Kauf-Nehmen des Risikos, Verluste zu erleiden oder verletzt zu werden, kurz, ist ein Minimierungsprozeß. Invarianz ist ein so allgemeiner Begriff, daß er auch z. B. relativ stabile Atome, Nukleonen wie auch das Proton, chemische Verbindungen, die nicht gleich zerfallen, umfaßt, aber auch in der Biologie

Tabelle 1: Evolution des Kosmos

1	2	3	4	5	6
Planck Zeit 0–10^{-43} Sec.	**Protomaterie Aera** 10^{-43}–10^{-33} Sec.	**Elektroschwache A.** 10^{-33}–10^{-10} Sec.	**Quark Aera** 10^{-10}–10^{-5} Sec.	**Nukleonen Aera** 10^{-5}–10^{-3} Sec.	**Es werde Licht-Aera** 10^{-3}–30 Min.
t 〉 10^{32} °C	10^{28} °C	10^{14} °C	10^{12} °C	10^{9} °C	10^{6} °C
Ein Superpartikel (Masse 16 GeV) im thermodynamischen Boson ⇌ Fermiion Gleichgewicht	Quarks, Antiquarks, Leptonen, Neutrinos X-Teilchen, Gluonen mit Quarküberschuß über Antiquarks im thermodynamischen Gleichgewicht	(siehe 2)	Freie Quarks sterben aus durch Nukleonenbildung	Bildung von 25% Neutronen 75% Protonen Vernichtung von Elektronen Positronen Paaren	Lichtdurchdringung des Universums Entkopplung der Neutrinos
Eine einzige Urkraft gemäß der GUT	Zwei Urkräfte: Gravitation, Starkschwache Elektrokraft	3 Urkräfte: Gravitation, starke und elektroschwache K.	4 Kräfte: Gravitation, starke, schwache elektromagn. Kräfte		

Zeitlicher Verlauf der Evolution des Kosmos →

Stabilisierung (Ausfrieren der Gravitationskraft) – Stabilisierung (Ausfrieren der starken Kraft) – Stabilisierung der schwachen Kraft – Ausfrieren (Stabilisierung der Quarks in Nukleonen) – Stabilisierung Einfangen) der Elektronen – Helium-Wasserstoff Stabilisierung

Zukunft (11) — **Gegenwart** ← **Zeitlicher Verlauf der Evolution** ←

Geschlossenes Oszillierendes Universum
Wenn Massendichte 10^{-29} g/cm³: nach 10^{12}-Jahren Kollaps des Universums in einem immer heißer werdenden Zerfall, Zurückkehr zum Anfangspunkt 0 und Planck Zeit.

o d e r

Offenes Universum
Wenn Massendichte 10^{-29} g/cm³: Protonensterben nach 10^{31} Jahren Verdampfen der Zwergsterne nach 10^{40} Jahren und der schwarzen Löcher nach 10^{100} Jahren. Ende: immer kälter werdendes mit elektromagnetischer Strahlung (Energie erfülltes Universum)

10	9	8	7
Aera der zweiten Sterngeneration Beginn des Lebens	10^{9}–20.10^{9} Jahre: Aera der schweren Atome	Aera der ersten Sterngeneration 10^{6}–10^{9} Jahre	Wasserstoff-Helium-Aera 30 Min.-5.10^{6} Jahre
Neutronensterne Pulsare, Quasars, Schwarze Löcher	Supernovaformation von Sternen 〉 3.5 Sonnenmasse	Erzeugung durch Fusion (Ausbrennen im Sterninnern der Atome Lithium bis Eisen Galaxienformation Kosmischer Abfall: schwarze Zwergsterne.	Erzeugung von 77% Wasserstoff und 23% Helium, die das Universum erfüllen
Aus interstellarer Materie, enthaltend alle Atome Formierung der 2. Sternengeneration (Planeten. Erde) Leben: 17.10^{9} J.	Novaformationen von Sternen 1.5–3.5 Sonnenmasse		
Kosmischer Abfall schwarze Zwerge			

verwendet wird, wenn lebendige Systeme sich gegen Mutanten oder Zufalls- und Umweltstörungen erfolgreich verteidigen und dadurch ihre Überlebenschancen vermehren. Die Invarianz oder evolutionäre Stabilität ist ein typischer globaler Begriff der Theorie dynamischer Spiele. Die Invarianz, das Gleichgewicht, die Symmetrie oder die Stabilität in einer Serie von Spielen ist aber ein relativer gleitender Begriff, denn unter Umständen baut er sich in einem Spiel (Phase der Evolution) auf und bricht im nächsten wieder zusammen, um sich dann wieder aufzubauen.

Sie kann aber auch beachtlich stabil sein, wie z. B. beim Proton mit einer Lebensdauer von 10^{31} Jahren. Relativ stabile, invariante Produkte, seien es nun Nukleonen, Atome, Moleküle oder Lebewesen, sind die Produkte der kosmischen Evolution, deren Theorien, wie z. B. die Quarkphysik, die Quantenphysik, die Chemie und Biologie heute zu der neuen gigantischen Theorie der kosmischen Evolution gehören. Es ist die Theorie, die die »Selbstorganisation« von physikalisch-chemischen Systemen unserer Um- und Lebenswelt aus dem »quantenphysikalischen Chaos« nach EIGEN & WINKLER (1975), WEINBERG (1977), TREFIL (1983), DAVIES (1981), FRITZSCH (1983) u. a., durch die physikalisch-chemische Evolution erklären.

Diese neue gigantische Theorie der physikalisch-chemischen Evolution ist damit die neue Kosmologie des einundzwanzigsten Jahrhunderts geworden. Sie ist ein evolutionärer, in Phasen (Aeras) erfolgender zeitlicher Stabilisierungs-Prozeß oder die Selbstorganisation von invarianten Systemen und Doppelsystemen:

Umgebungssystem (E) - System (S).

Die Analogie zum Spiel, wo Gewinnen Einpendeln eines stabilen, invarianten Verhaltens ist, ist eindeutig. Wenn man herausgefunden hat, wie man ein Spiel gewinnt, dann hat man ein invariantes optimales Gewinn-Verhalten erfunden, und man wird bei diesem Verhalten bleiben, solange nicht der Spielrahmen, z. B. die Regeln, geändert werden.

Zwischen dem gesellschaftlichen und dem physikalisch-chemischen Spiel gibt es natürlich Unterschiede. Das soziale Spiel mit seinen Regeln läßt uns die Entscheidungsfreiheit, zu gewinnen oder zu verlieren, offen. Die Selbstorganisation des Lebens und die physikalisch-chemische Evolution besitzen aber rigorosere Regeln, die Naturgesetze, die man »primäre oder unveränderliche Regeln« nennen kann. Die primären Regeln und die Naturkonstanten stellen sozusagen die Weichen für die künftige Evolution. Aber auch hier gibt es Spielräume des Reagierens, Verhaltens, wie die HEISENBERGsche Unsicherheits-Relation: Gewinn bedeutet biologisch Überleben, chemisch-physikalisch Optimierung der Stabilität (Ordnung); Verlieren bedeutet Aussterben, Zerfall unstabiler Verbindungen.

So sind während der biologischen Evolution über 90 % aller Arten ausgestorben und die physikalische GUT-Theorie spricht von dem Aussterben der freien Quarks, als sich die Umweltbedingungen drastisch zu ihren Ungunsten änderten (LEINFELLNER, 1984). Die Theorie der dynamischen differentiellen Spiele besitzt den großen Vorteil, den mathematischen Apparat zu besitzen, auf dem anderswo bereits eingegangen wurde (LEINFELLNER, 1984) und der erlaubt, die Evolution nicht mehr aus den speziellen Fällen der biologischen Evolution oder gar aus dem Darwinismus selbst herzuleiten, sondern die Trajekte oder Evolutionsbahnen mathematisch zu berechnen; der mathematische Apparat gestattet, in bestimmten Fällen Evolutionsprozesse auch in Computern durchzuspielen. Anstelle der mathematischen Rekonstruktion in meinen Veröffentlichungen in den Jahren 1984 und 1986 soll hier ein allgemeines spieltheoretisches kausales Modell der Evolution beschrieben werden.

Eine spieltheoretisch-statistische Version der Kausalität (oder die kausalen Grundlagen evolutionärer Prozesse)

Durch die Theorie der dynamischen Spiele begann eine Wende im Evolutionsdenken. Diese wurde durch die revolutionären Änderungen des klassischen Kausalbegriffs, durch den Panholismus des BELLschen Theorems, nach dem das ganze Universum ein zusammenhängendes Kausalfeld ist, noch wesentlich verstärkt. Man muß, wie schon erwähnt, unter »physikalisch-chemischen«, dynamisch differentiellen Spielen immer nur Serien von Prozessen, deren Regeln nun die statistisch-kausalen Naturgesetze sind, und die zeitlich, kausal voneinander abhängen, verstehen, die die Satbilität von Systemen erhöhen. Auch ist es notwendig, die klassische Kausalität durch eine statistisch-partielle zu ersetzen, wie dies bei LEINFELLNER 1983 im Detail beschrieben wurde. Man kann dies als die Entanthropomorphisierung der dynamischen differentiellen Spiele bezeichnen.

Mit der kausalen Interpretation erhalten wir nun eine »kausale Spieltheorie«, die die Invarianz und Stabilität relativ stabiler kausaler Systeme (Netzwerke vom Ursache-Wirkungsschema) in den weniger stabilen, zugrundeliegenden kausalen Umgebungsfeldern theoretisch erklären soll. »Weniger kausal stabil« heißt: Mehr den Zufallseinwirkungen ausgesetzt, ungeordneter. Relative, kausal-stabile Systeme sind optimal eingespielte Kausalalternativen oder -netze und können als finite kausale Graphen, deren Knoten Ereignisse (Partial-Ursachen) und deren Kanten Partialwirkungen sind, theoretisch erfaßt werden.

Diese finiten kausalen Graphen haben dieselbe Struktur wie die Gewinnstrategien in den Spielbäumen (finite Graphen) der Spieltheorie. Sie sind theoretische Repräsentationen von immer in der gleichen Art und Weise sich wiederholenden Kausalzusammenhängen. Relativ stabile physikalische oder chemische Systeme, wie Atome, Moleküle, sind dann optimale, stabile Kausalstrukturen, bestimmt durch die Naturgesetze (allgemeine Regeln) und die jeweiligen Umweltbedingungen. Stabil heißt praktisch: Immer in derselben Art und Weise wiederkehrende dynamische Kausalstrukturen bzw. Abläufe. Sie sind das Ergebnis des Einspielens oder der Selbstorganisation von invariant werdenden statistischen Kausalstrukturen oder Kausalnetzen in Systemen oder zwischen ihnen, deren Anfangsbedingungen seit dem Urknall gegeben sind.

Invariant heißt hier, daß ein dynamischer Ablauf eines kausalen Geschehens stabil geworden ist, natürlich in einem bestimmten Umgebungs- oder Ökosystem. Das relativ invariante Umgebungs- oder Ökosystem (der invariante Spielrahmen) ersetzt sozusagen, was man mehr oder minder vage die »ceteris paribus«-Bedingung nennt, oder den Spielrahmen in der Spieltheorie.

Selbstorganisierung oder Evolution heißt dann, daß bestimmte chaotische, mehr oder minder ungeordnete (entropische) Kausalnetze von partiellen Kausalursachen und Wirkungen in geordnete (negentropische) Kausalnetze übergehen. Sie nehmen dadurch, nach PRIGOGINE (1982), eine höhere Ordnung an, obwohl ihr Umgebungssystem Ordnung verlieren kann.

Man kann die physikalisch-chemische Evolution als das Sich-Einpendeln invarianter Kausalnetze mit dem Erlernen gleichbleibender, invarianter Überlebens- und Gewinnstrategien bei Spielen vergleichen, vorausgesetzt, daß der durch die Regeln festgelegte Spielrahmen E immer der gleiche bleibt. Evolutionär stabile Kausalnetze können sich daher nur entwickeln, wenn stationäre Umgebungs- oder Ökosysteme bereits vorhanden sind. Diese aber können durch Zufall, wie z. B. durch »Inflation« (TREFIL, 1983) entstehen. Noch einmal, »invariant« heißt nur »eine gewisse Zeitperiode stabil, wenn sich das Umgebungssystem nicht wesentlich ändert«.

Die dynamische Struktur eines Kausalnetzes in Systemen, wie Atome, Moleküle und zwischen ihnen, z. B. zwischen Molekülen, wird also nur relativ oder statistisch invariant, unter dem steuernden Einfluß von aus dem Urknall entstandenen Naturkonstanten und Urregeln (den Naturgesetzen), die gewisse Kausalverknüpfungen, gegen ein invariantes Ökosystem, »invariant machen«, andere aber ungeordneter, »weniger kausal« lassen.

Interessanterweise kann man heute Phasen der Evolution, wie Spiele wiederholen und z. B. instabil gewordene, ausgestorbene Mikropartikel, »zum Leben wiedererwecken« und sozusagen Schöpfung spielen. Z. B. wenn in den Riesenbeschleunigern, die treffend auch Generationsmaschinen genannt werden, die extremen Verhältnisse der Ökosysteme, unter denen einstmals »längst ausgestorbene« Mikropartikel existierten, experimentell-künstlich wieder erzeugt werden. Dann treten diese wiederum, wie durch Magie, in das Licht der Wirklichkeit.

Die moderne Kosmologie erklärt auch den Beginn des Urknalls und die Schaffung der Naturkonstanten und Gesetze als plötzlichen Symmetrie- oder Invarianzbruch des von »Ur« her im chaotischen Gleichgewicht stehenden Quantenvakuums, eines von einer einzigen Kraft chaotisch bewegten Kausalfeldes. Dieser abrupte, zufällige Bruch erzeugte vorweltliche Umgebungssysteme, E, relativ höherer Ordnung, z. B. Kraftfelder der vier Kräfte, die sich aus dem chaotischen Urkausalfeld absonderten, sowie vorweltliche Systeme, S, wie Quarks, Elementarteilchen etc.

Der Zerfall in jeder Aera in Umgebunssysteme (E) und Systeme (S) wurde durch Zufallsstörungen (Z) aus dem dem Kosmos zugrundeliegenden und ihn holistisch zusammenhaltenden Kausalfeld bewirkt und störte das jeweilige thermodynamische, energetische Gleichgewicht immer wieder. Der Vergleich dieser Phasen (*siehe Tab. 1*) mit einer Serie von immer wieder gestörten Spielen ist theoretisch äußerst fruchtbar. Erzeugte der erste Bruch in der PLANCK-Zeit, die nur 10^{-43} Sekunden dauerte, das raumzeitliche Proto-Umgebungssystem, so traten später in der inflationären Phase die ersten invarianten Naturgesetze, die Urregeln oder »Weichen« für die spätere Evolution auf.

Naturgesetze sind die Urregeln des Weltspiels, die »zulässige«, d. h. gesetzesartige Kausalfolgen von »unzulässigen« chaotisch kausalen Ereignis-Folgen abtrennten. Ist die Existenz von elementaren Naturgesetzen (den Urregeln) gegeben, dann folgen die dadurch bestimmten kausalen, optimalen Ereignisabläufe, z. B. die Expansion des Universums, die weiteren Symmetriebrüche und die physikalische Evolution von Systemen immer größerer Stabilität und Ordnung wie Züge in einer durch Regeln (Naturgesetze) festgelegten Serie von Spielen.

Wir dürfen nicht vergessen, daß hier immer Serien von Erzeugungen invarianter, statischer Kausalstrukturen und Abläufe vorliegen, in denen auch gewisse zusätzliche sekundäre Regeln eingreifen. Die »überlebenden« Endprodukte sind immer durch relative Stabilität charakterisiert. Vergleicht man dies mit dem Spiel, dann heißt Gewinnen auch hier Maximierung von Stabilität, Verlieren Instabilität oder Zerfall. Einfrieren der Quarks im Nukleonengefängnis, Formierung von Hadronen, Mesonen, Leptonen und später von den invarianten Strukturen der Atome und Sterne sind solche evolutionäre Prozesse. Waren die Urregeln (Naturgesetze) oder, wie die Biologen sagen würden, unter dem jeweiligen Selektionsdruck der damals herrschenden Ökosysteme, gegeben, bildeten sich evolutionär stabile, d. h. relativ stabile Strukturen. Die teilweise experimentelle Nachahmung in den Generationsmaschinen (Riesenbeschleunigern) von einstmals vorherrschenden Umeltbedingungen und Reaktionen, wie die Erzeugung von W- und Y-Partikeln (d. h. von energetischen Zuständen und Partikeln, die einst in der Quarkära - 10^{-10} bis 10^{-5} Sekunden nach dem Urknall - existierten), ist eine direkte Wiederholung der physikalischen Evolution im Experiment.

Faßt man nun diese Entwicklung von relativ stabilen oder evolutionär stabilen Strukturen formal zusammen, dann ist die physikalische Evolution der raumzeitliche, durch Urregeln (R), (Naturgesetze) bestimmte und durch Zufallseinwirkung (Z) oder Unsicherheit, kurz durch Störungen aus dem zugrundeliegenden Urkausalfeld, immer unterbrochene statistisch-kausale Ablauf (f) der Evolution und Entwicklung von immer stabileren geordneteren Systemen (S) und ihren Ökosystemen (E). Wir erhalten so die komplexe Funktion f $(S, E, Z)_R$, die ein relatives Gleichgewicht zwischen Systemen, Ökosystemen und dem Zufall (dem zugrundeliegenden Kausalfeld) erfaßt. Gemäß der Theorie dynamischer differentieller Spiele kann nun die Evolution durch die zeitabhängigen Trajekte der im Verlaufe der Zeit sich ändernden Systeme, dS/dt = S, beschrieben werden: dS/dt = f(S, E, Z). Die evolutionäre Entwicklung der Ökosysteme: dE/dt = E, wird durch die Funktion g beschrieben, wobei dE/dt = g $(S, E, Z)_R$ ist. Die evolutionär sich entwickelnden Systeme S, die Ökosysteme E und die Zufallsereignisse wirken partiell kausal aufeinander ein. Die Endprodukte dieser Iteration sind die relativ stabil (invariant) bleibenden Strukturen der Systeme im Gleichgewicht mit ihren weniger stabilen Ökosystemen.

Durch die Anwendung spieltheoretischer, mathematischer Begriffe auf die Kosmologie sieht man die physikalische und chemische Entwicklung als Evolution immer stabilerer Strukturen an. Z. B. kann man die relative Invarianz (Stabilität) von Atomstrukturen (z. B. der Oktettstrukturen), die ca. 30 Minuten nach dem Urknall entstanden sind und bis heute relativ stabil blieben, mit der evolutionären Stabilität von lebendigen Arten vergleichen.

Invarianz (Stabilität) ist in beiden Fällen nur ein relatives oder optimales Merkmal. Wären die unter Zufalls- und Ökosystemeinwirkung entstandenen Urregeln ein wenig anders ausgefallen, z. B. wären die starken Kräfte ein bißchen schwächer, dann wäre das Wasserstoffatom das einzig stabile Element geworden und kein anderes Element (Atom) hätte sich in den Kernen der Sterne der ersten Generation durch Fusion bilden können. Wären sie stärker ausgefallen, dann hätte sich ein merkwürdiger Atomkern, ein »Diproton« entwickelt und wäre evolutionär stabil geworden. Wäre die Gravitationskraft 10^{25} schwächer als die starken Kräfte geworden, dann würden die Lebensdauer eines Durchschnittssterns nur ein Jahr und die Masse des Universums nur 10^{12} der Sonnenmasse ausmachen. Mit HAWKING und CARTER kann man daher die kosmische Evolution rückblickend als die Urwiege des Lebens und der Intelligenz ansehen, was ebenfalls von vielen als das anthropische Prinzip der kosmischen Evolution angesehen wird.

Die chemische als Fortsetzung der physikalischen Evolution

Die nächste Phase der kosmischen Evolution ist die chemische. Die Polymerisation von immer komplexeren, unter bestimmten invarianten Umweltbedingungen (E) stabilen Molekülstrukturen erfolgt unter dem Einfluß der quantenphysikalischen Gesetze (Urregeln), gestört durch Zufallseinwirkung, wie z. B. durch Energiezufuhr, stille elektrische Entladungen, Weltraumstrahlung, was im MILLERschen Experiment nachgeahmt worden ist. In dieser Phase der chemischen Evolution wurden die einfachen Moleküle von Wasserstoff, Ammonium, Methan so angeregt, daß sie vor ca. 4,5 Milliarden Jahren auf unserem Planeten komplexere und unter den damaligen Umweltbedingungen stabil bleibende, invariante organische Makromoleküle von höherer Ordnung, wie Kohlehydrate, Fette, Peptide bildeten. Einige unter ihnen, die RNS oder Ribonukleotide, erwarben eine neue Form der Invarianz ihrer Struktur: Die Reproduktion ihrer Form. Diese waren nun »besser adaptiert«, in ihrer Ökowelt zu überleben, oder quantenchemisch gesprochen: Sie erwarben eine größere und bessere Stabilität und wurden evolutionär invariant oder stabil.

Überhaupt ist die chemische organische Synthese ein evolutionäres Überbleibsel. Wird heute z. B. ein neuer Stoff S^2 aus S^1 synthetisiert, dann ändert sich natürlich auch das Ökosystem von ES^1 zu ES^2 gemäß der spieltheoretischen Gleichung für die evolutionären Trajekte, denn: dS/dtS = f$(S, E, Z)_R$ und dE/dt = g$(S, E, Z)_R$. Die spieltheoretische Interpretation der chemischen Evolution als partielle, kausale Reaktionen betrachtet, z. B. Polymerisationen und die Synthesen von komplexeren Verbindungen, ergeben ein bestimmtes Ökosystem, analog zu den Spielen oder Teilphasen einer langen Serie von Spielen, die, retrospektiv gesehen, einen einzigen evolutionären Prozeß bilden. Die synthetische Chemie geht heute noch ähnlich vor; sie wird die Umweltbedingungen (z. B. Konzentration der Lösung der Ausgangsstoffe, Hitze, etc.) experimentell stabil halten oder auch planmäßig ändern, wobei ihre Vorschriften nun typische sekundäre Regeln oder Vorschriften sind.

Ihre niedergeschriebenen Vorschriften können wir etwa mit den Regeln für chemische Synthesen in der Zelle, die in den Genen kodiert oder »niedergeschrieben« sind, vergleichen. Eine typisch organische Synthese beginnt mit den Rohmaterialien (S^1) und endet mit dem Endprodukt (S^n) und leider auch mit den unerwünschten Zufalls- oder Nebenprodukten, den S^ks. Zweck einer Synthese ist es, die Ausbeute des Endprodukts (S^n) zu maximieren und die der Nebenprodukte zu minimieren. Alles wird von den Fähigkeiten des Chemikers, von seinen Kenntnissen der quantenchemischen Gesetze und den praktischen Vorsichtsmaßnahmen, die Zufallseinwirkungen (Unsicherheit) bei der Synthese gering zu halten, abhängen. Die Zufallseinwirkung zu minimieren heißt natürlich, den Spielrahmen oder das Ökosystem zu stabilisieren, invariant zu machen. Der Spielcharakter ist daher in der Natur und im Experiment der gleiche. Quantenphysikalisch d. h. von »Ur« her existiert im primären Regelcharakter der Naturgesetze der kausale »Zwang«, stabilere, molekulare Elektronenschalen zu formen, gegeben bestimmte günstige stabile Umweltbedingungen (Nischen).

Unter »Zwang« versteht man hier das gleiche wie das Fließen des Wassers im Schwerefeld von höheren zu niederen Niveaus. Man kann daher die chemische Evolution spieltheoretisch erklären und sie als eine Serie von hintereinander erfolgenden Synthesen ansehen, wobei jede Synthese vom Erfolg (Stabilitätsgewinn) der vorhergehenden abhängt und die ganze Serie von Synthesen (später in der Zelle das in den Genen kodierte Programm) ihre Stabilität und Komplexität maximieren. Hat sich eine optimale Stabilität von gewissen chemischen Strukturen und ihren Ökosystemen (Nischen) evolutionär herausgebildet, dann kann man auch sagen, daß sich das Programm dabei selbstständig verbessert hat.

Evolution der Intelligenz (als Folge der Evolution des Gedächtnisses)

Die Theorie der Evolution der Intelligenz ist eine mosaikartige, lose Hierarchie von neueren Modellen und Theorien, die quer durch alle wissenschaftlichen Disziplinen geht und durch das Konfliktlösungsmodell der Spieltheorie seine innere Kohärenz erhält. Die Konfliktlösungstheorie der Spieltheorie, neue Resultate der Kosmologie, der Quarkphysik, der Biochemie, der Biologie, der Genetik, der Gedächtnistheorien, der Artifical Intelligence, der Semantik und neuere Ergebnisse der Gehirnforschung, um nur einige neuere Forschungstendenzen zu nennen, sind zu einer Supertheorie zusammengeschmolzen, der der Evolution der Intelligenz auf dem Planeten Erde.

Wir haben bereits erklärt, warum die Theorie der dynamischen differentiellen Spiele eigentlich eine Theorie evolutionärer Prozesse ist. Dazu kommt als entscheidender Beitrag, daß Serien von Spielen ideale Lernprozesse sind, um Konflikte oder Probleme optimal zu lösen, vorausgesetzt, daß die dabei gewonnene Spielerfahrung gespeichert werden kann und jederzeit abrufbar ist. Dadurch verschmelzen Spiel- und Gedächtnistheorie zu einer Theorie, die sowohl die Selbstorganisierung des Gedächtnisses als auch die Evolution der Intelligenz auf eine ganz neue Art erklärt (*siehe Tab. 2*).

Tabelle 2: Evolution der Intelligenz

Zeit	Systeme	Invarianz Fehler	Zell- Gedächtnisse in Bits	Gehirn- Gedächtnisse in Bits	Evolutionsschritt
100.000 Jahre	Homo sapiens	10^{-11}	10^{11}	10^{13}	Sprache Kultur
1.8 Mill. Jahre	Home erectus				Sozialisation
2 Mill. Jahre	Homo habilis				Gehirn Spezialisierung
14 Mill. Jahre	Ramapithecus				
75 Mill. Jahre	Vögel				
200 Mill. Jahre	Säugetiere	10^{-10}	10^{11}	10^{11}	Gefühle
300 Mill. Jahre	Reptilien			10^{10}	Ritualisierung des
400 Mill. Jahre	Amphibien	10^{-9}	10^{10}	10^{9}	Verhalten
0.5 Milliarden	Wirbeltiere	10^{-8}	10^{4}	10^{4}	Warmblütler
1.0 Milliarden	Multizellulare Tiere und Pflanzen	10^{-8}			Sexualität
					Respiration
1.5 Milliarden	Eukaryotische Zellen	10^{-6}	10^{8}		Zellkern
					Sauerstoff-Atmosphäre
2.0 Milliarden	Bakterien				Photosynthese
2.5 Milliarden	Anärobe Bakterien		10^{6}		Kompartimentalisierung: Zellbildung
3.0 Milliarden	Enzyme	10^{-5}	10^{5}		Kooperation von Proteinen und Nukleotiden
3.5 Milliarden	Hyperzyklen	10^{-3}			Vererbung
4.0 Milliarden	Pränukleotide und Proteine	40–90 %			Zufalls-Assoziation von Nukleiden und Aminosäuren
4.5 Milliarden	Chemische Evolution				Bildung organischer Moleküle

Die Evolution der Intelligenz wird dadurch eine Serie von Konfliktlösungen und beruht auf Überlebensoptimierung und Speicherung guter, schlechter und optimaler Problemlösungen vorhergehender Konflikte. Dazu kommt, daß man die Denktätigkeit semantisch kognitiv auffassen muß. Weiter unten wird das neue Modell der Gehirn- bzw. Neuronentätigkeit, das das Computermodell weitgehend abgelöst hat, behandelt werden, das protosemantische Modell kognitiver dynamischer Prozesse. Entscheidend ist auch der Einfluß der Soziobiologie und die Anwendung der Evolutionstheorie auf die Entwicklung von Kulturen in der Koevolutionstheorie von Zivilisationen und Kulturen geworden.

Man könnte die Entstehung dieser Theorie durch den »Import« sozialwissenschaftlicher Ideen und Modelle in die Naturwissenschaften erklären. Damit soll ausgedrückt werden, daß die Spiel- und Entscheidungstheorien - dies ist vielleicht erstmalig in der Geschichte der Wissenschaftsentwicklung - sozialwissenschaftliche und ökonomische Methoden und Begriffe erfolgreich auf evolutionäre Prozesse in den Naturwissenschaften angewandt hat. Sie haben, wie bei LEINFELLNER (1983) eingehend dargestellt, die Evolution der Intelligenz »theoretisiert« und revolutioniert, indem sie diese als eine Folge kooperativer (symbiontischer) und kompetitiver (DARWINscher) Spiele theoretisch-mathematisch darstellen konnten. Damit wurde z. B. die ältere Populationsgenetik vom HALDANE-FISHER-Typ, die nur die Evolution von zwei Loci (Genen) erklären konnte, entscheidend erweitert, und, wie der Autor (1986) nachwies, theoretisch integriert. Diese spieltheoretische Erweiterung enthält heute z. B. die DARWINsche Theorie nur als den Spezialfall nicht kooperativer Spiele. Eines der wichtigsten Ergebnisse ist, daß die kooperativen, symbiontischen Evolutionsprozesse weit wichtiger sind als die kompetitiven. Daher nimmt es nicht Wunder, daß dieselben Ergebnisse nicht nur für biologische, sondern auch für wirtschaftliche Evolutionsprozesse gelten. In einem Artikel hat der Autor dies in Anlehnung an SCHUMPETER auch für ökonomische Evolutions- und Innovationsprozesse dargestellt (LEINFELLNER, 1985).

Die Theorie dynamischer Spiele als Konflikt- und Problemlösungstheorie

Man kann (nach RAPOPORT & LEINFELLNER) die Spieltheorie als Konfliktlösungstheorie zwischen Alternativen ansehen, mögen sie aus Reflex- oder sozialen Handlungen eines oder mehrerer Individuen, Rivalen, Systemen bestehen, mögen es chemische Reaktionen eines oder mehrerer Moleküle, mögen es Güter, wie beim Einkauf, oder die Wahl zwischen alternativen Situationen sein, wenn sie die Stabilität optimieren. Kriterien, die uns angeben, welche Alternative die Lösung sein soll, sind Bewertungen verschiedenster Natur, wie Lustgewinn, mögliche Verluste, Risiko und schließlich Maximierung des Überlebens. Konfliktlösungen sind immer Beendigung von Konflikten und geben uns an, welche Alternative(n) für uns stabil und optimal ist (sind). Optimal heißt nicht das absolut Beste, sondern hinsichtlich der Partner, der Umgebung etc. stabil. Die Theorie der Evolution der Intelligenz ist seit NEWELL und SIMON eine Theorie, die sich mathematisch und praktisch mit der Stabilisierung von Konflikten oder Problemen beschäftigt. Im Gebiete der Artifical Intelligence wird ja Problem- und Konfliktlösen ebenso als Kompromiß zwischen offenen Alternativen oder, wie im Falle eines Konflikts, zwischen widersprechenden bzw. gegenteiligen Alternativen angesehen. Die Problemlösungs- oder Entscheidungstheorie kann aber noch mehr, sie kann die Unsicherheit des Umgebungssystems, Zufallsereignisse und das Risiko unter Optimierung einer Größe mit in die Problem- und Konfliktlösung mathematisch einbeziehen. Da Überleben wohl die wichtigste Optimierungsgröße der biologischen Evolution ist, ist die Anwendung der dynamischen Spieltheorie in der biologischen Evolution klar gegeben. Alternativen sind hier Handlungen, Verhalten, Situationen etc. und werden als mögliche Alternativen von Zügen oder Zugfolgen (Strategien) unter Unsicherheit und Risiko angesehen.

Hier sei kurz erwähnt, daß manche den Unterschied zwischen physikalischer und chemischer Evolution einerseits und biologischer andererseits als unüberwindlich ansehen. Das stimmt nicht, denn beide, die Spieltheorie als Konfliktlösungstheorie für biologische und menschliche Konflikte und ihre physikalisch-chemische Variante, haben eines gemeinsam: Nämlich als Lösungen invariante, stabile Zustände zu berechnen. Konfliktlösung ist nämlich psychologisch, biologisch und physikalisch-chemisch ein Optimierungsprozeß. Optimierung des Überlebens ist nun seit MAYNARD-SMITH (1982) theoretisch-mathematisch und praktisch nichts anderes als Berechnung relativ invarianten Verhaltens oder evolutionär stabiler Handlungen, Strategien von Systemen, die in relativem Gleichgewicht mit ihren Ökosystemen stehen. Ebenso ist in der physikalischen und chemischen Evolution die «Tendenz«, stabile Konfigurationen und Strukturen der Systeme zu bilden, die im relativen Gleichgewicht mit ihrer Umgebung stehen, wie z. B. die Oktettkonfiguration in der Chemie, der treibende Faktor.

Die Funktion des Gedächtnisses in der Evolution der Intelligenz

Der Übergang vom Problemlösen zur Intelligenz erfolgt in Serien aufeinanderfolgender und gegenseitig abhängiger Problemlösungen (Spiele) vis a vis ihrer Umwelt. Bei der Lösung von Problemen kann man nur gewinnen, wenn man aus den schlechten und guten Erfahrungen vorhergehender Spiele (Problemlösungen) lernt. Lernen, das gewöhnlicherweise nur als bewußte Tätigkeit angesehen wird, führt zu optimalen Problemlösungen von Überlebenskonflikten nur dann, wenn vorhergehende »Erfahrung« gespeichert werden kann. Hervorragendstes Beispiel ist hierfür die Evolution des nukleotidischen Gedächtnisses, eine sine-qua-non-Bedingung allen Lebens auf unserem Planeten. Ohne das nukletidische Gedächtnis wären Leben, Anpassung und Überleben unmöglich. Der Anstieg der Kapazität dieses biologischen Gedächtnisses von einigen »Lösungsanweisungen« auf 10^{11} bits im Verlaufe der biologischen Evolution ist schon sehr beachtlich. Man könnte annehmen, daß das Konzept des Gedächtnisses hier einfach mit der Spieltheorie bzw. der Theorie des Problemlösens »eingeschmuggelt« worden ist. Das stimmt aber nicht, denn es ist eine Tatsache, daß die Evolution der Intelligenz auf Erden sich nicht nur das nukleotidische Gedächtnis geschaffen hat, sondern auch das individuelle Gehirngedächtnis der höheren Tiere und der Menschen sowie unser kulturelles »Gedächtnis«, das aus Speicherung unseres Wissens mittels der Sprache in Büchern, Bibliotheken und künstlichen Gedächtnisspeichern besteht.

Mit der Selbstorganisation des nukleotidischen Gedächtnisses wird die biologische Evolution »Evolution der Intelligenz«. Es ist das eine globale Form der Intelligenz, die die menschliche wie die artifical intelligence miteinschließt. Sie ist einfach die Fähigkeit, Konflikte und Probleme seriell zu lösen und dabei das Überleben der Art zu optimieren.

Daher kann man unter Intelligenz in diesem weiteren Sinne die Synergetik, d. h. effektive Zusammenarbeit von vier Subsystemen bei der Lösung von seriellen Problemen oder Konflikten verstehen, unter der elementaren Bedingung der Überlebensmaximierung. Diese sind:

1. ein Input repräsentierendes Subsystem, das Sensorium;
2. ein Gedächtnisspeicher;
3. ein überlebensbewertendes Subsystem, das auch folgernde Fähigkeiten besitzt, und
4. ein realisierendes Subsystem.

Alle diese Funktionen oder Subsysteme arbeiten so zusammen, daß sie das Überleben in langer Hinsicht maximieren. Jedes Lebewesen ist natürlich ein Konflikte lösendes und realisierendes System, und erfolgreiche Serien von Konfliktlösungen erhöhen seine Überlebenschancen, seine Stabilität und vermehren das im Gedächtnis gespeicherte »Programm«. Eine Transport-RNS (t-RNS) in der Zelle wird eine bestimmte Aminosäure im Zellplasma »erkennen« (Funktion des Sensoriums) und zum Ribosom für die Eiweissynthese transportieren (Realisation). Die offenen Alternativen (der Konflikt) bestehen aus einer Reihe von chemischen Bindungsmöglichkeiten von verschiedenen Aminosäuren. Aber genau so wie die Regeln in einem Spiel nur bestimmte Züge zulassen, genau so kann eine bestimmte t-RNS nur bestimmte Aminosäuren binden. Das ist im nukleotidischen oder Zellgedächtnis vorprogrammiert, d. h. gespeichert. Fehler werden vom Subsystem 3 korrigiert, und die ganze Realisierung des Bindens und des Transportes steht unter der Optimierungsbedingung des Überlebens. Intelligenz ist aber nicht nur jederzeit verfügbare Speicherung vergangener optimaler Lösungen, sondern sie gestattet es dadurch auch, zukünftige Konflikte optimal zu lösen. Kurz: *In die Zukunft zu »sehen« und dadurch Überlebenskatastrophen zu vermeiden.*

Hier unterscheidet sich Intelligenz deutlich vom menschlichen Wissen, das ja bekanntlich nicht immer die Überlebensmaximierung fördert. Es ist nun klar, daß jede Erhöhung und Verfeinerung der Input-Funktion (Kennen der Umwelt), der Gedächtnisspeicherung, der bewertenden und folgernden Funktion und der Realisierung Fortschritt und, wenn Überlebensmaximierung, auch Evolution ist. Damit ist die anfangs aufgeworfene Frage beantwortet: Die Evolutionäre Erkenntnistheorie, zu der die Theorie der Intelligenz gehört, ist evolutionär, da die Intelligenz selbst evolutionär ist.

Denken, Bewußtsein und Gehirnfunktionen

Jede Evolutionäre Erkenntnistheorie muß sich unweigerlich früher oder später die Frage stellen:

Was ist Denken, Bewußtsein?
Was denkt denn eigentlich? Unser Gehirn? Wenn ja, wie funktioniert es?
Sind Denken und Intelligenz dasselbe? Wenn ja, wie funktioniert es?

Müssen wir uns heute von den Computerfachleuten wie SCHANK, ABELSON, WEIZENBAUM u. a. belehren lassen, daß unser Gehirn wie ein Computer funktioniert? Lange Zeit hat man tatsächlich geglaubt, daß wir vom Computermodell des menschlichen Gehirns lernen könnten, wie unser Gehirn funktioniert. Kann aber ein Computer sein Überleben bewerten, Sprachverständnis haben? Offenbar nicht.

Daher hat sich heute die Frage umgekehrt und wir fragen: Was kann der Computer vom menschlichen Gehirn lernen? Die Antwort wäre: Intelligent zu sein. Diese Wende zur biologischen Intelligenz kam, als man erkannte, daß Intelligenz weit mehr als folgerndes Denken ist, denn Intelligenz (wie schon definiert) umfaßt ja vier Funktionen:

1. die Verbindung zur Umwelt durch ein Sensorium (kognitives Wahrnehmen);
2. das Gedächtnis;
3. Bewerten und wahrscheinliches Folgern nach dem DEFAULT-System, ein nicht deduktives Folgern, und
4. Realisieren, d. h. Veränderung seiner Umwelt.

Man ersieht daraus, daß das Denken nur eine Funktion der Intelligenz ausfüllt. Die heute noch vorherrschende Interpretation des menschlichen Gehirns und Denkens, das Computermodell, ist aber überhaupt nur auf rein logische Funktionen, auf Manipulationen mit Zeichen und Deduktion beschränkt und wurde in letzter Zeit von kognitiven Philosophen, wie DENNETT (1978) und SEARLE heftig kritisiert. Das Hauptargument war, daß Computer und Gehirne, die computeranalog funktionieren sollten, nur formallogische Manipulationen mit Zeichen ausführen können. Derartige »denkende Systeme« manipulieren und erkennen wohl das Zeichen »z«, aber nicht, was »z« bedeutet; sie haben eben kein Sprachverständnis, können, da sie kein Wahrnehmungssystem wie intelligente Systeme haben, nicht von ihrer Umwelt stimuliert werden, und ihr Programm ist nur syntaktisch-logischer Natur. Sie können nicht Unsicherheit und Risiko bewältigen, wie intelligente Systeme. Dazu kommt, daß in diesem Modell der alte traditionelle Dualismus Leib-Seele, Körper-Geist wieder auflebt. So werden die Ganglien mit der »hardware«, der Maschine, und der Geist, das Denken, mit dem Programm identifiziert. Nach dieser Ansicht ist dann Denken immateriell und nichtempirisch und das Gehirn mit seinen Ganglienzellen bloße Maschine. Daher sind Geist, Seele, Bewußtsein, Denken der empirischen Forschung nicht zugänglich. Damit wäre dann die Evolution des Denkens überflüssig geworden, und auch die Evolutionäre Erkenntistheorie an ihrem Ende angelangt.

Die Abkehr vom Computermodell und von der reinen Logik als etwas, das allein das Denken bestimmt, begann, als man erkannte, daß die Semantik als Bedeutungslehre viel besser kognitive Prozesse erklären konnte als die Logik. So konnte man die Logik durch eine zweistufige Semantik und episodisch-konzeptuelle assoziative semantische Netzwerke ersetzen (LEINFELLNER, 1978) und endete mit den neuen Gedächtnistheorien und einem gänzlich neuen Modell der Gehirn- und Neuronentätigkeit, dem Gehirnwellenmodell von BASAR (1980), JOHN (1980) und ADEY (1980). Das letztere wurde von LEINFELLNER semantisch kognitiv interpretiert und die Neuronen und die neuronale Gehirntätigkeit protosemantisch aufgefaßt, d. h. in diesem Modell wird die elektrische Neuronentätigkeit in sehr spezifischer Form als die empirische, physiologisch-biologische Grundlage nicht nur der sprachlichen Semantik, sondern auch der »sprachlosen« Intelligenz der Tiere aufgefaßt.

Eine kurze Darstellung dieses Modells, das in den zitierten Publikationen genauer beschrieben wurde, soll dazu verwendet werden, um

1. den Dualismus Geist-Körper, software-hardware, und andere, mit dem Evolutionsgedanken unverträgliche Modelle überflüssig zu machen;
2. soll die Evolution der Sprache in neuem Licht gesehen werden, und
3. kann die bisher herrschende Kluft zwischen animalisch-biologischer Intelligenz und menschlicher, sprachbegabter, bewußter Intelligenz überbrückt werden.

Das protosemantische Modell lehnt die Interpretation der Neuronentätigkeit als digitales Schaltwerk, d. h. die Analogie zum Computer hauptsächlich deswegen ab, weil damit stets eine »Verlogisierung« verknüpft wird, die keine Konfliktlösung unter Unsicherheit und Risiko, keinen freien Input an Informationen aus den Umgebungssystemen und keine Überlebensmaximierung gestattet. Reines deduktives Folgern würde die Intelligenz total verarmen. Statt digitaler Verarbeitung elektrischer Impulse hat die Gehirnwellentheorie BASARS, ADEYS und JOHNS, um nur einige Gehirnphysiologen zu nennen, die Tatsache, daß Neuronen und Gruppen von Millionen von Neuronen simultan miteinander mittels elektrodynamischer Wellen und Wellenfelder von Frequenzen von zehn bis einigen hundert Hertz kommunizieren und kooperieren, zur Grundlage dieser Theorie gemacht. Diese Wellenmuster können über Elektroden an der Kopfhaut auf Oszillographen-Schirmen sichtbar gemacht und gemessen werden. Die Gehirnwellenmuster resonieren, überlagern sich, formen komplexe Wellenfelder und Netze und zerfallen wieder in einfachere innerhalb von Millisekunden. Der wichtigste neue Aspekt dieser elektromagnetischen Tätigkeit der 100 Milliarden von Neuronen ist, daß diese Tätigkeit, die als die zugrundeliegende cerebrale, empirische Aktivität des Gehirns angesehen werden kann, die dynamische Ursache der kognitiven, der semantischen, der sprachlichen und der begrifflich-folgernden intelligenten »Denktätigkeit« ist, wenn man sie im Rahmen eines operativ-operationalen, rekursiv-semantischen Systems, wie es von E. LEINFELLNER & W. LEINFELLNER 1978 entworfen wurde, betrachtet.

Das protosemantische Modell, eine neue Interpretation des Weltbildapparates von LORENZ, erlaubt nun:

1. die evolutionäre Lücke zwischen der Funktion der »sprachlosen« Intelligenz der nicht menschlichen Säugetiere und des sprachbegabten, menschlichen Gehirns zu schließen, denn sie erklärt die kognitiven dynamischen Prozesse des Wahrnehmens als dynamische Repräsentation von bestimmten Ton-, Lichtwellenmustern oder chemischen Reizen, die aus der Umwelt kommen, durch bestimmte dynamische Gehirnwellenmuster, EPO-Gramme oder evozierte Potentiale genannt, die folgende Invarianz zeigen. Sieht z. B. ein Versuchstier oder eine Versuchsperson einen bestimmten Gegenstand, dann erscheint ein bestimmtes invariantes Gehirnwellenmuster (EPO-Gramm) - ähnlich wie wir auf ein und denselben Gegenstand mit ein und demselben Namen antworten, wie es in der Referenzsemantik oder der operativen Semantik beschrieben wird (LEINFELLNER, 1985, 1986). BASAR u. a. erwiesen experimentell, daß die Gehirnwellenrepräsentation beim Menschen, den anderen Säugetieren und bei den Fischen dieselbe ist.
2. Sie erklärt, wie der Überlebensmechanismus intelligenter Lebewesen auch ohne Hilfe der Sprache funktioniert, denn invariante Repräsentationen von äußeren Situationen, Objekten, der Beute etc. werden immer sofort mit Überlebenswerten (z. B. angenehm-unangenehm) überlagert und die angenehmsten, das Überleben fördernden realisiert.
3. Das protosemantische Modell liefert eine neue evolutionäre phylogenetisch-ontogenetische Sprachursprungstheorie. Diese betrachtet die gesprochene Sprache als die externe Kommunikation intelligenter Gehirne, die aus der internen, bereits vorhandenen Kommunikation der Neuronen (Gehirnwellensprache) sich evolutionär-historisch entwickelt hat, ähnlich wie dies JAYNES (1977) schon beschrieben hat. Daß Schimpansen die Taubstummensprache sehr schnell erlernen und sogar ihren Nachkommen lehren, kann als Beweis dienen, daß das Schimpansengehirn vor dem Gebrauch der externen Sprache bereits protosemantisch funktionierte. Für die Translation der internen lautlosen Gehirnwellensprache in die stimmhaft externe sprechen die sogenannten P-300 Wellen. Sie treten unmittelbar 1/300-stel Sekunden früher auf, bevor ein Wort ausgesprochen wird. Sie verursachen über das Wernicke- und Broca-Zentrum die Vokalisierung eines bestimmten Gehirnwellenmusters und rufen den entsprechenden Sprachausdruck hervor. Wir haben hier eine volle protosemantische kausale Erklärung der semantischen Invarianz von Namensgebrauch und der semantischen Referenz. Der Übergang, die Translation der lautlosen Kommunikationssprache der Neuronen in die gesprochene Sprache kann so erklärt werden.
4. Da das protosemantische Modell annimmt, daß das Gehirn dynamisch repräsentiert und dadurch auch dynamisch speichert, erklärt es restlos die jetzigen dynamischen Gedächtnistheorien z. B. von TULVING (1983) und SCHANK. Äußere Eindrücke, Erlebnisse, die ja externe Frequenzmuster sind, werden in elektromechanischen Gehirnwellenmustern (EPO-Grammen) gespeichert - ähnlich wie Schwingungskreise - und schwingen konstant weiter, solange die Neuronen feuern und treten in unser Bewußtsein als Sprache. Unter einem gewissen Schwellenwert bricht die Translation in die Sprache ab, wir vergessen... Werden die Wellenmuster wieder bis zu ihrem Translations-Schwellenwert aktiviert, dann erscheinen sie in der Sprache auf, kurz, wir erinnern uns oder es wird uns etwas wieder

bewußt... Dieser Vergessens- und Erinnerungsmechanismus hängt also davon ab, daß Gehirnwellenmuster in der Sprache aufscheinen, sich uns enthüllen, und dadurch uns bewußt werden. Das ist äußerst wichtig, denn es interpretiert »Bewußtwerden« als Aufscheinen in einer äußeren, allen verständlichen Chiffrierung, in der gesprochenen Sprache. Die Superimposition von Wellenmustern spielt in diesem Modell eine besondere Rolle: Erstens würde sie eine größere Gedächtniskapazität als die 10^{13} bits des Computeranalog-Modells des Gehirns erlauben.

5. Zweitens erlaubt die Superimposition von einfachen Gehirnwellenmustern zu komplexeren eine protosemantische Erklärung der Begriffsbildung und Klassenbildung, wie auch der Verallgemeinerung, vorausgesetzt, man legt ein rekursives semantisches System, wie das von E. LEINFELLNER und W. LEINFELLNER (1978) entwickelte, zugrunde. Die Zerlegung komplexer Wellenmuster in einfachere ist die gehirnphysiologische Grundlage von dem, was wir »Spezialisierung« nennen. Z. B. wenn wir von »Alle Menschen sind sterblich« auf »Sokrates ist ein Mensch und sterblich« schließen. Da die übliche formale Logik auf eine rekursive operative (Referenz-) Semantik und auf eine operationale (reine) Semantik reduziert werden kann (LEINFELLNER & LEINFELLNER, 1978), schließt das protosemantische Gehirnwellenmodell die logisch orientierten Computermodelle als Spezialfälle mit ein.

6. Das protosemantische Modell wirft auch neues Licht auf die Bewußtseinsproblematik. Wenn nach WITTGENSTEIN die Sprache die Objektivation des Denkens ist, dann kann man das Bewußtsein Objektivation oder Aufscheinen der lautlosen internen Sprache des Gehirns in der gesprochenen ansehen (Pallas-Athena-Hypothese). Translation ist daher Überfließen des individuellen Gedächtnisinhalts in die allen verständliche, gesprochene und geschriebene (gedruckte) Sprache. POPPERs dritte Welt bekommt dadurch konkrete Bestimmtheit. Da die gesprochene Sprache uns die interne Sprache des Gehirns enthüllt, kann man Bewußtsein linguistisch auffassen. Nur durch die Übersetzung (Translation) der Inhalte (Gehirnwellenmuster) unseres Gehirns in ein extern existierendes Medium, ein interindividuelles Kommunikationssystem, das sozial gebraucht und verstanden wird, wird Bewußtsein und die Kooperation zwischen den einzelnen Gehirnen möglich, die wir »Kultur« nennen.

Literatur

ADEY, W. R., & A. F. LAWRENCE (1980): Non Linear Wave Mechanism in Interactions between Excitable Tissue and Electromagnetic Fields. Neurological Research **4**.

BARROW, J. D., & F. J. TIPPLER (1985): The Anthropic Cosmological Principle. New York: Oxford University Press.

BASAR, E. (1980): EEG-Brain Dynamics. Amsterdam: Springer.

DAVIES, P. (1984): Superforce, the Search for a Grand Unified Theory of Nature. New York: Simon and Schuster.

DENNET, D. C. (1978): Current Issues in the Philosophy of Mind. American Phil. Quart. **15**: 249-261.

EIGEN, M., & P. SCHUSTER (1979): The Hypercycle. Berlin-Heidelberg-New York: Springer.

EIGEN, M., & R. WINKLER (1975): Das Spiel. Naturgesetze steuern den Zufall. München-Zürich: Piper.

FRITZSCH, H. (1983): Vom Urknall zum Zerfall. München-Zürich: Piper.

JAYNES, J. (1977): The Origin of Consciousness and the Breakdown of the Bicameral Mind. Boston: Houghton Mifflin Comp.

JOHN, E. R. (1980): Multipotentiality: A Statistical Theory of Brain-Function. In: DA-

VIDSON, R. J., et al. (Eds.): The Psychobiology of Consciousness. New York: Springer.
LEINFELLNER, E., & W. LEINFELLNER (1978): Ontologie, Systemtheorie und Semantik. Berlin: Duncker & Humblot.
LEINFELLNER, E. (1983): Sematic Nets: Their Linguistic Usefulness. In: SIMONS, P. (Ed.): Proceedings of the Seventh International Congress of Logic, Methodology and Philosophy of Science. Salzburg.
LEINFELLNER, E. (1986): Connexity, Coherence, and the Semantic Net. In: PETÖFFI, S. (Ed.): Text and Discourse Connectedness. Amsterdam: Benjamin (im Druck).
LEINFELLNER, W. (1983): Kausalität in den Sozialwissenschaften. In: POSCH, G. (Hrsg.): Kausalität. Neue Texte. Stuttgart: Reclam.
LEINFELLNER, W. (1983a): Das Konzept der Kausalität und der Spiele in der Evolutionstheorie. In: LORENZ, K., & F. M. WUKETITS (Hrsg.): Die Evolution des Denkens. München-Zürich: Piper.
LEINFELLNER, W. (1984): Evolution und Schöpfung: Ursprung des Universums. In: GOMBOCZ, W. L. (Hrsg.): Religionsphilosophie. Wien: Hölder-Pichler-Tempsky.
LEINFELLNER, W. (1985): A Cyclic Model of Innovation. Rivista Internationale di Science Economiche e Commerciali **32**: 849-863.
LEINFELLNER, W. (1986): Foundations of the Theory of Evolution or the Merging of Different Genetic Models to a Theory of Evolution. In: WEINGARTNER, P., & G. DORN (Eds.): Foundations of Biology. Wien: Hölder-Pichler-Tempsky.
LEINFELLNER, W. (1986a): The Brain Wave Models as a Protosemantic Model. In: BASAR, E., & T. MELNECHUK (Eds.): Dynamics of Sensory and Cognitive Processing. New York: Springer.
LORENZ, K. (1973): Die Rückseite des Spiegels. München-Zürich: Piper.
MAYNARD-SMITH, J. (1982): Evolution and the Theory of Games. Cambridge: Cambridge University Press.
MOHR, H. (1977): Lectures on Structures and Significance of Science. Berlin-Heidelberg-New York: Springer.
PRIGOGINE, I. (1982): Vom Sein zum Werden. München-Zürich: Piper.
RIEDL, R. (1981): Biologie der Erkenntnis. Unter Mitarbeit von Robert Kaspar. 3. Aufl. Berlin-Hamburg: Paul Parey.
TREFIL, J. S. (1983): The Moment of Creation. New York: Scribener.
TULVING, E. (1983): Elements of Episodic Memory. Oxford: Oxford University Press.
VOLLMER, G. (1975): Evolutionäre Erkenntnistheorie. Stuttgart: Hirzel.
WEINBERG, S. (1977): Die ersten drei Minuten. München-Zürich: Piper.
WUKETITS, F. M. (1983): Biologische Erkenntnis: Grundlagen und Probleme. Stuttgart: G. Fischer.
WUKETITS, F. M. (1985): Zustand und Bewußtsein. Leben als biophilosophische Synthese. Hamburg: Hoffmann und Campe.

Kommentar zu »Evolutionäre Erkenntnistheorie und Spieltheorie«

HENRY C. PLOTKIN

Spieltheorie, Hierarchietheorie und Evolutionäre Erkenntnistheorie

Für mich besteht der Grundgedanke der Evolutionären Erkenntnistheorie darin, daß Erkenntnis ein Problem in der Biologie darstellt. Ob das nun Folgen für den philosophischen Zugang zu erkenntnistheoretischen Fragen hat oder nicht, sei dahingestellt, jedenfalls sind sie für den Naturwissenschaftler von fundamentaler Bedeutung. Die evolutionäre Erkenntnislehre stellt eine signifikante Synthese in Aussicht, die aus der Verbindung von kognitiven Wissenschaften und Evolutionstheorie entstehen soll. Das Resultat einer solchen Synthese wäre das Verstehen von Erkenntnis im einzelnen Organismus, einschließlich natürlich des Menschen, im Zusammenhang mit seiner Art, seiner individuellen genetischen Ausstattung und Epigenese, und in einigen wenigen Arten mit seinem sozio-kulturellen Milieu. Erkenntnis als Naturwissenschaft wird ihren rechtmäßigen Platz in der theoretischen Biologie finden. Die Konsequenz, die sich daraus für den kognitiven Wissenschaftler ergibt, ist eine Begriffsbereicherung, die dadurch zustande kommt, daß man Erkenntnis im Lichte anderer theoretischer Gebiete der Biologie sowie neuer empirischer Denkrichtungen betrachtet. Auf den folgenden Seiten werde ich mich mit ersterem befassen, nämlich dem Ausmaß der Bereicherung, das wir der theoretischen Biologie entnehmen, indem wir Perspektiven aus anderen Wissensgebieten auf die Evolutionäre Erkenntnistheorie anwenden. Insbesondere werde ich kurz auf die Spieltheorie und die Hierarchietheorie eingehen. Im folgenden geht es mir darum, daß, falls sich die Evolutionäre Erkenntistheorie als Wissenschaft durchsetzt, egal was ihr »philosophisches Schicksal« sein wird, sie wissen muß, was andere Biologen, besonders Evolutionstheoretiker behaupten.

Aus Platzmangel kann ich auf diese Dinge nicht genauer eingehen. Vor zehn Jahren jedoch (1975) hat RIEDL einen umfassenden Beitrag darüber verfaßt, wie das herkömmliche evolutionäre Denken erweitert werden kann, insbesondere im Hinblick auf die Verbindung der Hierarchiekonzepte und des aktiven Phänotypus mit der Evolutionstheorie. Später (1980) hat RIEDL diese Gedanken für »Die Biologie der Erkenntnis« verwendet. Die Kommentare auf den folgenden Seiten sind als Fußnoten zu dem zu verstehen, was RIEDL bereits ausführlicher behandelt hat.

Spieltheorie

LEWONTIN (1961) war der erste, der versuchte, die Spieltheorie in der Evolutionstheorie einzuführen. Er tat das deshalb, weil ihm die überaus erfolgreichen populationsgenetischen Erklärungen für die Evolution unvollständig erschienen. »Eine vollständige Evolutionstheorie muß sich neben den phylogenetischen Veränderungen innerhalb einer Population auch noch anderen Problemen zuwenden.« Bei dem Versuch, »Adaptivität zu berechnen«, der weit größere Veränderungen ins Auge faßte, als bloße Populationsgenetik, prüfte LEWONTIN die Verwendung von der Spieltheorie nach von NEUMANN & MORGENSTERN (1944). Später verwendete SLOBODKIN (1964; SLOBODKIN & RAPOPORT, 1974) auch die Spieltheorie. In all' diesen Fällen nahm man an, das Spiel würde zwischen einer Population oder Art und der Umwelt gespielt. Obwohl diese Versuche an sich interessant waren, blieben sie fruchtlos insofern, als sie keine neuen Formen der Analyse oder der Denkweise in Richtung auf die Evolution und deren Produkte hervorbrachten.

MAYNARD SMITH ist an die Verwendung der Spieltheorie anders herangetreten. In den siebziger Jahren haben er und seine Schüler begonnen, eine hervorragende Schule aufzubauen, die die Spieltheorie verwendete. Sein Ansatz unterscheidet sich jedenfalls wesentlich von dem von LEWONTIN und SLOBODKIN. Nach der Ansicht von MAYNARD SMITH wurden diese Spiele zwischen den Angehörigen einer Population ausgetragen und nicht zwischen einer Population und der übrigen Natur. Was mit dieser spezifischen Verwendung der Spieltheorie bezweckt wird, hat er so verdeutlicht: »Im Grunde sind

Spieltheorie-Modelle angebracht, wenn man wissen möchte, welche Phänotypen entstehen werden.« (MAYNARD SMITH, 1982)

Das effektive Ergebnis wurde zu einer wirksamen Methode, um phänotypische Merkmale zu analysieren, die bislang entweder mißdeutet worden waren, wie im Fall der intraspezifischen Aggression, oder überhaupt nicht verstanden wurden, wie z. B. das kooperative Verhalten. Es wäre jedoch ein Irrtum zu glauben, daß sich die Spieltheorie in der Art geändert hat, wie es die Biologen von der Evolutionstheorie annehmen. Das wird verdeutlicht durch die Art, in der MAYNARD SMITH die Grundannahmen der Spieltheorie nach von NEUMANN und MORGENSTERN auslegt, daß sich die Spieler nämlich eigennützig und rational verhalten, und sie jeweils in die herkömmliche Konzeption von darwinistischer »fitness« (i. e. Maximierung des individuellen Reproduktionserfolges - viele würden nun »inclusive fitness« hinzufügen) und in stabilisierte Punkte in der Wechselbeziehung zwischen Phänotypen überträgt, so daß die Populationsdynamik keine übermäßigen Fluktuationen der Merkmale der Population verursacht. (LEWONTIN befaßt sich auch mit der Notwendigkeit, solchen Begriffen wie »Absicht« und »Zweckmäßigkeit« biologisch brauchbare Formen zu geben. Würde man derartige Übertragungen unterlassen, so würde die Verwendung der Spieltheorie als Beitrag zum Verständnis der Evolution zu weit von der traditionellen Theorie abweichen. Doch solche Übertragungen gelten bei Evolutionstheoretikern ohnedies schon als wesentlich.) Daher glaube ich nicht, daß die Anwendung der Spieltheorie auf Problemstellungen in der Evolutionsbiologie eine große Veränderung für die Evolutionstheorie darstellt. Die Spieltheorie ist eine wirksame analytische Methode, um gewisse Aspekte der Evolution zu formalisieren, sie verändert jedoch nicht unser Verständnis vom Evolutionsprozeß selbst. Das heißt, im wesentlichen ist nichts an der Spieltheorie, so wie sie von den Evolutionstheoretikern verstanden wird, was unsere Vorstellung vom Vorgang der Evolution wirklich verändert. Wenn es auch für die Evolutionäre Erkenntnistheorie von Vorteil ist, die Anwendung der Spieltheorie auf kognitive und kulturelle Problemstellungen in Betracht zu ziehen, wie z. B. die Wechselbeziehung erlernter Strategien von Individuen oder kulturellen Situationen innerhalb von Kulturen oder Subkulturen, so sollten wir nicht glauben, daß ihre Verwendung durch Biologen eine einschneidende Veränderung in der Evolutionstheorie herbeiführen wird.

In dieser Hinsicht müßte man sich überlegen, was denn eigentlich eine fundamentale Veränderung in der Evolutionstheorie wäre. Wie bereits erwähnt, erkannte LEWONTIN 1961, daß die Evolutionstheorie in den vorangegangenen Jahren im wesentlichen unverändert geblieben war. Zwei Jahrzehnte später, anläßlich der DARWIN-Jahrhundertfeier in der Universität Cambridge (1982), wiederholte LEWONTIN diese Beobachtung, die von vielen der anwesenden Molekularbiologen unterstützt wurde. Man fragte sich, wie die Evolutionstheorie trotz des enormen Kenntnisgewinns in der Molekularbiologie seit den frühen fünfziger Jahren so unverändert bleiben konnte. Darauf wurde vielfach geantwortet, daß der tiefere Einblick der Molekularbiologie in das Genmaterial durch ihre eigene Beschaffenheit keine Veränderungen in der Evolutionstheorie herbeiführen kann, da diese ja die wichtigste, wenn nicht sogar einzige organische Ursache der Evolution auf genetischer Ebene ansiedelt (natürliche Selektion als eine Prüfung für die auf genetischer Ebene hervorgebrachten Variationen gilt für gewöhnlich als umweltbedingte Ursache der Evolution). Das erweitert nur unser Wissen über Genetik, verändert jedoch nicht unsere Vorstellung von Evolution. Es gibt natürlich eine Reihe von Kandidaten, um die derzeit etablierte Evolutionstheorie zu verändern (weder zu revolutionieren noch zu widerlegen, vielleicht nur geringfügig zu verändern). Lamarckismus (der tatsächlich revolutionierend wäre) ist einer von ihnen, ist jedoch gänzlich in Mißkredit geraten. Es gibt keine Gründe für die Annahme, daß er möglich wäre. Die Theorie vom unterbrochenen Gleichgewicht (punctuated equilibrium) (ELDREDGE & GOULD, 1972) scheint in die heutige orthodoxe Denkweise (LEWIN, 1986) aufgenommen zu werden. Die Theorie von der Nicht-Gleichgewichtsthermodynamik (nonequilibrium thermodynamical theory), wie jene von CONRAD (1983), PRIGOGINE & STENGERS (1984), ist dadurch, daß sie ignoriert wird, dabei, in Vergessenheit zu geraten. Anderen Theorien der Makroevolution, wie PATERSONS (1981) »speciation-dispersal« und VRBAS (1983) »effect«-Hypothese, mag es ähnlich ergehen. Was immer ihr Schicksal als Evolutionstheorien ist, so rechtfertigen sie doch die Zuwendung, die ihnen von Seiten der Evolutionären Erkenntnistheorie zuteil wird, da sie als mögliche Leitlinien oder Denkrichtungen über die individuelle Erkenntnis und die kulturelle Evolution Aufschluß geben. Die Studien von BOYD & RICHERSON (1985) über die Rolle, die das Verschmelzen kulturellen Erbes in der Evolution spielt, ist ein ausgezeichnetes Beispiel dafür, wie man dabei vorgehen sollte. Ein wirklich signifikanter Beitrag zur biologischen Theorie wäre eine überzeugende Darstellung der ursächlichen Rolle aktiver Phänotypen in der Evolution (PLOTKIN, 1987b). Das wäre für die Evolutionäre Erkenntnistheorie von größter Bedeutung, weil damit eine einheitliche Erkenntnistheorie skizziert würde, die das Lernen des einzelnen einerseits mit der biologischen Evolution und anderseits mit der kulturellen Evolution verbinden könnte. Die Hierarchietheorie, auf die ich nun kurz eingehen möchte, ist eine Voraussetzung, um den Phänotypus in einer ursächlichen Rolle »in die Evolution hineinzubringen«.

Hierarchietheorie

So gut wie jeder akzeptiert, daß Organismen hierarchisch aufgebaut sind. In der Regel versteht man darunter Hierarchien, die aus Strukturen bestehen, z. B. Makromolekülen, Zellen, Organen, Organismen, Populationen und so weiter. Das Hauptmerkmal einer solchen Hierarchie ist das Enthalten- oder Eingebettetsein. Populationen setzen sich aus Organismen zusammen, Organismen aus Organen, Organe aus Zellen etc. SIMON (1973) hat das mit Steckpuppen verglichen. Folglich wird man beim »Öffnen« irgendeiner Einheit auf irgendeiner Stufe, vorausgesetzt, es handelt sich nicht um eine Einheit auf der untersten Stufe, bemerken, daß sie weitere Einheiten enthält; egal, welche von diesen man öffnet, sie wird wiederum daruntergestufte Einheiten enthalten; so geht das weiter, bis man an der untersten Stufe der Hierarchie anlangt, wo jede Einheit keine weiteren Untereinheiten enthält. Eine weitere Form von Hierarchie ist die Kontrollhierarchie, die in ihrem Aufbau der ursprünglichen Vorstellung von Hierarchie viel näher kommt und auf der ungleichen Machtverteilung beruht. Das klassische Beispiel für eine solche Kontrollhierarchie ist das Militärsystem, in dem Generäle die niederrangigen Offiziere befehligen und letztere wiederum die Soldaten. Das Bild der Steckpuppen fällt weg. Ein wichtiger Zusammenhang, der möglicherweise zwischen struktureller Hierarchie und Kontrollhierarchie besteht, ist von PLOTKIN (1987a) untersucht worden.

Die Hierarchietheorie ist für die Evolutionäre Erkenntnistheorie insofern von Bedeutung, als diese ja einer enorm großen Aufgabe gegenüber steht. Die Synthese, die man ins Auge gefaßt hat, muß Prozesse des Gewinns, der Speicherung und der Anwendung von Kenntnis umfassen, und zwar über Zeitabschnitte von der tausendstel Sekunde eines Vorganges im Nervensystem über die dazwischenliegenden Intervalle, die vom individuellen Lernen und der kulturellen Tradierung in Anspruch genommen werden, über die längeren Zeitspannen für das Aufscheinen von Anpassungen, die eine Reihe von Generationen mit einbeziehen, schließlich bis hin zu den zehntausenden von Jahren, vielleicht länger, die für die Artbildung erforderlich sind. Das ist eine Spanne von Zeitintervallen, die sich über vierzehn Größenordnungen erstreckt. Kein Evolutionsvorgang, der aus einem einzigen Mechanismus mit nur einer einzigen Selektionsweise besteht, kann die

Zeitspannen dieser Prozesse umfassen. Jedenfalls ein mehrstufiges Evolutionsmodell, das eine n-stufige Hierarchie von Erkenntnisgewinn und Speicherungsprozessen ins Auge faßt, wobei jede Stufe auf einer höheren Ebene arbeitet und Variationen produziert und selegiert (und daher jede Stufe durch die Existenz eines Evolutionsvorganges mit seinem eigenen Selektionsprinzip definiert wird), könnte eigentlich jede beliebige Spanne von Wirkungszeiten umfassen. Das ist eine Kontrollhierarchie der Erkenntnisprozesse, deren niedrigste Stufe, und damit jene mit der langsamsten Wirkungszeit, genetisch aufgebaut ist. Es gibt mehrere Darstellungen einer solchen Hierarchie, einige implizit (LORENZ, 1977 etwa) und einige eher explizit (CAMPBELL, 1974; PLOTKIN & ODLING-SMEE, 1981).

Eine Hierarchie der Erkenntnisprozesse, die eine Hierarchie der Evolutionsprozesse ist, ermöglicht die begriffliche Verbindung zu den verschiedenen Arten von kenntnisgewinnenden Prozessen. Sie legt auch den möglichen Grundstock für eine Synthese zwischen den einzelnen Gebieten der Biologie, die zumeist für unvereinbar gehalten werden. Derlei ist daher sehr vielversprechend. Dieser Gesichtspunkt wird durch die letzten Ereignisse auf anderen Gebieten der theoretischen Biologie gestützt. Vor zirka fünf Jahren begannen Biologen eine Theorie der Hierarchie für eine andere Art von Synthese zu entwickeln, nämlich für eine Synthese zwischen Ökologie und Erkenntnistheorie (ELDREDGE & SALTHE, 1985; und SALTHE, 1985, zur genaueren Übersicht dieser Entwicklungen). (Dem jüngst aufgekommenen Interesse an Hierarchien war ein anderes Interesse an der Hierarchietheorie vorangegangen, das in den späten sechziger Jahren und in den frühen siebziger Jahren auftauchte.) Das Hauptmotiv, das hinter dem jüngsten Aufleben des Interesses an der Hierarchietheorie steckt, ist die zunehmende Erkenntnis, daß Neo-Darwinismus, obwohl er nicht falsch ist, sich auf einen Bereich beschränkt, in dem Organismen in nur einer Ebene erklärt werden, der jedoch nicht ausreicht, um Phänomene der Entwicklung, der Ökologie oder der Erkenntnis zu klären. »Die jüngsten Kontroversen in der evolutionären Biologie lassen sich auf eine zentrale Frage kondensieren: Ist die moderne Synthese (die sich auf eine einzige Ebene der Evolutionsdynamik konzentriert und behauptet, daß das neo-darwinistische Paradigma sowohl notwendig als auch ausreichend ist, um alle Phänomene der Evolution zu erklären) genügend vollständig, um eine genaue Beschreibung der Komplexität der Evolution zu geben? (ELDREDGE & SALTHE, 1985) Kein evolutionärer Erkenntnistheoretiker hätte diese Frage besser formulieren können!

Das Ergebnis der Untersuchung von ELDREDGE und SALTHE ist eine Beschreibung von dem, was sie für die zwei wichtigsten Hierarchien der Natur halten, nämlich die genealogische und die ökologische Hierarchie, die in *Tab. 1* aufscheinen. Rechts in der Tabelle steht eine Hierarchie der Erkenntnisprozesse. Diese Hierarchie, die von PLOTKIN und ODLING-SMEE aufgestellt wurde, weist deutliche Ähnlichkeiten mit dem Aufbau der kulturellen Evolution von LUMSDEN und WILSON und der »Dreieinigkeit des Gedächtnisses« von LEINFELLNER (1984) auf. *Tab. 1* sagt aus, daß es scheinbar eine Reihe von Möglichkeiten gibt, die Natur hierarchisch zu gliedern. Es stellen sich daher folgende Fragen:

Welche sind die grundlegenden Hierarchien?
In welchem Verhältnis stehen sie zueinander?
Was sind ihre Eigenschaften?

Die Bedeutung der Hierarchietheorie liegt darin, daß Biologen mit so divergierenden Ansichten sich auf ein gemeinsames einheitliches Begriffsschema einigen sollten. Zwei Dinge werden vorgeschlagen. Erstens könnte die Hierarchietheorie tatsächlich wichtig für die theoretische Biologie sein, und ich glaube, daß sie weit wichtiger sein wird als die

Tab. 1: Einige Hierarchien in der Natur (die Hierarchien links sind von ELDREDGE & SALTHE, 1985)

genealogische	ökologische	Erkenntnis
Codone	Enzyme	Gene
Gene	Zellen	Epigenese
Organismen	Organismen	Erkennen
Demen	Populationen	Kultur
Arten	Ökosysteme	
Monophyletische Verwandtschaftsgruppen	Bioregionen	

Spieltheorie. Zweitens haben wir durch die Hierarchietheorie eine potentielle begriffliche Verbindung zwischen der Evolutionären Erkenntnistheorie und anderen Gebieten der Biologie, von welchen aus ansonsten die Unternehmung der evolutionären Erkenntnislehre möglicherweise mit Skepsis betrachtet würde.

Literatur

BOYD, R., & P. J. RICHERSON (1985): Culture and the Evolutionary Process. Chicago: University of Chicago Press.

CAMPBELL, D. T. (1974): Evolutionary Epistemology. In: SCHLIPP, P. A. (Ed.) The Philosophy of Karl Popper. Chicago: Open Court Publishing.

CONRAD, M. (1983): Adaptibility: The Significance of Variability from Molecule to Ecosystem. New York: Plenum.

DAWKINS, R. (1976): Hierarchical organization: a candidate principle for ethology. In: BATESON, P. P. G., & R. A. HINDE (Eds.): Growing Points in Ethology. Cambridge: Cambridge University Press.

ELDREDGE, N., & S. J. GOULD (1972): Punctuated equilibria: an alternative to phyletic gradualism. In: SCHOPF, T. J. (Ed.): Models in Paleobiology. San Francisco: Freeman.

ELDREDGE, N., & S. N. SALTHE (1985): Hierarchy and Evolution. Oxford Surveys in Evolutionary Biology. **1**: 184-208.

LEINFELLNER, W. (1984): Evolutionary causality, theory of games and evolution of intelligence. In: WUKETITS, F. M. (Ed.): Concepts and Approaches in Evolutionary Epistemology. Dordrecht: Reidel.

LEWIN, R. (1986): Punctuated equilibrium is now old hat. Science. **231**: 672-673.

LEWONTIN, R. C. (1961): Evolution and the theory of games. Journal of Theoretical Biology. **1**: 382-403.

LEWONTIN, R. C. (1983): Gene, organism and environment. In: BENDALL, D. S. (Ed.): Evolution from molecules to Men. Cambridge: Cambridge University Press.

LORENZ, K. (1977): Behind the Mirror. London: Methuen.

LUMSDEN, C. J., & E. O. WILSON (1981): Genes, Mind and Culture. Cambridge, Mass.: Harvard University Press.

MAYNARD SMITH, J. (1982): Evolution and the Theory of Games. Cambridge: Cambridge University Press.

NEUMANN, J. VON ,& O. MORGENSTERN (1944): Theory of Games and Economic Behavior. Princeton: Princeton University Press.

PATERSON, H. E. H. (1981): The continuing search for the unknown and the unknowable: A critique of contemporary ideas on speciation. South African Journal Science. **77**: 113-119.

PATTEE, H. H. (1973): The physical basis and origin of hierarchical control. In: PATTEE, H. H. (Ed.): Hierarchy Theory. New York: Braziller.
PLOTKIN, H. C. (1987a): Evolutionary epistemology and the synthesis of biological and social science. In: CALLEBAUT, W., & R. PINXTEN (Eds.): Evolutionary Epistemology: A Multiparadigm Program. Dordrecht: Reidel.
PLOTKIN, H. C (Ed.) (1987b): The Role of Behaviour in Evolution. Cambridge, MA: MIT Press.
PLOTKIN, H. C., & F. J. ODLING-SMEE (1981): A multiple level model of evolution and its implications for Sociolbiology. Behavioural and Brain Sciences. **4**: 225-268.
PRIGOGINE, I., & I. STENGERS (1984): Order out of Chaos. London: Heineman.
RIEDL, R. (1975): Die Ordnung des Lebendigen. Systembedingungen der Evolution. Hamburg-Berlin: Paul Parey.
RIEDL, R. (1980): Biologie der Erkenntnis. Die stammesgeschichtlichen Grundlagen der Vernunft. Unter Mitarbeit von R. KASPAR. Berlin-Hamburg: Paul Parey.
SALTHE, S. N. (1985): Evolving Hierarchical Systems. New York: Columbia University Press.
SIMON, H. A. (1973): The organization of complex systems. In: PATTEE, H. H. (Ed.): Hierarchy Theory. New York: Braziller.
SLOBODKIN, L. B. (1964): The strategy of evolution. American Scientist, **52**: 342-357.
SLOBODKIN, L. B., & A. RAPOPORT (1974): An optimal strategy of evolution. Quarterly Review of Biology, **49**: 181-200.
VRBA, E. S. (1983): Macroevolutionary trends: new perspectives on the roles of adaptation and incidental effect. Science, **221**: 387-389.

(Aus dem Englischen übertragen von Sabina Riedl.)

■ *Diskussion*

LÖWENHARD: Ich habe vier kurze Fragen. Sie erwähnten die Simulierung im Computer von DA usw. Haben Sie dabei Rücksicht auf die implizite Information genommen, die bei der Gestaltung von Proteinen durch Aminosäuren mit ins Spiel kommt?

Zweitens: Beim EEG ist unsere Kenntnis darüber, was das EEG bedeutet, noch ziemlich unvollständig. Es gibt vier verschiedene Modelle darüber, wie das EEG überhaupt entsteht, und es wird heute so geschrieben, daß man ins Gehirn etwa durch ein kleines Schlüsselloch schaut, und dann sieht, was vorm Schlüsselloch ist; und daraus versucht man, Schlüsse darüber zu ziehen, was sich dann sonst im Raum abspielt. Also unsere Kenntnis ist noch sehr unvollständig. Das wollte ich sagen.

Beim Problem software/hardware möchte ich nicht von Dualismus sprechen - das ist meine persönliche Auffassung -, sondern es auf das Bewußtsein, auf das »mind-brain-Problem« begrenzen. Und schließlich möchte ich Ihnen auch recht geben: Die Wellenformen existieren zwar, z. B. ROY JOHN hat gezeigt, daß das Gehirn eine analog digitale Analogtransformation durchführen kann, aber da muß hinzugefügt werden, daß die Wel--lenmuster, die einer bestimmten äußeren Reizform entsprechen, individuell sind. Sie sind also nicht von einem Individuum auf das andere übertragbar.

OESER: Ich bin natürlich im Prinzip mit ihren letzten Bemerkungen einverstanden, da ja auch die Evolutionäre Erkenntnistheorie seit KONRAD LORENZ' »Rückseite des Spiegels« darauf hinweist, daß das Menschenhirn das entscheidende Zwischenglied in der Argumentationskette ist. Ich bin auch einverstanden, wenn Sie die Spieltheorie als einen Bereich jener formalen Methoden verstehen, die der Komplexitätsbewältigung dienen und in diesem Sinn eine Erweiterung sowohl der üblichen logischen Formalismen als auch des mathematischen Formalismus bewirken.

Nicht einverstanden bin ich mit Ihrer unverständlichen Formulierung, daß man etwas spieltheoretisch »erklären« kann. Und zwar in dem Sinn einer Theorie, die im Grunde genommen nichts anderes ist als eine allgemeine Strukturtheorie, ähnlich wie die Systemtheorie als solche, oder die Informationstheorie oder Kybernetik ganz allgemein. Eine derartig allgemeine Theorie, die sozusagen alles umfaßt, wie Sie selbst gesagt haben, liefert natürlich auch dann keine spezielle Erklärung.

RUSE: Ich greife das auf, was HENRY PLOTKIN gesagt hat und das, meiner Meinung nach, an das Argument, das WAGNER und VOLLMER gebracht haben, anschließt. Indem PLOTKIN gezeigt hat, daß die kulturellen Änderungen wesentlich weniger Zeit brauchen als die evolutionären, hat er gewissermaßen auf das, was die moderne Biologie zu sagen hat, hingewiesen. Das Anliegen der modernen Biologie, ich meine das nun als Frage, nicht als Kommentar, besteht darin, daß die Evolutionäre Erkenntnistheorie in gewissem Sinne möglich ist oder daß es zumindest unmöglich ist, daß sie darwinistisch ist. Daß wir uns dringend nach neuen Prinzipien umsehen müssen und nicht einfach an die Biologie wenden sollten, in der Hoffnung, daß diese funktionieren wird, weil wir uns mit ganz anderen Komplexitäten, anderen Geschwindigkeiten und anderen Inhalten befassen.

RIEDL: Noch eine Bemerkung zu dem, was HENRY PLOTKIN gesagt hat. Ihr Hierarchiemodell gefällt mir außerordentlich, und wir glauben zu wissen, warum Organismen von der Zelle bis zur Sprache hierarchisch aufgebaut sind. Aber auch die anorganische Welt ist hierarchisch organisiert. Kennen Sie irgeneinen Ansatz, der uns Aufschluß darüber gibt, warum das so ist?

Schließlich nur noch eine Bemerkung zu PLOTKIN und LEINFELLNER. Ein Rückkopplungssystem des Informationsflusses vom Phänotypus zum Genotypus enthält überhaupt keinen Lamarckismus. Sobald sich das System innerhalb des Organismus selbst befindet, hat es nicht das geringste mit Lamarckismus zu tun. Von Lamarckismus könnte man dann sprechen, wenn der Einfluß von außen käme. Wenn es jedoch im System gelegen ist, ist es eine Systembedingung, eine dem System eigene Situation.

VOLLMER: Ich bin immer etwas ängstlich, wenn Begriffe wie »Erkenntnis« oder »Problemlösen« oder »Intelligenz« zu weit werden. Ich hatte ja angedeutet, daß es sinnvoll ist, nach Gemeinsamkeiten zu suchen, aber bei WERNER LEINFELLNER ist jetzt die Definition von Intelligenz, und eine Definition ist ja eine Äquivalenz, an diese vier Kriterien gebunden. Ich glaube, daß man zeigen kann, wenigstens im Sinne einer Karrikatur, daß dann die Sonne intelligent ist. Sie hat das Problem fortzubestehen, sie hat das Gedächtnis, sie weiß, wie alt sie schon ist an ihrem Heliumvorrat, der aus Protonen gebildet ist; sie würde sich dann überlegen, welchen Druck sie jetzt einstellen muß, damit sie die richtige Menge von Alpha-Teilchen produziert, und würde das dann auch tun. Natürlich ist das eine Karrikatur, aber ich glaube, daß man daran sehen kann, daß der Intelligenzbegriff mit den vielen Merkmalen, die vielleicht notwendig sind, nicht genügend scharf definiert ist.

WAGNER: Ich habe eine Frage an HENRY PLOTKIN. Sie haben gezeigt, daß man Hierarchien mit verschiedenen Ebenen, Selektionseinheiten, in Beziehung bringen kann. Sie meinten auch, daß es vielschichtige Hierarchien geben kann, beziehungsweise mehrere Achsen, entlang denen sich Hierarchien aufbauen. Glauben Sie also, daß all diese verschiedenen Hierarchien nach dem Kriterium aufgebaut werden können, daß nämlich alle diese Ebenen verschiedene Selektionseinheiten sind? Ist das nun Ihrer Meinung nach eine umfassende Methode, Hierarchien aufzubauen, oder beschränkt sie sich auf eine bestimmte Form von Hierarchie?

PLOTKIN: Ich werde mit GÜNTER WAGNER beginnen. Die gesamte Hierarchietheorie befindet sich in einem sehr frühen Stadium der Entwicklung. Es ist interessant, daß bestimmte Wissenschaftler Hierarchien als Strukturen ansehen, und andere wiederum als Kontrollsysteme, wie etwa im Falle einer Universität, einer Armee und dergleichen. Um herauszufinden, inwieweit diese verschiedene Hierarchien darstellen, und die Beschaffenheit der Gesetze, die sie kontrollieren, ist ein Forschungsprogramm erforderlich, das eine längere Zeit in Anspruch nehmen wird. Ich kann Ihnen darauf einfach keine Antwort geben, bin aber der Ansicht, daß Sie sehr wichtige Fragen stellen.

Um auf den Kommentar von MICHAEL RUSE zurückzukommen, glaube ich nicht, daß die evolutionäre Biologie in ihrer jetzigen Fassung falsch ist; ich glaube, sie ist lediglich unvollständig.

Ich bin nicht sicher, ob RUPERT RIEDL meinte, daß die Welt hierarchisch organisiert ist oder daß wir die Welt in eine hierarchische Struktur zwängen. HERBERT SIMON hat 1962 eine sehr schöne Arbeit geschreiben, in der er darauf hinwies, wie eng diese Dinge miteinander verbunden sind. Das heißt, daß unsere Fähigkeit, die Welt als hierarchisch gegliedert zu verstehen, mit der tatsächlichen Struktur der Welt sehr nahe verwandt ist. Ich bezeichne diesen Standpunkt als sehr erkenntnistheoretisch. Ich bin auch der Ansicht, daß Lamarckismus belanglos geworden ist. Er ist längst überholt. Ich glaube, Lamarckismus ist kein Begriff, auf den wir hier weiter eingehen sollten.

MOHR: Eine kurze Bemerkung zum Hierarchieproblem. Das Problem ist natürlich innerhalb der Biologie uralt, und es gäbe gar keine biologische Wissenschaft ohne das Hierarchiekonzept. Das betrifft sowohl die strukturelle Hierarchie als auch besonders die Kontrollhierarchie. Die ganze moderne Biologie seit Weiterentwicklung des Homoeostasisbegriffs oder des Begriffs der Entwicklungshomoeostasis ist schon zwanzig Jahre alt, Homoeostase ist fünfzig Jahre alt, hat sich konzentriert auf die Hierarchie der Kontrollsysteme. Molekularbiologie, die wirkliche Essenz der Molekularbiologie, ist die Hierarchie von Kontrollsystemen, und insofern begrüße ich das natürlich, wenn hier eine starke Betonung auf diesen Punkt gemacht wird, aber ich möchte doch auch aus meiner Sicht betonen, daß innerhalb der Biologie dieses Problem nicht nur bekannt ist, sondern, wie ich glaube, in einer bewundernswerten Weise durchformuliert wurde, gerade durch die Fortschritte der Molekularbiologie.

LEINFELLNER: Die Simulierung im Computer, PERCY LÖWENHARD, geht so, daß die Umwelt durch vier Buchstaben gekennzeichnet wird. Und nun lassen wir ein Gen unter »randomer« Entwicklung so lange sich ändern, bis genau die entsprechende Umweltbedingung erreicht ist. Das ist auf einer Prädiktion aufgebaut.

Dann die EEG-Modelle: Ich stimme mit Ihnen überein, wir wissen nicht, woher sie sind, und das war natürlich eine semantische Erklärung. Software, hardware, da stimme ich eigentlich auch mit Ihnen überein. Ein Problem allerdings hängt damit zusammen, daß die Wellenmuster allein ja interindividuell überlagert sind von der verschiedenen Bewertung. Jeder wird z. B., wenn er eine Tasse sieht, anders bewerten. Hat er genug Kaffee getrunken, wird er es »nieder« bewerten (intraindividuelle Invarianz).

Dann, ERHARD OESER, ich habe gedacht, daß ich Ihre beiden Stufen verändern kann, aber wenn Sie mich auf der zweiten Stufe ansiedeln, dann natürlich stimmt Ihr Argument.

Dann MICHALE RUSE: Natürlich ist die kulturelle Entwicklung viel kürzer, dreißig Jahre, eine Generation nach LUMSDEN und WILSON.

RUPERT RIEDL, natürlich gibt es eine kognitive Psychologie, ERWIN TENNE z. B. wäre da zu erwähnen, dann ein Wiederaufleben der Assoziationspsychologie, aber natürlich im neuen Rahmen, und ich danke Ihnen für Ihre Bemerkung über den Lamarckismus. Ich wäre natürlich froh, wenn die Evolutionsteorie nicht dadurch belastet wäre.

GERHARD VOLLMER, Sie haben mit Ihrer Bemerkung recht, aber ich habe da schon

Vorsorge getroffen, indem ich sagte, daß wir im chemisch-physikalischen Bereich nur die Stabilitätsvermehrung haben. Also, nach dem WEIZSÄCKER-Zyklus ist die Sonne relativ bis zum Helium-Ausbrennen konstant. Also meine ich nicht, daß die Sonne »intelligent« ist, sondern daß sie einen gewissen Zug der Spieltheorie, nämlich relative Stabilität, für kurze Zeit hat. Andernfalls würde Ihr Argument natürlich hinhauen. Ich glaube, ich habe weiter nichts zu sagen.

Evolutionäre Ursprünge der Metaphysik

FRANZ M. WUKETITS

Das menschliche Grunddilemma

Der Mensch, jene Kreatur, die im späten Tertiär affenartigen Lebewesen, die von den Bäumen herabgestiegen waren, entsprungen ist, steht seit jeher vor Problemen grundsätzlicher Art. Es sind dies Probleme, die über die Bewältigung des Lebens in einem strikt biologischen Sinne weit hinausgehen; Probleme, die jeden »tierischen Realismus« übersteigen, denn für kein anderes Lebewesen ist die eigene Vergangenheit, ist die eigene Zukunft ein Problem, ebenso wie kein anderes Lebewesen über das Gute und das Böse, über den Zweck der Welt und seinen eigenen Zweck in dieser reflektiert. Es ist die Erkenntnis des eigenen Ichs und eben das Vermögen, dieses Ich bewußt zu hinterfragen, woraus zwar neue Daseinsformen, aber mit diesen auch neue Probleme entstanden.

»Die Entdeckung des eigenen Ichs«, schreibt K. LORENZ (1973), »der Beginn der Reflexion, muß ein einschneidendes historisches Ereignis...gewesen sein. Nicht zu Unrecht hat man den Menschen als das reflektierende Wesen definiert.« Aber diese Entdekkung des Ichs war auch, wie R. RIEDL (1976) vermutet, die »erschütterndste Entdeckung, die der Mensch in seiner Geistesgeschichte gemacht hat; ein Auftauchen aus einem 'tierischen' Realismus; zu begreifen, selbst Spiegel dieser Welt, die Ursache vieler Dinge, selbst der Träger von Zielen und Zwecken zu sein.« In der Tat, mit dem Beginn der *Selbstreflexion*, die der Anfang war einer neuartigen Evolution - der kulturellen, geistigen Evolution -, wurde das grundsätzliche Dilemma des Menschen geboren. Fragen nach der eigenen Herkunft und Zukunft, nach der eigenen Position in der Welt, nach einem möglichen Weltenzweck drängten sich auf; und aus der Ratlosigkeit angesichts der vielfältigen Naturereignisse entstanden Ängste und Hoffnungen, aus diesen wieder *Weltbilder*, die Sicherheit vermitteln, ja Geborgenheit schaffen sollten; doch diese Bilder, die der Mensch von seiner Welt und der Welt um ihn herum sich schuf, stifteten freilich stets auch neue Verwirrungen.

Unter den vielen Bezeichnungen, die den Menschen charakterisieren sollen, ist in diesem Zusammenhang *homo metaphysicus* die treffendste: Der Mensch, das »metaphysikbedürftige« Lebewesen. A. SCHOPENHAUER (vgl. 1976) schrieb: »Der Mensch ist ein animal metaphysicum...; d. h. er hat ein überwiegend starkes metaphysisches Bedürfnis: Demnach faßt er das Leben vor allem in seiner metaphysischen Bedeutung und will aus dieser alles abgeleitet wissen.« Im Übersteigen des angedeuteten »tierischen Realismus« entstand beim Menschen das Bedürfnis, die Phänomene zu deuten, diesen bestimmte Zwecke zuzuordnen und die Zwecke in der sinnlichen Erfahrung unzugängliche Sphären zu verlagern. Offenbar ist es ein Grundbedürfnis des Menschen, »hinter« den Phänomenen noch Welten zu postulieren, verbunden freilich mit der irrationalen Hoffnung, daß das Getriebe in seiner kleinen Narrenwelt und daß all die belebten und unbelebten Objekte innerhalb seines Gesichtsfeldes einen »letzten Zweck« haben mögen, daß das eigene Dilemma nur vorübergehend sei, indes aber schon im konkreten Leben mittels jener Hoffnung erträglich gemacht werden könne.

Ausgehend also von dem mit der Selbstreflexion begründeten menschlichen Grunddilemma können wir, indem wir diese Selbstreflexion historisch, evolutionär rekonstruieren, die *Metaphysik* als ein geradezu naturbedingtes Resultat menschlicher Hoffnungen und Ängste begreifen. Dabei bleibt vorwegzunehmen, daß hier wie in der Folge nicht die Metaphysik als eine philosophische Disziplin[1] in Rede steht; den Ausdruck »Metaphysik« verwende ich in seiner allgemeinen Bedeutung als Reflexion eines möglichen Urgrunds der Welt, als Spekulation über mögliche Ursachen und Zwecke jenseits der Erfahrungswelt. So gesehen impliziert die Metaphysik Formen mythischen Denkens, den *Mythos*, den einzelne Völker ins Leben gerufen haben, um Lebens- und Gemeinschaftsformen im eigenen Kulturkreis zu legitimieren (S. N. BOSSHARD, 1985), um unter Berufung auf eine postulierte eternale Weltordnung das eigene Handeln zu rechtfertigen.

Mein Beitrag versteht sich somit als Skizze *anthropologischer* Perspektiven der Evolutionären Erkenntnistheorie, und es soll deutlich gemacht werden, daß diese Theorie eine Innovation des Menschenbildes signalisiert, indem sie fundamentale Wesenszüge des Menschen - wie dessen »Metaphysikbedürfnis« - historisch, evolutionär relativiert.

Ältere (evolutionäre) Ansätze zur Erklärung der Metaphysik

Eine im weitesten Sinne entwicklungsgeschichtliche Erklärung der Metaphysik, des menschlichen »Metaphysikbedürfnisses« ist allerdings nicht grundsätzlich neu. Schon D. HUME erklärte in seinen 1779 (posthum) erschienenen »Dialogues Concerning Natural Religion« die Entstehung religiöser »Wahrheiten« psychologisch aus den Bedürfnissen des Gemüts, im Spannungsfeld menschlicher Furcht und Hoffnung.

Als dann im 19. Jahrhundert die biologische Evolutionslehre auf breiter Basis dargelegt und begründet wurde, war es nur konsequent, daß auch die »geistigen Eigenschaften« des Menschen als Resultat von Evolutionsprozessen aufgefaßt wurden. CH. DARWIN (1871) bemerkte: »Sobald die bedeutungsvollen Fähigkeiten der Phantasie, Verwunderung und Neugierde, in Verbindung mit einiger Urteilsfähigkeit, teilweise entwickelt waren, wird der Mensch ganz von selbst versucht haben, das, was um ihn her vorgeht, zu verstehen, und er wird auch über seine eigene Existenz zu spekulieren begonnen haben.« Und weiter heißt es: »Dieselben hohen geistigen Fähigkeiten, die den Menschen zuerst zum Glauben an unsichtbare geistige Kräfte brachten, dann zum Fetischismus, Polytheismus und endlich zum Monotheismus führten, müssen ihn, solange sie von den Verstandeskräften nicht kontrolliert werden konnten, unfehlbar zu dem seltsamsten Aberglauben und zu den sonderbarsten Gebräuchen geführt haben.«

Für DARWIN war es klar, daß jeder religiöse Glaube, jeder Glaube an Überweltliches erst auf der Stufe des menschlichen Intellekts erreicht wurde, daß dieser aber selbst ein Resultat der (biologischen) Evolution unter den Bedingungen der natürlichen Auslese ist. Im Anschluß an DARWIN wurde die These von der evolutionären Bedingtheit aller Metaphysik und Religion von mehreren Autoren aufgegriffen und weitergeführt.

Nur als ein Beispiel nenne ich hier O. CASPARI, der in seiner zweibändigen »Urgeschichte der Menschheit mit Rücksicht auf die natürliche Entwicklung des frühesten Geisteslebens« (1877) über die Anfänge religiösen Lebens folgendes ausführt: »Wie Handgeschick, Sprache, Intelligenz und Kunst von der niedrigsten thierischen Stufe aus wachsen mußten, so auch mußte die Religion ihren Proceß der Entfaltung von dieser Stufe aus durchlaufen. Wie der früheste Mensch noch kein geborener Künstler war,...ebensowenig verklärten sich ursprünglich schon dem ersten Menschen die Naturobjecte in einem wirklich religiösen erhabenen Lichte.« (O. CASPARI, 1877, Bd. 1).[2] Daß, wie hier also zu zeigen versucht wird, metaphysische, religiöse Empfindungen erst auf einer entsprechenden Entwicklungsstufe erreicht werden konnten, mag ja trivial sein, doch worum es den evolutionär orientierten Autoren im 19. Jahrhundert - und teils natürlich auch schon früher - ging, war, daß jede Religiosität des Menschen spezifischen *Lebensbedingungen* entsprungen ist und daß der Mensch von da aus den Glauben an wie immer geartete »höhere Wesen« und diese Wesen selber erfunden hat.

Der Ansatz der modernen Evolutionären Erkenntnistheorie

Die Evolutionäre Erkenntnistheorie, deren Grundlagen in vorangegangenen Beiträgen bereits ausführlich dargestellt worden sind, ist für die vorliegende Problemstellung vor allem in folgenden Punkten relevant (s. hierzu besonders K. LORENZ, 1973; R. RIEDL, 1980; K. LORENZ & F. M. WUKETITS, 1983):

- Alles menschliche Erkennen und Denken ist gebunden an materialle Strukturen (Zentralnervensystem, Gehirn, Sinnesorgane), die ihrerseits Resultate der biologischen Evolution sind.
- Das spezifisch menschliche Vermögen zur Selbstreflexion ist ebenfalls nur auf der Basis dieser materiellen Strukturen erklärbar.
- Eine Biologie der Erkenntnis erhellt daher die stammesgeschichtlichen Bedingungen der Vernunft, gibt uns aber ebenso auch die Wurzeln der »Unvernunft« zu verstehen.
- Vernunft und Unvernunft, Rationales und Irrationales bleiben immer mit jenen materiellen Strukturen verbunden, so daß sie evolutionär erklärt werden können.
- Die Ergebnisse menschlicher Erkenntnis- und Denkleistungen sind aber nicht streng biologisch determiniert und können eine spezifische Eigendynamik entwickeln.

Mit dem letzten der genannten Punkte soll darauf hingewiesen worden sein, daß die *kulturelle Evolution*, als Resultat von Erkenntnis- bzw. Denkfunktionen, eine gewisse Eigendynamik hat und nicht auf die biologische Evolution reduziert werden kann. Ausgehend von der Evolutionären Erkenntnistheorie meinen wir zwar, daß die kulturelle Kapazität des Menschen selbstverständlich zunächst von biologischen Strukturen und deren Kapazität (vor allem vom Gehirn) abhängt, doch wird damit noch nichts über die *Richtung* und über die Ausprägung *bestimmter* kultureller Systeme ausgesagt, sondern nur über die Anfangsbedingungen kulturellen Verhaltens im allgemeinen (F. M. WUKETITS, 1984). Es ist im Grunde genommen jedem evolutionären Erkenntnistheoretiker klar, daß die vielfältigen Erscheinungsformen menschlicher Kultur, basierend auf spezifischen Mustern *sozialen* Verhaltens, die Mechanismen der Bio-Evolution sozusagen übersteigen und eigene Gesetzlichkeiten bzw. Regelhaftigkeiten zeigen.

Aber die Evolutionäre Erkenntnistheorie beruht ja gerade darauf, daß der Mensch sowohl biologische als auch soziokulturelle Entwicklungs- (Evolutions-)Prozesse durchlaufen hat. So hat D. T. CAMPBELL in seinem beinahe schon klassisch gewordenen Aufsatz »Evolutionary Epistemology« (1974) die evolutionäre Epistemologie als eine Erkenntnistheorie definiert, die der Tatsache Rechnung trägt, daß der Mensch ein Resultat der biologischen *und* in der Folge der (sozio-)kulturellen Evolution ist. Die Rekonstruktion evolutionärer Ursprünge der Metaphysik hat demnach sowohl auf die biologische als auch auf die kulturelle Evolution des Menschen Bezug zu nehmen. Daß in der Evolution ein Lebewesen aufgetreten ist, welches der Metaphysik bedarf, ist auf biologische Strukturen und Funktionen und deren Entwicklung zurückzuführen; jedoch war die »Lebenswelt« schon des frühen Menschen auch durch bestimmte kulturelle Aktivitäten geprägt, so daß metaphysische Hoffnungen und Projektionen von kulturellen Kontexten abhängig waren.

Jedenfalls wollen wir festhalten: »Jeder Versuch einer Analyse menschlicher Weltdeutungen und Selbstinterpretationen muß heute der Tatsache Rechnung tragen, daß der Mensch in seiner Gesamtheit - also einschließlich seiner psychischen Anlagen und Leistungen - nicht aus dem Zusammenhang der Entwicklung alles Lebendigen herausgenommen werden kann« (E. TOPITSCH, 1979). Denn nur in der Dynamik der Evolution des Menschen sind jene Strukturen zu begreifen, die dieses Lebewesen mit seinem Bedürfnis nach Metaphysik, eben als *homo metaphysicus*, ausweisen. Eine Analyse der evolutionären Ursprünge der Metaphysik findet daher ihren Platz im größeren Rahmen einer »evolutionären Psychologie« (G. MEDICUS, 1985), die vor allem als »Paläopsychologie« oder »Paläontologie der Seele (H. v. DITFURTH, 1976) die archaischen Muster im Verhalten des Menschen sichtbar machen kann (s. auch F. M. WUKETITS, 1985a). Hierzu liegt auch eine Reihe empirischer Befunde vor. Ich komme darauf zurück.

Die Metaphysik der Neandertaler

Eines der stärksten Motive der Metaphysik schon beim frühen Menschen war gewiß die Erkenntnis, sterblich zu sein: Das *Todesbewußtsein.* Daß dieses Bewußtsein den Menschen in tiefste Bedrängnis versetzte, ist ja so unverständlich nicht; und es ist leicht zu begreifen, daß der Mensch seit jeher versucht, die Aussicht auf den eigenen Tod - mehr oder weniger wirksam - zu verdrängen. (Auch der heutige Mensch versucht mit allerlei psychologischen »Tricks« seinem eigenen Todesbewußtsein zu entfliehen und hat daher unter anderem seine Todesversicherung, die paradoxerweise »Lebensversicherung« heißt.) Kurz, es geht darum, die Todesgewißheit zu überwinden; wenn schon der Tod selber, als biologische Notwendigkeit, unabwendbar ist, sollte zumindest die Illusion bestehen, eine andere Form des »Lebens« im Jenseits zu finden und derlei mehr. »Die Überwindung der Todesgewißheit«, so bemerkt auch H. K. ERBEN (1981), »...hat unser urmenschlicher Vorfahre letztlich dadurch erzielt, daß er den tröstlichen Glauben an die Möglichkeit der eigenen Unsterblichkeit entwickelte. Und dieses ebenso zweckoptimistische wie notwendige Dogma hat sich über alle inzwischen erfolgten Veränderungen in seinen Grundzügen seit mindestens 60.000 Jahren bis heute erhalten.« Da der Versuch, das eigene Todesbewußtsein zu überwinden, stets veräußert wurde in Kulthandlungen, Begräbnisriten, symbolischen Darstellungen usw., sind wir über die entsprechenden Vorstellungen auch des frühen Menschen einigermaßen gut unterrichtet. Deutliche Belege haben wir vom Totenkult und Jenseitsvorstellungen des *Neandertalers* (vgl. z. B. J. E. PFEIFFER, 1973; G. CONSTABLE, 1979; E. WINKLER & J. SCHWEIKHARDT, 1982; s. ferner auch F. M. WUKETITS, 1987); die verfügbaren Funde erreichen ein Alter von maximal 60.000 Jahren.

So hat man beispielsweise in ausgestreckter oder gebeugter Haltung in Gruben liegende Skelette gefunden, die offensichtlich so begraben worden sind, weil sich anders die Skelette nicht so gut erhalten hätten. Einige Gräber zeigen, daß den Toten auch Gegenstände mit ins Grab gegeben worden sind, und zumindest in einigen Fällen ließ sich wahrscheinlich machen, daß die Gräber sogar mit Blumen geschmückt worden waren. Interessant ist in diesem Zusammenhang auch der *Schädelkult.* Beim Neandertaler hat der Schädel sicher schon eine wichtige Rolle in kultischer bzw. religiöser Hinsicht gespielt. So wurde bereits im Jahre 1939 in Italien ein Schädel eines Neandertalers zusammen mit Knochen fossiler Tiere gefunden; der Neandertaler-Schädel war in eine ovale Steinsetzung eingebettet und zeigte, daß die Schädelbasis künstlich geöffnet worden war, so daß sich die Vermutung aufdrängt, daß hier schon das Kopfjägertum »gepflegt« wurde (welches bekanntlich bis in die neuere Zeit hinein verbreitet war und auf die Abgründe menschlicher Existenz einiges Licht wirft, so wie die Speisezettel der Kannibalen und anderes mehr). Ferner muß an dieser Stelle auch der *Bärenkult* Erwähnung finden; es ist gesichert, daß - wie etwa auch B. G. CAMPBELL (1985) ausführt - der Neandertaler den Bärenschädel zum Kultgegenstand erhoben hatte, den Bären darüber hinaus wohl auch als einen Vermittler zwischen »Diesseits« und »Jenseits«, als einen Boten von Geistern betrachtete.

Somit können wir festhalten, daß spätestens auf der Stufe des Neandertalers - von früheren Repräsentanten unserer Gattung fehlen hierfür eindeutige Befunde - metaphysische Vorstellungen verbreitet waren. Diese Vorstellungen legen umgekehrt Zeugnis davon ab, daß die Neandertaler bereits über ein selbstreflexives Bewußtsein verfügten; anders ist die Annahme eines »Jenseits«, der Glaube an ein »Weiterleben«

nach dem Tode nicht erklärbar. Hier zeigt sich also, daß das Bewußtsein das Todesbewußtsein des Menschen miteinschließt - und daß dieses (Todes-)Bewußtsein das einleitend bezeichnete menschliche Grunddilemma wesentlich mitgeprägt hat.

Das Erwachen des *homo metaphysicus* muß untrennbar verbunden gewesen sein mit einer gewissen Erklärungsnot (F. M. WUKETITS, 1987): In eine Welt gestellt zu werden, die voller Rätsel ist, mußte dem frühen Menschen - neben der unmittelbaren, biologischen Lebensbewältigung - Schwierigkeiten besonderer Art bereiten, die ihn angesichts so mancher Naturereignisse wohl zum Entsetzen trieben.

Die Projektion von Zwecken und Absichten

Alles in allem können wir sagen, daß das größte Problem des zum Bewußtsein gekommenen Menschen darin bestand, eine rätselhafte Welt und inmitten dieser Welt sich selber (bewußt) zu begreifen. »Sein Problem begann, als er seiner eigenen Existenz gewahr wurde und in bewußter Reflexion zum ersten Mal fragte: Wer bin Ich? Woher komme ich? Wohin gehe ich? Im Laufe seiner Geschichte als 'denkendes' Wesen hat der Mensch sich fortgesetzt diese Fragen gestellt; und er hat immerfort nach einem Sinn des Daseins gesucht, und wo kein Sinn zu finden war, hat er einen Sinn *er*funden.« (F. M. WUKETITS, 1985a). Damit kommen wir zum Kern der Sache: Der Mensch - und dies ist nach wie vor der Angelpunkt seiner Metaphysik - hat nach dem Sinn der Welt und nach seinem eigenen Sinn gesucht.

R. RIEDL (1980) hat die »Hypothese vom Zweckvollen« in einer Hierarchie von »Hypothesen« unseres vorbewußten Erkenntnisapparates dargelegt, mit dem für uns quintessentiellen Schluß, daß diese Hypothese der Beginn des Bewußtseins war, daß eine »Anthropologie der Metaphysik« demnach dort anzusetzen hätte, wo Zwecke und Absichten ins Reich jenseits der Erfahrung delegiert worden sind. Und ebenso wichtig ist dabei nun der Umstand, daß wir auf der Grundlage der Evolution plausible Erklärungen für die Sinn-Suche des Menschen, für die Projektion von Zwecken und Absichten haben. Denn »es muß immer wieder«, so R. RIEDL (1980), »von lebenserhaltender Bedeutung gewesen sein anzuerkennen, mit all seinen Unterfunktionen selbst nur Funktion einer ganzen Serie von Oberfunktionen zu sein.«

Metaphysik also als eine lebenserhaltende Funktion? Durchaus. Denn die Projektion von Ursachen als *Absichten* in Sphären des Unerfahrbaren hat für den Menschen stets eine gewisse Befriedigung bedeutet, »eine gewisse Beruhigung in einer unsicheren Situation: 'Es hat doch alles seinen tieferen Sinn' - und ist dieser 'Sinn' nicht unmittelbar einsichtig, dann eben wird er der Absicht eines 'höheren Wesens' zugesprochen.« (F. M. WUKETITS, 1987) Es ist jene Erklärungsnot, die beim frühen Menschen - beim Neandertaler, möglicherweise aber auch bei älteren Formen - gekoppelt mit Angst und Hoffnung die Metaphysik ins Leben gerufen hat, als einen psychologisch wirkungsvollen Mechanismus der Lebensbewältigung. Nochmals R. RIEDL (1976): »Gerade der primitive Mensch ist völlig unübersehbaren Gefahren ausgesetzt. Kaum einer stirbt eines natürlichen Todes. Er ist entsetzt über die Gestalten seiner Träume. Er begräbt die Verstorbenen, um sie an der Rückkehr zu hindern; versorgt sie mit Gaben, um sie zu beschwichtigen. Rätsel und Wunder waren überall, und das Ungewisseste von allem war das eigene Schicksal. Was also Wunder, daß das Individuum Gesetz und Voraussicht erträumt, wo es meint, ihrer am dringlichsten zu bedürfen.« Sicherheit zu gewinnen also in einer alles in allem unsicheren Welt - das war (und ist) ein Grundbedürfnis des Menschen, und erfüllt wurde dieses Bedürfnis am ehesten offenbar durch die Projektion von Absichten ins Unerfahrbare.

Mit Unerfahrbarem hat es seine besondere Bewandtnis, eben weil es a priori unerfahrbar ist, so daß der Mensch sich daran klammern konnte, »denn gerade die Gewißheit, daß 'es' unerfahrbar bleibt, enthebt ihn auch der Gefahr, durch den Beweis des Gegenteils enttäuscht zu werden. Andererseits nimmt er mit seinem Glauben das Risiko auf sich, daß eben dieser Glaube am Ende doch inhaltsleer sein könnte, nämlich dann, wenn das Unerfahrbare selbst sich als Illusion herausstellen sollte. Aber wenn es eine bloße Illusion ist, dann wird das Unerfahrbare als solches auch nie erfahrbar sein. - Man sieht, welcher Gedankenkonstruktionen das menschliche Gehirn fähig ist!« (F. M. WUKETITS, 1985a). Und abermals drängt sich dabei die Vermutung auf, daß dies alles - die Projektion eines Lebenssinns, die Projektion des Weltenzwecks ins Unerfahrbare - eine lebensdienliche Funktion hatte und für uns daher mit den Mitteln der Evolutionstheorie und Evolutionären Erkenntnistheorie begreiflich gemacht werden kann. Das *Ursachen-Denken* insgesamt und mit ihm das *Zweck-Denken* erweist sich mithin als ein stammesgeschichtlich altes Erbprogramm (R. RIEDL, 1980; F. M. WUKETITS, 1981).

Freilich hatte die Projektion von Zwecken und Absichten nicht nur lebensdienliche Funktionen im Sinne der biologischen Evolution, sondern - später - auch im Rahmen der soziokulturellen Entwicklung. Wenn wir mythische Weltbilder hernehmen, dann ist unschwer zu erkennen, daß die Berufung auf angeblich übergeordnete Zwecke, verkündet durch die »heiligen Personen«, die Autoritäten der »Manakräfte«, das (soziale) Leben der Gruppe normiert, das Leben des einzelnen interpretiert und den einzelnen vom Druck seines Daseins befreit (A. GRABNER-HAIDER, 1986); darin liegt die soziokulturelle Funktion des Mythos, der Metaphysik.

Grenzüberschreitungen

Die Metaphysik im allgemeinen bedeutet eine Grenzüberschreitung: Der Mensch gibt sich nicht mit seiner eigenen kleinen Welt zufrieden, sondern projiziert - teils, um seine eigene Lebenswelt zu erklären bzw. zu deuten, teils auch, um jenseits der Erfahrung eine Weltordnung vermuten zu dürfen - Gesetze, Zwecke, Absichten in Bereiche des Unerfahrbaren. Gewissermaßen ist der Mensch dabei das Maß der Dinge; denn es liegt an ihm, jenseits der Erfahrungswelt angenommene Phänomene auf diese oder jene Weise sich zu veranschaulichen, beispielsweise einen gütigen Gott oder böse Dämonen anzunehmen usw.

Nun ist der Mensch aber nicht nur *homo metaphysicus*, er ist auch *homo faber*; er war durchaus immer bestrebt, sich sein Dasein in *dieser* Welt zu verschönern, die Welt um ihn herum zu gestalten und umzugestalten (was bekanntlich zu einer immer größeren Verunstaltung geführt hat), denn es ist ein hervorstechendes Charakteristikum des Lebewesens, sich beständig auf der Suche nach einer »besseren Welt« zu befinden (K. R. POPPER, 1984). (Selbstredend folgt der Mensch auf dieser Suche oft ebenfalls metaphysischen Antrieben.) Indem aber der Mensch sich diese, »seine« Welt gestaltet, wendet er *Wissen* an, oder das, was er zu wissen glaubt. Die Vermehrung von Wissen, wenn gepaart mit Einsicht, ist allerdings eine Grenzüberschreitung anderer Art. Worauf ich hinaus will, ist eine uralte Frage: Ob nämlich die geistige Kapazität des Menschen, ob seine Erkenntnisfähigkeit grundsätzlich beschränkt ist oder nicht.

Hier komme ich zurück auf die alte These des französischen Geschichtsphilosophen A. CONDORCET, der - im 18. Jahrhundert - die Auffassung vertrat, daß der menschlichen »Vervollkommnungsfähigkeit« keine Grenzen gesetzt sind. Diese Auffassung stand im Zeichen der französischen Aufklärung und ist nicht zuletzt auch daraus verständlich. Wenn wir nun - und dies ist ja der Leitgedanke der Evolutionären Erkenntnistheorie - Erkenntnis, Wissen als Phänomene einer Evolution betrachten, damit also als sich wandelnde Phänomene, dann erscheint die Annahme plausibel, daß sich unsere Erkenntnis-

bzw. Wissensfähigkeit nicht für alle Zeiten begrenzen läßt (und die Entwicklung wissenschaftlichen Wissens in den letzten zweihundert Jahren bestärkt uns in dieser Annahme). Ausgehend von der Evolutionären Erkenntnistheorie ist denn auch die Auffassung vertreten worden (P. LEVINSON, 1982), daß in dem Ausmaß, in dem unsere Erkenntnis ein Resultat der Evolution ist, eben diese Erkenntnis beständig verbessert, verfeinert, vergrößert wird, aufgrund von Mechanismen freilich, die nun die biologischen Evolutionsmechanismen übersteigen und - auf kultureller Ebene - zu einer ungeheuren Entwicklungsbeschleunigung führen.

Sodann: Uns ist der Blick sowohl auf Strukturen des Mikrokosmos wie auch auf Dimensionen des Makrokosmos möglich geworden; das ist sozusagen eine Grenzüberschreitung, und zugleich wird jede Form der Metaphysik dadurch in ihre Schranken gewiesen. Wovor sich unsere Vorfahren fürchten mußten, weil es dunkel, geheimnisvoll und gefährlich schien, was sie verehrten, weil es von anderen Welten kommend aussah, begreifen wir heute als Folge physikalischer und biologischer Gesetzlichkeit, wobei die Erkenntnis solcher Gesetzlichkeit natürlich wiederum ein Resultat der Evolution des Erkenntisapparates ist. Evolutionäre Erkenntnistheorie - bedeutet dies also das Ende der Metaphysik?

Vernunft und Unvernunft

Das menschliche Grunddilemma wurzelt in jenem Umstand, daß wir - als bewußt reflektierende Wesen - uns selber und die Welt um uns herum problematisieren, indem wir die Aufgabe wahrnehmen, unsere Position in diesem Kosmos zu ergründen; aber nicht nur das ist unser Problem, sondern es geht dem Menschen wie gesagt darum, einen Sinn zu finden, einen Sinn seines eigenen Daseins. Daher werden wohl auch unsere Einsichten in die Strukturen des Mikro- und Makrokosmos und daher wird die Erkenntnis, daß alle Metaphysik evolutionären Ursprungs ist, die Metaphysik nicht beenden.

Längst wissen wir, daß unser Planet keinen wie immer ausgezeichneten Punkt in diesem Universum darstellt, längst wissen wir, daß wir nur ein Glied sind in der langen Kette der Evolution des Lebenden auf diesem Planeten; dennoch widerstrebt es so manchem, sich nur als »Zigeuner am Rande des Universums« (J. MONOD, 1971) zu sehen, einzusehen, daß dieses Universum taub ist für unsere Freudengesänge ebenso wie für unsere Klagelieder und daß selbst jene grenzenlose Dummheit kriegerischer Auseinandersetzungen und fortgesetzten Wettrüstens mit der absehbaren Konsequenz, daß die Erde eines Tages in die Luft gesprengt wird, niemandem »da draußen« auch nur ein Wort des Bedauerns entlocken wird.

Eben dies ist es, was metaphysische Ideen weiterhin nährt: Die Hoffnung, daß jede Sache »irgendwie« einem höheren Zwecke dient. Wie gefährlich aber unsere metaphysischen Gedankengespinste sein können, zeigt sich dann gerade dort, wo die Berufung auf den vermeintlichen höheren Sinn selbst grauenvolle Menschenvernichtungen mit sich bringt, in »heiligen Kriegen«, im Wettstreit der Ideologien um letzte und ewige Wahrheiten, was immer diese sein mögen. Es ist sicherlich richtig, daß der Mensch, wie K. R. POPPER (1984) sagt, als einziges Lebewesen auf diesem Planeten seine Ideen an seiner statt sterben lassen kann; aber - wie paradox - der Mensch ist auch das einzige Lebewesen, das gewillt, bereit ist, *für* seine Ideen, für seine Ideologien zu sterben! Im kollektiven Wahnsinn der Kriege hat der *homo demens* (E. MORIN, 1974) fortgesetzt sich selbst geopfert, irgendeinem ihm von seinen eigenen Propheten vorgegaukelten höheren Zweck, denn wo die Fahne weht, bleibt bekanntlich der Verstand (und nicht nur der Verstand) in der Trompete. Es war die Rede von den Adaptierungsmängeln der menschlichen Vernunft (R. RIEDL, in diesem Band), und wir müssen uns an dieser Stelle erneut vergegenwärtigen, daß die Vernunft als der Evolution jüngstes Kind sich noch nicht mit unserer ganzen Lebenssituation in Einklang bringen läßt. Und abermals scheint es paradox wie ebenso einsichtig: Unvernünftig zu sein ist das Privileg eines vernunftbegabten Lebewesens. Zu sehen, wo unsere eigene Unvernunft sich lebensbedrohend für die ganze Menschheit auswirkt, wo der postulierte und, wie gesagt, durchaus lebensdienlich angenommene Zweck zweckwidrig, da lebensgefährlich, wird, ist daher die vordringliche Aufgabe unserer Reflexion.

Und hier zeigt sich die angedeutete anthropologische Perspektive der Evolutionären Erkenntnistheorie: In der Möglichkeit nämlich, aus der Rekonstruktion der stammesgeschichtlichen Wurzeln der Vernunft auch die Wurzeln der Unvernunft zu begreifen (F. M. WUKETITS, 1985b). Da sich die biologische Grundausstattung unseres Erkenntnisapparates seit etwa 40.000 Jahren nicht geändert hat, die Produkte dieses Erkenntnisapparates (wissenschaftliche Theorien, Technologien usw.) sich aber schwindelerregend schnell entwickelt haben, da wir auf der einen Seite noch mit metaphysischen Hoffnungen aus grauer Vorzeit belastet, auf der anderen Seite aber mit ungeahnten technologischen Potentialen ausgerüstet sind, ist der Kollaps unserer ganzen Zivilisation so greifbar nahe. Denn, und dies mag längst ein Gemeinplatz sein, jedes Wissen kann auch in sehr unvernünftiger Weise angewendet werden, was jedenfalls mit anderen Kategorien menschlichen Daseins zu tun hat und nicht im Wissen selber liegt (P. LÖWENHARD, 1982).

Es ist daher eine Ironie, daß inmitten eines leblosen, ja lebensfeindlichen Universums Jahrmilliarden nach dem Urknall ein Lebewesen zuerst über dieses Universum zu staunen, es dann in seinen Strukturen zu erkennen beginnt, um dann endlich seinen eigenen, den weit und breit einzigen lebensfreundlichen Planeten abermals in eine lebensfeindliche Welt zu verwandeln (F. M. WUKETITS, 1986), Krieg zu führen gegen die Natur und gegen die Angehörigen seiner eigenen Spezies, den kollektiven Untergang heraufzubeschwören. Hoffnungen auf einen übergeordneten Zweck im Bereich des Unerfahrbaren, Hoffnungen auf ein »schöneres Leben» im Jenseits sind ebenso Ausdruck des *homo metaphysicus* wie die Destruktion des »Diesseits« auf der Basis von Ideen, die abermals von Metaphysik durchtränkt sind.

In ihrer anthrophologischen Relevanz ist die Evolutionäre Erkenntnistheorie somit nicht zu übersehen. Denn so wie die Theorie die Ursachen und Konsequenzen eines in Materie und Geist, in Natur und Kultur gespaltenen Weltbildes zu ergründen vermag (R. RIEDL, 1985), so wie sie den Vorgang des Erkennens und die Eigenschaften der zu erkennenden Objekte miteinander verknüpft (K. LORENZ, 1973) und mithin das positivistische Erkenntnisideal ad absurdum führt - so können wir durch diese Theorie uns klarmachen, wo die Wurzeln des Unvernünftigen unserer Vernunft liegen und wo die Metaphysik lebensdienlich Vernünftiges und wo lebensgefährlich Unvernünftiges hervorbringt. Die Rekonstruktion evolutionärer Ursprünge der Metaphysik bedeutet also nicht notwendig das Ende der Metaphysik selbst, sehr wohl aber deren genetisch-historische Relativierung.

Hat man sich diese Konsequenz der Theorie vor Augen geführt, dann wird man, so meine ich, nicht umhinkönnen, der Theorie eine beispiellose anthropologische Relevanz zu attestieren. Es mag ungerechtfertigt sein, hier von einer »echten« kopernikanischen Wende zu sprechen; aber es wird nicht geleugnet werden können, daß die Evolutionäre Erkenntnistheorie zu einem tiefgehenden Wandel unseres Menschenbildes führt, indem sie uns hilft, die ureigenen Antriebe unserer Existenz zu verstehen und - wo immer nötig - zu überwinden.

Anmerkungen

[1] Ursprünglich war »Metaphysik« ein werktechnischer Begriff, der bekanntlich der Ord-

nung aristotelischer Schriften »nach der Physik« dienen sollte. Als philosophische Disziplin wurde die Metaphysik dann vielfach als »Erste Philosophie«, als philosophische Grunddisziplin und als Lehre vom »Seienden« verstanden.

[2] Allerdings sah CASPARI - wie im übrigen auch DARWIN - erste Regungen religiöser Gefühle schon auf niedrigerer Stufe, im Tierreich. Das ist natürlich auch ein Problem der Grenzziehung; daß aber von »echter« Religiosität erst auf einer späten Stufe, beim Menschen, die Rede sein kann, wurde schon im 19. Jahrhundert postuliert.

Literatur

BOSSHARD, S. M. (1985): Erschafft die Welt sich selbst? Die Selbstorganisation von Natur und Mensch aus naturwissenschaftlicher, philosophischer und theologischer Sicht. Freiburg-Basel-Wien: Herder.

CAMPBELL, B. G. (1985): Ökologie des Menschen. Unsere Stellung in der Natur von der Vorzeit bis heute. München: Harnack.

CAMPBELL, D. T. (1974): Evolutionary Epistemology. In: SCHILPP, P. A. (Ed.): The Philosophy of Karl Popper I. La Salle: Open Court.

CASPARI, O. (1877): Die Urgeschichte der Menschheit mit Rücksicht auf die natürliche Entwicklung des frühesten Geisteslebens. Bd. 1. Leipzig: Brockhaus.

CONSTABLE, G. (1979): Die Neandertaler. Amsterdam: Time-Life International.

DARWIN, Ch. (1871): The Descent of Man. London: Murray. (Deutsche Ausgabe: Die Abstammung des Menschen. Stuttgart: Kröner 1966.)

DITFURTH, H. v. (1976): Der Geist fiel nicht vom Himmel. Die Evolution unseres Bewußtseins. Hamburg: Hoffmann und Campe.

ERBEN, H. K. (1981): Leben heißt Sterben. Der Tod des einzelnen und das Aussterben der Arten. Hamburg: Hoffmann und Campe.

GRABNER-HAIDER, A. (1986): Über Mythos und seine Kritik. In: LEINFELLNER, W., & F. M. WUKETITS (Hrsg.): Die Aufgabe der Philosophie in der Gegenwart (= Akten des 10. Internationalen Wittgenstein Symposiums). Wien: Hölder-Pichler-Tempsky.

LEVINSON, P. (1982): Evolutionary Epistemology Without Limits. Knowledge: Creation, Diffusion, Utilization **3**: 465-502.

LORENZ, K. (1973): Die Rückseite des Spiegels. Versuch einer Naturgeschichte menschlichen Erkennens. München-Zürich: Piper.

LORENZ, K., & F. M. WUKETITS (Hrsg.) (1983): Die Evolution des Denkens. München-Zürich: Piper.

LÖWENHARD, P. (1982): Knowledge, Belief and Human Behaviour. Göteborg Psychological Reports **12** (11): 1-71.

MEDICUS, G. (1985): Evolutionäre Psychologie. In: OTT, J. A., G. P. WAGNER & F. M. WUKETITS (Hrsg.): Evolution, Ordnung und Erkenntnis. Berlin-Hamburg: Paul Parey.

MONOD, J. (1971): Zufall und Notwendigkeit. Philosophische Fragen der modernen Biologie. München-Zürich: Piper.

MORIN, E. (1974): Das Rätsel des Humanen. Grundfragen einer neuen Anthropologie. München-Zürich: Piper.

PFEIFFER, J. E. (1973): The Emergence of Man. London: Cardinal Books.

POPPER, K. R. (1984): Auf der Suche nach einer besseren Welt. Aufsätze und Vorträge aus dreißig Jahren. München-Zürich: Piper.

RIEDL, R. (1976): Die Strategie der Genesis. Naturgeschichte der realen Welt. München-Zürich: Piper.

RIEDL, R. (1980): Biologie der Erkenntnis. Die stammesgeschichtlichen Grundlagen der

Vernunft. Unter Mitarbeit von R. KASPAR. Berlin-Hamburg: Paul Parey.
RIEDL, R. (1985): Die Spaltung des Weltbildes. Biologische Grundlagen des Erklärens und Verstehens. Berlin-Hamburg: Paul Parey.
SCHOPENHAUER, A. (1976): Sämtliche Werke. Bd. 5. Darmstadt: Wissenschaftliche Buchgesellschaft.
TOPITSCH, E. (1979): Erkenntnis und Illusion. Grundstrukturen unserer Weltauffassung. Hamburg: Hoffmann und Campe.
WINKLER, E., & J. SCHWEIKHARDT (1982): Expedition Mensch. Streifzüge durch die Anthropologie. Wien-Heidelberg: Ueberreuter.
WUKETITS, F. M. (1981): Biologie und Kausalität. Biologische Ansätze zur Kausalität, Determination und Freiheit. Berlin-Hamburg: Paul Parey.
WUKETITS, F. M. (1984): Evolution, Erkenntnis, Ethik. Folgerungen aus der modernen Biologie. Darmstadt: Wissenschaftliche Buchgesellschaft.
WUKETITS, F. M. (1985a): Zustand und Bewußtsein. Leben als biophilosophische Synthese. Hamburg: Hoffmann und Campe.
WUKETITS, F. M. (1985b): Die Unvollkommenheit unseres Denkens. Die biologischen Grundlagen der Vernunft und Unvernunft. In: Vorträge der 25. Steirischen Akademie: 195-210.
WUKETITS, F. M. (1986): Leben als biophilosophische Synthese. Der Mensch in der Dynamik der Natur. Mensch, Natur, Gesellschaft **3** (1): 18-24.
WUKETITS, F. M. (1987): Jenseits von Zufall und Notwendigkeit. Biologische und kulturelle Evolution des Menschen. Basel: Edition Riannon.

Kommentar zu »Evolutionäre Ursprünge der Metaphysik«

KURT WUCHTERL

Von den sogenannten Relativierungen des Metaphysikbedürfnisses

Die Ausführungen von F. M. WUKETITS verstehen sich als Beitrag zur Anthropologie. Dabei ist die Rede von der »beispiellosen anthropologischen Relevanz« der Evolutionären Erkenntnistheorie (EE), die einen »umfassenden Wandel unseres Menschenbildes« herbeigeführt habe. Deshalb ist es wohl nicht falsch, diese Ausführungen auch als Beitrag zur *philosophischen* Anthropologie im Sinne SCHELERs zu verstehen. Die Überlegungen gehen vom Phänomen der Selbstreflexion aus und damit von der Entdeckung der menschlichen Endlichkeit. Spekulationen über mögliche Ursachen oder Zwecke jenseits der Erfahrungswelt, welche das sogenannte »menschliche Grunddilemma« erträglich machen sollen, werden unter dem Begriff der »Metaphysik« zusammengefaßt. Es ist zwar nur von einer »*Relativierung*« des Metaphysikbedürfnisses die Rede. Verschiedene Formulierungen deuten aber eher auf eine Art von *Entlarvung* dieser Metaphysik hin, d. h. auf eine gewisse Mißbilligung jener Formen von Philosophie oder Religion, die auf Transzendenz Bezug nehmen. Da ist die Rede von HUMEs psychologischer Erklärung der Entstehung religiöser Wahrheiten; es ist die Rede von irrationalen Hoffnungen, von der Illusion, eine andere Form des Lebens im Jenseits zu finden; von der Erfindung von Sinn, von »metaphysischen Gedankengespinsten«, von der Projektion ins Unerfahrbare usw. Für die Argumentation zentral ist dabei der Hinweis auf die Adaptionsmängel einer letztlich auf den Mesokosmos abgestimmten menschlichen Vernunft. Der Blick auf den Mikro- und Makrokosmos weise zugleich diese Metaphysik in ihre Schranken, weil alles, was außerhalb des Mesokosmos den primitiven Menschen beunruhigte, allein durch physikalische und biologische Gesetzlichkeit erklärt werden könne. Zugleich diagnostiziert der Referent den Standpunkt des »homo metaphysicus« oder die »Unvernunft« als mitverantwortlich für die Destruktion unseres Diesseits und damit für die Gefahren eines kollektiven Untergangs des Menschengeschlechtes.

Der phänomenologische Tatbestand der archaischen Formen dieser Metaphysik wird anschaulich beschrieben. Auch die Abhängigkeit der Selbstreflexion, des religiösen Glaubens und der Vernunft von gewissen stammesgeschichtlichen Bedingungen kann kaum bestritten werden. Und wenn mit »evolutionären Ursprüngen der Metaphysik« nur dieses gemeint sein sollte, kann man dem Grundgedanken des Referats zustimmen.

Was aber zur *Kritik* herausfordert, sind die stillschweigenden Konsequenzen für ein neues Menschenbild, die sich aus dieser Abhängigkeit allein nicht ableiten lassen. Solche Folgerungen ergeben sich erst dann, wenn zusätzliche Überzeugungen ins Spiel kommen, die selbst als Metaphysik bezeichnet werden müssen. Zu dieser Metaphysik muß noch einiges gesagt werden.

Von der Metaphysik

Überraschend ist die Bemerkung gleich zu Beginn des Referats, daß die »philosophische Metaphysik« aus den Überlegungen ausgeschlossen werden soll. Bekanntlich bedeutet die Metaphysik bereits in ihrem Entstehungsstadium zweierlei: metaphysica generalis (Ontologie) und metaphysica specialis (Lehre vom Absoluten und transzendenten Ganzen). Die vom Referenten behandelte archaische Form von Metaphysik ist zum Teil eine Vorform eben dieser metaphysica specialis, also einer »philosophischen Metaphysik«. In ihr wird auf ein *Ganzes* Bezug genommen, das den durch Sinneswahrnehmungen gegebenen Erfahrungshorizont des Menschen übersteigt und das nur vage erahnt wird.

Dieses sogenannte Nichterfahrbare spielt in den Ausführungen eine zentrale Rolle. Es wäre deshalb eine kritische Analyse oder Abgrenzung des Erfahrungsbegriffs der *Biologie* von der *religiösen* Erfahrung angebracht gewesen. Häufig ist es ja so, daß man die Hirnprozesse, welche auf religiöse Vorstellungen führen, mit der Interpretation des Geistigen als Epiphänomen in Zusammenhang bringt. G. P. WAGNER hat auf gewisse »Luxusbildungen« in der Evolution hingewiesen, die nicht als Anpassungsprodukte verstanden werden müssen. Im Gehirn sind solche Luxusbildungen besonders häufig und möglicherweise ein Ausgangspunkt für gewisse kulturelle Entwicklungen, die mit Überleben wenig zu tun haben.

Die Ausführungen von F. M. WUKETITS zeigen jedoch - im Gegensatz zu solchen Deutungen - die Wichtigkeit der religiösen Erfahrung für die Existenz des damaligen Menschen.[1] Es wird zudem darauf hingewiesen, daß diese Metaphysik auch heute noch eine gewisse Funktion hat. Es handelt sich also offensichtlich um eine 60.000 Jahre alte *Erfahrung* der Menschheit, wenn das Phänomen des Selbstbewußtseins mit Sinnstiftungen und Kontingenzbewältigungen einhergeht.

Die Entstehung des Selbstbewußtseins ist ganz allgemein mit dem Problem der Kontingenzbewältigung verbunden. Weil wir aus dem unmittelbaren Naturzusammenhang herausgetreten sind, müssen wir im Kleinen wie im Großen, im Denk- wie im Handlungszusammenhang Sinnstiftungen vollziehen. Die Erfahrung der Transzendenz ist also nicht nur als isolierter lebensdienlicher Wunschtraum innerhalb des Mesokosmos zu deuten, sondern als Extrapolation einer überall wirksamen Sinnstiftung, auch der Sinnstiftung, die mit Hilfe der unverdächtigten Mathematik den Mesokosmos in Richtung Mikrokosmos und Makrokosmos transzendiert.

Auf das Referat bezogen und weniger gelehrt ausgedrückt: Philosophen der Transzendenz oder religiöse Menschen »träumen« nicht nur vom »schönen Leben im Jenseits«, sondern sagen auch ein entschiedenes Ja zum Diesseits - allerdings in der Gewißheit, daß dieses Ja nur möglich ist, wenn es transzendent legitimiert wird. Dabei ist es abwegig zu glauben, in diesem religiösen Zusammenhang mit der »immanenten Transzendenz« (z. B. Transformation auf innermenschliche Bezüge) operieren zu können. Diese »Immanenzparadoxie«, um die es sich dabei handelt, erfaßt nicht die vom religiösen Menschen gemeinten Phänomene, sondern stellt eine Reduktion dar, die durch die Relativierung des Absoluten sich selbst widerspricht.[2]

Das alles braucht den evolutionären Erkenntnistheoretiker nicht auf die Barrikaden zu rufen. Denn es ist denkbar, daß der Bezug zur Transzendenz gerade deshalb einen Existenzvorteil darstellt, weil er jene Realität getroffen hat, an die wir uns anpassen. Warum ist man sich so sicher, daß das nur »Erfindungen« betrifft, wie es in den verschiedenen Zitaten immer wieder angeklungen ist?

Die metaphysischen Ursprünge des »Evolutionismus«

Wenn vorher bemerkt wurde, daß die vorgetragene Theorie selbst als Metaphysik bezeichnet werden kann, so läßt sich diese Behauptung am Metaphysikbegriff bei KANT erläutern.

KANT spricht in seiner transzendentalen Dialektik, wo er die metaphysica specialis behandelt, von regulativen Ideen. Der evolutionäre Kosmos kann als eine solche regulative Idee aufgefaßt werden; deren Funktion ist es, die Ergebnisse der Erfahrungswissenschaften als Aussagen von *einer* Welt verstehen zu können. Die EE wird dann zum »metaphysischen Forschungsprogramm«. In diesem Begriff hat »metaphysisch« jeden abwertenden Nebensinn verloren, und es wird deutlich, daß die regulative Idee kein *Erfahrungs*begriff ist. Außerdem bleibt - wie bei KANT - die Möglichkeit, auch noch andere regulative Ideen zu denken, welche die Phänomene der Sittlichkeit und der religiösen Transzendenz berücksichtigen.

Einige Vertreter der EE gehen jedoch über den gemäßigten Standpunkt der Annahme eines metaphysischen Forschungsprogramms weit hinaus, indem sie die Kategorien der synthetischen Theorie, der Systemtheorie, der Spieltheorie oder anderer holistischer Systeme auf das Sein schlechthin übertragen. Solche Radikalisierungen seien im Anschluß an HENGSTENBERG *Evolutionismus* genannt. Es ist zu hoffen, daß die Grenzziehungen, die auf diesem Symposium von OESER und VOLLMER durchgeführt wurden, solche Grenzüberschreitungen deutlich machen und einschränken.

Die Ausführungen von F. M. WUKETITS sind nicht ganz frei von solchen Tendenzen zum Evolutionismus, zum Beispiel wenn mit der Einsicht, daß die Entstehung der Religion lebensdienlich war, ein *Begriffensein* des Phänomens suggeriert wird. Der Leitbegriff der Evolution bedingt in einem solchen Evolutionismus eine totale Sinnstiftung, wie sie auch in anderen metaphysischen Entwürfen in Religionen, Weltanschauungen und Ideologien immer wieder praktiziert wird. Es ist das Credo des Evolutionstheoretikers, um einen Begriff von WESSEL aufzugreifen. Der Evolutionismus verwandelt das Unbekannte, das im KANTschen Ding-an-sich zum Ausdruck kommt, zum systemtheoretisch Durchschauten. Durch geeignete Definitionen werden Begriffe wie Erkenntnis und Wissen auch ohne Bezug auf die Subjektivität faßbar. Hilfsbegriffe wie Fulguration und Emergenz suggerieren die Geschlossenheit dieses Weltbildes, obwohl sie doch letztlich Falsifikationen der Systemtheorie bedeuten. Kurz: Die regulative Idee wird zum Erfahrungsgegenstand. Damit ist von vornherein die Möglichkeit weiterer Postulate und Leitbegriffe zur Sinnstiftung unserer Kulturwelt abgeschnitten. Ein solcher universeller Evolutionismus ist keine *wissenschaftliche Theorie*, sondern ein *Bekenntnis* zu der Überzeugung, daß autonome Prinzipien der Sittlichkeit, der Religion und des objektiven Geistes ausgeschlossen sind.

Es bereitet daher in dem vorgetragenen Referat einige Schwierigkeiten zu verstehen, wieso die EE allein aufgrund ihrer Einsicht in die Ursprünge der archaischen Metaphysik einen umfassenden Wandel unseres Menschenbildes herbeiführen sollte, wenn man sich nur auf die Argumente beschränkt, die im Referat genannt wurden.

Es ist eine der wichtigsten Aufgaben der analytischen Philosophie, als deren Vertreter ich mich hier verstehe, die soeben dargelegten Verwechslungen und ihre Konsequenzen zu beschreiben und offen zu legen. Die analytische Philosophie kann zugleich auf Alternativen aufmerksam machen, beispielsweise den Gedanken von regulativen Ideen wieder ernst zu nehmen. Das heißt, der Evolutionsgedanke sollte allein als metaphysisches Forschungsprogramm (im Sinne der Theorie EE_1 von OESER) dienen, das zur Bewältigung konkreter wissenschaftlicher Problemsituationen weiterhilft. Dabei werden insbesondere Probleme der stammesgeschichtlichen Erkenntnisentstehung einbezogen sein. Diese gemäßigte Form der EE enthielte gewissermaßen die akzeptierte Metaphysik der scientific community.

Die evolutionäre Betrachtungsweise sollte aber in einer Gegenposition zum Evolutionismus offen bleiben für völlig neue Deutungsmöglichkeiten, sofern von Sittlichkeit, Subjektivität, Intentionalität und Religion die Rede ist. Offen bleiben sollte auch die Möglichkeit, die Logik anders als nur evolutionär zu betrachten (wie bei RIEDL). .

Aus diesen Überlegungen folgt, daß die EE zur philosophischen Anthropologie nur dort etwas beitragen kann, wo die archaischen Reste in der menschlichen Vernunft unterschätzt wurden. Ob das angesichts der Vielfalt kultureller Entwicklungsmöglichkeiten mit deren spezifischen Eigendynamik ausreicht, die im Referat angesprochenen Probleme zu lösen, ist mehr als zweifelhaft.

Anmerkungen

[1] Eine ausführliche Darstellung dieser positiven Funktion der Religion findet man beispielsweise in STARK, 1986.

[2] Zur Begründung, daß alle Versuche, die religiöse Transzendenz immanent zu deuten, auf Paradoxien führen, siehe: WUCHTERL, 1982, 1, 2d.

Literatur

STARK, W. (1986): Die Religion in ihrem Verhältnis zur lebensweltlichen Praxis. In: STACHOWIAK, H.: Pragmatik. Bd. 1. Hamburg: Felix Meiner.

WUCHTERL, K. (1982): Philosophie und Religion. Bern-Stuttgart: Paul Haupt.

■ *Diskussion*

SPAEMANN: An den Kommentar von KURT WUCHTERL anknüpfend haben wir ein enormes weltanschauliches Bekenntnis vorgeführt bekommen. Und gleichzeitig, wie mir scheint, auch ein Beispiel für das, was die Evolutionäre Erkenntnistheorie offenbar nicht kann. Zunächst: Von Metaphysik hat ja FRANZ WUKETITS überhaupt nicht, sondern , wenn ich es recht verstanden habe, hat er von Religion gesprochen. Metaphysik gibt es seit ARISTOTELES, und das ist der Versuch, gerade nicht vom Bedingten, vom Menschen zu sprechen. Alles, was Sie über Unsterblichkeit gesagt haben, Hoffnung auf Leben nach dem Tod, war nie ein Gegenstand der Metaphysik, sondern die Metaphysik überhaupt befaßt sich seit ARISTOTELES prinzipiell nicht mit dem Menschen. ARISTOTELES sagt, der Mensch ist ein Tier, ein vernünftiges Tier, und das ist kein Gegenstand der Metaphysik, sondern ein Gegenstand der Metaphysik ist, was immer ist. Das heißt - was zunächst so unbewußt ja überall mitschwingt - daß der Vorstellung, allem, wovon wir reden, doch soetwas wie eine letzte Realität zugrundeliegt. Das können wir Materie nennen, oder Energie, oder wie immer. Irgendeine Vorstellung von dem, woraus schließlich alles ist, diese bewußt zu reflektieren und auf Begriffe zu bringen, das hat immer Metaphysik geheißen. FRANZ WUKETITS sagt statt dessen, Metaphysik sei Spekulation über die Wirklichkeiten, die der Erfahrung unzugänglich seien. Das würde ja z. B. bedeuten, daß, wenn Sie über meine Zahnschmerzen sprechen, das Metaphysik ist. Denn Sie können meine Zahnschmerzen prinzipiell nicht erfahren, Sie können nur mein Reden über meine Zahnschmerzen erfahren. Wenn Sie annehmen, ich habe wirklich Zahnschmerzen, weil ich mich darüber beklage, dann kann ich nur hoffen, daß Sie in dieser Hinsicht doch bereit sind zur Metaphysik. Sonst würde jedes menschliche Zusammenleben unmöglich gemacht werden, wenn wir nicht Wirklichkeit annehmen, die unserer eigenen Erfahrung unzugänglich wäre, sondern nur der Erfahrung eines anderen.

Dann eine Bemerkung zu dem Bedürfnis nach Metaphysik. Sie sprechen zum einen von einem evolutionär bedingten Bedürfnis nach Metaphysik - ich sage Religion - denn in Wirklichkeit haben Sie von Religion, nicht von Metaphysik gesprochen. Sagen wir also Bedürfnis nach Religion. Und zum anderen haben Sie gleichzeitig dieses Bedürfnis wieder kritisiert. Sie haben einmal gesagt, es sei evolutionär verankert, wir hätten so etwas wie ein Sinnbedürfnis, und das Bedürfnis entstünde sozusagen aus der Verzweiflung über unsere schlechte Lage, in der wir uns eine Hoffnung über Künftiges machen. Nun, der Ursprung der Religion hat noch ganz andere Seiten. Es gibt z. B. das elementare Bedürfnis von Menschen nach Dankbarkeit, es gibt Menschen, die kommen zur Religion, weil sie einen herrlichen Frühlingsmorgen erleben und sie möchten ihr Gefühl der Dankbarkeit irgendwie adressieren und finden, der Kirschbaum selber sei keine hinreichende Adresse dafür. Es gibt sehr vielfältige Ursprünge der Religion dieser Art.

Die Frage ist, wenn es ein solches Bedürfnis gibt: Gehört das zu unserer biologischen Ausstattung, was nicht funktional bestimmt ist und eigentlich keinen Zweck für uns hat? Gäbe es ein solches Bedürfnis, dann würde die funktionale Interpretation dieses Bedürfnisses zugleich das, was hier funktional interpretiert wird, beseitigen, denn man kann unmöglich gleichzeitig daran festhalten. Das ist, wie wenn der Ethnologe die Regentänze der Hopi-Indianer interpretiert und sagt, die seien sehr wichtig für ihren Stammeszusammenhalt - Regen machen sie natürlich nicht. Wenn dieser Ethnologe darüber mit den Hopi-Indianern spricht und ihnen sagt, sie sollen das ruhig weiter machen, weil das sehr wichtig ist, dann werden sie das natürlich nicht mehr tun, denn sie hofften, Regen zu machen.

Ich meine, Sie müssen sich entscheiden, ob Sie eine funktionale Interpretation dieses Bedürfnisses erstellen wollen; aber Sie lösen dann zugleich den Gegenstand, der dieses Bedürfnis nach etwas, was gerade nicht durch unser Bedürfnis definiert ist, und lassen diesen Gegenstand als einen solchen stehen, der primär überhaupt nicht auf unser Bedürfnis bezogen ist. Oder Sie geben die ganze Sache mit der erb- und stammesgeschichtlichen Verankerung auf und machen z. B. eine historisch-materialistische Interpretation einer kulturellen Genese dieses Bedürfnisses, wobei dann bei einem Wandel der Gesellschaft auch dieses Bedürfnis verschwindet, weil es gerade nicht stammesgeschichtlich verankert ist. Mir scheint, daß Sie auf diese Fragen keine hinreichend klare Antwort gegeben haben.

RIEDL: Ich begrüße es, daß ROBERT SPAEMANN sogleich zu Wort gekommen ist, weil er zurecht darauf hingewiesen hat, daß hier großteils von Religion die Rede war. Ich erlaube mir aber zu ergänzen, daß hier nicht von einem materialistischen Weltbild im westeuropäischen Sinne ausgegangen werden sollte. Zunächst einmal der Hinweis darauf, daß die Universalität der Religion kein Zufall ist, sondern mit einem universellen Anspruch jedes menschlichen Wesens zusammenhängt. Das versucht die Religion zu begründen. Warum ist es also bedenklich, oder mag es manchen bedenklich scheinen, wenn es von anderer Seite her noch einmal begründet wird? Die Frage »Evolutionismus versus Kreationismus« ist in unserem Gespräch noch nicht angeschnitten worden, nun muß ich sie berühren.

Es kann sein, daß wir vor allem durch die Gelegenheiten, mit Seiner Eminenz Kardinal König zu reden, der lange Zeit dem päpstlichen Sekretariat für das Gespräch mit den Nicht-Glaubenden vorstand, einiges gelernt haben. Es kann also sein (das sind nicht seine Gedanken, sondern mein Versuch eines Resümees in ganz kurzer Form), daß es sich um eine Bildungsfrage handelt, diese beiden so unterschiedlich scheinenden Positionen zu vereinen. Darin spielt auch noch ein zu nennender Begriff eine Rolle, der der Offenbarung, auf den sich wohl ROBERT SPAEMANN beziehen müßte. Woher z. B. käme unser Wissen um das Transzendentale und woraus können wir glauben? Gewissermaßen aus uns heraus oder aus einer Offenbarung? Nun kann auch hier eine Dualität der Betrachtung möglich sein, ein Wechselbezug, denn warum sollte diese Offenbarung nicht auch aus unserer eigenen Ausstattung kommen. Es wird ja nichts anderes getan, als die Konsequenz einer Evolution zu bedenken, die - ob es jetzt Gott gab oder nicht - sobald es den Menschen gibt, feststellt, daß es ihn für den Menschen gibt. Und es ist wieder ein Frage des Ethos, ob wir meinen, bei der Geburt ein Päckchen Verantwortung zu übernehmen, um es bei dem Austreten aus dieser Welt wieder abgeben zu dürfen, oder ob wir diese Art von Verantwortung uns selber gemacht haben, vom Heulen der Horde bis zur Matthäus-Passion.

LEINFELLNER: Ich bin mit KURT WUCHTERL nicht einverstanden. Und ROBERT SPAEMANN scheint mir den Finger zu heben: Über Religion dürfen wir nicht reden, das ist ein anderes Kapitel der Metaphysik. Ich glaube, als Philosophen sollten wir uns nicht so einschränken.

Ich meine aber, daß FRANZ WUKETITS etwas anderes gemeint hat, das unabhängig von der Metaphysik ist. Und zwar war es erstens der Punkt der evolutionären Relativierung, den er eingeführt hat, der mir sehr einleuchtend war - daß die Metaphysik eben pro Zeitalter evolutionär relativiert ist. Aber dann geht er weiter und sagt, es gibt eine evolutionäre Erklärung, und das ist die Entlarvung der Metaphysik. Deshalb braucht er auch gar nicht mehr so sehr auf den Inhalt einzugehen - ein sehr plausibler evultionärer Gedanke für mich. Dann hat FRANZ WUKETITS eingefügt, eine evolutionäre Erklärung wäre Lebenserhaltung. Lassen Sie mich dazu ein Beispiel geben (nicht aus der Religion): Die Werttheorie, die Nutzentheorie wurde von MORGENSTERN und von MARSHALL begründet, die ein wunderbares axiomatisches System aufgestellt haben. Jeder von Ihnen, der an Rationalität und Logik glaubt, würde sagen, ein ausgezeichnetes System. Dann gab es den Franzosen ALLES, auch ein Nutzentheoretiker, der an dieselben Personen Fragebogen schickte, die sie betreffend Präferenzsysteme beantworteten. ALLES fand heraus, daß alle diese Nutzentheoretiker nicht nach ihrem Axiomensystem gehandelt haben. Warum? Er hatte ihnen Fragen gegeben, in denen er große Werte mit kleinen Wahrscheinlichkeiten verband, z. B. eine einfache Frage: Würden Sie lieber eine Million mit ein Promille gewinnen oder Hunderttausend mit einem Prozent? Das ist ja das gleiche. Und trotzdem haben diese Mathematiker und Theoretiker gegen ihre eigenen Axiome verstoßen.

Hier entstand ein Bruch, denn man hätte nun die ganze Axiomatik der gesamten sogenannten amerikanischen Schule mit MORGENSTERN ablehnen müssen. Es stellte sich aber aufgrund von psychologischen Untersuchungen heraus, daß wir Menschen im Allgemeinen große mit kleinen Wahrscheinlichkeiten verbundene Katastrophen so behandeln, damit man die Wahrscheinlichkeiten verschwinden lassen kann. Das ist zum Beispiel der Atomkrieg oder der eigene Tod - besonders bei jungen Menschen zeigt sich das. Dies scheint mir eine evolutionäre Erklärung zu sein, und zwar vor dem Hintergrund eines mehr oder minder metaphysischen Dogmas, dem Glauben an die Logik; die Logik würde alles reparieren.

Die Ausführung von FRANZ WUKETITS ist mir sehr erhellend erschienen.

KANITSCHEIDER: Ich habe eine kurze methodische Unterscheidung zu machen, die hier eine Rolle spielte, nämlich die, die man normalerweise in der Wissenschaftstheorie zwischen Erklärung und Begründung erkennt. Eine Naturgeschichte der Metaphysik ist ja schon öfter versucht und gemacht worden, und ich glaube, es ist ganz wichtig, sich klar zu machen, daß die Existenz auch einer sehr perfekten, sehr erfolgreichen Naturgeschichte der Metaphysik (oder jeder anderen Disziplin) für die Entscheidungsfrage der Gültigkeit einer solchen Metaphysik noch nichts bedeutet. Diese beiden Dinge sind logisch vollkommen unabhängig, es sei denn, man glaubt im Besitz eines naturalistischen Modells von Gültigkeit zu sein. Solange man aber das nicht hat, muß man diese beiden Ebenen trennen. Damit ist noch nichts über deren Gültigkeit ausgesagt, denn man muß sich erst auf die metaphysische Argumentation einlassen.

KUTSCHERA: Ich war etwas verblüfft, daß sich ein Vertreter des wissenschaftlichen Fortschritts ans Pult stellt und Dinge erzählt, die praktisch genauso vor zweitausendfünfhundert Jahren schon von den alten Sophisten erzählt und inzwischen häufig durch Argumente diskutiert und widerlegt wurden, da sie unhaltbar sind. Ich glaube, man muß sich an die methodische Regel erinnern, will man von etwas eine erfolgreiche Erklärung abgeben, muß man zunächst von dem zu Erklärenden etwas verstehen. Und das ist in dem Fall, den Sie sich vorgenommen haben, außerordentlich schwierig.

Was die Religionen angeht, gibt es eine Religionswissenschaft, die sich mit diesem hochkomplexen Phänomen befaßt, und Sie haben von Mythen gesprochen. Man muß bedenken, daß das nicht einfach primitive Kulturen sind, sondern daß die Frage der Primitivität im Vergleich mit unserer durchaus nicht immer zum Nachteil der anderen ausfallen muß. Hier muß man wesentlich mehr Wissen einbringen, um erfolgreich Erklärungen abgeben zu können. Und das Leidige ist eben, daß wir heute bei der Spezialisierung der Disziplinen immer nur von einem Fach (auch von nur Teilen eines Faches) ausgehen und meistens nicht mehr die Energie haben, uns noch für andere Dinge zu interessieren, und dann ergibt das leicht wissenschaftliche Sonntagsreden.

Ich glaube, Sie tun der Evolutionären Erkenntnistheorie wirklich einen schlechten Dienst, wenn Sie jetzt in einem Schwung alles zu erklären suchen. Sie könnten eine ganze Masse erklären, aber wenn Sie sich an die Maxime von HANS MOHR halten würden, sich zunächst einmal darauf zu besinnen, daß Sie Biologe und da qualifiziert sind, davon etwas verstehen und da Schritt für Schritt anfangen. Die Geschichte mit den Religionen dagegen kommt noch lange nicht, denn dazu müßte man davor noch sehr viel mehr von der Sache selbst verstehen.

VOLLMER: Trotz meiner Erfahrung von gestern, je mehr Fragen gestellt werden, desto weniger kann man beantworten, stelle ich sie jetzt. Sie sprachen doch explizit von einem Programm, das biologisch genetisch verankert ist. Mich interessiert, ob wir empirische Belege für eine solche Verankerung haben? Auf der kognitiven Seite der Evolutionären Erkenntnistheorie gibt es die Entwicklungspsychologie, die untersuchen kann, was ein neugeborenes Kind schon erkennt und was es kann. Das legt die Hypothese nahe, daß das genetisch bedingt ist. Religion oder Metaphysik ist ja so stark sprachgebunden, daß man es an Neugeborenen nicht testen kann, und Sie hatten ja auch gerade die Grabfunde so gedeutet, daß da sowohl metaphysische, als auch sprachliche Voraussetzungen erfüllt gewesen sein müßten. Ich kann mir zwar vorstellen, daß man das evolutionär, aber nicht biologisch-evolutionär erklären kann. Mich interessiert jedenfalls: Gibt es Befunde, die etwas auf die Genetik zurückzuführen gestatten?

LÜTTERFELDS: Ja, ich habe den Eindruck, daß es traditionellerweise zwei konträre Verhaltensformen gibt, in denen Religion und Vernunft auftreten. Die eine: In der ein gewissermaßen kontinuierlicher Zusammenhang und Übergang besteht. Vernunft stützt letztlich religiöse Überzeugung, vernünftige Erklärung und vernünftige Beweise stützen religiöse Überzeugung. Und die andere Art und Weise, wo gerade das verdächtig ist, dessentwegen man eine religiöse Überzeugung hat, obwohl sie absurd ist, obwohl menschliche Vernunft dagegen zu sprechen scheint. Ich habe aber mit meiner religiösen Überzeugung vor diesem Hintergrund keine Schwierigkeiten, evolutionäre Bedingungen, eine Art evolutionäre Genese, auch des religiösen Bewußtseins einmal als Hypothese zur Kenntnis zu nehmen.

RIEDL: Wir haben uns so angewöhnt, in Widersprüchen zu leben. In sehr unterschiedlichen Betrachtungen dieser Welt, die letzten Endes nicht nur durch die Kulturen, sondern auch durch die Individuen laufen. Ich wollte nur an ein SCHRÖDINGER-Wort erinnern, das mir hier, zugunsten des Vortragenden, passend erscheint: Uns nämlich, wenn wir einen Ausweg aus dem Dilemma finden wollen, an die Zusammenschau zu wagen, selbst auf die Gefahr hin, uns lächerlich zu machen.

WUKETITS: Es ist schwer, die vielen Fragen und Kritikpunkte kurz zu beantworten, ich will aber trotzdem einiges versuchen. Die kritischen, ja mahnenden Stimmen (SPAEMANN, von KUTSCHERA), es mit der Religion nicht zu leicht zu nehmen, haben mir gezeigt, daß ich da einige wunde Punkte getroffen habe - und das ist gut so.

Zu ROBERT SPAEMANN hat RUPERT RIEDL zwar schon Wesentliches gesagt. Was die Bemerkung betrifft, ich hätte nicht über Metaphysik (sondern über Religion) gesprochen, kann ich nur sagen, daß ich ja gleich zu Beginn meiner Ausführungen ausdrücklich festgehalten habe, daß ich nicht über das Fach »Metaphysik« sondern eher über die menschliche Metaphysik-Bedürftigkeit (und dazu gehört natürlich wesentlich die Religion) sprechen will. Ihr Zahnschmerz, ROBERT SPAEMANN, scheint mir aber kein metaphysisches Problem: Aus eigener Erfahrung weiß ich, was Zahnschmerz ist; wenn Sie mir sagen, daß Sie nun Zahnschmerzen haben, dann brauche ich mich - um zu wissen, woran Sie leiden - doch nicht zur Metaphysik zu bekennen, sondern ich kann durch Analogieschluß, ausgehend von meiner eigenen Erfahrung, Ihren Schmerz sehr wohl begreifen.

Ob ich ein Vertreter des wissenschaftlichen »Fortschritts« bin, FRANZ VON KUTSCHERA, sei dahingestellt; ich weiß nämlich nicht, was Sie unter »wissenschaftlicher Fortschritt« verstehen, vielleicht etwas, dem ich mich gar nicht anschließen will... Zu den Bemerkungen BERNULF KANITSCHEIDERs, WERNER LEINFELLNERs und WILHELM LÜTTERFELDs brauche ich hingegen, wie ich meine, nichts zu sagen; vor allem mit LEINFELLNER und KANITSCHEIDER bin ich durchaus einverstanden.

Wichtig ist aber die Frage von GERHARD VOLLMER. Ich denke, Sie selbst haben in Ihrem Vortrag auf die Bedeutung der Entwicklungspsychologie hingewiesen, und ich glaube, daß da noch einiges sozusagen herauszuholen wäre. (Schade, daß die genetische Psychologie von PIAGET hier noch nicht zur Sprache gebracht worden ist.) Die von mir erwähnten Grabbeigaben und derlei sind freilich »nur« indirekte Beweise für die Existenz metaphysischer Strukturen auf dem Niveau unserer frühen Vorfahren, aber mit solchen Beweisen - besser: Indizien, Belegen - arbeiten wir auch sonst recht erfolgreich in der Rekonstruktion gewisser stammesgeschichtlicher Phänomene. Wichtig wäre - und das kann ich nur programmatisch andeuten - eine Verbindung der Erkenntnisse der Entwicklungspsychologie mit Ergebnissen der Paläanthropologie. Hier ist, denke ich, Optimismus durchaus am Platz, und wir könnten so immer tiefere Einblicke in die Entwicklung des »Homo metaphysicus« seit grauer Vorzeit gewinnen.

KURT WUCHTERL, Ihre Kritik habe ich schärfer erwartet - ich bin jetzt fast etwas verlegen. Aber ein Punkt ist mir doch auch in diesem Zusammenhang wichtig. Ich wollte die Metaphysik eigentlich nicht »entlarven«, denn das klingt so, als ob ich sie eines Betrugs überführen wollte. Das war nicht meine Absicht - auch, wenn metaphysische Denksysteme den Menschen tatsächlich immer und immer wieder getäuscht haben (denken Sie an die Legitimation von bestimmten Handlungen, ja selbst Greueltaten unter Hinweis auf irgendein »übergeordnetes Prinzip«); aber das steht auf einem anderen Blatt. Wohl aber habe ich versucht - oder möchte es zumindest jetzt versuchen -, die subjektive von der objektiven Ebene zu scheiden: Hier objektive naturwissenschaftliche Erkenntnis, die bestimmte Inhalte bzw. Behauptungen der Metaphysik zurückweist, dort aber die Notwendigkeit subjektiver Sinnfindung bei gleichzeitigem Vorhandensein subjektiver Ängste und Nöte. Der frühe Mensch hat verständlicherweise Angst empfunden, wenn er etwa mit Blitz und Donner konfrontiert war. Wir heute haben es nicht nötig anzunehmen, daß bei Blitzen eine große Hand etwas durch die Wolken schleudert; trotzdem werden wir jemandem, der sich bei Gewitter fürchtet, seine Angst nicht übelnehmen. In der Konsequenz bleibt es auch gleich, ob jemand durch ein Naturgesetz oder durch Gottes Hand erschlagen wird. Objektives Wissen muß also nicht subjektive Bedürfnisse, Ängste, Nöte, subjektives Leid oder subjektive Freude aufheben.

Ich sprach hier über die Entwicklung der Metaphysik-Bedürftigkeit, und das ist wesentlich eine Angelegenheit menschlicher Subjekte. Und auch, wenn ich Religion und (ganz allgemein) Metaphysik, die an Subjekte gebunden ist, evolutionär zu rekonstruieren in der Lage bin, auch wenn ich selbst das Subjekt - mit seinem ganzen Paket von (subjektiven) Empfindungen - evolutionär revidiere, objektiv darstelle, dann ändert ja dies doch nichts am Subjekt selbst! Bekanntlich hatte NIELS BOHR am Haustor ein Hufeisen hängen. Von einem Besucher danach gefragt, ob er denn diesen Humbug (Glücksbringer usw.) glaube, antwortete BOHR: Das nicht, aber vielleicht hilft es trotzdem. Sie verstehen, worauf ich hinaus will. Der Hopi-Indianer, ROBERT SPAEMANN, darf ja daran glauben, daß sein Tänze Regen bringen werden; warum aber dürfte ein Ethnologe diesen Glauben nicht auf seine Weise interpretieren, relativieren? (Der Ethnologe soll ja nicht aktiv verändernd in das Leben der Völker eingreifen - zu viel ist schon, zum Verhängnis vieler Völker, »eingegriffen« worden -, aber die Phänomene, und seien es Regentänze, wissenschaftlich, objektiv zu erklären, ist etwas anderes.)

Wenn wir die menschliche Metaphysik-Bedürftigkeit also analysieren, dann, um uns selber besser zu verstehen; und das halte ich für enorm wichtig. Ich habe oft den Eindruck, man will - oder viele wollen - Religion, Metaphysik vor dem »Zugriff« der Evolutionstheorie bzw. Evolutionären Erkenntnistheorie abschirmen, mit dem lässigen Hinweis darauf, daß diese Erklärungsversuche schon vor hundert Jahren gescheitert wären (was keineswegs der Fall ist). Unser Selbstverständnis muß uns aber diese Versuche wert sein!

Evolutionäre Erkenntnistheorie, Ethik und Moral

HANS MOHR

Moralische Defizite

Wie können wir wissen, was »gut« ist - nicht gut für etwas, sondern unbedingt gut; und warum tun wir »Böses« auch dann, wenn wir wissen, daß es »böse« ist.

Beide Fragen - und die Antworten auf sie - sind Bestandteile eines kultivierten Lebens. Kultur impliziert, daß wir nicht alles tun dürfen, was wir innerhalb der Grenzen unserer Leistungsfähigkeit tun könnten. »Kultur« bedeutet die Einengung der Verhaltensmöglichkeiten des Menschen durch Moral, durch verläßliche sittliche Normen.

Woher stammen diese Normen und wie lassen sie sich ethisch begründen? Reicht der Regress der Soziobiologie auf funktional bedingte Verhaltensweisen aus - »gut« ist, was individuelle oder inclusive fitness steigert -, odere sind das unbedingt »Gute« und das absolut »Böse« eine neue Dimension des Erlebens, jenseits des Reduktionismus?

PLATON und ARISTOTELES haben es so gesehen, wenn sie übereinstimmend schreiben, der Staat entstehe aus der Notwendigkeit des bloßen Lebens, aber, einmal entstanden, bestehe er um des *guten* Lebens willen. Und was das gute Leben sei, ließe sich aus den Entstehungsbedingungen nicht mehr herleiten (SPAEMANN, 1984).

Auf PLATON führen wir die idealistische Ethik unserer abendländischen Tradition zurück, die von dem Vertrauen ausgeht, daß der menschliche Geist - erleuchtet von der Idee des Guten - aus der Tugend der Gerechtigkeit heraus Handlungsregeln, Anweisungen für gerechtes Handeln, für die richtige Führung des Lebens, ableiten kann. »Frei ist der Mensch, der dem Gesetz der Vernunft folgt«, sagt HEGEL. Im kategorischen Imperativ KANTs, in dem inneren Pflichtgebot: »Handle nur nach derjenigen Maxime, durch die du zugleich wollen kannst, daß sie allgemeines Gesetz werde«, oder, »Handle so, als ob die Maxime deiner Handlung durch deinen Willen zum allgemeinen Naturgesetz werden sollte«, fand die autonome Moral ihren höchsten Ausdruck.

Bedeutet die praktische Wirkungslosigkeit idealistischer Moralphilosophie, daß es unnütz oder gar schädlich wäre, ihre Konstrukte in Betracht zu ziehen, wenn es um die Bewältigung der Zukunft geht? Eine schwierige Frage, auf die ich gegen Ende des Kapitels zurückkommen werde. Leichter zugänglich erscheint dem Biologen die zweite der eingangs gestellten Fragen: Warum tun wir Dinge, die wir nicht tun sollten? Ist es eine *evolutionäre* Mitgift, die unserer Vernunft und unserer Sittlichkeit Grenzen setzt? Verbirgt sich hinter der Metapher von der Erbsünde ein biologisches Erbe? Ist unsere Unfähigkeit, vernünftig auf die Herausforderungen der Zeit zu reagieren, eine kulturelle Fehlanpassung, die sich (leicht?) beheben ließe, oder ist sie Ausdruck eines evolutionären Erbes, das sich unter den heutigen Kulturbedingungen als Fehlanpassung erweist? Sind es biologische Grenzen, die dem Menschen unserer Zeit den Weg zum Ewigen Frieden und zu einer globalen ökologischen Vernunft versperren? (MOHR, 1985a).

Das ethische Dilemma wird besonders deutlich bei der Frage nach dem Frieden. Warum können die Menschen nicht in Frieden miteinander leben? Warum ist die Geschichte des Menschen, aller ethischen Reflexion und christlichen Verkündigung zum Trotz, durchsetzt, ja erfüllt von Aggression und Totschlag, von Krieg und Völkermord?

»Zum Ewigen Frieden« - dieser philosophische Entwurf IMMANUEL KANTs von 1795 gehört zum Vornehmsten, was die Aufklärung hervorgebracht hat. Ein paar Jahre später erschien NAPOLEON, l'Empereur, und trieb - mit leichter Hand - Europa in seine Kriege. Die kulturelle und moralische Evolution des 19. Jahrhunderts wurde von dem nationalen Begeisterungsrausch zu Beginn des Ersten Weltkrieges hinweggefegt. In Europa gingen die Lichter aus - und keine Wissenschaft und keine Philosophie konnte es verhindern.

Frieden. Heute wollen ihn angeblich alle. Die einen wollen den Frieden um jeden Preis - auch um den Preis der Unterwerfung; andere wollen *ihren* Frieden durchsetzen, auch mit Gewalt; wieder andere ziehen die pax horroris, das Gleichgewicht atomarer Abschreckung, einer einseitigen Pazifikation, einer neuen pax romana, vor, weil es für sie Schlimmeres gibt als die Drohung eines nuklearen Todes: Die tägliche Knechtung, den Verlust von Freiheit und Menschenwürde. Es hat Hiroshima gegeben - so sagen sie -, aber auch Auschwitz; Nagasaki, aber auch den Gulag.

Andere vertrauen auf die These idealistischer Ethik, der Mensch sei kraft seiner Sittlichkeit zum Frieden *fähig*, Frieden lasse sich letztlich auf die Einsicht in das Sittengesetz begründen - obgleich sie wissen müßten, daß es den Menschen bisher nie gelungen ist, in Frieden miteinander zu leben.

Das Dilemma traditioneller Ethik wird ebenso deutlich bei der Frage nach einer globalen ökologischen Vernunft. Unsere derzeitige Krise besteht letztlich darin, daß der Mensch *global* mit seiner ungeheuren Zahl und mit seinem Anspruch an Ressourcen und Abfalldeponien weit über die Tragekapazität der Umwelt hinausschießt und damit seinen Untergang provoziert. Fünf oder zehn Milliarden Menschen kann unser Planet auf die Dauer nicht aushalten. Wir leben zur Zeit von dem eng begrenzten Vorrat fossiler Ressourcen und von der endlichen Kapazität der Atmosphäre, Schadstoffe zu verkraften. Es ist ein geborgtes Leben, und die Zinsen wachsen uns weltweit über den Kopf. Die Krisensymptome, vom Waldsterben bis hin zur Verschuldungskrise, sind echt. Die Grenzen des Wachstums wurden nicht herbeigeredet, sie sind real (MOHR, 1985b).

Vordergründig ist diese Erkenntnis nahezu Allgemeingut. Wer möchte nicht in einer menschenfreundlichen und zugleich naturschönen Umwelt leben? Wer wünschte nicht den gesitteten, vernünftigen Umgang mit der technischen Zivilisation und mit der Natur? Trotzdem fällt uns vernünftiges Handeln entsetzlich schwer. »Vernünftig handeln« bedeutet - in der Sicht idealistischer Ethik - aus Einsicht in die Notwendigkeit handeln. »Notwendig ist das Vernünftige als das Substantielle, und frei sind wir, indem wir es als Gesetz anerkennen«, so hat es HEGEL formuliert.

- Warum sind wir *außer*stande, in den Dimensionen, um die es heute geht, nach vernünftigen Regeln zu handeln?
- Warum verschwenden wir in pathologischer Sorglosigkeit unsere einmaligen fossilen Ressourcen?
- Warum vermehrt sich die Menschheit sinnlos weiter, um mehr als 100 Millionen im Jahr 1985, obgleich jeder vernünftige Mensch sieht, daß wir längst in eine globale Begrenzungskrise hineingetaumelt sind?
- Warum sind die Menschen so absurd leicht zu indoktrinieren?
- Warum töten sich die Menschen in den Krisengebieten entgegen aller Vernunft?
- Warum bedrohen sich die wissenschaftlich fortgeschrittensten Industrienationen in Ost und West mit einem Vernichtungspotential ohnegleichen, obgleich jedermann fürchtet, daß der atomare Holocaust durch ein Versehen ausgelöst werden könnte?

Ich glaube, daß man die Frage, warum uns der Ewige Frieden und ein globale ökologische Vernunft so schwerfallen, plausibel beantworten kann.

Erklärung der Defizite: Die kognitive Seite

Die plausible Erklärung unserer Defizite hat eine kognitive und eine ethische Seite. Den kognitiven Aspekt und damit die Evolutionäre Erkenntnistheorie (vgl. VOLLMER, 1985) stelle ich an den Anfang: Sie erhebt den Anspruch, sie könne erklären, wie die unseren Erkenntnisleistungen zugrundeliegenden dispositionellen Mechanismen im Zuge der biologischen Evolution entstanden sind. Die Hauptthese der Evolutionären Erkenntnistheorie lautet: Der Mensch ist ein Produkt der Evolution, also müssen auch seine kognitiven Dispositionen (Denkstrukturen, Erkenntnisstrukturen) im Zuge darwinistischer Evolution entstanden sein. Unsere subjektiven Erkenntnisstrukturen passen deshalb auf die reale Welt, weil sie sich im Laufe der Evolution in Anpassung an diese Welt herausgebildet haben. Die Art, wie wir denken, und die Reichweite unseres Denkens sind in unseren Genen festgelegt.

Dies ist keine schiere Spekulation. Wir besitzen zweifellos genetisch verankertes (»apriorisches«) Wissen über die Welt. Dieses Wissen ist in unseren Genen deponiert, ist genetische Information.

Für unser Thema »Wie könnten wir in der heutigen Welt nach vernünftigen Regeln handeln?« ist die Frage vorrangig, wie weit unser »apriorisches« Wissen über die Welt reicht und wie zuverlässig und hilfreich es ist.

Unsere Hominiden-Vorfahren haben sich während ihrer genetischen Evolution im späten Pleistozaen erstaunlich rasch über weite Teile der Welt ausgebreitet und damit eine einzigartig große und mannigfaltige Zone besetzt. Unser genetisch verankertes Vorwissen über die Welt wird, so kann man daraufhin argumentieren, nur solche Strukturen unserer Umwelt betreffen, die genereller Natur sind, also überall in der dem Menschen zugänglichen Welt gelten. Die Detailstrukturen des jeweiligen Biotops müssen während der Ontogenese individuell und spezifisch gelernt werden - sei es über soziales Lernen, sei es durch Versuch und Irrtum. Ein Wissen um die Schwerkraft ist uns angeboren; wie aber eine Kokosnuß fällt oder eine Schneeflocke, das lernen wir individuell.

Sprachliche Universalien, also Strukturmerkmale, die alle natürlichen Sprachen gemeinsam haben, sind uns angeboren (CHOMSKY, 1986). Sie garantieren, daß die Sprache, die wir lernen, der Welt, in der wir zu leben haben, angemessen ist. Es können die angeborenen Strukturen eine konkrete, natürliche Sprache aber nicht restlos determinieren. Ein Kind lernt zwar nicht sprechen, aber es muß Vokabeln lernen - wie es OTTO KOEHLER formuliert hat. Welche der innerhalb der vorgegebenen Strukturen möglichen Sprachen das Individuum erlernt, wird durch die kulturelle Umgebung bestimmt, in die es hineingeboren wird: Ein Beispiel für simples soziales Lernen auf der Basis genetisch vorgegebener Universalien. Auf der Kombination von apriorischem Wissen *und* Lernen beruht die Flexibilität und Anpassungsfähigkeit der menschlichen Spezies. Der Mensch hat nur jenes Vorwissen, das überall gilt, in seinen Genen.

Wie weit und wie tragfähig ist dieser genetisch fixierte Rahmen? Auch unsere Vorfahren können Erfahrungen nur über ihre Sinneseindrücke gemacht haben. Demgemäß ist die Anpassung unserer kognitiven Strukturen an die Struktur der Welt eng begrenzt. Die Anpassung bezieht sich auf den Bereich der *»mittleren Dimensionen«*, auf den *Mesokosmos*. Die Leistungsfähigkeit unserer Sinnesorgane bestimmt unsere »kognitive Nische«. Die Auflösungskraft unseres Sehvermögens zum Beispiel ist etwa 1/10 mm im Raum und 1/16 sec in der Zeit. Der Grund für die Begrenzung unseres sensorischen Systems und damit unserer Anschauungsformen und kognitiven Strukturen ist darin zu suchen, daß die genetische Evolution der Hominiden abhing von der Struktur und Auflösungskraft jener Sinnesorgane, die ihrer prinzipiellen Konstruktion nach viel früher in der tierischen Evolution angelegt waren und kaum noch verbessert werden konnten. Deshalb war die genetische Evolution der Hominiden im Pliozaen und im Pleistozaen in erster Linie eine Evolution des Gehirns. Die Evolution des Gehirns und der kognitiven Strukturen wurde aber stets limitiert durch die Leistungsfähigkeit unserer Sinnesorgane. Anders ausgedrückt: Durch die Verfügbarkeit von Signalen, und damit von »Erfahrung«, aus der realen Welt. Wir sind deshalb von Natur aus lediglich an die Welt der *mittleren* Dimensionen adaptiert. Diese Welt ist unsere »kognitive Nische«. Dieser Mesokosmos ist deterministisch - im Sinn der klassischen Mechanik und in Übereinstimmung mit dem gesunden Menschenverstand. Hier können wir uns uneingeschränkt auf unsere angeborenen Anschauungsformen und Kategorien, auf Raum und Zeit, auf Substantialität, Quantität und Kausalität verlassen. Bei unserem Urteil über die Welt der großen und der kleinen Dimensionen hingegen verheddern wir uns in epistemologische Probleme. In der Makrophysik werden Raum und Zeit, in der Mikrophysik werden Kausalität und Substantialität problematisch. Nur in der Welt der mittleren Dimensionen bewährt sich unser pragmatischer Realismus. Unser ererbtes Vorwissen über die Welt der mittleren Dimensionen bezieht sich nicht nur auf die Anschauungsformen von Raum und Zeit, auf unser uneingeschränktes Vertrauen in Kausalität und logische Wahrheit, sondern auch auf *strukturelle* Eigenschaften der realen Welt: Wir rechnen mit einer geordneten, stetigen, regelmäßig strukturierten, kohärenten Natur, die keine (großen) Sprünge macht; wir rechnen mit einer »Konstanz der Koinzidenzen« (RIEDL, 1980). Wir rechnen damit, daß, wenn etwas 100mal funktioniert, es auch beim 101mal funktionieren wird: Wir vertrauen auf das Induktionsverfahren. »Induktion« ist für uns kein Problem, sondern eine selbstverständliche Erwartungshaltung. Andererseits rechnen wir weder mit exponentiellem Wachstum noch mit chaotischen Prozessen. Für beides haben wir kein intuitives Verständnis. Unser Vorwissen rechnet mit Zuverlässigkeit und mit Kontinuität; mit jener ökologischen Stabilität der realen Welt, auf die sich unsere Vorfahren im Pleistozaen in ihrer Lebensspanne von dreißig Jahren verlassen konnten.

Damit habe ich mit wenigen Strichen, in derb-pastoser Manier, den Hintergrund skizziert, den ich für mein eigentliches Argument brauche.

Mein Ziel ist es, die kognitiven Defizite, an denen wir derzeit leiden, aus der Evolutionstheorie heraus plausibel zu erklären.

Das Argument lautet:

Unsere angeborenen kognitiven Strukturen sind im wesentlichen entstanden als Anpassung an die Umwelt des späten Pleistozaens. Die Welt unserer Cro-Magnon-Vorfahren war in ihren mittleren Dimensionen eine stabile, geordnete, kohärente Welt mit Sippenselektion und K-Strategie[1], eine Welt, in der keine abrupten Wechsel, kein exponentielles Wachstum, keine Sprünge vorkamen, eine Welt, in der sich *lineare* Kausalität, monokausales Denken in kurzen Kausalketten, bewährte, weil das eigene Handeln kaum Rückkoppelungen im System verursachte. Dieser an die mittleren Dimensionen des Pleistozaens angepaßte Menschenverstand ist nicht dazu geschaffen, die moderne Welt und ihre Gefährdung zu begreifen.

Die heutigen fünf Milliarden Menschen auf der Welt übersteigen die mittelfristige Tragekapazität unseres Planeten bereits bei weitem. Die pathologische Sorglosigkeit, mit der wir uns trotzdem unsinnig weiter vermehren und den Planeten vollends ausplündern, ist biologisches Erbe: Wir verstehen nicht, was wir tun. Diese Einsicht ist nicht neu.

Der Freiburger Nobelpreisträger in Nationalökonomie, F. A. von HAYEK (1983) betont immer wieder, daß der homo sapiens zwar glaube, es sei seine Vernunft gewesen, die die Ordnung der Kulturwelt geschaffen habe; tatsächlich sei der Mensch aber nie in der Lage gewesen, die während der kulturellen Evolution »spontan« entstandenen Institutionen zu verstehen. »Wir müssen einsehen, daß die Ordnung, in der wir heute leben, nicht unsere Schöpfung ist, sondern die Schöpfung eines unpersönlichen Entwicklungsprozesses.«

KONRAD LORENZ argumentiert in gleicher Richtung: Die Annahme, daß die Entwicklung einer Kultur von Einsicht und geistigem Wissen gesteuert werde und in weiser Sicherheit den Pfad zum »Höheren« hin verfolge, sei ein Irrtum (LORENZ, 1983).

Ich glaube, HAYEK und LORENZ haben recht. Das uns aus der Evolution der Hominiden überkommene a priorische Wissen hat den modernen homo sapiens zwar befähigt, intuitiv den Mesokosmos dieser Welt allmählich durch und durch zu verändern; es scheint dieses Vorwissen aber nicht auszureichen, die geänderte, ungeheuer komplex gewordene Welt *zu verstehen* und aus diesem Verstehen heraus eine Überlebensstrategie zu schaffen. Die über unsere Zukunft entscheidende Frage lautet, ob unsere kognitive Kapazität - angepaßt an die Welt, aus der wir kommen - hinreicht, die anthropogene, von uns geformte Welt, in der wir leben, zu begreifen und zu zügeln. »Wir müssen der Tatsache ins Auge sehen, daß keine zweckgerichtete Vorherbestimmung des Weltgeschehens unsere Kultur schützt.« (LORENZ, 1983) Die Frage ist, ob unsere Vernunft sie schützen kann, wenn unser apriorisches Wissen um die Welt uns nicht mehr trägt.

Unter den »alternativen« Ansätzen, die uns täglich angeboten werden, lassen sich bislang keine *vernünftigen* Alternativen erkennen. Die anvisierten Systeme funktioneren vielleicht lokal, aber alles zerbröselt, sobald überlokale Koordinationsprozesse ins Spiel kommen.

Erklärung der Defizite: Die ethische Seite

Die plausible Erklärung unserer Defizite hat eine kognitive und eine ethische Seite. Unsere kognitiven Grenzen erklärt die Evolutionäre Erkenntnistheorie, unsere moralischen Mängel erklärt die Evolutionäre Ethik (MOHR, 1986). Ihre Vertreter gehen davon aus, daß nicht nur unsere kognitiven Strukturen, sondern auch unsere angeborenen Verhaltens- und Handlungsstrukturen im Zuge der darwinischen Evolution entstanden sind. Deshalb unterliege die Natur des Menschen, seine Neigungsstruktur ebenso wie seine tatsächliche Verhaltens- und Handlungsstruktur, genetischen Determinanten. Unsere Verhaltens- und Antriebsstruktur, auch unsere Neigung und Fähigkeit zur sozialen Organisation, sei zu einem guten Teil biologische Mitgift, die durch Erziehung und soziale Konditionierung nicht beliebig zu überspielen sei. Statt von einer extremen Plastizität des Menschen auszugehen, müsse man mit (engen?) Grenzen der Formbarkeit und auch der Belastbarkeit durch moralische Vorschriften (kulturelle Normen) rechnen. Diese Grenzen der Kulturfähigkeit seien darauf zurückzuführen, daß unsere unbewußte »erste Natur« im wesentlichen eine Anpassung an die Lebensverhältnisse des Pleistozaens (Sammler und Jäger) und des postglazialen Neolithikums (Anfänge von Ackerbau und Viehzucht) darstelle.

Diese Auffassungen sind neueren Datums. Von ungefähr 1900 bis zur Mitte der 50er Jahre behauptete die in den Sozialwissenschaften vorherrschende Lehre, der Behaviorismus, das genaue Gegenteil: Menschliches Verhalten sei erlernt, und genetische Faktoren hätten so gut wie keinen Anteil an der Formung unseres sozialen und politischen Verhaltens. So etwas wie eine Vererbung von Fähigkeiten, Begabungen, Temperament und psychischer Konstitution gebe es nicht. J. B. WATSON (1968), Professor für Psychologie an der Johns-Hopkins-Universität und führender Kopf der seinerzeit Psychologie und Pädagogik dominierenden behavioristischen Bewegung, hat sich bekanntlich zu der Behauptung verstiegen, er könne aus jedem ihm zur Erziehung überlassenen gesunden Neugeborenen »auf Bestellung« einen Violinvirtuosen, einen Mathematiker oder ein Finanzgenie machen.

Die behavioristische Doktrin eines extremen Kulturdeterminismus, der Glaube an die nahezu beliebige Formbarkeit des Menschen, scheiterte an der menschlichen Natur. Nach viel, nach allzuviel Versuch und Irrtum hat sich neuerdings diese Erkenntnis auch bei unseren deutschen Bildungsexperten durchgesetzt. H. von HENTIG (1983), ein *maßgebender* deutscher Pädagoge, beschrieb seinen Lernprozeß folgendermaßen:

»Wir sind einstweilen mit Notwendigkeit wir menschlichen Menschen, die wir allezeit waren. Vor der Hoffnung auf einen neuen Menschen, den man sich von einer neuen Erziehung versprechen könnte und der seinen eigenen Schöpfungen und Taten gewachsen wäre, muß der Pädagoge ausdrücklich warnen.«

Für unser engeres Thema lautet die Einsicht: Die Moral hat sich zwar im Verlauf der kulturellen Evolution gewandelt, der Pluralismus moralischer Systeme ist ein Charakteristikum der kulturellen Evolution, aber die *Wurzeln*, die uns in der biologischen Basis verankern, sind geblieben. Eine verhaltensbestimmende biologische Mitgift kann der Mensch nicht verleugnen (vgl. MOHR, 1983).

Die Evolutionäre Ethik zielt darauf ab, unsere angeborenen Verhaltens- und Handlungsstrukturen, kooperatives Verhalten und Altruismus eingeschlossen, als darwinische Anpassungen an unsere evolutionäre Vergangenheit, vor allem an die Umwelt des späten Pleistozaens und des postglazialen Neolithikums zu erklären (MOHR, 1986). Das soziobiologische Konzept der Gesamtfitness (inclusive fitness) und der Sippenselektion (kin selection) spielen hierbei eine entscheidende Rolle.[2]

Werfen wir einen kurzen Blick auf die Evolutionsbedingungen der Hominiden im späten Pleistozaen! Zwischen etwa 100.000 und 30.000 Jahren v. Chr. löste allmählich der moderne homo sapiens die mehr archaischen Vertreter der Gattung homo ab. Die anatomischen Veränderungen am Schädel und am postcranialen Skelett deuten darauf hin, daß die Menschen damals weniger robust, dafür aber metabolisch und energetisch effizienter wurden. Mit der Verbesserung von Geräten und Waffen und mit einer Stärkung kooperativen Verhaltens in Sippe und Jagdverband ging eine bessere Versorgung mit pflanzlicher und tierischer Nahrung einher und eine numerische Vergrößerung der Sozietäten. Die Tragekapazität der ganzen, für unsere palaeolithischen Sammler- und Jäger-Vorfahren erreichbaren Erde betrug seinerzeit zwischen ein und zehn Millionen (MARKL, 1983a).

Um das Jahr 30.000 hatte sich der moderne homo sapiens physisch herausgebildet. Wir müssen aber davon ausgehen, daß die gewaltige Erweiterung der Nahrungsnische durch die Entwicklung einer ortsbeständigen Agrikultur im Neolithikum die darwinische Evolution unserer *mentalen* Eigenschaften beeinflußte. Die Ackerbauern und Viehzüchter wurden in Verteidigung ihres Territoriums und ihres Besitzes vermutlich um einiges aggressiver als die Jäger- und Sammlerhorden des Palaeolithikums, bei denen *territoriale* Aggression keine so lebensentscheidende Rolle spielte. Der biblische Brudermord dürfte die Härte und die Tendenz der Konflikte richtig beschreiben: Kain, der Ackerbauer, erschlug Abel, den Viehzüchter (LORENZ, 1983).

Andererseits festigte sich die friedfertige Sippe. Die Selektion, in der Regel wohl eine restriktive K-Selektion in der Nähe der Tragekapazität, spielte sich im späten Pleistozaen und im Neolithikum innerhalb der Kleingruppen, innerhalb der kohärenten Sozietäten, aller Wahrscheinlichkeit nach meist unblutig ab. Dafür liefern die Fossilien und die ältesten kulturellen Überlieferungen gute Argumente. Der Dekalog, die Zehn Gebote, sind ein wunderbares Beispiel für die Moral der Kleingruppe. »Du sollst nicht töten« - bedeutet im Verständnis des Alten Testaments »Du sollst keinen Israeliten töten«.

Die Evolutionstheorie erklärt die vorherrschende Friedfertigkeit innerhalb der Kleingruppen überzeugend mit dem Konzept der inclusive fitness und der Sippenselektion (DAWKINS, 1983).

»Inclusive fitness« oder Gesamtfitness ist die Summe der fitness, die ein Individuum als solches besitzt (individuelle fitness), plus aller Einflüsse, die das Individuum auf die fitness seiner genetischen Verwandten ausübt. Inclusive fitness bedeutet also, daß die genetische fitness eines Individuums nicht nur am Überleben und an der Reproduktion seiner selbst und seiner Nachkommen gemessen wird, sondern auch an der Förderung der fitness genetisch Verwandter. Inclusive fitness schließt also alle jene Einflüsse mit ein, die das Individuum zu der Überlebenschance der Sippe, der es angehört, beisteuert. Die am Individuum angreifende Selektion wird überlagert von einer Sippen- oder Gruppenselektion. Dem Konzept der Gesamtfitness liegt also die Vorstellung zugrunde, daß alle Lebewesen durch die natürliche Selektion genetisch daraufhin disponiert werden, ihr soziales Verhalten so zu gestalten, daß die Weitergabe ihrer Gene maximiert wird, unabhängig davon, ob sie selber oder *andere* Angehörige der Sippe diese Gene weitergeben (MARKL, 1983b).

Das Konzept der Gesamtfitness, an tierischen Sozietäten entwickelt, erlaubt ohne weitere Annahmen die genetische Erklärung für kooperatives Handeln, für selbstloses Verhalten und Verläßlichkeit, auch dann, wenn es für ein Individuum selbstzerstörerisch ist oder zumindest seine individuelle fitness (eigenes Überleben und Reproduzieren) reduziert. Ein solches Handeln nennen wir beim Menschen altruistisch. Altruismus gilt seit jeher als ein hoher Wert. Nächstenliebe, bis hin zur Zerstörung des eigenen Lebens für seine »Brüder«, spielt eine wichtige Rolle in jeder menschlicher Kultur. »Niemand hat größere Liebe denn der sein Leben läßt für seine Brüder.« Die biologische Wurzel für diesen Wert ergibt sich unmittelbar und zwingend aus dem biologischen Konzept der Gesamtfitness und der Sippenselektion. Ohne Zweifel sind Anlagen zum Altruismus, die Fähigkeit zu ehrlicher Kooperation und die Bereitschaft zur Fürsorge in uns genetisch verankert, auch wenn sie stets im Widerstreit liegen mit *egoistischen* Tendenzen und moralischer Ambivalenz.

Gehen wir noch einen Schritt weiter: Inclusive fitness - Gesamtfitness - ist nicht notwendigerweise auf eine Gruppe von Individuen beschränkt, die miteinander durch *genetische* Verwandtschaft verbunden sind, die also durch viele gemeinsame Gene miteinander in Verbindung stehen. Ein »Freund« z. B. ist eine Person, dessen Merkmale und damit Gene ich hoch schätze, auch wenn ich mit der Person nicht verwandt bin. Ich behandle also einen »Freund« so, als ob er eine Person sei, mit der ich viele Gene teilte. In dem Begriff »Bruderschaft« oder »Bruder im Glauben« oder »Bruder im Geist« kommt dies zum Ausdruck. Denken Sie an den Rütlischwur: »Wir wollen sein ein einzig Volk von Brüdern, in keiner Not uns trennen und Gefahr...«

Die *Größe* dieser Sympathiegruppen blieb indessen begrenzt. Wir können in der Geschichte verfolgen, wie mühsam die Ausdehnung der Sippen- und Klansolidarität auf größere menschliche Verbände war, etwa seinerzeit in der griechischen Polis. Bis jetzt hat man noch bei keinem Lebewesen Anzeichen für einen echten Altruismus gefunden, der sich ohne Diskriminierung auf die ganze Art oder auch nur auf eine Population erstreckte (vgl. ALEXANDER, 1983; VOGEL, 1986).Es gibt in praxi keinen ethischen Kosmopolitismus; die friedfertige, altruistische Moral der Kleingruppe bleibt auf Sippe und Stamm begrenzt.

Der *blutige* Kampf ums Dasein erfolgte seinerzeit, als unsere »erste Natur« sich herausbildete, zwischen den Sippen und der feindlichen Natur, und vor allem zwischen den Sozietäten selbst. Alle günstigen ökologischen Nischen waren im späten Pleistozaen besetzt. Die Tragekapazität, bezogen auf die damaligen Produktionsbedingungen, war erreicht. Expansion mußte auf Kosten anderer Gruppen erfolgen. Die *Härte* der Gruppenkonflikte dokumentieren sowohl die Prähistorie als auch die frühen geschichtlichen Überlieferungen. Die meisten territorialen Eroberungen in der Geschichte des homo sapiens gingen mit einem Genocid einher! Völkermord - wo immer man das entsetzliche Buch unserer Geschichte aufschlägt. Der Sieg der Israeliten über die Midianiter, wie er im 4. Buch Moses, im 31. Kapitel prägnant beschrieben ist, kann als Beispiel gelten:

Und der Herr sprach zu Moses: Räche die Kinder Israels an den Midianitern - und sie führten das Heer wider die Midianiter, wie der Herr dem Moses geboten hatte, und erwürgten alles, was männlich war. - Und die Kinder Israels nahmen gefangen die Weiber der Midianiter und ihre Kinder - und brachten sie zu Moses - und Moses ward zornig über die Hauptleute des Heeres - und sprach zu ihnen: Warum habt ihr alle Weiber leben lassen? - So erwürgt nun alles, was männlich ist unter den Kindern, und alle Weiber, die Männer erkannt und beigelegen haben; aber alle Kinder, die weiblich sind und nicht Männer erkannt haben, die laßt für euch leben.

Unter diesen Rahmenbedingungen entstand unser Verhaltensrepertoire, entstanden unsere selektionsbewährten Verhaltensstrategien. Daraus folgt zwangsläufig eine genetisch vorgegebene Aggressionskompetenz des Menschen. Die kulturelle Überformung dieser Neigungen darf uns nicht darüber hinwegtäuschen, daß sie mühsam gebändigt in uns schlummern und jederzeit losbrechen können.

Der Umstand, daß die evolutionäre Ethik die Verhaltensstruktur des modernen Menschen als Folge einer evolutionär entstandenen, auch im rezenten Menschen genetisch verankerten Neigungsstruktur erklären kann, bedeutet auch in den Augen der Soziobiologen keine *Legitimation* für unser derzeitiges *kulturelles* Fehlverhalten. Aus dem Sein folgt nicht das Sollen, wohl aber eine Einsicht in die *Grenzen* des Sollens. Unser Verhalten ist nicht im präzisen Detail genetisch determiniert, wir sind nicht Marionetten eines genetischen Verhaltensprogramms; wohl aber tragen wir moralische Universalien in uns, eine genetisch bedingte Neigungsstruktur, die unser Verhalten disponiert, den Spielraum und die Grenzen *möglichen* Verhaltens einengt - und uns damit auf das Leben in einer menschlichen Gemeinschaft vorbereitet (MOHR, 1983). Wir sind also von Natur aus moralfähig, normativ anpassungsfähig, so wie wir im kognitiven Bereich lernfähig sind, aber wir sind es nicht *unbegrenzt*. Daraus ergibt sich das ethische Dilemma unserer Zeit: Einerseits läßt sich unsere evolutionär entstandene Neigungsstruktur (propensity structure) nicht beliebig überspielen. Andererseits kann kultiviertes Ethos in unserer Zeit nicht mehr konform mit unseren Genen sein. Vielmehr wird die Zukunft des Menschen entscheidend davon abhängen, inwieweit es uns gelingt, die in der modernen Welt obsolet gewordenen biologischen Determinanten unserer Neigungsstruktur bei unserem tatsächlichen Handeln *durch Vernunft* zu modifizieren. Natürlich können (und wollen) wir an unseren Genen nichts ändern, aber wir könnten (und müßten) die *Expression* unserer verhaltensbestimmenden Gene durch Vernunft und Moral stärker zügeln und kanalisieren als dies in den vergangenen Epochen der kulturellen Evolution geschah (MOHR, 1985a).

Die Frage nach der richtigen Moral

Für uns, für unsere Generation, gewinnt die Frage nach der *richtigen* Moral eine neue, gewaltige Dimension, jenseits philosophischer Tradition. Das unerhörte Vernichtungspotential, das sich der moderne Mensch geschaffen hat, die Menetekel aus der Umwelt, die darauf hindeuten, daß wir den Planeten überfordern und unsere kulturelle Evolution in eine Sackgasse treibt, sie geben der ethischen Reflexion über die richtige Führung unseres Lebens, über Gut und Böse, eine neue Dringlichkeit. Es gibt ethische Fragen, auf die *wir*, hic et nunc, eine neue Antwort finden müssen. Das Natürliche mag in der heutigen Welt weit davon entfernt sein, *gut* zu sein. Was früher vernünftig gewesen sein mag, kann heute unvernünftig sein, was früher Überleben garantierte, mag heute Chaos und Ende bedeuten.

Eine Moral. die uns politisch und ökologisch in die Zukunft führte - die richtige Führung unseres Lebens garantierte, ist weder in unseren Genen noch in unserer Tradition vorprogrammiert, aber Elemente davon, brauchbare Elemente, tragen wir in uns, die wir als Individuen und als Sozietät *vernünftig* kombinieren könnten.

Auf welche moralische Substanz kann unsere Vernunft zurückgreifen? Es sind, worauf F. v. HAYEK immer wieder hingewiesen hat, drei Quellen (HAYEK, 1979):

1. Die tief in unserer biologischen Evolution verankerte Schicht genetisch vererbter Antriebe und Verhaltensweisen.
2. Die Traditionsanpassungen: Die mächtige Schicht traditional überkommener, in langer geschichtlicher Erfahrung erprobter gesellschaftlicher Verhaltensregeln, die »weder geplant noch verstanden sind«.
3. Die dünne schwankende Schicht von Regeln, die bewußt konzipiert und akzeptiert wurden, um bestimmten Zwecken zu dienen.

Was von diesen Elementen brauchbar ist bei dem Versuch, die Zukunft zu bewältigen, müssen wir *vernünftig* begründen; Intuition und Vorurteil führen uns in die Irre.

Ohne praktische Vernunft und globale Konsensfähigkeit, ohne die Einsicht der Notwendigkeit und entsprechende, rasche Änderungen der *Traditionsanpassungen* werden wir die Welt zerstören. Aber selbst wenn uns *diese* Änderungen gelingen sollten, bleibt die Frage offen, wie stark sich unsere Vernunft und »das Sittengesetz in uns« erweisen werden, wenn wir im Ernst versuchten, die kognitiven und die moralischen Defizite unserer *biologischen* Natur zu kompensieren. Die Widerstände werden horrend sein. Sittlichkeit müßte die im Dienste der biologischen fitness-Maximierung stehende »Moral der Gene« transzendieren, d. h. auch solchen Normen faktische Geltung verschaffen, die inclusive fitness reduzieren (vgl. VOGEL, 1986).

Unsere Zukunft wird davon abhängen, ob und inwieweit es den Menschen gelingt, sich beim Handeln von obsolet gewordenen fitness-Maximen der biologischen Evolution zu lösen, sich Entscheidungsspielraum für ein *gutes* Leben zu schaffen.

Wir sind damit zurück bei PLATON.

Sie alle kennen jene vielbelächelte Passage aus Politeia:

»Wenn nicht entweder die Philosophen Könige werden in den Städten, sage ich, oder die, die man heute Könige und Machthaber nennt, echte und gründliche Philosophen werden, und wenn dies nicht in eines zusammenfällt: Die Macht in der Stadt und die Philosophie, --- so wird es, mein lieber Glaukon, mit dem Elend kein Ende haben, nicht für die Städte und auch nicht, meine ich, für das menschliche Geschlecht.«

Die Naivität dieser Konstruktion liege, so sagen die Kritiker, nicht in der Hoffnung auf Philosophen, sondern in der Hoffnung auf die Leistungsfähigkeit der Vernunft in historischen Verhältnissen. - Aber bleibt uns denn in unserer gefährdeten Welt eine Alternative zur *Herrschaft der Vernunft*, die ich auffasse als die Übereinstimmung von Tugend und Wissen?

Anmerkungen

[1] K-Strategien sind durch eine K-Selektion entstanden. Diese Selektion begünstigt Eigenschaften, die eine Spezies braucht, um in einer stabilen, vorhersehbaren Umwelt zu überleben, in der ein strenger Wettbewerb mit ähnlich gut ausgestatteten Konkurrenten um die begrenzten Ressourcen herrscht. Die Populationsgröße liegt in der Nähe der Tragekapazität des Biotops (K). Die K-Selektion begünstigt Eigenschaften wie Größe, langes Leben, kleine Zahl der Nachkommen bei ausgedehnter, sorgfältiger Brutpflege.
[2] Einen besonders günstigen Zugang zur Begrifflichkeit, Argumentationsweise und Literatur der Soziobiologie bietet DAWKINS (1983).

Literatur

ALEXANDER, R. D. (1983): Biologie und moralische Paradoxa. In: GRUTER, M., & M. REHBINDER (Hrsg.): Der Beitrag der Biologie zu Fragen von Recht und Ethik. Berlin: Dunker & Humblot.
CHOMSKY, N. (1986): Knowledge of Language: Its Nature, Origin, and Use. New York: Praeger.
DAWKINS, R. (1983): The Extended Phenotype. Oxford: Oxford University Press.
HAYEK, F. A. V. (1979): Die drei Quellen der menschlichen Werte. Walter Eucken Institut: Vorträge und Aufsätze **70**. Tübingen: J. C. B. Mohr.
HAYEK, F.A. V. (1983): Sitte, Ordnung und Nahrung. In: Gießener Universitätsblätter, Heft 1.
HENTIG, H. V. (1983): Was zu schützen, was zu retten ist. Frankfurter Allgemeine Zeitung **299**: 21.
LORENZ, K. (1983): Der Abbau des Menschlichen. München-Zürich: Piper.
MARKL, H. (1983a): Die Dynamik des Lebens: Entfaltung und Begrenzung biologischer Populationen. In: MARKL, H. (Hrsg.): Natur und Geschichte. München: Oldenbourg.
MARKL, H. (1983b): Wie unfrei ist der Mensch? Von der Natur in der Geschichte. In: MARKL, H. (Hrsg.): Natur und Geschichte. München: Oldenbourg.
MOHR, H. (1983): Biologische Wurzeln der Ethik? Heidelberg: C. F. Müller.
MOHR, H. (1985a): Biologische Grenzen des Menschen. Zeitwende **56**: 1-16.
MOHR, H. (1985b): Qualitatives Wachstum in Biologie und Ökonomie. Naturwiss. Rundschau **38**: 267-274.
MOHR, H. (1986): Evolutionäre Ethik. In: STOECKLE, B. (Hrsg.): Wörterbuch der Ökologischen Ethik. Freiburg: Herder.
RIEDL, R. (1980): Biologie der Erkenntnis. Die stammesgeschichtlichen Grundlagen der Vernunft. Unter Mitarbeit von R. KASPAR. Berlin-Hamburg: Paul Parey.
SPAEMANN, R. (1984): Sein und Gewordensein. Was erklärt die Evolutionstheorie. In: SPAEMANN, R. (Hrsg.): Evolutionstheorie und menschliches Selbstverständnis. Weinheim: Acta humaniora.
VOGEL, CHR. (1986): Evolution und Moral. In: MAIER-LEIBNITZ, H. (Hrsg.): Zeugen des Wissens. Mainz: v. Hase & Koehler.
VOLLMER, G. (1985): Was können wir wissen? Band 1: Die Natur der Erkenntnis. Stuttgart: Hirzel.
WATSON, J. B. (1968): Behaviorismus. Köln: Kiepenheuer & Witsch.

Kommentar zu »Evolutionäre Erkenntnistheorie, Ethik und Moral«

JOHANN GÖTSCHL

Einleitung

In seinem Beitrag beschäftigt sich H. MOHR mit einem Thema, das nicht nur von allgemeiner philosophischer Bedeutung ist, sondern darüber hinaus einen Prüfstein für die Evolutionäre Erkenntnistheorie darstellt. Es ist die Suche nach Zusammenhängen von Evolution bzw. Evolutionstheorie, Ethik und Moral, oder anders ausgedrückt: Die Suche nach den Zusammenhängen von Evolutionärer Erkenntnistheorie einerseits und Teilen der europäischen Philosophie andererseits.

H. MOHR durchläuft in seiner Analyse der Zusammenhänge von Evolutionärer Erkenntnistheorie, Ethik und Moral drei Ebenen. Auf der ersten Analyseebene erfolgt eine rekonstruktive Abschätzung der Lage des gegenwärtigen Kulturmenschen im Verständnis der neuzeitlichen Zivilisation, d. h. im Verständnis einer Gesellschaft, die durch die wissenschaftlich-technischen Revolutionen geprägt worden ist. Auf der zweiten Analyseebene behandelt H. MOHR die biologischen bzw. genetisch bedingten Grenzen, vor denen unsere Denkinhalte und Handlungsentwürfe kontrastiert werden sollten. Auf einer dritten Analyseebene schließlich stößt er zu einem perspektivistischen Appell vor, um aufzuzeigen, was es zu tun gelte, damit der Mensch eine Reorientierung seiner Handlungsgrundlagen erreichen könnte.

Im folgenden möchte ich diese drei Analyseebenen durchlaufen, indem die zentralen Inhalte seines Zugangs zum Zusammenhang von Evolutionärer Erkenntnistheorie, Ethik und Moral an bestimmten Punkten problematisiert werden, um zu gewissen, vielleicht weiterführenden Fragen zu gelangen.

Zur ersten Analyseebene: Gegenwärtige Lage des Menschen

Hier versucht H. MOHR, zu einer rekonstruktiven Abschätzung der Lage des gegenwärtigen Kultur- bzw. Zivilisationsmenschen zu gelangen. Bei dieser Rekonstruktion konzentriert er sich vor allem auf die Dimensionen des Organischen und des Kognitiven, zwei Dimensionen des Menschseins, über die auf den bekannten Aspekt zu gelangen ist, wonach sowohl

1. in der biologischen Evolution wie auch
2. in der sozio-kulturellen Evolution

genuin widerstreitende Prozeßelemente auftreten (Determinanten), die weder etwas wie Negativität noch etwas wie Positivität repräsentieren.

Nun führen aber diese biologischen und sozio-kulturellen Prozeßdeterminanten in Verbindung mit einer Reihe von Bedingungen zu rekonstruktiv und reflexiv erfaßten Situationen des gegenwärtigen Kulturmenschen, die doch auf etwas wie Negativität, oder zumindest auf etwas wie Störung des kognitiven Gleichgewichts verweisen. So z. B. gelangt H. MOHR zu einer Einschätzung der Lage des gegenwärtigen Kulturmenschen, in der etwas wie Negativität in folgender Form in Erscheinung tritt:

- der gegenwärtige Kulturmensch leidet unter einem sozio-kulturellen Ungleichgewicht; dies ließe sich am Friedensproblem illustrieren;
- der gegenwärtige Kulturmensch leidet unter einem Ungleichgewicht, betreffend den Zusammenhang von energetischem und kybernetischem Regelkreis; dies ließe sich am Naturproblem bzw. am Ökologieproblem illustrieren;
- der gegenwärtige Kulturmensch leidet am möglichen Zusammentreffen mehrerer Störprozese sowohl der biologischen wie auch der sozio-kulturellen Evolution; dies wäre illustrierbar an den Differenzen zwischen Erkenntnis- und Handlungsfähigkeit.

All' diese Aspekte der Negativität bzw. Aspekte von Bedrohungen des Kulturmenschen sind Bedrohungen durch den Menschen selbst. Es ist eine Bedrohung der Existenz des *homo sapiens*, durch die etwas Zentrales aufgedeckt wird: Nämlich die Existenz einer Disproportionalität zwischen der kognitiven Kapazität, angepaßt an die Welt, aus der wir kommen, und der ungeheuer komplex gewordenen Welt, in der wir sind.

Nun wird diese Disproportionalität zwischen der kognitiven Kapazität und der Komplexität der Welt von H. MOHR durch Bezugnahme auf HAYEK gewissermaßen hermeneutisch gewendet. Auf dieser Grundlage erfolgt H. MOHRs Deutung der gegenwärtigen Lage des Menschen: Die ungeheuer komplex gewordene Welt verstehen wir nicht mehr, die gewissermaßen mesokosmisch geprägte kognitive Kapazität wird von der vom Menschen erzeugten sozio-kulturellen Welt überfordert.

Diese hermeneutische Wendung bzw. Grundlegung dessen, was aus der Sicht der Evolutionstheorie bzw. der Evolutionären Erkenntnistheorie zur gegenwärtigen Lage des Kulturmenschen gesagt werden kann, ist für H. MOHRs weiteres Vorgehen von zentraler Bedeutung. Denn des Menschen Nichtverstehen der von Menschen beschriebenen, erklärten, vor allem aber transformierten und erzeugten Welt ist genau der Grund dafür, daß der gegenwärtige Kulturmensch noch immer nicht imstande ist, Überlebensstrategien zu gewinnen und diese zu Lebensstrategien zu verwandeln.

An diesen Aspekten drängt sich eine gewisse Notwendigkeit der Problematisierung dessen auf, was H. MOHR durch Rekurs auf Verstehen an kulturellen Diagnosen zu gewinnen glaubt.

Selbstredend ist H. MOHRs Rekurs auf das Verstehen nur ein vorläufiger Indikator für die kulturelle Diagnose, betreffend die Lage des gegenwärtigen Menschen. Die Lage des Menschen ist damit nicht erklärt, was von H. MOHR wohl auch nicht beansprucht wird. Nichtsdestoweniger ist zu bedenken, daß der Rekurs auf das Verstehen im Kontext der Evolutionären Erkenntnistheorie viel damit zu tun hat, daß sich hinter dem Verstehen die Komplexität der Organisationsstruktur der Welt verbirgt; d. h. die komplexe Welt, die sich aus des Menschen Leistung zur Generalisierung, Universalisierung und Transzendierung ergeben hat und auf diesen Kategorien fortzuschreiten scheint. Für diese, vom Menschen erzeugte Welt diagnostiziert H. MOHR entscheidende Defizite, die sich aus dem Umgang mit der ungeheuer komplex gewordenen Welt auftun. Er rekurriert hier auf den Darstellungs- und Erklärungswert evolutionären Denkens, indem er ansetzt:

1. die kognitiven Grenzen erklärt die Evolutionäre Erkenntnistheorie;
2. die moralischen Grenzen erklärt die evolutionäre Ethik.

Genau an diesem Ansatz werden Probleme und Fragerichtungen deutlicher. Ganz abgesehen von der umstrittenen, bisher jedenfalls nicht hinreichend identifizierten Erklärungsleistung der Evolutionären Erkenntnistheorie in sowohl kognitiver wie moralischer Hinsicht, muß doch gefragt werden, ob die gegenwärtig negativ bestimmte Lage des Kulturmenschen nicht so sehr ein Resultat der evolutionär-erkenntnistheoretischen Erklärung der kognitiven und moralischen Defizite ist, sondern vielmehr auch als Frage nach methodologischen Möglichkeiten der Reduktion von Systemkomplexität gestellt werden kann. Denn jede von einer Kultur eingebrachte Systemkomplexität ist Teil eines Emergenzphänomens und insofern nicht antizipatorisch zu handhaben.

Zur zweiten Analyseebene: Genetisch festgelegte Handlungsgrenzen

Auf dieser Analyseebene geht es H. MOHR um die biologisch bedingten Grenzen, von denen ausgehend wir unsere Denkinhalte und Handlungsentwürfe werten und kontrastieren sollten, um etwas wie eine Adäquatheit von Denken und Handeln zur biologisch bedingten Realität zu erreichen.

Er versucht hier stufenweise auszuloten, wo die biologisch bedingten Grenzen unserer Kulturfähigkeit liegen, ohne einen kruden Reduktionismus oder kruden Soziobiologismus zu vertreten. Diese Auslotung der biologisch bedingten Grenzen der Kulturfähigkeit des Menschen erfolgt bei H. MOHR mittels zweier Konzepte, nämlich:

1. mittels des Konzeptes der »DARWINschen Anpassung«,
2. mittels des Konzeptes der »inclusive fitness«.

Vor allem das neuere Konzept der »inclusive fitness« ist es, das zur tragenden Prämisse des Explanans wird, wodurch sich der Erklärungsgrad einer biologischen Erklärung von sozio-kulturellem Verhalten verbessern lassen sollte. Denn das Konzept der »inclusive fitness« verbessert die Möglichkeiten einer kohärenten Erfassung des Zusammenspiels von Individuum und Gruppe hinsichtlich genetisch enger wie genetisch weiter entfernt liegender Individuen. Für H. MOHR wird es an dieser Stelle eben wichtig, einmal mehr zu betonen, daß diese »inclusive fitness« keineswegs eine genetische Determination bedeutet, sondern eben eine genetische Bedingtheit unserer Kulturfähigkeit.

Wenn also in dieser genetischen Bedingtheit unsere Kulturfähigkeit verankert ist, also gewissermaßen die genetisch bedingten Freiheitsgrade unserer kulturellen Entfaltungsmöglichkeit angelegt sind, so ist philosophisch bzw. wissenschaftstheoretisch klar, daß der Begriff der Kulturfähigkeit befragt werden muß.

Nun kann der Begriff der »Kulturfähigkeit« - neben dem Begriff des »Verstehens« als ein weiterer Terminus in H. MOHRs Analyse - als Dispositionsbegriff aufgefaßt werden, wie dies in der analytischen Wissenschaftstheorie zu finden ist.

Ohne hier eine Analyse durchführen zu können, ist es doch klar, daß ein Begriff der »Kulturfähigkeit«, als Dispositionsbegriff aufgefaßt, nichts darüber aussagt, was

a) kulturelle Inhalte sind,
b) moralische Inhalte sind,
c) ethische Inhalte sind,

und vor allem nichts darüber aussagt, welchen Status solche Inhalte (Sätze) im Kontext des evolutionär-epistemologischen Paradigmas haben. Damit aber wird ein weiteres Problem in H. MOHRs Versuch, einen Zusammenhang zwischen Evolutionärer Erkenntnistheorie, Ethik und Moral zu finden, problematisch und führt zu einer weiteren Frage. Denn es muß jetzt die Frage gestellt werden, wie es um das Verhältnis steht von Kulturfähigkeit zu Kulturinhalten.

In etwas stärker logisch-methodologischer Ausrichtung könnte man die Frage stellen, ob es einen biologisch bzw. verhaltenswissenschaftlich befriedigenden Begriff von »Kulturfähigkeit« geben kann, so daß bei der Bestimmung von Kulturfähigkeit nicht zirkulär vorgegangen wird, d. h. daß Kulturinhalte nicht als versteckte Prämissen bei der Bestimmung eines biologischen Begriffs von Kulturfähigkeit Verwendung finden. Ohne auf nähere Details hier eingehen zu können, scheint mit Rücksicht auf Probleme und Lösungen, die in der analytischen Wissenschaftstheorie während der letzten Dezennien gefunden worden sind, doch evident zu sein, daß nicht nur H. MOHR keine reduktionistische oder operationale Definition des Konzepts der Kulturfähigkeit angibt, sondern darüber hinaus überhaupt die Angebbarkeit der biologischen Bedingungen für Kulturfähigkeit in Frage gestellt werden muß.

Denn die zu häufig gemachte stillschweigende Voraussetzung, daß es eine biologische Bestimmbarkeit von Kulturfähigkeit geben könnte, muß ja auch konfrontiert werden mit der von H. MOHR gemachten Behauptung, daß die Evolutionäre Erkenntnistheorie sich nicht nur auf die Kulturfähigkeit bezieht, sondern auch im speziellen die Moralfähigkeit miteingeschlossen hat.

Wenn man vom Naheliegenden ausgeht, daß das Auftauchen von Moralität eine eigene Stufe im Evolutions- und Entwicklungsprozeß darstellt, was vor allem durch Problemsituationen konstituiert worden sein dürfte, dann drängt sich die Frage der Adäquatheit des DARWINschen Evolutionsmodells für die Darstellung des Menschen auf.

Diese Frage nach der Adäquatheit des DARWINschen Evolutionsmodells für eine naturtheoretische Selbstdarstellung des Menschen wird u. a. auch nahegelegt durch so bekannte Untersuchungen wie z. B. jene von PIAGET, KOHLBERG und ROEGEN. Während sich PIAGET mehr mit den universellen Ordnungen und Phasen kognitiver und weniger ethischer Entwicklung beschäftigt, geht KOHLBERG in seinem umstrittenen Werk »The Philosophy of Moral Development« vor allem auf die moralische und ethische Dimension ein. Die moralische Entwicklung wird in die drei Stufen der vorkonventionellen, der konventionellen und der nachkonventionellen Stufe eingeteilt. ROEGEN wiederum zeigt, wie sehr thermodynamische Fundamentalstrukturen (Entropiefunktion) für die Darstellung ökonomischer Prozesse herangezogen werden können.

Aber so unterschiedlich die Zugänge zu Entwicklungsszenarien auch sein mögen, so ist doch allen etwas mit der Evolutionären Erkenntnistheorie gemeinsam, nämlich daß Entwicklungsprozesse von universalen und irreversiblen Strukturen durchdrungen sind.

Etwas verkürzt könnte man also sagen, daß Universalität und Irreversibilität die tragenden Muster von Entwicklungsprozessen sind. Wenn man sich nun an die schwierige Frage heranmacht, inwieweit Universalität und Irreversibilität zum zentralen Begriff der Kulturfähigkeit in Beziehung zu bringen wäre, so drängen sich Fragen auf, die helfen könnten, den evolutionär-epistemologischen Zugang zum Menschen zu erweitern. Die weitere Entwicklung der Evolutionären Erkenntnistheorie wird u. a. sehr viel davon abhängen, inwieweit wir unsere Fragen in bezug auf die Adäquatheit der evolutionär-epistemologischen Erklärungen von Kulturinhalten klar und verschärft zu stellen vermögen.

Um welche Fragen handelt es sich hierbei? Zwei Fragen sind eine unmittelbare Folge des Aspektes, wonach der Begriff der Kulturfähigkeit offensichtlich nicht als biologischer Begriff etabliert zu werden vermag. Dies vorausgesetzt ist zu fragen, inwieweit die moralisch-ethische Situation des gegenwärtigen Menschen mit dem DARWINschen Modell verträglich ist, inwiefern von einem neuen Evolutionsmodell die Rede sein müßte und welche Konturen eines solchen neuen Modells angebbar wären.

Hieran schließt sich eine zweite Frage. Wenn wir nämlich Moralität - und nicht bloß Moralfähigkeit, d. h. den intentionalen Charakter der Moralsätze betonend - als eine eigene Stufe im Evolutions- und Entwicklungsprozeß auffassen, so steht dies nicht notwendigerweise im Widerspruch zur Tatsache, daß die moralisch-ethischen Aspekte in der natürlichen Welt der Kausalketten funktionieren: Die Moralinhalte sind nur nicht aus der Welt der Kausalketten deduzierbar. Akzeptiert man dies, so kann man sich einer philosophisch-wissenschaftstheoretischen These besinnen, wonach jeder Gegenstand oder jede Gegenstandskategorie eine jeweilige Methodologie erfordert. Auch wenn diese These niemals in logischer Strenge durchgehalten werden kann, so sind wir damit doch auf einen wichtigen Aspekt hingewiesen, der für den Umgang und den Einsatz der Evolutionären Erkenntnistheorie von Bedeutung sein könnte; wir müssen sehr vorsichtig mit unserer Methodik umgehen. Denn wie wir z. B. für das Studium von Zellmutationen bestimmte Methoden benötigen, benötigen wir auch für das Studium der moralisch-ethischen Inhalte entsprechende Methoden. Es scheint mir außer Frage zu stehen, daß vorerst einmal zwischen dem wissenschaftlichen Studium der Kulturinhalte einerseits und dem Studium der Kulturfähigkeit andererseits möglichst streng zu unterscheiden ist, was eine spätere integralere Behandlung von Kulturinhalt und Kulturfähigkeit nicht a priori ausschließt. Wir könnten Probleme und Fragen zu diesem Punkt auch anders formulieren: Wird hier nicht eine objektive Grenze von biologischen Erklärungen kultureller Phänomene - wie jenes der Moralität - sichtbar? Und verwischt nicht der Begriff der Kulturfähigkeit genau jene kategoriale Differenz von Materiellem und Nichtmateriellem, deren Überwindung zwar beansprucht ist und wichtig wäre, nicht aber geleistet werden kann?

Zur dritten Analyseebene: Was sollen wir tun?

Hier geht es H. MOHR darum, zu einem perspektivischen Appell zu gelangen, der die Notwendigkeiten einer Reorientierung enthält, d. h. aufzeigt, warum und inwiefern sich der Mensch in das Ganze von Natur und Kultur neu einordnen muß.

Dieser Aspekt einer Einordnung in das Natur- und Kulturganze ist erneut für die Frage nach dem Zusammenhang von Evolutionärer Erkenntnistheorie und Moral von einiger Bedeutung. H. MOHR gelangt - ohne auf Details einzugehen - auf vier Aspekte, die der Mensch als Basis einer Reorientierung zur Kenntnis nehmen müßte:

1. Wir müssen die relative Wirkungslosigkeit der idealistischen Ethik (z. B. HEGEL) ernst nehmen;
2. wir müssen auch die Unvollständigkeit bzw. die Grenzen des «inclusive-fitness-»Konzeptes ernst nehmen;
3. wir müssen zur Kenntnis nehmen, daß das, was naturhaft ist, nicht notwendigerweise als «gut« auszuzeichnen wäre;
4. Wir müssen zur Kenntnis nehmen, daß unsere Fähigkeit, uns zum Rekonstrukteur unseres Gewordenseins zu machen, nicht im geringsten legitimiert, uns zum rationalbewußten Konstrukteur allen Geschehens in bezug auf Vergangenheit, Gegenwart und Zukunft einzustufen.

Beachtet man diese vier Prämissen, so führen sie hin zur alles entscheidenden Frage in ethisch-moralischer Hinsicht. Es ist die Frage, auf welchen Grundlagen der gegenwärtige Kulturmensch zu einer Reorientierung bzw. zu einer Orientierung überhaupt gelangen kann.

Wie die meisten evolutionären Erkenntnistheoretiker plädiert auch H. MOHR dafür, daß ein zeitgerechtes bzw. adäquates Menschenbild nicht ohne Rekurs auf das biologische Wissen erreicht zu werden vermag. Aber natürlich weiß H. MOHR auch, daß das biologische Wissen, aufgefaßt als ein System deskriptiver Aussagen, nicht direkt normativ gewendet werden kann: Aus Sein folgt nicht Sollen. Wohl deswegen bedient sich H. MOHR - mit einigem Recht - neben dem Begriff des Verstehens eines weiteren, hermeneutisch getragenen Begriffs als Brückenbegriff, um zwischen Sein und Sollen vermitteln zu können. Es ist dies der Begriff der Einsicht, mit dem zu arbeiten versucht wird. Der Begriff der Einsicht wird hier als weiterer Basisbegriff eingeführt, um die gesuchten Zusammenhänge von Evolution, Moral und Ethik zu identifizieren.

Dieser Grundbegriff der Einsicht ist bei H. MOHR zwar nicht operational dargestellt bzw. definiert, wird aber offensichtlich als etwas wie ein Regulativ für die Diffusion von biologischem Wissen zum menschlichen Handeln konzipiert. Obwohl wir gegenwärtig nicht wissen, ob die Einsicht in den evolutiven Gesamtzusammenhang zu einer evolutiv-adäquaten Bestimmtheit des Handelns führt, so ist doch denkbar, daß die Kategorie der Einsicht einer ganz bestimmten konstitutiven Funktion für die Kreation von Handlungsformen und Handlungsoptionen zugeordnet werden könnte, was allerdings noch genauer zu untersuchen wäre.

Bei der Behandlung des Fragenkomplexes, wie biologisches Wissen mit menschlichem Handeln zusammenhängen könnte, geht H. MOHR noch einen erheblichen Schritt weiter, indem er versucht, über die durch Einsicht in den biologischen Gesamtzusammenhang konstitutierten Handlungsoptionen hinauszukommen; d. h. er geht davon aus, daß ein zeitgerechtes Orientierungswissen nicht allein durch Rekurs auf Wissen um die genetisch bedingten Verhaltensmuster erhalten werden kann.

Aber woher sollte dann ein Orientierungswissen erhalten werden können? H. MOHR beschreitet hier einen etwas überraschenden und nicht unoriginellen Weg, der in seinem

Beitrag zwar nicht ausgearbeitet werden wollte, wohl aber vom Ansatz her erkennbar ist. Es ist dies der Appell eines »Zurück zu PLATON«. Weshalb dies, ist hier zu hinterfragen? Offensichtlich wird dieser Weg zu beschreiten versucht, weil in PLATONs Philosophie zwei Notwendigkeiten enthalten sind:

1. die Notwendigkeit, daß die Transzendierung des biologisch Gegebenen mit der Erreichung von Allgemeingültigem verknüpft ist;
2. die Notwendigkeit, daß nur über die Transzendierung des biologisch Gegebenen des Menschen Denk- und Handlungsräume »qualitativ« vergrößert werden können.

So weitreichend eine solche Verknüpfung von Evolutionärer Erkenntnistheorie und PLATONscher Philosophie auch sein mag, so ist doch zu beachten, daß das Menschenbild bei PLATO von eher nicht evolutionärem Charakter ist. Insofern bin ich mir nicht im klaren darüber, inwieweit überhaupt eine konsistente bzw. kohärente Darstellung von Evolutionärer Erkenntnistheorie und der PLATONschen Philosophie möglich ist. So weit ich sehen konnte, sind die zentralen Aussagen der Evolutionären Erkenntnistheorie und die zentralen Aussagen der PLATONschen Philosophie zumindest inkommensurabel. Nichtsdestoweniger ist evident, daß eine evolutionär-epistemologische Rekonstruktion der PLATONschen Philosophie ausständig ist.

Literatur

BATESON, G. (1982): Geist und Natur. Eine notwendige Einheit. Frankfurt/M.: Suhrkamp.
GÖTSCHL, J. (1979): Zur theoretischen Grundlegung einer historischen Wissenschaftsforschung. In: BURRICHTER, C. (Hrsg.): Grundlegung der historischen Wissenschaftsforschung. Basel-Stuttgart: Schwabe & Co.
GÖTSCHL, J. (1984): Programmatische Aspekte zu einem einheitlichen Verständnis von Natur und Kultur. In: BORN, R., & J. MARSCHNER (Hrsg.): Philosophie, Wissenschaft, Politik. Wien-New York: Springer.
GÖTSCHL, J. (1986): Zum Subjekt-Objekt-Problem von transzendentaler und evolutionärer Erkenntnistheorie - Elemente einer Konvergenzvermutung von transzendentaler und evolutionärer Erkenntnistheorie. In: LÜTTERFELDS, W. (Hrsg.): Transzendentale oder evolutionäre Erkenntnistheorie? Darmstadt: Wissenschaftliche Buchgesellschaft (im Druck).
LORENZ, K., & F. M. WUKETITS (Hrsg.) (1983): Die Evolution des Denkens. München-Zürich: Piper.
LÜBBE, H. (1981): Die Einheit der Naturgeschichte und Kulturgeschichte. Abhandlungen der Akad. d. Wiss. u. Lit. Mainz, geistes- und sozialwissenschaftl. Klasse Nr. 10.
RIEDL, R. (1980): Biologie der Erkenntnis. Die stammesgeschichtlichen Grundlagen der Vernunft. Unter Mitarbeit von R. KASPAR. Berlin-Hamburg: Paul Parey.
STAHL, G. (1982): Aspekte der Nicht-Reduktion von Handelnden auf Organismen. Z. f. Wissenschaftsforschung **3** (2): 35-47.
VOLLMER, G. (1975): Evolutionäre Erkenntnistheorie. Stuttgart: Hirzel.
WILSON, E. O. (1980): Biologie als Schicksal. Die soziologischen Grundlagen menschlichen Verhaltens. München-Bern: Scherz.

■ *Diskussion*

MOHR: Ich bedanke mich sehr bei JOHANN GÖTSCHL für diese Bemerkungen, die, was seine Fragen betrifft, die Schwachstellen getroffen haben. Sie haben das ausgezeichnet analysiert, und es sind genau die Stellen, mit denen ich auch unzufrieden bin. Die eine Unzufriedenheit ist mir erst während des Vortrags aufgefallen, die betrifft Ihre erste Frage. (Ich darf mich jetzt nur auf die Fragen beschränken und ganz knapp Antwort geben.)

Das hat damit zu tun, daß ich hier - als sich herausstellte, daß mein Vortrag zu lang würde - einfach einiges herausgenommen habe. Das waren einige Empfehlungen, die man in dem Zusammenhang geben könnte und die nicht darauf abzielen, die Komplexität unserer zivilisatorischen Strukturen zu reduzieren, sondern ihre Größe. Ich bin nicht gegen Komplexität, ich bin gegen die Verbindung von Komplexität und Gigantomanie. Und hier haben wir schon vor einiger Zeit auch im Rahmen eines Treffens der Unesco Konzepte ausgearbeitet, die damit zu tun haben; die hätte ich gerne hier vorgetragen, aber wie gesagt, dafür war keine Zeit. Sie zielen darauf hin, daß man die Regionen, in denen sich menschliches Zusammenleben organisiert, so wählen sollte, daß sie einigermaßen noch unserem inneren Vermögen angepaßt sind. Das gilt sowohl für die politischen Regionen als auch für die industrielle Produktion, aber das bedeutet nicht eine Reduktion an Komplexität, an Intensität. Es bedeutet nur eine Reduktion an Größe. In der Bundesrepublik etwa hat es ja schon intensive Konsequenzen im Bezug auf die Größe von Agrikultureinheiten gegeben, es werden nämlich die Mittelbetriebe gefördert. Und es zeigt sich ja auch in den jetzigen harten Auseinandersetzungen; wer aus der Landwirtschaft in der EG überleben kann, sind die Mittelbetriebe. Das zeigt, daß die Sache, wenn man die Marktwirtschaft machen läßt, im Grunde sich selbst einkalkuliert; aber das scheint mir ein ungeheuer mühsamer und verschleißvoller Prozeß, dem man durch Denken nachhelfen könnte.

Ich möchte auf keinen Fall eine Reduktion der Qualitätskomplexität, aber ich glaube, daß wir um eine Neuordnung der Größenkomplexität nicht herumkommen.

GÖTSCHL: Mir ist es darauf angekommen, daß ich in Ihrem sehr interessanten Papier diesen Aspekt nicht hinreichend geklärt gefunden habe - aber das ist eher ein Nebenaspekt.

Mir kam es in meinem Kommentar eigentlich darauf an zu betonen (was vielleicht nicht klar genug herausgekommen ist), daß ich mir nämlich in folgender Hinsicht nicht sicher bin. Ich meine, es gibt ja fast niemanden mehr in der westlichen Zivilisation, der nicht Ihre These vertritt: Reduktion der Größenordnung auf biologischer Grundlage. Und es scheint mir auch vernünftig zu sein, nur muß man auch die Kehrseite der Medaille dazu sehen. Daß natürlich z. B. die großen Schöpfungen der europäischen Zivilisation der letzten zweitausend Jahre sozusagen einen Preis gekostet haben, und damit verbinde ich immer, daß natürlich hier eine Restringierung im zwanzigsten Jahrhundert oder in der zweiten Hälfte des zwanzigsten Jahrhunderts auch schöpferisches Defizit mit sich bringen könnte.

Sie müssen sehr, sehr vorsichtig sein, welches Kreativitätsverständnis wir in Bezug auf Kultur und Natur unseren Forderungen einer Restringierung der quantitativen Expansion zugrundelegen. Vielleicht gehen uns die Ideen aus, überhaupt dies leisten zu können, was Sie fordern.

MOHR: Das richtige Schlagwort wäre vielleicht gewesen - gerade weil ich dazu einiges geschrieben und auch experimentell jahrelang an diesem Thema gearbeitet habe: Qualitatives Wachstum.

Und nehmen Sie gerade die Computer. Als ich das erste Mal mit Computern zu tun hatte, füllte er einen Raum. Und den gleichen Computer kann man heute in die Tasche stecken. Das ist eine ungeheure Einsparung an Material und Energie, bei einer gleichzeitig zunehmenden qualitativen Systemkomplexität. Solche Dinge meine ich. Und Sie können da wirklich unbesorgt sein, ich habe nie das Wort einer Reduktion an Systemkomplexität geredet, ich habe nur das Wort der Reduktion einer damit gekoppelten Expansivität geredet. Deshalb qualitatives statt quantitatives Wachstum.

Und die zweite Frage. Hier ist vielleicht zwischen uns ein Mißverständnis. Die kulturelle Evolution ist nicht unbedingt darwinistisch, darwinisch. Das kann sie sein. Sie kann über gewisse Passagen hinweg so sein, aber in der Regel ist sie es nicht, da kommen andere Momente dazu. Und den Teil unserer DARWINschen Evolution, der dann eingeht in die kulturelle Evolution, können wir nahezu als Konstante ansehen. Wir machen auf der Basis einer genetischen Information, die vor sechs- oder zehntausend Jahren fertig war, kulturelle Evolution. Und deshalb muß notwendigerweise die Reflexion über diese kulturelle Evolution nicht nur Biologie implizieren - der Meinung sind auch alle Soziobiologen, die ich kenne -, sondern auf der anderen Seite Ethik. Das habe ich auch am Anfang gesagt: Ethik ist eine philosophische Disziplin, die man lernen muß. Das philosophisch gezügelte Reflektieren über Moral ist eine schwierige Disziplin, in die man sich hineinarbeiten muß. Und ich plädiere immer dafür, daß möglichst viele Ethiker Biologie lernen und möglichst viele Biologen sich mit Ethik befassen, damit wir gemeinsam mit diesen Problemen der kulturellen Evolution fertig werden.

Und Ihre dritte Frage. Die Einsicht in die Notwendigkeit ist natürlich dieses schöne Wort von HEGEL, das ich aufgenommen habe. In bezug auf diese Frage, warum ich nun ausgerechnet hierfür den Rekurs PLATONs ausgesucht habe, möchte ich zwei Dinge sagen: Es sind nicht unbedingt alle Aspekte, alle Facetten des platonischen Menschenbildes (das in sich ja auch nicht geschlossen ist, jedenfalls soweit ich die Zusammenhänge kenne), sondern es ist mehr der Impetus bei PLATON, der Vorschlag. Sein Vorschlag in den Dialogen und zu dem, was wir ein gutes Leben nennen. Und gerade auf diesen Aspekt habe ich von SPAEMANN immer wieder diesen Impetus gespürt; wir müssen Mittel und Wege finden herauszufinden, was eigentlich im Sinn der griechischen Klassik ein gutes Leben ist. Das ist nicht ein hedonistisches Leben, das mißverstehen manche Leute, sondern im Sinn der griechischen Klassik ist ein gutes Leben (und ich kann mir vorstellen, daß gerade diese bizarre Verbindung einer durchgehenden Analyse vom Standpunkt der Soziobiologie aus unserer gegenwärtigen Situation mit der Hinwendung zu einem Menschenbild), das jedenfalls der Theorie nach ein gutes Leben verspricht, und daß das für uns eine Möglichkeit wäre, um in die Zukunft zu denken. Es ist beileibe nicht die einzige Möglichkeit, aber es ist im Moment diejenige Kombination, die mir persönlich als die, absichtlich gesagt, vernünftigste erscheint.

SPAEMANN: Nachdem Sie mich so freundlich apostrophiert haben, möchte ich zwei Fragen stellen. Zunächst, mir fiel auf, daß Sie die in uns genetisch vorprogrammierte Moral, wenn man einmal so sagen will, gerade in dem Ungenügen sahen; oder umgekehrt, Sie sagten, die reicht nicht aus.

Zweitens: Die Moral, die wir brauchen, kann aber nicht gegen das, was in uns an genetischem Potential vorhanden ist, entwickelt werden - sonst wären wir ganz verloren-, sondern wir müssen mit diesem Material arbeiten. Dieses Material muß da sein. Und da können Sie nun ja noch in einem weiteren Maß, als Sie es schon getan haben, an die griechische Tradition anknüpfen. ARISTOTELES spricht in seiner nikomachischen Ethik, es wäre nicht in uns der logos Führer und Anfang des Handelns, sondern orexis, der Antrieb. Und nachdem die Antriebe da sind, bringt der logos die Sache zur Entscheidung.

Im Mittelalter hat man dann, als man noch nichts von genetischer Programmierung wußte, an Astrologie geglaubt. Das läuft für diese Frage insoweit auf dasselbe hinaus, als man auch die Frage stellt, wie geht man um mit den Neigungen, die wir in uns vorfinden? Bei THOMAS VON AQUIN gibt es z. B. die Bemerkung, daß man Kriege astrologisch voraussagen könnte, weil die Menschen zu bestimmten Zeiten bestimmte Neigungen haben. Das können wir jetzt auswechseln, das Astrologische (können wir sagen) ist also durch unser Aggressionspotential, unser genetisches vorprogrammiert, so daß wir sozusagen statistisch Voraussagen machen können über das menschliche Verhalten. Wir können aber nicht sagen, wie der einzelne sich verhält, weil der einzelne sich zu diesem Potential noch einmal verhalten kann. Das sagte die alte Formel sidera inclinant non necessitant. Jetzt geht Ihr Vorschlag also dahin (oder Ihre These) - ja wir müssen sozusagen entgegen dieser inclinatio die Vernunft zur Durchsetzung bringen, wenn wir überleben wollen.

Dazu zwei Bemerkungen. Die eine: Wir sind heute oft geneigt, bestimmte Triebe, Antriebe als gut, andere als schlecht zu bezeichnen. Z. B. die Aggression als das Schlechte und den Altruismus als das Gute. Dem stimme ich gar nicht zu. Ein Mensch, der kein Aggressionspotential in sich hätte, wäre eine traurige Erscheinung, ein Mensch, der sich angesichts von Unrecht nicht empören kann, hat einen Defekt, und umgekehrt ist etwa das Mitleid auch nicht ausreichend, denn der Chirurg z. B. oder auch jeder Mensch, der einem anderen, der in einen Unfall verwickelt ist, hilft, muß in sich etwas überwinden, der muß dem anderen z. B. Schmerzen zufügen und muß dabei eine Hemmschwelle überwinden, um ihm zu helfen. Auch die Sympathien, die in uns ausgelöst werden, das Kindchenschema usw., sind in der Vernunftethik, die Sie fordern, dann nicht mehr ausreichend, sondern für die vernünftige Ethik wird der andere als er selbst wirklich, ganz unabhängig davon, wie er als Objekt mich affiziert.

Das heißt, eine solche Ethik muß auch über die spontane Sympathie hinausgehen, und damit bin ich bei der zweiten Bemerkung, und zwar bei BERGSONs »Zwei Quellen der Religion und der Moral«. Und da ist von genau dem die Rede, was Sie jetzt gesagt haben, von einer traditionellen Ethik, die in kleinen Gruppen funktioniert, begrenzter Altruismus usw., und der prophetischen Ethik, von der dann BERGSON spricht, die diese Grenzen sprengt und die ungefähr das ausdrückt, was Sie mit der vernünftigen Ethik wohl anvisiert haben.

LEINFELLNER: Sie sind doch Soziobiologe, aber Sie haben in Ihrem Vortrag die Aktivität und die Bedeutung der Gene so vermindert, daß ich sagen muß, Ihre Ethik kommt auch ohne die aus. Sie halten sich an PLATON und an die alte Rationalität, aber sehen Sie denn nicht, daß die Rationalität uns ja gerade in diese Kalamitäten geführt hat, in denen wir heute sind? Wenn Sie nein sagen, dann sagen Sie genau, daß die Gene sozusagen das Böse sind. Da haben wir die Konstellationen, die im Pliozän gewirkt haben und heute nicht mehr wirken, und wir müssen sie kontrollieren. Sie sind ein »Sollensethiker«, aber was sind Sie als Biologe geblieben, als Soziobiologe? Ich erwähne nur, daß WILSON und LUMSDEN das Problem anders gelöst haben.

OESER: Ganz kurz. Sie haben davon gesprochen, daß sowohl die Art als auch die Reichweite sowohl unseres kognitiven als auch unseres moralischen Handelns durch die genetische Veranlagung bestimmt sind. Die Reichweite der Sinneskanäle ist ja tatsächlich empirisch überprüfbar, aber die Reichweite unseres Erkennens ist nicht empirisch überprüfbar, höchstens indirekt durch unsere Produkte. Und die zeigen doch eher eine Grenzenlosigkeit, als daß echte Grenzen angebbar wären.

LÜTTERFELDS: Ja, kurz formuliert, wie kann ein Universalismus einer auszubildenden Vernunftethik mit den völlig divergenten, gelebten Moralen unserer Zeit fertig werden? Muß man da nicht letztlich auf irgendwelche inhaltlichen Zwänge zurückgreifen, etwa auf das Überleben der Art. Ist man dann nicht genötigt, kategorische Imparative durch einen Schluß auf ein, auf das berühmte Sein letztlich zu rechtfertigen, so daß sich die alte, große, traditionelle Frage der Ethik stellt. Kann man, darf man, muß man das Sollen auf das Sein zurückführen oder nicht?

WINKLER: Nachdem ich bisher bei diesem Kongreß hinsichtlich von Wortmeldungen keusch geblieben bin, möchte ich drei Bemerkungen diesem Vortrag anfügen.

Als Anthropologe setze ich die wesentlichen sozialen Anpassungen, die Sie angesprochen haben, nicht unbedingt nur in das Pleistozän, sondern ich beziehe das Pliozän aufgrund der neuesten Funde mit ein.

Die zweite Bemerkung: Territoriale Konflikte gibt es auch unter Nomaden, das ist also nicht etwas, was sich ausschließlich auf Bodenbauer und Nomaden beschränkt.

Und drittens möchte ich sagen, daß, soweit es unsere historische Zeit, die für uns überblickbare Zeit betrifft, der Genozid sicher nicht das Übliche ist. Es gibt überhaupt nur drei Fälle von Genozid, die wir anführen können, wo also wirklich Völkermord in diesem Sinn betrieben worden ist. Das sind die Camorros in Südamerika, das sind die Tasmanier, und das sind die osteuropäischen Juden.

MOHR: Wir haben immer den Eindruck, im zwanzigsten Jahrhundert sei besonders viel Böses passiert. Meine Generation, die das Böse nun ungeheuer hautnah miterlebt hat, neigt gern dazu, aber es ist in der Tat so, daß die Art und Weise, wie die Populationen miteinander umgesprungen sind, doch einen gewissen Trend zur Humanisierung in der Neuzeit erkennen läßt.

Das andere, mit der territorialen Aggression, war nur relativ gemeint. Natürlich gibt es bei Nomaden territoriale Aggression, aber in dem Augenblick, wo sie einen festen Besitz haben und das Material, das sie erarbeitet haben, fest deponiert wird, wie etwa Getreide, in dem Augenblick werden die Bedingungen der Verteidigung härter. Nur so war es gemeint.

Zur Frage von WILHELM LÜTTERFELDS möchte ich nur kurz bemerken, daß keine Prüfung der natural fallacy ergeben hat, daß man damit wirklich weiter kommt. Die Ethik läßt sich nicht auf natural fallacy aufbauen, insofern hat die Jugend völlig recht. Und wir brauchen also zusätzlich zu der Einsicht in unsere biologische Substanz andere Instanzen, sonst kommen wir zu keiner lebensfähigen Moral.

Die Bemerkung von ERHARD OESER über die Grenzenlosigkeit des Erkennens möchte ich wie folgt beantworten: Das schließt nicht aus, daß wir (im Bezug auf die Dinge, die ich hier angesprochen habe) in unserem Mesokosmos, in unserem täglichen und im politischen Leben, im ganzen soziologischen Kontext - es gibt diese Grenzen, die ich hier angeführt habe, und das ist damit völlig kompatibel -, daß wir in Bezug auf das wissenschaftliche Argument weit über diese Grenzen hinausgreifen können. Das ist kompatibel, auch in jedem einzelnen Wissenschaftler. Wenn ich eine Fakultätssitzung erlebe, wie wir uns da drin guerrieren, und ich komme dann wieder zurück ins Labor und sehe, wie wir dort arbeiten, dann sehe ich immer ganz genau diesen Gegensatz.

WERNER LEINFELLNER, zur Rationalität, die ich hier im Auge hatte: Natürlich geht es ja nicht darum, ich wäre der letzte, der Rationalität diffamieren würde. Wissenschaftliche Rationalität ist etwas, mit dem ich lebe und auf das ich niemals verzichten möchte. Aber ich glaube, daß der Einsatz von Rationalität für böse Zwecke von uns gezügelt werden muß und auch gezügelt werden kann; nur darum kann es gehen. Wie können wir das rationale und rationalistische Potential des Menschen so zügeln, daß wir eine Zukunft haben? Es ging mir weder um eine Diffamierung unseres rationalen Potentials noch um eine Diffamierung dessen, was Wissenschaft und Technologie geschafft haben. Von all dem bin ich weit entfernt, sondern es geht mir darum, es zu kombinieren mit anderen Lebensmächten, die uns eine Zukunft gewähren.

Evolution und Transzendenz

HOIMAR v. DITFURTH

Aus traditioneller philosophischer Perspektive scheint der Titel meines Beitrages ein Paradoxon zu formulieren: Er unterstellt, daß es möglich ist, über den konkreten Sachverhalt einer physischen Entwicklungsgeschichte und einen metaphysischen Begriff, eben den der Transzendenz, in dem gleichen Zusammenhang zu reden. Ich behaupte nun jedoch, daß das möglich und legitim ist, ja mehr noch: Ich will versuchen zu zeigen, daß gerade die Einbeziehung des Evolutionskonzepts, insbesondere die der biologischen Stammesgeschichte in Gestalt der Evolutionären Erkenntnistheorie, es erlaubt, über den Transzendenz-Begriff in einem ganz bestimmten Sinn konkreter zu reden, als das im Rahmen der klassischen erkenntnistheoretischen Diskussion möglich gewesen ist.

Der evolutionäre Rahmen

Mit dem Terminus Evolution wird heute ein Erklärungs-Konzept bezeichnet, das weit über den engeren Bereich der biologischen Stammesgeschichte hinausgreift. Aus guten Gründen, die ich hier nicht im einzelnen zu wiederholen brauche, spricht man in der Naturwissenschaft seit mindestens drei Jahrzehnten z. B. auch von einer präbiotischen, insbesondere einer chemischen Evolution (CALVIN) oder einer Evolution auf molekularer Ebene (EIGEN) und sogar - dies die umfassendste Bedeutung des Begriffs - von einer kosmischen Evolution (so GAMOW in seinem 1956 erschienenen Aufsatz »The Evolutionary Universe«). Durch das jeweils spezifizierende Adjektiv soll dabei in allen Fällen lediglich ein bestimmter Teilaspekt (Teilabschnitt) eines als einheitlich durchlaufend gedachten Entwicklungsprozesses gekennzeichnet werden.

Anders ausgedrückt: Astronomen, Physiker, Biochemiker und Biologen sind sich heute darin einig, daß sie alle es innerhalb ihrer jeweiligen Methode mit den Teilprodukten oder Teilaspekten ein und desselben Entwicklungsprozesses zu tun haben. Noch anders gesagt: Wir glauben heute, daß das Universum - »die Welt« - vor sehr langer (von uns aber immerhin mit leidlicher Genauigkeit abschätzbarer) Zeit zu existieren begonnen hat, und daß sich das aus diesem etwas salopp »Urknall« genannten Anfangsereignis hervorgegangene Universum seit dieser Zeit, seit rund 13 Mrd. Jahren, »entwickelt«.

Die wissenschaftliche Rekonstruktion der daraus resultierenden kosmischen Geschichte enthält in den Details zugegebenermaßen (und verzeihlicherweise) heute noch erhebliche Lücken. Andererseits ist die Rekonstruktion aber doch schon soweit gelungen, daß an der Existenz und Kontinuität der Geschichte selbst nicht mehr gezweifelt werden kann (v. WEIZSÄCKER, 1948; v. DITFURTH, 1972).

Zu Beginn meines Beitrages möchte ich unterstreichen, daß es sich bei dieser in kosmischem Rahmen ablaufenden Geschichte also um einen Prozeß handelt, der sich nicht lediglich in dem Aufbrauchen eines anfangs vorhandenen Energiepotentials erschöpft. Das geschieht selbstverständlich auch: Die kosmische Hintergrundstrahlung nimmt fortlaufend ab (was uns umgekehrt die Möglichkeit gibt, aus ihrem augenblicklichen Wert von knapp drei Grad Kelvin auf den Zeitpunkt des Anfangs der kosmischen Abkühlung zurückzurechnen). Das gleiche gilt für die in einem bestimmten kosmischen Augenblick vorhandene Wasserstoffmenge und einige andere Parameter. Zugleich aber entstehen im Ablauf dieser Geschichte Strukturen immer höherer Ordnung: Aus Wasserstoffkernen entstehen unter Mitwirkung aufeinander folgender Sterngenerationen die verschiedenen Atomarten; Moleküle und Biopolymere schließen sich zu lebenden

Organismen zusammen, diese wiederum entwickeln sich zu immer höher organisierten Lebewesen und schließlich zu Großhirnbesitzern wie uns selbst. Daß es bei alldem mit natürlichen Dingen zugeht, daß, genauer gesagt, die regionale Entstehung materieller Strukturen zunehmender Komplexität in einem Kosmos, der per Saldo der Unordnung zustrebt, dem Zweiten Hauptsatz der Thermodynamik, der sogenannten Entropie-Regel, nicht widerspricht, haben insbesondere die Untersuchungen von I. PRIGOGINE gezeigt.

Lassen Sie mich die wesentlichen Punkte zusammenfassen: Unter Evolution verstehen wir heute einen realen Entwicklungsprozeß, der

1. das ganze Universum einbezieht (der Kosmos selbst unterliegt einem historischen Prozeß), der
2. in Gestalt einer einzigen zusammenhängenden Entwicklungsgeschichte alles hervorgebracht hat, was es in diesem Universum objektiv gibt - vom einzelnen Molekül bis zum menschlichen Großhirn, und der
3. aus uns nicht bekannten Gründen die unübersehbare Tendenz hat, im Ablauf der Zeit immer komplexere Ordnungsstrukturen entstehen zu lassen.

Weltbildapparate und kognitive Fähigkeiten im stammesgeschichtlichen Vergleich

Nach dieser Rekapitulation des allgemeinen evolutionären Rahmens nun zum eigentlichen Thema. Ich beginne mit einigen Thesen über die in diesem Zusammenhang wichtigsten Besonderheiten der Beziehung zwischen Lebewesen unterschiedlicher Entwicklungshöhe und ihrer jeweiligen Umwelt.

1. Von unserer eigenen Entwicklungsstufe aus betrachtet, also quasi im stammesgeschichtlichen Rückblick, erscheinen alle von den »Weltbildapparaten« nichtmenschlicher Organismen vermittelten Weltbilder als ausgesprochen - mitunter extrem - inhalts- oder merkmalsarm. Der stammesgeschichtliche Vergleich ergibt außerdem eine Korrelation zwischen der jeweiligen Entwicklungshöhe und dem Grad dieser relativen Merkmalsarmut: Das Weltbild einer Amöbe ist ärmer als das einer Zecke. Deren Weltbild wiederum erscheint im Vergleich etwa zu dem eines Huhns auf einige wenige Umweltsignale »zusammengeschnurrt«, wie JACOB VON UEXKÜLL es ausgedrückt hat. Auf das Huhn wiederum würde ein Menschenaffe, wenn er von dessen Weltbild etwas ahnte, mitleidig herabsehen, während wir selbst der permanenten Versuchung unterliegen, aufgrund unserer eigenen, im evolutiven Vergleich konkurrenzlosen Weltsicht alle übrige lebende Kreatur geringzuschätzen.

Vor dem Hintergrund der einleitend erwähnten Einheitlichkeit des von der Vergangenheit in die Zukunft laufenden Entwicklungsprozesses scheint es erlaubt, die verschiedenen tierischen (subhumanen) Weltbilder nach Maßgabe ihrer jeweiligen Entwicklungshöhe als Vorläufer, als *prodromale* Stadien unserer eigenen Weltsicht in einer chronologischen Reihe anzuordnen. Dies umso eher, als sich der phylogenetische Zusammenhang nicht nur aus dem Vergleich kognitiver Leistungen zunehmender Differenzierung ableiten läßt, sondern bekanntlich auch aus dem Vergleich der diesen Leistungen zugrunde liegenden anatomischen Strukturen. Als einziges Beispiel sei hier die eindrucksvolle Tatsache angeführt, daß der Sehpurpur in der Netzhaut unserer Augen der gleichen chemischen Stoffklasse angehört wie der durch gewaltige phylogenetische Zeiträume von ihm getrennte Pigmentfleck im Vorderende des *Euglena* (Augen-»Tierchen«) genannten Einzellers, der erstmals von der Kombination eines schattenwerfenden Pigments mit einem lichtempfindlichen Sensor (einer Geißelwurzel) zur Ermöglichung einer phototaktischen

Reaktion Gebrauch gemacht hat: In beiden Fällen handelt es sich um *Carotinoide*. Und auch der zweite Bestandteil dieses archaischen Arrangements eines Ur-Lichtsinnesorgans ist in der Erinnerung der Stammesgeschichte offenbar bewahrt geblieben. Anders ist es kaum zu erklären, daß die ultramikroskopische Struktur der sehempfindlichen Zellen unserer Netzhaut (Stäbchen und Zapfen) ausgerechnet der von Protozoen-Geißeln ähnelt (Einzelheiten bei v. DITFURTH, 1976).

Ich möchte diesen ersten Punkt in der Aussage zusammenfassen, daß unser »Weltbildapparat« wie unsere anderen Organe auch im Evolutionsablauf Schritt für Schritt aus primitiveren Vorstadien entstanden ist und daß der Vergleich mit Organismen unterschiedlicher Entwicklungshöhe Rückschlüsse auf diese Schritte zuläßt. KONRAD LORENZ hat diese Auffassung 1973 bekanntlich in allen Einzelheiten in extenso begründet.

2. Hand in Hand mit der stammesgeschichtlichen Perfektionierung der kognitiven Fähigkeiten geht eine im Verlauf der gleichen Entwicklung zu konstatierende Trennung zwischen Subjekt und Objekt, die in unserem Zusammenhang einige gesonderte Sätze verdient. Auf der Ebene der Einzeller und Schwämme, der marinen Hohltiere und wohl auch noch der Mollusken insgesamt gibt es diese Trennung im Grunde noch nicht. Hier bilden der jeweilige Organismus und seine Umwelt funktionell noch eine Einheit. Es genügt, daran zu erinnern, daß alle von der Außenwelt ankommenden Reize auf dieser Ebene noch identisch sind mit direkten Eingriffen in den Stoffwechsel, daß es sich hier folglich noch nicht um »Signale« im eigentlichen Sinne handelt, sondern um unmittelbare (physikalische oder chemische) Wirkungen der Umwelt, auf die der von ihnen aktuell betroffene Organismus mit Taxien oder Reflexen reagiert. Ich getraue mich nicht, eine systematische Ebene anzugeben, von der ab die funktionelle Trennung von Subjekt und Objekt einsetzt. Die Grenze dürfte einen ausgesprochen fließenden Charakter haben. Sie ist aber fraglos spätestens an der Stelle anzusetzen, an der die ersten Anfänge zur Entstehung eines Zwischenhirns nachzuweisen sind. Vereinfacht gesagt eröffnet dieses neue zentrale Steuerungsorgan ja über Reflexe und Taxien hinausgehende Reaktionsmöglichkeiten in Gestalt von zusammengesetzten Verhaltensweisen, die durch von »Fern-Sinnen« vermittelte Umweltsignale ausgelöst werden.

Ich wiederhole: Selbstverständlich sind die Grenzen fließend, und unstreitig sind beide Reaktionsmöglichkeiten in der Realität auch miteinander verschränkt. Trotzdem erscheint es mir sinnvoll, hier einmal an die Bedeutung des Unterschiedes zu erinnern, der darin besteht, daß ein Fern-Sinn das Eingreifen der Außenwelt, welches ein chemischer oder thermischer Rezeptor immer nur als ein bereits aktuell sich abspielendes Geschehen registrieren kann, als noch bevorstehende Möglichkeit vorankündigt. Das von einem - akustischen oder optischen - Fern-Sinn empfangene Umweltsignal ist demgegenüber prinzipiell ein Vorgriff auf die Zukunft. (Nicht zuletzt deshalb, weil bei ihnen die Verbindung zwischen Organismus und Umwelt durch Informationsträger hergestellt wird, die selbst - wie z. B. Licht- oder Schallwellen - nicht von akuter biologischer Bedeutung sind.) Es verschafft dem Organismus somit die bis zu diesem Entwicklungsschritt nicht gegebene Chance einer Zeitspanne, die es ihm - und sei sie noch so klein - erstmals gestattet, sich auf die konkrete Begegnung mit der Umwelt auf irgendeine Weise vorzubereiten (durch Ausweichen oder Abwehr, aber - sehr viel später - z. B. auch durch die Entscheidung zwischen verschiedenen Alternativen seiner Reaktionsmöglichkeiten).

Dieser zeitliche Hiatus zwischen dem Ingangkommen einer physisch-konkreten Auseinandersetzung mit der Umwelt und der sie vorwegnehmenden Ankündigung durch ein wahrgenommenes Signal scheint mir die entscheidende Voraussetzung einer »objektivierenden« Weltabbildung zu sein (v. DITFURTH, 1957). Daß auch sie sich im Ablauf der Stammesgeschichte erst langsam entwickelt, daran sollte mit dieser Anmerkung erinnert werden.

3. So unvollständig und in dem erläuterten Sinne »prodromal« alle diese subhumanen Weltbilder auch sein mögen, sie alle sind in einem ganz bestimmten Sinne desungeachtet dennoch »richtig«. Es genügt hier, an die häufig zitierte Bemerkung von KONRAD LORENZ, 1973, zu erinnern, daß auch eine Amöbe oder ein Pantoffeltierchen etwas im buchstäblichen Sinne objektiv Richtiges über die Außenwelt »wisse«: Wenn *Paramaecium* nach dem Anstoßen an ein Hindernis zunächst ein kurzes Stück rückwärts und dann in einer zufallsbestimmenden anderen Richtung wieder vorwärts schwimme, würden wir ihm zwar oft Richtungen empfehlen können, die günstiger wären als die von ihm »auf gut Glück« eingeschlagenen. Das jedoch, *was* das Tierchen wisse, sei objektiv richtig: In der ursprünglichen Richtung gehe es tatsächlich nicht weiter! KARL POPPER hat das grundsätzlich gleiche Argument noch zugespitzter in das bekannte Aperçu gefaßt, daß es, was die Strategie von Problemlösungen angehe, »von der Amöbe ... zu EINSTEIN nur ein Schritt« sei (POPPER, 1973).

Um auch diesen Punkt wieder zusammenzufassen: So unvollständig alle tierischen Weltbilder sind, sie repräsentieren dennoch Ausschnitte aus der gleichen Wirklichkeit, in der auch wir existieren. Zwar liegen für diese einfacher gebauten Organismen weite Bereiche unserer menschlichen Wirklichkeit in einer unerreichbaren Transzendenz. Das, was sie über die Welt erfahren, ist aber insofern »richtig«, als die von ihnen überhaupt erfaßten Weltausschnitte, um es mit einem von GERHARD VOLLMER geprägten Begriff zu sagen, der objektiven Realität immerhin »partiell isomorph« sind (VOLLMER, 1975).

4. und letzte Anmerkung: Alle diese subhumanen Abbildungen der Realität sind zwar unvollständig (merkmalsarm), ohne voll ausgebildete Objektivität (oder sogar ohne jeglichen Ansatz dazu) und der Außenwelt nur partiell isomorph. Sie alle aber reichen dennoch aus, das Überleben der betreffenden Art (vorübergehend) zu sichern. Genau genommen ist das sogar eine tautologische Aussage, jedenfalls dann, wenn man Evolution und biologische Anpassung als Faktoren anerkennt, die diese aus unserer Sicht unvollkommenen Weltbilder hervorgebracht haben. Aus der subjektiven Perspektive des jeweiligen Organismus sind sie alle, so könnte man jedenfalls sagen, »geschlossen«, läßt kein einziges von ihnen irgendwelche Fragen an die Außenwelt offen.

Unser eigenes Weltbild

Nach diesen Überlegungen jetzt zum Kern des Problems, zur »Gretchen-Frage«: Was haben wir in dieser Hinsicht eigentlich von unserem eigenen Weltbild zu halten? Auch dieses läßt ja für unser Erleben keine Frage offen. Es erscheint aus subjektiver Sicht vollständig und geschlossen, präsentiert uns die Welt ohne unausgefüllte weiße Flecke. Der beispiellose Erfolg und das in jüngster Zeit beängstigend angewachsene Ausmaß unseres manipulativen Umgangs mit unserer Umwelt liefern überdies Argumente für die Annahme, daß unsere kognitive Ausstattung im Zusammenwirken mit unserer Vernunft uns zu einem Abbild der Welt verhilft, das objektiv und der Welt weitgehend isomorph ist.

So zutreffend diese Feststellungen unsere Beziehung zur Welt aber auch immer beschreiben, wir dürfen an dieser Stelle die Ergebnisse unseres stammesgeschichtlichen Rückblicks nicht vergessen, die uns lehren können, wie gering der Wert aller dieser Argumente zu veranschlagen ist. Keinem dieser vormenschlichen Weltbilder hatten wir die Attribute der Geschlossenheit, der Isomorphie mit der objektiven Realität und einen das Überleben sichernden höchst konkreten Anwendungserfolg absprechen können. Und trotzdem hatte die Betrachtung »von außen«, von der Meta-Ebene unserer eigenen überlegenen (relativ höheren) evolutionären Position aus in allen Fällen gezeigt, daß kein einziges dieser Kriterien objektiv stichhaltig ist: Für alle diese Weltbilder liegt der weitaus größte Teil der Realität in einer absolut unerreichbaren Transzendenz.

Mir erscheint es nun als anthropozentrische Verkennung reinsten Wassers, wenn wir ungeachtet dieser Erfahrung in unserem tiefsten Inneren dennoch daran festhalten, daß das alles für uns selbst selbstverständlich nicht gelte. Daß einzig und allein in unserem eigenen Falle der subjektive Eindruck der Geschlossenheit und Vollständigkeit unseres Weltbildes, seiner Objektivität und Isomorphie mit der Realität den objektiven Sachverhalt im wesentlichen richtig wiedergebe. Daß, um es bewußt provozierend zu formulieren, die in kosmischem Rahmen fortschreitende Evolution in just diesem Weltaugenblick die Perfektionierung weltabbildender neurophysiologischer Strukturen mit jenem äußersten denkbaren Schritt abgeschlossen habe, der erstmals die Welt in ihrer objektiven Totalität Platz finden lasse in einem individuellen Gehirn, nämlich dem unseren. RUPERT RIEDL hat die Unwahrscheinlichkeit einer derartigen kognitiven Sonderstellung des Menschen treffend gekennzeichnet: »Was für ein Vermessen wäre es, wollte sich die Zecke die Blutgefäße eines Säugetieres vorstellen, der Polizeihund die internationale Rauschgift-Szene oder wir uns die Gesetze jenseits des Kosmos« (RIEDL, 1980).

Nun könnte man einwenden, daß ich hier eine anthropozentrische Illusion kritisierte, die in Wirklichkeit längst überwunden sei. Tatsächlich ist unsere Weltsicht ja seit PLATO nicht mehr gänzlich naiv und sind wir alle (oder doch die meisten von uns) spätestens seit KONRAD LORENZ und KARL POPPER kritische (oder hypothetische) Realisten. Ist damit dem Vorwurf einer anthropozentrischen Mißdeutung der eigenen kognitiven Situation gegenüber der Welt nicht die Grundlage entzogen? Und haben wir, wie u. a. GERHARD VOLLMER begründet hat, die mesokosmische Beschränkung unserer unmittelbaren sinnlichen Erfahrung mit Hilfe der Wissenschaft nicht sogar überwinden können? Es sei zwar »ein vermessener Anthromorphismus anzunehmen, die Welt müsse in allen Bereichen genauso strukturiert sein, wie wir sie in den mittleren Dimensionen erfahren oder rekonstruieren« (VOLLMER, 1975). Aber: Die moderne Wissenschaft habe diese naive Auffassung korrigiert, Erkenntnis »kann ... aus diesem uns umgebenden Mesokosmos hinausführen und tut das vor allem als wissenschaftliche Erkenntnis« (VOLLMER, 1985).

Ähnlich RUPERT RIEDL, der uns kürzlich erst angesichts der aktuellen Probleme unserer Gesellschaft an die Pflicht gemahnte, die Passungsmängel unseres Erkenntnisapparates systematisch zu beachten und in dieser Weise von der spezifisch menschlichen Fähigkeit zur Selbst-Transzendenz Gebrauch zu machen: »Wir transzendieren uns freilich nicht selbst, aber doch Teile unserer Ausstattung« (RIEDL, 1985). Ähnlich auch KARL POPPER, der mir anläßlich einer Diskussion über die Frage, ob die bekannten optischen Täuschungen Grenzen unserer Welterkenntnis markierten, entgegenhielt, dies sei gewiß nicht der Fall, eben weil wir diese Phänomene ja als »Täuschungen« zu durchschauen imstande seien.

Das alles ist insofern unbestreitbar, als es sich um Beispiele für die auf diesem Planeten, soweit wir wissen, dem Menschen vorbehaltene Fähigkeit handelt, die angeborenen Grenzen der unmittelbaren sinnlichen Wahrnehmung zu übersteigen. Der Mensch ist, daran besteht kein Zweifel, der Selbst-Transzendenz fähig. Die Frage ist bloß, wie weit diese Fähigkeit objektiv reicht. Selbstverständlich kann unsere Erkenntnis unsere unmittelbare (naive) Erfahrung »manchmal oder sogar sehr oft korrigieren«, wie KARL POPPER mir im Anschluß an die erwähnte Diskussion schrieb. Deshalb bleibt dennoch die Frage offen, ob sie das immer kann und ob sie es in allen Fällen tut. Unbestreitbar reicht »der Verstand weiter als die Anschauung, das Denken weiter als die Vorstellung, Begriffe weiter als die Sinne, Kalküle weiter als Bilder«, wie GERHARD VOLLMER unterstreicht. Deshalb sei die moderne Physik auch notwendig *unanschaulich* - weil es eben ihre Aufgabe sei, die Dimension des Mesokosmos zu überschreiten -, ohne deshalb *unverständlich* zu sein (VOLLMER, 1985).

Damit ist doch aber nichts darüber gesagt, *wie weit* unser Verstand, unser Denken, unsere Begriffe und Kalküle nun über die allseits anerkannte Beschränktheit unserer unmittelbaren Anschauung *objektiv* hinausreichen mögen. Man könnte hier einwenden, es sei müßig, die Frage zu stellen, da wir über die zu ihrer Beantwortung notwendige kognitive Meta-Ebene nicht verfügten. Dem stimme ich zu. Meine Kritik wendet sich ja aber gerade dagegen, daß wir diese Frage meist stillschweigend als beantwortet zu behandeln pflegen, und zwar als beantwortet im Sinne einer grundsätzlich *unbegrenzten* Reichweite unserer Fähigkeit zur kognitiven Selbst-Transzendenz.

Gewiß: Wenn wir eine optische Täuschung als Folge der vorbewußten zentralnervösen Verarbeitung von Sinnesdaten im Interesse einer biologisch zweckmäßigen Orientierungshilfe durchschaut haben, dann sind wir in diesem einen konkreten Fall aus den Grenzen unserer angeborenen sinnlichen Erfahrungswelt ausgebrochen. Nur: Wie weit läßt uns dieser Ausbruch eigentlich gelangen? Können wir dieses Erfolgs wegen etwa schon sicher sein, daß wir alle Fälle schon entdeckt haben (oder jemals zu entdecken in der Lage sein werden), in denen die unsere Weltsicht nach Maßgabe biologischer Prioritäten präjudizierende Interpretationskunst unserer kognitiven Ausstattung unserem Streben nach objektiver Welterkenntnis im Wege steht? In der Tat, alles spricht dafür, daß wir der wahren Beschaffenheit der Welt nähergekommen sind durch die wissenschaftliche Endeckung der unserer Intuition widersprechenden nichteuklidischen Struktur des Raums, oder der Abhängigkeit der Zeit vom Bewegungszustand des Beobachters, oder der Ungültigkeit unseres Materie-Begriffs im Bereich subatomarer Dimensionen. Aber sollte nicht trotzdem der Verdacht ernst genommen werden, daß es ein anthropozentrisches »Vermessen« wäre - um die anschaulich-treffende Wendung RUPERT RIEDLs zu wiederholen -, wenn wir daraus den Schluß zögen, daß unserer wissenschaftlichen Erkenntnis, nachdem sie die Grenzen unserer Anschauung einmal überschritten hat, nunmehr sozusagen die *ganze* Welt offenstehe? Oder, andersherum: Ist die Annahme, daß das Ausmaß des auch für uns noch in einer unerreichbaren Transzendenz liegenden Teils der objektiven Realität *entscheidend* kleiner sei als bei allen anderen uns in der bisherigen Evolutionsgeschichte vorangegangenen vormenschlichen Weltbildern, ist diese Annahme etwa nicht typisch »anthropozentrisch«? Schlösse sie nicht die absurde Unterstellung ein, daß der seit rund 13 Mrd. Jahren in kosmischem Rahmen ablaufende Evolutionsprozeß zumindest hinsichtlich der Hervorbringung und Optimierung weltabbildender neurophysiologischer Mechanismen *hier auf der Erde* und *jetzt in unserem Kopf* an seinem nicht mehr überbietbaren Endpunkt angelangt - oder ihm doch zumindest nahegekommen sei?

Ich möchte dieses Argument mit einem konkreten Beispiel aus der Hirnentwicklung unterstreichen. Dazu muß ich einige allgemeine Bemerkungen über die Organisation der Großhirnrinde voranschicken.

In unserer Großhirnrinde lassen sich bekanntlich mehr oder weniger scharf umschriebene Areale nachweisen - sog. »Zentren« -, die für bestimmte Funktionen zuständig sind. Auch diese Rinde, den jüngsten Teil unseres Zentralnervensystems, haben wir als eine in einem langwierigen Entwicklungsablauf allmählich entstandene Struktur anzusehen. Das bedeutet unter anderem, daß nicht alle heutigen »Zentren« von Anfang an vorhanden waren. Naturgemäß gilt das in erster Linie für besonders hochentwickelte, auf »typisch menschliche« Leistungen spezialisierte Zentren. Betrachtet man die sich aus der Lokalisation dieser Zentren ergebende »Rinden-Landkarte« einmal unter historisch-genetischem Gesichtspunkt, dann stößt man auf interessante Zusammenhänge.

Zunächst einmal ergibt sich eine grobe Zweiteilung der Rinde insofern, als man ihre vordere Hälfte gewissermaßen als »Sendeteil« ansehen kann (da von hier aus Steuerungsbefehle an die Körperperipherie gegeben werden) und die hintere Hälfte als »Empfangsteil« (von ihr werden aus der Peripherie eintreffende Informationen verarbeitet). Die

Grenze verläuft vertikal zwischen den beiden langgestreckten Hirnwindungen, die für die Innervation der Körpermuskulatur (»Willkürbewegungen«) bzw. für die genaue Ortung von Berührungsreizen (»Körperfühlsphäre«) zuständig sind. In beiden Arealen ist der Körper »Punkt für Punkt« repräsentiert, und zwar auf dem Kopf stehend. Das heißt, daß Sie, wenn Sie mit einer elektrischen Reizung dieser Rindenareale oben beginnen, Muskelbewegungen (oder, bei Reizung der hinteren Windung, ein Kitzelgefühl) im Fuß auslösen, und daß, wenn Sie die Sonde langsam nach unten wandern lassen, entsprechende Reizeffekte am Unterschenkel, danach am Oberschenkel, an Bauch, Rumpf usw. auftreten, bis ganz unten schließlich Lippen, Zunge und Kopfhaut betroffen werden.

Daß motorische und sensorische Areale jeweils unmittelbar benachbart sind, ist genetisch und funktionell ohne weiteres verständlich. Beide konnten sich nur »Hand in Hand«, in strenger funktioneller Parallelität, entwickeln, denn ein ungestörter motorischer Vollzug ist ohne permanente sensorische Rückmeldung über die jeweilige Stellung des bewegten Körperteils nicht möglich, wie jeder bestätigen wird, der schon einmal versucht hat, mit einem »fest eingeschlafenen« Bein einige Schritte zu machen.

Auch der Umstand, daß das motorische Sprachzentrum - ganz gewiß sehr viel später - sich unmittelbar neben dem für die motorische Steuerung von Zunge und Lippen zuständigen Areal entwickelt hat, leuchtet ohne weiteres ein. Immerhin ist es andererseits mit der diese Körperteile steuernden Region nicht identisch. Allein daraus schon ließe sich der Schluß ableiten, daß Sprachvermögen mehr ist als die bloße Fähigkeit, Lippen, Zunge und Kehlkopfmuskulatur gezielt innervieren zu können, eine Schlußfolgerung übrigens, für deren Richtigkeit jeder Affenkäfig in einem Zoologischen Garten hinreichende Belege liefert.

Aus entwicklungsgeschichtlicher Perspektive sind auch die relativen räumlichen Beziehungen zwischen den sensorischen Arealen innerhalb der hinteren Rindenabschnitte (des »Empfangsteils«) verständlich. Daß z. B. das »Hörzentrum« an die sensible Kopfregion angrenzt, ist eine morphologische Erinnerung an die entwicklungsgeschichtliche Verwandtschaft zwischen den sensorischen Strukturen des Innenohrs und der übrigen Haut: Der Gehörsinn ist, so könnte man sagen, ein arrivierter Abkömmling der tastempfindlichen Haut. Analog verhält es sich mit der Beziehung zwischen der »Körperfühlsphäre« und der »Sehrinde«, der körperlichen Grundlage unseres optischen Welterlebens. Daß beide an entgegengesetzten Enden des »Empfangsteils« der Hirnrinde liegen, unterstreicht die zeitliche Ferne ihrer Verwandtschaft. Aber auch unser optisches Wahrnehmungsvermögen hat seine evolutionäre Karriere eben vor unvorstellbar langer Zeit einmal als diffuser Lichtsinn der Haut begonnen.

Damit bin ich bei dem Sachverhalt angelangt, um dessentwillen ich den ganzen Exkurs unternommen habe. Körperfühlsphäre und heutige Sehrinde sind also, das ergeben die empirischen Daten der vergleichenden Anatomie, im Verlaufe der stammesgeschichtlichen Vergrößerung der Hirnrinde »auseinandergewandert«. Damit entstand zwischen ihnen ein sich langsam vergrößerndes Areal neuer Ganglienzellen, der sog. Scheitellappen, bereit zur Übernahme neuer, bis dahin nicht existierender Funktionen. Aber welche Funktionen konnten das sein? Welche eigentümliche Leistung war einem Arrangement von Nervenzellen zuzutrauen, deren phylogenetische Eltern einerseits für die Körpersensibilität und andererseits für die Fähigkeit verantwortlich sind, diesen Körper und die Umwelt, in der er existiert, optisch wahrnehmen zu können?

Im voraus ist die Antwort unausdenkbar. *Post festum* sind wir auch in diesem Falle klüger: Mit dem Scheitellappen ist die *Zahl* in die Welt gekommen und unsere Fähigkeit zum Kopfrechnen. Nachträglich leuchtet das ein. Aus der Verbindung von bewußtem Erleben der Stellung unserer verschiedenen Gliedmaßen zueinander (das von der Körperfühlspäre vermittelt wird) und der (von der Sehrinde vermittelten) optischen Wahrnehmung meiner jeweiligen körperlichen Position relativ zu den Objekten der Außenwelt ist unsere Raumvorstellung hervorgegangen. Diese aber war ihrerseits nun wieder die Voraussetzung zu jenem ordnenden Umgang mit einander ähnlichen Objekten in dieser Außenwelt, die wir als den Ursprung unserer Fähigkeit zum Zählen anzusehen haben.

Das alles sind keineswegs abstrakt-theoretische Ableitungen, sondern empirisch belegbare Zusammenhänge. Patienten mit einer umschriebenen Schädigung dieses Hirnrinden-Areals leiden an einem sogenannten »Gerstmann-Syndrom«: Sie haben nicht nur die Fähigkeit eingebüßt, »links« und »rechts« noch unterscheiden oder sich anhand einer Landkarte orientieren zu können. Sie verwechseln bei sich und anderen auch die verschiedenen Finger miteinander (Zeige- und Ringfinger z. B.) - die ein Kleinkind bezeichnenderweise beim Zählen zu Hilfe nimmt -, weil sie ganz offensichtlich die Fähigkeit verloren haben, einander ähnliche Elemente durch räumliche Ordnung zu identifizieren. Und einfache Kopfrechenaufgaben kann ein solcher Patient auch nicht mehr lösen (Einzelheiten bei v. DITFURTH, 1976).

Unsere evolutive Zukunft und die »weltimmanente Transzendenz«

Jetzt aber brauchen wir uns im Geiste nur um 180 Grad herumzudrehen und in die evolutive Zukunft zu blicken anstatt in die Vergangenheit, um einzusehen, daß in der Großhirnrinde weiterhin neue »Zentren« entstehen würden, wenn diese evolutive Zukunft sich realisierte (und die allerdings offene Frage, ob sie sich realisieren wird, berührt das Argument, das als prinzipiell anzusehen ist, überhaupt nicht). Neue Zentren also im Dienste neuer, heute noch unbekannter, von uns im voraus wiederum nicht erahnbarer geistiger Funktionen. Oder sollen wir etwa mit der Möglichkeit rechnen, daß diese neuartigen Hirnzentren angesichts der Welt gleichsam »ins Leere« greifen könnten (was abermals auf die schon als absurd bezeichnete Annahme hinausliefe, daß die seit Jahrmillionen in unserem Kopf sich abspielende Entwicklung just in diesem Weltaugenblick abgeschlossen sei)?

Wahrscheinlicher ist es doch, daß diese neuen Zentren ihren Besitzern Teile der Welt erschließen würden, die für uns noch jenseits der Grenze unseres Erkenntnishorizonts liegen, in dem für unsere Erkenntnismöglichkeiten noch transzendenten Teil der Wirklichkeit [den wir aufgrund der gleichen Argumentation daher auch als »real« vorauszusetzen haben (v. DITFURTH, 1981)]. Auch G. VOLLMER stellt bei Gelegenheit beinahe beiläufig fest, es sei »nicht ganz unnütz, sich klarzumachen, daß wir nicht notwendig den End- oder Höhepunkt kognitiver Systeme darstellen« (VOLLMER, 1985).

Ein letzter Hinweis. Bei der Diskussion des Problems denken wir, wie mir scheint, vielleicht zu häufig nur an die Grenzen unserer kognitiven Ausstattung im engeren Sinne. Unser Weltbild ist aber nicht nur durch angeborene formale Denk- und Erkenntnisstrukturen subjektiv präjudiziert, sondern in gewiß nicht geringerem Maße auch durch angeborene Bewertungsmaßstäbe. Ich denke dabei vor allem an die Unentrinnbarkeit des Auf und Ab unserer Stimmungen, die uns die Welt immer schon im voraus zwischen den Polen des Anziehenden oder Abstoßenden, des Verlockenden oder Bedrohlichen auslegen und erscheinen lassen (v. DITFURTH, 1960).

Die prinzipielle Unbeeinflußbarkeit dieser die Bedeutung der Welt jeweils ohne unser Zutun (und nicht selten gegen unseren Willen) im voraus festlegenden Funktion unserer Stimmungen scheint mir auch in einer sprachlichen Besonderheit ihren Niederschlag gefunden zu haben. Wir bezeichnen einen Sachverhalt z. B. dann als »be-stimmt« (im Sinne von: »das ist bestimmt so«), wenn wir unsere Überzeugung ausdrücken wollen, daß er unverrückbar feststehe.

Diese unentrinnbare emotionale Färbung unserer Beziehung zur Welt ist nun als der innere Aspekt jener noch nicht wirklich erfolgten Abtrennung des erlebenden Subjekts von seiner objektiven Umwelt anzusehen, die wir bereits als eines der charakteristischen Stigmen eines aus evolutionärer Perspektive noch als unfertig anzusehenden Weltbildes kennengelernt hatten. Denn in der Tat sind Stimmungen ja die subjektive, die Erlebnisseite eines noch aktuell bestehenden, ganz konkret-physischen Zusammenhangs zwischen Individuum und Umwelt: Sie bilden die subjektive »Innenseite« der physiologischen Schwankungen unserer vegetativen, leiblichen Befindlichkeit (und auch unser Leib ist in diesem Kontext ja der objektiven Außenwelt zuzurechnen), die ihrerseits wieder von biologisch-vegetativ relevanten Umweltfaktoren (Umgebungstemperatur, Beleuchtungsverhältnisse, jahreszeitliche Rhythmen u. v. a.) unmittelbar beeinflußt wird (v. DITFURTH, 1957). Auch unter diesem Aspekt, dem der evolutionären Unabgeschlossenheit der distanzierenden Ablösung des erlebenden Subjekts von seiner nach Maßgabe dieses Ablösungsprozesses in zunehmender Objektivierung sich präsentierenden Umwelt, entspricht unser »Weltbildapparat« also nachweislich nicht dem denkbaren höchsten Entwicklungsstand. -

Alles in allem liefert somit die Betrachtung der evolutionären Voraussetzungen unseres »Weltbildes« mir unabweisbar erscheinende Indizien für die Annahme, daß auch für uns noch weite Bereiche der objektiv existierenden Welt in einer unerreichbaren Transzendenz liegen. Natürlich kann man darüber streiten, ob dieser Bereich groß oder klein ist. Aus verschiedenen Gründen (nicht zuletzt aus »Respekt« vor der Wirksamkeit der ständig lauernden anthropozentrischen Versuchung) dürfte es sich empfehlen, ihn nicht zu unterschätzen.

Um diese der objektiv existierenden Realität zuzurechnende Transzendenz von anderen Bedeutungen des Wortes - etwa der des theologischen Sprachgebrauchs - unmißverständlich abzugrenzen, habe ich sie schon bei früherer Gelegenheit als »weltimmanente Transzendenz« bezeichnet (v. DITFURTH, 1981). Diese ließe sich positiv vielleicht in der Weise kennzeichnen, daß man sie als »prinzipiell bewußtseinsfähig« definiert, also etwa als grundsätzlich möglichen Gegenstand (oder Inhalt) eines über unseren eigenen Entwicklungsstand hinaus evoluierten Bewußtseins.

Inhaltliche Aussagen über diesen Bereich zu machen, ist uns sozusagen definitionsgemäß unmöglich. Wir sind von ihm durch die gleiche unsichtbare und ungreifbare, dabei aber absolut unüberwindliche phylogenetische Barriere ebenso endgültig getrennt, wie ein noch so intelligenter nichtmenschlicher Primat von unserem astronomischen Wissen. Andererseits ist es nicht müßig, sich darüber Rechenschaft abzulegen, daß es diesen Bereich geben muß. Denn die Frage, ob wir den Ausschnitt-Charakter unseres Weltbildes und seine durch die evolutive Unabgeschlossenheit unserer weltabbildenden Ausstattung bedingte Unvollkommenheit anerkennen oder nicht, bleibt nicht ohne Folgen für unser Selbstverständnis. Ich kann auf diese Konsequenz hier nicht eingehen. Ich will sie aber wenigstens andeuten, und zwar mit einem abschließenden Zitat von BLAISE PASCAL. Es lautet: »Die letzte Schlußfolgerung der Vernunft ist, daß sie einsieht, daß es eine Unzahl von Dingen gibt, die ihr Fassungsvermögen übersteigen; sie ist nur schwach, wenn sie nicht bis zu dieser Einsicht gelangt.«

Literatur

CALVIN, M. (1964): Über die Entstehung des Lebens auf der Erde. Naturwissenschaft und Medizin **2**: 3.

DITFURTH, H. v. (1957): Die affektiv-vegetative Kommunikation. Nervenarzt **28**: 70 u. 103.

DITFURTH, H. v. (1960): Die endogene Depression als Störung einer vegetativen Beziehung zur Umwelt. Basel: Karger.

DITFURTH, H. v. (1972): Im Anfang war der Wasserstoff. Hamburg: Hoffmann und Campe.
DITFURTH, H. v. (1976): Der Geist fiel nicht vom Himmel. Hamburg: Hoffmann und Campe.
DITFURTH, H. v. (1981): Wir sind nicht nur von dieser Welt. Hamburg: Hoffmann und Campe.
EIGEN, M., & R. WINKLER (1975): Das Spiel. München-Zürich: Piper.
GAMOW, G. (1956): The Evolutionary Universe. Scientific American 9: 136.
LORENZ, K. (1973): Die Rückseite des Spiegels. München-Zürich: Piper.
PASCAL, B. (1954): Pensées. Heidelberg: Springer.
POPPER, K. R. (1972): Objektive Erkenntnis. Hamburg: Hoffmann und Campe.
PRIGOGINE, I., & I. STENGERS (1980): Dialog mit der Natur. München-Zürich: Piper.
RIEDL, R. (1980): Biologie der Erkenntnis. Die stammesgeschichtlichen Grundlagen der Vernunft. Unter Mitarbeit von R. KASPAR. Berlin-Hamburg: Paul Parey.
RIEDL, R. (1985): Die Spaltung des Weltbildes. Berlin-Hamburg: Paul Parey.
UEXKÜLL, J. v., & G. KRISZAT (1970): Streifzüge durch die Umwelten von Tieren und Menschen. Frankfurt/M.: S. Fischer.
VOLLMER, G. (1975): Evolutionäre Erkenntnistheorie. Stuttgart: Hirzel.
VOLLMER, G. (1985): Was können wir wissen? Bd. 1: Die Natur der Erkenntnis. Stuttgart: Hirzel.
WEIZSÄCKER, C. F. v. (1948): Die Geschichte der Natur. Zürich: Hirzel.

Kommentar zu »Evolution und Transzendenz«

GÜNTHER SCHIWY

Zum Verhältnis: Einzelwissenschaft - Philosophie

»Aus traditioneller philosophischer Perspektive« ist es *nicht* »paradox«, anders als H. v.. DITFURTH meint, wenn ein Naturwissenschaftler im Zusammenhang mit der Evolutionsgeschichte auf die Frage nach einer möglichen Transzendenz zu sprechen kommt. Er tut das dann jedoch nicht als Naturwissenschaftler im Rahmen naturwissenschaftlicher Theorien und Methoden, sondern als denkender und fragender Mensch, der das Bedürfnis verspürt, die durch die Spezialisierung bedingten engen Grenzen einer Wissenschaft zu überschreiten, zu transzendieren. Auch dieses Bedürfnis ist nicht paradox, sondern resultiert gerade aus der Erkenntnis der Grenzen unseres fachwissenschaftlichen Tuns. Nur weil wir handelnd und erfahrend, erkennend und hoffend immer schon über das, was wir als Grenze bezeichnen, hinaus geraten sind, die Grenze transzendiert haben, nur deshalb können wir Grenzen als Grenzen erfahren, Grenzen als Grenzen setzen und uns selbst als begrenzt verstehen. Mit anderen Worten: Die Bedingung der Möglichkeit, Grenzen als Grenzen zu erkennen, ist das Faktum der immer schon stattfindenden Grenzüberschreitung durch den Menschen, ist seine Transzendenz. Ein Naturwissenschaftler, der darüber reflektiert, philosophiert.

Vorläufer der Evolutionären Erkenntnistheorie

»Sogar von einer *kosmischen* Evolution« spricht nicht erst GEORGE GAMOW 1956, wie HOIMAR v. DITFURTH anzudeuten scheint, sondern zum Beispiel bereits 1916 der Geologe, Paläontologe und Anthropologe PIERRE TEILHARD DE CHARDIN (1881-1955), und zwar in seinem ersten uns überkommenen Aufsatz »Das kosmische Leben«, den er an der Front geschrieben und angesichts der täglichen Lebensgefahr als sein »geistiges Testament« bezeichnet hat. Darin heißt es: »Über den Probiertiegel oder das Mikroskop gebeugt, gewahrt der zur Anstrengung erweckte Mensch in einem intensiven Licht den möglichen Sinn und Wert der Parzelle von Denkvermögen und Tätigkeit, die er nützt. Seine Aufgabe ist, die kosmische Evolution dadurch zu vollenden, daß er die unerschöpflichen Energien, in deren Schoß er, ganz von ihnen durchtränkt, geboren wird, bis zur Verwirklichung ihrer letzten Versprechen fermentieren läßt. Wer nennt die Zahl der schlummernden Keime, den Reichtum an Potentialitäten, die sich in der Materie bergen? Der matteste und trägste Gegenstand vermag, wenn man ihm gerade die Ergänzung und den Kontakt, wie er sie braucht und erwartet, zuführt, jäh in unwiderstehliche Wirkungen auszubrechen oder sich in eine wunderbar aktive Wesensart zu verwandeln« (TEILHARD DE CHARDIN, 1968).

In diesen wenigen Zeilen sind bereits einige Grundfragen auch der Evolutionären Erkenntnistheorie angesprochen. Die naturwissenschaftliche Beobachtung läßt den Forscher über »Sinn und Wert der Parzelle« des menschlichen Denkvermögens nachdenken. Dabei erkennt er, daß sein Erkennen partiell ist. Doch begreift er sich und sein Erkenntnisvermögen als Geschöpf der »unerschöpflichen Energien« der »kosmischen Evolution«, die noch nicht zu Ende ist, sondern sich im Menschen und durch ihn fortsetzt. Diese Weiterentwicklung geschieht durch ergänzende Kontaktnahme von Elementen oder Systemen. »Créer, c'est unir«, hat KONRAD LORENZ (1985b) in der »Rückseite des Spiegels« TEILHARD zitiert. Während dieses Vorgangs der Vereinigung auf einer höheren Ebene, wobei sich die Elemente zugleich weiter differenzieren, »brechen« in den Teilen dieser neuen Ganzheit »jäh« - KONRAD LORENZ würde sagen: Durch Fulguration - »unwiderstehliche Wirkungen aus«, z. B. entsteht eine neue Art, eine wiederum »wunderbar aktive«, wie TEILHARD anmerkt und damit auf das anspielt, was LORENZ in »Das sogenannte Böse« den »Drang der Dunkelheit« nennt (1985) und von dem HOIMAR v. DITFURTH in seinem Beitrag gesagt hat, daß die Evolution »aus uns nicht bekannten Gründen die unübersehbare Tendenz hat, im Ablauf der Zeit immer komplexere Ordnungsstrukturen entstehen zu lassen«.

In der Einleitung zu seinem bewegenden Aufsatz über TEILHARD DE CHARDIN schreibt RUPERT RIEDL (1982): »Aus der 'Evolutionären Erkenntnislehre' wissen wir aber nun, daß jeder Kenntnisgewinn mit einer Frage jenseits der bekannten Physis beginnen muß; mit einem Quentchen Metaphysik. Sie ist der notwendige Antrieb; wenngleich ohne Erfahrung ein schlechter Führer.« In diesem Sinne scheint es angebracht zu sein, an TEILHARD DE CHARDIN im Rahmen dieses Symposions zu erinnern (SCHIWY, 1985).

Zum Verhältnis: Umwelt des Tieres - Welt des Menschen

Wenn TEILHARD von »wunderbaren« Wirkungen der Fulguration spricht, LORENZ vom »Drang der Dunkelheit« im Hinblick auf die letzten Wirkkräfte der Evolution und v. DITFURTH ausdrücklich feststellt, daß wir nicht wissen, warum die Evolution auf immer komplexere Ordnungsstrukturen hin programmiert ist, mit anderen Worten: Wenn wir innerhalb unseres Weltbildes die Frage nach dem Woher, Wohin und Wozu der Evolution nicht konsensfähig beantworten können, dann scheint es inkonsequent, wenn HOIMAR v. DITFURTH in seinem Beitrag dort, wo er die »Gretchen-Frage« stellt , zunächst unterstellt, das menschliche Weltbild ließe wie das tierische »für unser Erleben keine Frage offen. Es erscheint aus subjektiver Sicht vollständig und geschlossen, präsentiert uns die Welt ohne unausgefüllte weiße Flecken«. Das trifft doch nicht einmal auf die »Wirklichkeitserkenntnis« im Sinne GERHARD VOLLMERs (1984), nämlich »als adäquate (interne) Rekonstruktion und Identifikation äußerer Objekte« zu, geschweige denn auf wichtige Fragen - es müssen nicht immer gleich die letzten sein - unseres subjektiven Erlebens.

HOIMAR v. DITFURTH kann diese Unterstellung deshalb machen, weil er das menschliche Weltbild nur graduell, aber nicht wesentlich verschieden sein läßt von den tierischen Weltbildern. Von diesen heißt es bei ihm in anthropomorpher Redeweise: »Aus der subjektiven Perspektive des jeweiligen Organismus sind sie alle, so könnte man jedenfalls sagen, 'geschlossen', läßt kein einziges von ihnen irgendwelche Fragen an die Außenwelt offen.« Abgesehen von dem Einwand, woher wir gerade dieses über die untermenschlichen Organismen so genau wissen, scheint es doch einhellige Ansicht der Anthropologie gleich welcher Provenienz zu sein, eben weil sie sich auf das Zeugnis unserer inneren Erfahrung stützt: Der Mensch weiß sich gerade dadurch ausgezeichnet, daß er im Offenen und Unbegrenzten lebt und gerade deshalb die Fragen nach dem Woher, Wohin und Wozu aller Dinge stellen kann und muß, wenn er sich nicht selbst verleugnen will. Gerade darin, in dieser Offenheit und Unbegrenztheit des Horizontes, besteht die Sonderstellung des Menschen und nicht in der mit Recht von HOIMAR v. DITFURTH gegeißelten hybriden Überzeugung, »daß einzig und allein in unserem Falle der subjektive Eindruck der Geschlossenheit und Vollständigkeit unseres Weltbildes, seiner Objektivität und Isomorphie mit der Realität den objektiven Sachverhalt im wesentlichen richtig wiedergebe«, so daß es bestenfalls erst des Hin- und Nachweises durch die Evolutionäre Erkenntnistheorie bedürfe, damit wir nicht länger vermessen seien, sondern bescheiden würden.

Zum Verhältnis: Bewußtsein des Tieres - Geist des Menschen

Wenn wir hingegen, wie es gut begründete philosophische Tradition ist, schärfer als V. DITFURTH zwischen Leben, Seele, Bewußtsein und Geist unterscheiden, dann erscheint der Wesensunterschied zwischen pflanzlich-tierischem Seelenleben mit seinem begrenzten Umwelt-Bewußtsein einerseits und dem menschlichen Geistesleben mit seinem unbegrenzten Welt-Bewußtsein andererseits deutlicher. Das geistige Bewußtsein mit allen seinen Konsequenzen wie Selbstbewußtsein, Weltbewußtsein, Weltverantwortung, woraus sich, im Gegensatz und in Überformung der Biosphäre die - um mit TEILHARD zu sprechen - kulturschaffende Noosphäre entwickelt hat, ist dann in der Tat mit LORENZ als neue Systemeigenschaft innerhalb der Evolutions- und Bewußtseinsgeschichte anzusehen, entstanden durch einen qualitativen Sprung, durch Fulguration, der Entstehung des Lebens vergleichbar. Während v. DITFURTH (1981) - ich zitiere jetzt aus seinem Buch »Wir sind nicht nur von dieser Welt« - für die Entstehung des »Lebens« Fulguration annimmt: »Sie trat an einem bestimmten Punkt dieser materiellen Entwicklungsphase so auf, wie es für eine Fulguration charakteristisch ist: übergangslos«, ist für ihn das geistige Bewußtsein des Menschen - wobei er in diesem Zusammenhang die Kennzeichnung »geistig« bezeichnenderweise vermeidet - nur die graduelle Aufgipfelung der Bewußtseinsentwicklung: »Da kann von Fulguration wahrhaftig nicht die Rede sein. Eine ganze Jahrmilliarde ist nicht zu hoch geschätzt, während derer das Erwachen des Bewußtseins sich abspielte und zu immer hellerer Klarheit gedieh bis hin zu unserer heutigen Fähigkeit der Selbstreflexion.« Wer jedoch das, was Geist ist, in jeder Hinsicht unter Seele und Bewußtsein subsumiert, relativiert den genaugenommen absoluten Unterschied zwischen Geschlossenheit und Offenheit, Begrenztheit und Unbegrenztheit, Endlichkeit und Unendlichkeit. Übrig bleibt dann für den Menschen nur noch - in HEGELs Worten - eine »schlechte Unendlichkeit« oder wie bei v. DITFURTH die »weltimmanente Transzendenz«, genauer müßte es heißen »*um*weltimmanente Transzendenz«: Ein rein quantitatives, aber nicht qualitatives Überschreiten der Grenzen seiner Umwelt analog dem Hinausschieben der Umweltgrenzen durch die jeweils höher entwickelte Tierart. Dann gilt der Satz, den v. DITFURTH (1981) über das Leben gesagt hat - entgegen den Intentionen des Autors, wenn ich ihn richtig interpretiere - auch über die Transzendenz: »Eine Amöbe ist um nichts weniger transzendent als ein Elefant oder ein Mensch.«

Zum Verhältnis: Entwicklungsfähiger menschlicher Erkenntnisapparat - bereits existierendes menschliches Transzendenzbewußtsein

So richtig v. DITFURTHs Überlegungen, die einen großen Teil seines Beitrages ausgemacht haben, auch sein mögen: Daß unser Erkenntnisapparat entwicklungsfähig ist und - da die Evolution nicht zu Ende ist - »in der Großhirnrinde weiterhin neue >Zentren< entstehen würden... im Dienst neuer, heute noch unbekannter, von uns im voraus wiederum nicht erahnbarer geistiger Funktionen«, - sie dürften nicht darüber hinwegtäuschen, daß der Mensch heute schon zu der ihn auszeichnenden, absoluten Transzendenz fähig ist. Wenn der Mensch das immer wieder vergißt - wir dürfen diese »Transzendenzvergessenheit« wohl mit HEIDEGGERs »Selbstvergessenheit« in Beziehung setzen -, dann wird sich diese Versuchung nicht dadurch erledigen, daß neue Gehirnzentren entstehen: Sie können uns höchstens neue Teile der Welt erschließen helfen, werden uns jedoch vermutlich kaum aus transzendenzvergessenen zu transzendenzbewußten Menschen machen, jedenfalls nicht automatisch. Diese Einschränkung gilt cum grano salis für die gesamte Evolutionäre Erkenntnistheorie, auch wenn ich nicht der Meinung von VOLLMER (1984) bin, man müsse sie auf die »Wirklichkeitserkenntnis...äußerer Objekte« einschränken und »ethische, ästhetische, religiöse, mystische 'Erkenntnis'...bleiben...unberücksichtigt«. Wenn die Transzendenzvergessenheit und ihre Überwindung als vorwiegend moralisches Problem auch zunächst von den eben genannten Erkenntnisformen des Menschen abhängt, so sind diese wiederum nicht losgelöst vom Erfahrungswissen unserer alltäglichen und wissenschaftlichen Erkenntnis zu sehen im Sinne RIEDLs: Es geht nicht ohne ein »Quentchen Metaphysik«, aber auch nicht »ohne Erfahrung«.

Für eine Evolutionäre Emotionstheorie

Was ich über den mir ungenügend scharf erscheinenden Unterschied zwischen der Eingeschlossenheit des Tieres in seine Umwelt und der Weltoffenheit des Menschen bei HOIMAR v. DITFURTH angemerkt habe, gilt auch für die von ihm am Ende seines Beitrages dankeswerterweise noch angesprochene emotionale Dimension des Menschen. Er hält sie für »prinzipiell unbeeinflußbar«, was ich für überzogen halte, auch wenn zugegeben werden muß, daß gerade die Gefühlswelt der Bereich ist, der noch am meisten eingebettet ist in die dem menschlichen Denken und Wollen unzugänglichsten Schichten. Trotzdem sind wir - und das sind unbezweifelbare Erfahrungen unseres Bewußtseins - immer schon jenseits unserer lust- oder unlustbetonten Befindlichkeit, wenn wir sie als solche erkennen, also »bestimmen« und sie entweder bejahen oder bedauern. Letztlich sind es in der Regel weniger unsere Stimmungen, die uns bestimmen, sondern wir bestimmen, ob sie stimmen oder nicht - im Hinblick auf unsere als wünschenswert erachtete Grundstimmung. Daß es eine Evolution und dementsprechend eine Geschichte der Gefühle gibt, daß wir noch sensibler werden können und sollten, steht auf einem anderen Blatt und ändert nichts an der grundlegenden Feststellung, daß wir auch im emotionalen Bereich zu der dem Geist eigenen Transzendenz, zur Liebe, schon jetzt fähig sind (TEILHARD DE CHARDIN, 1984)..

Zum Verhältnis: Prinzipiell erreichbare Welt - tatsächlich noch unerreichte Welt

Es dürfte deutlich geworden sein: Ich teile die Ansicht v. DITFURTHs, daß »für uns noch weite Bereiche der objektiv existierenden Welt« in einer »Transzendenz liegen«. Ich möchte sie jedoch nicht wie er »unerreichbar« nennen, sondern »prinzipiell erreichbar«, aber tatsächlich »noch nicht erreicht«. Die prinzipielle Erreichbarkeit aller Dinge für den Menschen ist gegeben durch die radikale Offenheit seines geistigen Bewußtseins und ist eine philosophische Fragestellung. Das tatsächliche Erreichen von allem ist jedoch abhängig vom jeweiligen Erkenntnisapparat des Menschen zu einem bestimmten Zeitpunkt der Evolutionsgeschichte und ist eine einzelwissenschaftliche Fragestellung, auch eine der Evolutionären Erkenntnistheorie. Es steht nichts im Wege, es ist sogar wünschenswert, daß sich ein einzelner, wie in unserem Fall v. DITFURTH, beide Fragen stellt und beantwortet. Gerade wenn man die naturwissenschaftlichen und philosophischen Ebenen und Kompetenzen dabei so sorgfältig wie möglich auseinanderhält, ist es meiner Meinung nach nicht unwahrscheinlich, daß sich die Antworten nicht widersprechen, sondern ergänzen.

Literatur

DITFURTH, H. V. (1981): Wir sind nicht nur von dieser Welt. Naturwissenschaft, Religion und die Zukunft des Menschen. Hamburg: Hoffmann und Campe.

LORENZ, K. (1985a): Das sogenannte Böse. Zur Naturgeschichte der Aggression. München: Deutscher Taschenbuchverlag.

LORENZ, K. (1985b): Die Rückseite des Spiegels. Versuch einer Naturgeschichte menschlichen Erkennens. München: Deutscher Taschenbuchverlag.

RIEDL, R. (1982): Evolution und Erkenntnis. Antworten auf Fragen aus unserer Zeit. München-Zürich: Piper.

SCHIWY, G. (1985): Teilhard de Chardin. Eine Biographie. München: Deutscher Taschenbuchverlag.

TEILHARD DE CHARDIN, P. (1968): Frühe Schriften. Freiburg: Alber.

TEILHARD DE CHARDIN, P. (1984): Das Tor in die Zukunft. Ausgewählte Texte zu Fragen der Zeit. Herausgegeben und erläutert von G. SCHIWY. München: Kösel.

VOLLMER, G. (1984): Evolutionäre Erkenntnistheorie. Information Philosophie **5**.

■ *Diskussion*

DITFURTH: Vielen Dank, GÜNTHER SCHIWY, für die Mühe, die Sie sich gemacht haben. Ich habe dabei auch gelernt, das ist ja immer so. Andererseits bin ich, wie Sie sich denken können, keineswegs mit allem einverstanden von dem, was Sie gesagt haben. Ich will einige Punkte herausgreifen.

Der erste ist relativ unwichtig. Sie haben betont, daß TEILHARD DE CHARDIN schon Jahrzehnte vor GAMOW von einer Evolution in kosmischem Rahmen gesprochen habe. Nun, ich kann Sie, was Vorläufer in diesem Sinn betrifft, noch um fast zwei Jahrhunderte überbieten: In einem kleinen, wenig bekannten Bändchen mit dem Titel »Naturgeschichte und Theorie des Himmels«, das, wenn ich mich nicht irre, 1754 erschienen ist, hat IMMANUEL KANT eine Theorie der Entstehung des Sonnensystems vorgetragen (seinen Anteil an der später »KANT-LA PLACEsche Theorie« genannten Hypothese) und in diesem Zusammenhang geschrieben: »Die Schöpfung war gewiß nicht das Werk von einem Augenblicke«. Andererseits hat TEILHARD - und ich habe das, glaube ich, wörtlich in Erinnerung - davon gesprochen, daß es die »Aufgabe des Menschen sei, die kosmische Evolution zu vollenden«. Man schmälert die Leistung dieses genialen Mannes sicher nicht, wenn man feststellt, daß er das sicher nicht im Sinne unserer heutigen Kosmologie gemeint hat, und wenn ich daher daran festhalte, daß das erstmals wohl doch GAMOW getan hat. Zu Ihrem Einwand, daß ich zwischen dem tierischen und dem unüberbietbar anderen menschlichen Weltbild nicht scharf genug unterschieden hätte, nur folgender Hinweis: Ich habe mich lediglich auf einen Vergleich zwischen den jeweils sinnlich-kognitiv *wahrgenommenen* Weltbildern beschränkt, und nach deren Qualität gefragt. Ich habe mich also nur auf die »Welt 1« nach POPPER bezogen, und nicht auch auf dessen »Welt 3«, ich habe also den ganzen spezifisch menschlichen geistigen und kulturellen Überbau ausgeklammert.

Jetzt ein Punkt, bei dem ich bekennen muß, daß ich schlicht und einfach nicht verstehe, was Sie meinen. Auf die vorhersehbare Gefahr hin, daß Sie mich deshalb für einen verstockten Positivisten halten werden, bekenne ich, daß mir als Naturwissenschaftler dunkel bleibt, was gemeint sein soll, wenn Sie Behauptungen aufstellen wie: der menschliche Horizont sei »absolut und unbegrenzt«. Oder wenn Sie die Ansicht vertreten, der Mensch sei durch die »Fähigkeit zu absoluter Transzendenz ausgezeichnet«, ihm seien »prinzipiell alle Bereiche der Welt erreichbar«. Woher wissen Sie das? Worin begründet sich diese so feste Überzeugung, und was ist eigentlich genau gemeint, wenn Sie sagen, der Mensch werde »durch seinen Erkenntnisapparat in das Absolute versetzt«? Es fällt mir schwer, mit dieser Aussage irgendeine konkrete Bedeutung zu verknüpfen. Ganz abgesehen davon, daß ich gerne wüßte, wie Sie eigentlich den Widerspruch zwischen Ihrer Überzeugung und der Feststellung von Sir KARL beurteilen, der uns erläutert hat, daß wir genaugenommen überhaupt nichts sicher wissen können.

SCHIWY: Darf ich dazu eine Bemerkung machen. Daß wir beide uns jetzt darüber unterhalten, ob der Mensch im Absoluten ist oder nicht, setzt doch voraus, daß wir mit dem Wort »absolut« irgendetwas meinen, sonst hätte es gar keinen Sinn, daß wir uns darüber unterhalten. Das gilt für jeden der Sätze, die wir hier aussprechen. Wir gehen immer davon aus, daß der Satz, den ich jetzt sage, daß wir beide hier im Gespräch sind, absolut gilt. Das heißt, losgelöst von allen Bedingungen, die man denken kann, daß wir beide im Augenblick ein Gespräch führen: Von dieser absoluten Überzeugung kann uns niemand abbringen, und das ist nichts anderes als das Absolute.

DITFURTH: Es tut mir leid, mir sagen diese Formulierungen nicht viel. Ich weiß sehr wohl: Wenn zwei Köpfe zusammenstoßen und es gibt dabei einen hohlen Klang, dann kann das sowohl an dem einen wie an dem anderen Kopf liegen. Trotzdem, der Deutlichkeit halber: Für mich als Naturwissenschaftler handelt es sich hier um leere Worthülsen.

Ein anderer Punkt. Sie verwahren sich gegen die Beweisführung, die ich aus dem Phänomen der »willenspsychologischen Sonderstellung der Gefühle« abgeleitet habe, mit dem Argument, es seien nicht eigentlich unsere Stimmungen, die uns bestimmten, sondern der Mensch habe die Freiheit, zu bestimmen, ob seine Gefühle jeweils stimmten oder nicht. Hier muß ich nun wirklich energisch widersprechen. Ich will jetzt nicht im Einzelnen auf die für die verschiedenen psychischen Schichten charakteristischen Gefühle in ihrer jeweiligen Besonderheit eingehen, sondern nur unterstreichen, daß ich ausschließlich von den sog. »vitalen« Gefühlen gesprochen habe. Also von den Gefühlen, die ich habe, wenn ich müde werde oder Durst habe oder geschlechtliches Verlangen spüre. Von dem, was man in der Psychologie den »endogenen Untergrund« nennt: Dem Grad meiner (aktuellen oder konstitutionellen) positiven, euphorischen Zuwendung zur Welt, oder, umgekehrt, meiner abweisend depressiven Ängstlichkeit. Beide Verfassungen lassen mich bestimmte Facetten der Welt entdecken, sie zeigen mir das an der Welt verlockende oder setzen meiner Aktivitätsbereitschaft Grenzen, indem sie mich Risiken erkennen lassen, vor denen sie mich warnen. Und nun ist es eine - wenn Sie mir erlauben - triviale, jedenfalls aber grundlegende Erkenntnis der Psychologie, daß es Charaktere gibt, die konstitutionell ein bißchen mehr zur positiv-optimistischen Seite neigen und andere, die habituell eher melancholisch gestimmt sind. Erzählen Sie doch bitte einmal einem Depressiven, daß er die Freiheit hätte, darüber zu bestimmen, ob seine depressive Stimmung berechtigt sei oder nicht. Das würde der Ihnen, und zwar mit Recht, sehr übelnehmen.

Aber nehmen Sie doch aus dem normalpsychologischen Bereich nur einmal das ganz alltägliche Phänomen der »Dunkelangst«. Es ist experimentell nachgewiesen, daß die Angstschwelle bei jedem Menschen im Dunkeln erniedrigt ist. Wer das bestreitet, verdrängt seine Dunkelangst nur oder geniert sich, sie einzugestehen. Und auch diese Angst legt dann wieder bedrohliche Aspekte der Welt frei. Auch Ihnen wird es daher passieren, daß Sie, wenn Sie nachts allein im Wald spazierengehen, plötzlich irgendeinen vom Wind bewegten Busch für eine Sie bedrohenden Gestalt halten. Da können Sie hundert dicke Bücher über die psychologische Genese und Struktur der Dunkelangst gelesen haben, das hilft Ihnen überhaupt nichts. Auch in dieser Situation wird die Welt eben ohne unser Zutun, sogar gegen unsere willentliche Einstellung »ausgelegt«, wird unsere Interpretation der Welt präjudiziert. Von Freiheit, gar »absoluter Freiheit«, kann in dieser Situation also wahrhaftig nicht die Rede sein.

Eine letzte Anmerkung: Ich glaube, Sie haben meinen Anspruch sehr viel höher eingeschätzt, als ich selbst ihn erhebe. Ich wäre der letzte, der nicht von vornherein einräumen würde, daß von einer philosophischen Position aus sehr viel mehr, auch sehr viel Tieferes und Differenzierteres über Transzendenz gesagt werden kann, als das von einer naturwissenschaftlichen Position aus möglich ist. Mir ging es um etwas ganz anderes. Ich wollte keineswegs etwa irgendetwas neues über Transzendenz aussagen,. Ich wollte lediglich darauf aufmerksam machen, daß das Evolutionskonzept, und speziell die Evolutionäre Erkenntnistheorie, daß ausgerechnet dieses von Vielen immer noch als »materialistisch« und »geistfeindlich« abgewiesene Konzept konkrete Indizien liefern kann für die Realität einer Wirklichkeit, die seit FEUERBACH und MARX bis auf den heutigen Tag als bloßes »Wortgeklingel« diffamiert wird. Es genügt, an FREUDs bekannte Formulierung zu erinnern, daß Gott nichts anderes sei als eine infantile Wunschprojektion, oder an HANS ALBERTs »transzendentale Sprachspiele«. Aus dem evolutionären Ansatz ergeben sich Hinweise, daß Kritik dieser Art sich die Sache denn doch etwas zu leicht macht. Darauf wollte ich aufmerksam machen, das ist alles.

Zusammenfassender Kommentar

ERHARD OESER

Zu Werner Leinfellner

Daß die Spieltheorie ein nützliches Werkzeug zur Komplexitätsbewältigung in der Evolutionsbiologie darstellt, haben schon M. EIGEN und R. WINKLER in ihrem populären Buch »Das Spiel« (1975) gezeigt. WERNER LEINFELLNER verwendete die Spieltheorie dazu, um über eine Definition des »intelligenten Systems« einen Zugang zur Evolutionären Erkenntnistheorie zu bekommen. Der Vorteil dieses spieltheoretischen Ansatzes liegt in dem höheren Allgemeinheitsgrad, der damit erreicht wird, und es erlaubt, die menschliche Intelligenz als ein System unter anderen natürlichen bzw. künstlichen Systemen zu sehen und den Dualismus von Gehirn und Bewußtsein zu überwinden. Der Nachteil besteht jedoch darin, daß die Definition des intelligenten Systems so weit wird, daß auch z. B. die Sonne nach diesen spieltheoretischen Kriterien als intelligentes System angesehen werden muß (GERHARD VOLLMER). Eine eigene Erklärungsgrundlage für das Auftreten neuer Systemeigenschaften liefert daher die Spieltheorie, jedenfalls in der dargestellten Weise, nicht.

Zu Franz M. Wuketits

Eine Perspektive ganz anderer Art zeigte FRANZ M. WUKETITS auf, indem er den evolutionären Ursprüngen der Metaphysik nachging. Wie jedoch der Kommentar von KURT WUCHTERL zeigte, muß man sehr genau zwischen dieser archaischen Vorform der Metaphysik und der philosophischen Metaphysik als Wissenschaft unterscheiden. Die Inhalte, Unsterblichkeit der menschlichen Seele und der Jenseitsglaube schlechthin, sind zwar die gleichen, der Erklärungs- bzw. Begründungsanspruch ist jedoch völlig unterschieden: Die klassische Metaphysik hatte zumindest seit ARISTOTELES den Anspruch als erste Wissenschaft, d. h. als Prinzipientheorie oder als Lehre von den »ersten Ursachen«, die spezielle Metaphysik begründen zu können. An dieser Stelle sollte man, was sicherlich auch im Sinne des Vortrages von WUKETITS ist, die Beschränkung des Anspruchs der EE akzeptieren: Sie liefert kein naturalistisches Modell der Gültigkeit, sondern bleibt auch in diesem Bereich eine rekonstruktiv-explanatorische Theorie, die sich lediglich auf die archaische Vorform der metaphysica specialis bezieht, nicht jedoch auf die Prinzipientheorie, mit der auf einer zweiten Entwicklungsstufe der Metaphysik (nach der bekannten Formulierung: »Vom Mythos zum Logos«) die spezielle Metaphysik als Lehre von den transzendenten Gegenständen (Seele, Welt, Gott) als rationale Psychologie, Kosmologie und Theologie begründet werden soll.

Eine genaue Beschränkung auch des Erklärungsanspruches der EE ist schon deswegen nötig, weil, wie KURT WUCHTERL in seinem Kommentar ebenso andeutete, man auch hinter der EE ein quasimetaphysisches Forschungsprogramm vermuten könnte, das in seinen Ansprüchen mit der metaphysica generalis in ihrer klassischen Bedeutung kollidieren könnte: Es ist dies die Idee einer universellen Evolution, die auf der grundsätzlichen Vorstellung beruht, daß es ein und derselbe Entwicklungsprozeß ist, der die gesamte Realität und nicht nur die Entwicklung der Lebewesen kennzeichnet. Die Konsequenz, mit einer Theorie der universellen Evolution, die auch die kosmische präbiotische Evolution einerseits und die sog. postbiotische soziokulturelle Evolution umfaßt, eine evolutionistische Ersatzmetaphysik zu liefern, läßt sich meines Erachtens nur dadurch vermeiden, daß man die universelle Evolution lediglich als heuristisches Programm für die gesonderte Darstellung erfahrungswissenschaftlicher Theorien ansieht. In diesem Sinne kann man die Evolutionäre Erkenntnistheorie als Brückendisziplin zwischen genetisch-organischer Evolution und soziokultureller Evolution ansehen. Das bedeutet aber auch, daß die EE die Voraussetzung und nicht selbst bloß ein Teil der Theorie der soziokulturellen Evolution ist. In diesem Sinne muß auch die EE trotz ihres primär rekonstruktiv-explanatorischen Charakters normative Konsequenzen liefern, die sich auf die Entwicklung sowohl unserer Erkenntnisfähigkeit als auch unserer moralischen Verhaltensweisen beziehen. Bloß auf die organische Entwicklungsfähigkeit unseres Menschenhirns zu hoffen, wie es WUKETITS anscheinend tut, liefert keine Handlungsanweisung für die Zukunft. Obwohl die organische Entwicklung des Menschen nicht abgeschlossen ist, ist doch kaum zu erwarten, daß in den nächsten zehn- oder hunderttausend Jahren eines Tages ein Wesen mit ballonartigem Kopf und veränderter Zahnformel mitleidig lächelnd mit seinen drei Fingern in unseren Knochenüberresten herumbohren wird, wie wir es mit den Überresten der Hominiden getan haben.

An dieser Stelle muß auch auf eine grundsätzliche Frage eingegangen werden, die bereits von ROBERT SPAEMANN ausgesprochen wurde: Wie kann man erklären, daß überhaupt etwas Neues zustandekommt, wenn man nur in Termini des bloßen Vorhandenseins sprechen kann (Beispiele für solche evolutionistische Neuerungen sind nach SPAEMANN: Intentionalität, Schmerz, Negativität). Die grundsätzliche Antwort auf diese Frage kann vom Standpunkt der EE nur lauten: Alle solche Neuerungen ergeben sich zunächst nur als Überschußphänomene, als Epiphänomene, die dann, wenn sie einmal aufgetreten sind, zu evolutionär relevanten Basisphänomenen werden (H. MOHR). In diesem Sinne kann man das Menschenhirn als Extrem- oder Überschußorgan ansehen und auch das menschliche Bewußtsein als emergente funktionale Eigenschaft dieses komplexen Systems. So hat auch unsere Erkenntnisfähigkeit einen Überschuß über das bloße Überleben hinaus. Daher ist auch die EE keine naive Abbildtheorie. Denn zum Überleben sind nicht richtige Bilder, sondern »nur« richtige Reaktionen erforderlich. Das gilt auch für wissenschaftliche Theorien. Wahr sind die, mit denen man etwas anfangen kann. Trotzdem ist das kein Instrumentalismus. Sondern unsere Begriffe und Theorien stellen die Welt dar in dem Sinn, daß sie Indizien sind für unser richtiges Verhalten. Daher wäre die EE gut beraten, wenn sie sich nicht auf eine Korrespondenztheorie beruft, sondern auf die Theorie der *»funktionalen Kohärenz«*, die von der formalistischen Kohärenztheorie im Sinne der bloßen Widerspruchsfreiheit zu unterscheiden wäre. Damit ist nicht der Grundgedanke der Korrespondenz aufgegeben, sondern die EE beruft sich gerade darauf, daß das erkenntnistheoretische Subjekt jemandem anderen begegnen kann. Nicht nur im Traum, sondern in der Realität. KONRAD LORENZ spricht von der Du-Evidenz im tierischen Bereich. Unsere Korrespondenz mit der Realität ist am besten garantiert in dem Augenblick, wenn uns ein Hund beißt.

Zu Hans Mohr

Was für die EE der Zirkelverdacht ist, ist für die evolutionäre Ethik der naturalistische Fehlschluß. HANS MOHR zeigte, daß dieser Verdacht unbegründet ist, wenn man die evolutionäre Ehtik ebenso wie die EE als explanatorische Satellitentheorie der biologischen Evolutionstheorie aufbaut. Auf diese Weise wird auch klar, daß Erkennen und moralisch relevantes Handeln nicht zu trennen sind. In diesem Sinne kann man auch sagen, daß uns unser Erkenntnisfortschritt zwingt, moralischer zu werden. Wir kennen zwar die Art, wie MOHR richtig ausgeführt hat, nicht aber von vornherein die Reichweite unserer Erkenntnis- und Moralfähigkeit. Wie sich zumindest in theoretisch wissenschaftlicher Hinsicht gezeigt hat, daß der menschlichen Erkenntnisfähigkeit durch die Beschränkung unserer Sinneskanäle keine Grenzen gesetzt waren, so könnte sich auch zeigen, daß wir von unserer genetischen Anlage her zwar von vornherein auf eine bestimmte Art der Kleingruppenmoral festgelegt sind, daß aber die veränderte Situation, in der die menschliche Art in ihrer heutigen Bevölkerungsdichte überleben muß, auch zu neuen Dimensionen der Moral führen wird. In diesem Sinne leugnet die evolutionäre Ehtik als explanatorische Theorie nicht die Notwendigkeit einer Begründung der Moral durch eine Ethik, die über den Naturalismus hinausgeht, sondern fordert sie sogar. Denn, wie auch der Kommentar von JOHANN GÖTSCHL hervorhob, die wachsende Systemkomplexität, die der Mensch selbst hervorgerufen hat, ist nicht zu bedauern, sondern sie muß besser verstanden werden, damit aufgrund dieser Erkenntnis eine Moralität eigener Stufe entstehen kann, von der wir allerdings, wie man hinzufügen muß, noch weit entfernt sind. Wie weit wir sowohl unsere kognitiven als auch moralischen Fähigkeiten, die durch unsere phylogenetische Vergangenheit bestimmt sind, transzendieren können, ist eine noch offene Frage.

Zu Hoimar v. Ditfurth

Die Frage nach der Transzendenz beantwortete HOIMAR v. DITFURTH mit der Formel: »Jenseits des Kosmos.« Während unter den Vertretern der EE Klarheit darüber herrscht, daß es eine Steigerung unserer Erkenntnisfähigkeit gibt, die es uns ermöglicht, die Grenzen des Mesokosmos zu überschreiten (s. VOLLMERs Formulierung: »Jenseits des Mesokosmos.«) ist es fraglich, wie jene echte Transzendenz zu leisten ist, die den physikalischen Kosmos überhaupt überschreitet. Innerhalb des Mesokosmos befinden wir uns auf einer Ebene, die verständlich und anschaulich zugleich ist, jenseits des Mesokosmos zumindest noch auf einer Ebene, die zwar schon unanschaulich, aber immerhin noch verständlich ist und letzten Endes auf anschauliche Vorstellungen modellhaft zurückzuführen ist. Die Frage nach dem, was »jenseits des Kosmos« liegt, ist eine Frage, die in der EE weder gestellt noch beantwortet werden kann. Die klassische Metaphysik hatte in ihren Anfängen bei PLATON auch eine ganz andere Antwort gegeben, indem sie nämlich in der Mathematik als reiner erfahrungsunabhängiger Wissenschaft die Propädeutik der Metaphysik gesehen hat.

Literatur

EIGEN, M., & R. WINKLER (1975): Das Spiel. Naturgesetze steuern den Zufall. München-Zürich: Piper.

SPAEMANN, R. (1984): Sein und Gewordensein. Was erklärt die Evolutionstheorie? In: SPAEMANN, R., P. KOSLOWSKI & R. LÖW (1984): Evolutionstheorie und menschliches Selbstverständnis. Weinheim: Acta humaniora.

Rückblick und Ausblick

ERHARD OESER

Die Herausgeber haben mich gebeten, die zwei grundsätzlich in der Einleitung gestellten Fragen:

- nach der disziplintheoretischen und systematischen Position
- und dem Wahrheitsbegriff

zu beantworten. Dazu läßt sich zunächst einmal sagen, daß es keine einheitliche Lösung, die alle Vertreter der EE im engeren und weiteren Sinn umfaßt, gibt.

Für POPPER hat die EE einen sehr weiten und auch zumindest was die Analyse der wissenschaftlichen Erkenntnis betrifft, metaphorischen Sinn. Die Vorgänge in der Welt 3, der Welt der objektiven Probleme und Problemlösungen, der Ideen und Theorien, werden mit Hilfe einer grundsätzlich-metaphorischen Metapher zwischen biologischer Selektion und erkenntnislogischer Falsifikation behandelt (Beispiel: »Einstein und die Amöbe«, POPPER 1973). Der von TARSKI selbst so genannte »semantische Wahrheitsbegriff«, der eine formal-sprachanalytische Umdeutung des klassischen korrespondenztheoretischen Wahrheitsbegriffes darstellt, ist für diese Form der EE charakteristisch. VOLLMER dagegen betont auch in seinem Symposiumsbeitrag den nichtmetaphorischen Charakter der EE und stützt seinen korrespondenztheoretischen Wahrheitsbegriff auf den biologischen Begriff der »Passung«. Kritisiert wird dieser Ansatz von G. WAGNER, der dem Passungsbegriff nur unter der Voraussetzung des Postulates der Äquivalenz zwischen gewissen biologischen Phänomenen wie Lernen und Evolution einerseits und menschlichen und sozialen Erkenntnisleistungen andererseits für sinnvoll hält und ähnlich wie der Autor dieser Schlußbemerkungen für die EE einen funktional verstandenen Kohärenzbegriff der Wahrheit vorschlägt (s. Beitrag OESER in diesem Band), während R. RIEDL eine Verbindung von kohärenz- und korrespondenztheoretischem Wahrheitsbegriff als grundlegend für die EE vorschlägt (s. sein Beitrag in diesem Band).

Bei diesen inneren Divergenzen zwischen den Vertretern der EE selbst läßt sich kein einheitlicher Konsens herstellen. Was dagegen versucht werden kann, ist eine Synthese oder Integration des »Altenberger Konzepts« der EE im Bezug auf die Wahrheitstheorie, die m. E. folgendes Resultat ergibt:

Auf die Frage, ob die EE ein Teil der Naturwissenschaft ist oder zur Philosophie gehört, läßt sich nur mit einem »Weder-Noch« antworten. CAMPBELL (1974) hat von der EE als einer (biologischen) Interpretation der KANTschen Erkenntnistheorie und QUINE von einer »naturalisierten« Erkenntnistheorie gesprochen. Der eine Ausdruck ist zu schwach, der andere könnte als Naturalismus bzw. Biologismus mißdeutet werden. Die EE ist vielmehr als Rückwirkung (s. Beitrag OESER in diesem Band) der biologischen Erkenntnistheorie auf die Philosophie zu verstehen, womit sich ein neues Gebiet zwischen Naturwissenschaft und Philosophie eröffnet, über dessen Einordnung sich dann andere Leute den Kopf zerbrechen sollen.

Von VOLLMER wurde dafür bereits die Vorstellung des »circulus virtuosus« als Regelkreis zwischen EE und den einzelnen Fachwissenschaften, die sich mit der menschlichen Erkenntnis empirisch beschäftigen, entwickelt. Die von WAGNER intendierte »Ersetzung« der »Metapher vom Regelkreis« durch das »Kohärenzpostulat« ist jedoch eher als eine Verschärfung der Problemstellung zu verstehen, die den metaphorischen Charakter dieser Vorstellung wieder aufhebt. Geht man davon aus, daß nicht die EE selbst, sondern die biologische Evolutionstheorie auf die philosophische Erkenntnis- und Wissenschaftstheorie zurückwirkt, dann ergibt sich die argumentativ von jedem Zirkelverdacht freie Vorstellung, daß auch diese Metadisziplinen Kontrollbereiche besitzen, und diese Kontrollbereiche sind die faktisch und historisch vorhandenen Wissenschaften selbst. Das von GÜNTER WAGNER geforderte Kohärenzpostulat (»Aussagen über die Methodologie der Wissenschaften dürfen den Ergebnissen der empirischen Wissenschaften nicht widersprechen«) läßt sich ohne jeden direkten Bezug auf die EE bereits aus der allgemeinen Definition der Wahrheit als »Übereinstimmung von Kontrollbereichen« (s. OESER 1976, Bd. 1) ableiten.

Nimmt man diese Auffassung von der Wahrheit ernst, so gibt es keine Möglichkeit mehr, irgendeinen Bereich der wissenschaftlichen Erkenntnis als absolut selbständig und unkontrollierbar zu betrachten.

Selbst die reine formale Logik als die Theorie der formalen Wahrheit, die nicht nur für die reale Welt, sondern für alle möglichen Welten gilt, kann einen solchen Status absoluter Selbstständigkeit und Voraussetzungslosigkeit nicht beanspruchen. Denn ohne ihre realen Anwendungsbereiche hätte sie auch keine Funktion im System der Wissenschaften, ja ihre Entstehung selbst wäre ein Rätsel (s. OESER 1976, Bd. 1).

Deshalb ist auch in der EE der kohärenztheoretische Wahrheitsbegriff nicht auf formallogische Konsistenz oder Widerspruchsfreiheit eines bestimmten Aussagensystems eingeschränkt. Nach G. WAGNER muß sich die kohärenztheoretische Argumentation in wechselseitiger Kontrolle auf mehrere Gebiete erstrecken, weil zu erwarten ist, daß die Grundaussagen der EE in anderen Theorien, aber auch in der Logik und Wahrscheinlichkeitstheorie Entsprechungen besitzen. Die EE steht daher seiner Meinung nach einer Kohärenztheorie der Wahrheit näher als einer Korrespondenztheorie. Wenn sich die EE in allen ihren Formen, auch in der von POPPER, auf die Grundstruktur alles Erkennens als eines Versuchs-Irrtums-Lernen beruft, so ist damit bereits einem aus Kohärenz und Korrespondenz gekoppelten Wahrheitsbegriff intendiert, den man den »probationstheoretischen« Wahrheitsbegriff nennen kann (s. OESER 1976, Bd. 1). Nach RIEDL (1987) lassen sich beide Seiten des Wahrheitsbegriffes zu einer »Systemtheorie der Wahrheit« vereinigen, die sowohl eine Übereinstimmung (Korrespondenz) des Inhaltes einer Erwartung mit der außer-subjektiven Wirklichkeit als auch Widerspruchsfreiheit (Kohärenz) der Erwartungen untereinander fordert. Diese Systemtheorie der Wahrheit besitzt auf der Ebene der Organismen insofern ein Äquivalent, als die Korrespondenz eines Systems mit seinem Milieu ebenso Voraussetzung seiner Erhaltungschancen - also seiner Existenz - ist, wie die Kohärenz die Abstimmung seiner Teile und Funktionen untereinander.

Sieht man jedoch die EE als eine mehrstufige Theorie an, dann wächst im Prozeß der menschlichen Erkenntnisgewinnung im Sinne eines »internen Realismus« die Kohärenz gegenüber der Korrespondenz in dem Maße, in dem sich die innere Verarbeitung von Informationen, die in das System einfließen, erhöht.

Biologisch gesehen ist diese Entwicklung an die Ausbildung eines zentralen Nervensystems gebunden. Auf POPPERs berühmte Metapher von der »Amöbe und Einstein«, die beide dem Mechanismus von »Versuch und Fehlerbeseitigung« unterworfen sind, bezogen heißt das, daß der kohärenztheoretische Teil der inneren Verarbeitung bei der Amöbe fast Null ist, während er bei EINSTEIN, dessen Relativitätstheorie als hochabstrakte Prinzipientheorie sich bereits weit vom Boden unmittelbarer Erfahrung entfernt hat, am größten ist. Dazwischen jedoch liegt eine fast endlose Kette lebender Organismen, die ihren Erkenntnisapparat in Richtung immer höherer Konstruktivität weiterentwickelt haben. Am Endpunkt dieser Entwicklung steht die biologische Art Homo sapiens, der es als erste gelungen ist, ihre Umwelt auf drastische, irreversible und irreparable Weise zu verändern.

Literatur

CAMPBELL, D. (1974): Evolutionary epistemology. In: SCHILPP, P.A. (Ed.): The philosophy of K. R. Popper. Open Court: La Salle.
OESER, E. (1976): Wissenschaft und Information. 3 Bde. München-Wien: Oldenbourg.
OESER, E. (1987): Psychozoikum. Evolution und Mechanismus der menschlichen Erkenntnisfähigkeit. Berlin-Hamburg: Paul Parey.
POPPER, K. R. (1973): Objektive Erkenntnis. Hamburg: Hoffmann und Campe.
QUINE, W. v. O. (1968): Epistemology naturalized. In: Ontologische Relativität. Stuttgart: Reclam.
RIEDL, R. (1987): Begriff und Welt. Biologische Grundlagen des Erkennens und Begreifens: Berlin-Hamburg: Paul Parey.

Anhang

Autorenregister

Sachregister